胶黏剂与胶接技术

张彦华　朱丽滨　谭海彦　编著
顾继友　审

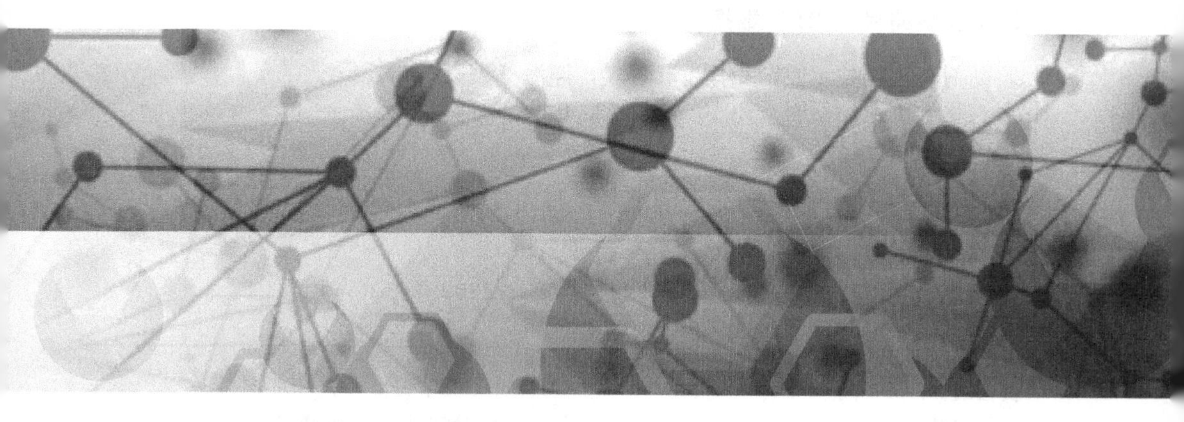

JIAONIANGJI
YU JIAOJIE JISHU

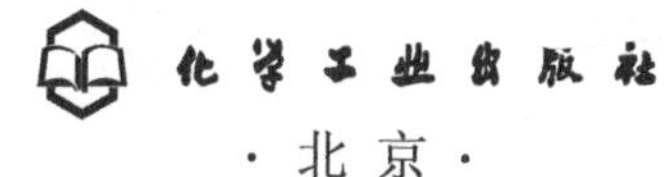
化学工业出版社
·北京·

本书介绍了胶黏剂以及胶接技术，重点介绍醛类树脂胶黏剂（脲醛树脂胶黏剂、三聚氰胺树脂胶黏剂和酚醛树脂胶黏剂）、丙烯酸酯胶黏剂、聚氨酯胶黏剂、环氧树脂胶黏剂、热熔胶黏剂、水基胶黏剂（聚乙酸乙烯酯乳液胶黏剂、丙烯酸酯乳液胶黏剂、水性异氰酸酯胶黏剂、蛋白质胶黏剂及淀粉胶黏剂）的原料、合成原理、合成工艺以及应用。胶接技术简要介绍胶接理论的基础知识、胶接破坏以及胶接影响因素。本书是胶黏剂研究、产品设计、配方设计、制造加工、管理、销售人员必读之书，也可作为教材使用。

图书在版编目（CIP）数据

胶黏剂与胶接技术/张彦华，朱丽滨，谭海彦编著．
北京：化学工业出版社，2018.1（2023．6重印）
ISBN 978-7-122-31071-2

Ⅰ.①胶…　Ⅱ.①张…　②朱…　③谭…　Ⅲ.①胶黏剂
②胶接-技术　Ⅳ.①TQ430

中国版本图书馆 CIP 数据核字（2017）第 292237 号

责任编辑：成荣霞　　文字编辑：李　玥
责任校对：王素芹　　装帧设计：王晓宇

出版发行：化学工业出版社（北京市东城区青年湖南街 13 号　邮政编码 100011）
印　　装：北京七彩京通数码快印有限公司
710mm×1000mm　1/16　印张 17½　字数 331 千字　2023 年 6 月北京第 1 版第 6 次印刷

购书咨询：010-64518888　　售后服务：010-64518899
网　　址：http://www.cip.com.cn
凡购买本书，如有缺损质量问题，本社销售中心负责调换。

定　　价：88.00 元

前言
FOREWORD

随着我国科技事业的飞速发展，胶黏剂与胶接技术也迅速发展，各种新型胶黏剂不断面世和应用。胶接技术具有工艺简单、胶接强度大、耐腐蚀、耐老化、密封性好等许多优点，正越来越广泛地应用于航空、航天、汽车、电子、机械、纺织、建筑、石油化工等领域。从高科技领域到人们日常生活，从国防工业到民用工业，在国民经济的许多方面，几乎无处不在，发挥着越来越显著、不可替代的作用，创造了十分可观的经济效益。

要获得良好的胶接效果，除了要选择相应的胶黏剂外，结构工艺的拟定以及所采取的工艺措施是十分重要的。根据使用要求及受力情况采用的“复合连接”，在胶接中使用两种以上的胶黏剂等组合，更拓展了胶接在特殊场合、重要方面的应用。近年来国内外胶接技术的发展，主要是从胶黏剂的原材料、品种、质量、性能和胶接工艺、设备等方面进行研究与开发。

本书坚持应用原理与应用技术相结合的原则，综合作者多年从事教学与科研成果推广应用经验，除了全面系统地对胶黏剂与胶接方面理论知识进行重点论述外，又有科研成果及应用实例，是一部实用性很强的专业书籍。本书注重创新性、先进性、实用性，将对广大读者研究及使用胶黏剂起到积极的引导作用。

本书由东北林业大学材料科学与工程学院朱丽滨起草提纲，张彦华编写第1、3～7章，谭海彦编写第2章。全书由我国木材胶黏剂专家顾继友教授负责审阅。编写过程中还得到吕闪闪、马杨豹、王博、韦斌、陈启凤、孙亚东、张雷等的无私帮助，在此谨向他们表示由衷的感谢。

由于编著者水平所限，书中难免存在疏漏之处，敬请读者批评指正。

张彦华

2017年6月于哈尔滨

目录
CONTENTS

1 胶接基础 001

2 醛类树脂胶黏剂 029

3 丙烯酸酯胶黏剂 108

7 水基胶黏剂 200

1

胶接基础

胶接过程是一个复杂的物理、化学或者两者兼有的过程。它包括胶黏剂的液化、流动、润湿、固化、变形、破坏等诸多过程。胶接力的生成，不仅和胶黏剂与被胶接材料的特性相关，而且还与胶接过程中的胶接工艺、胶接界面密切相关。因此，胶接涉及材料力学、界面科学、流变学、高分子化学、高分子物理及固体表面科学等。总之，要想获得良好的胶接性能，必须探索胶接过程的规律以及与胶接相关的基础理论。

1.1 胶接理论

19 世纪 40 年代以来，许多学者对胶接理论进行了长期的多方面的探索和研究，以期得到一种能够解释所有粘接现象的胶接理论，或建立一个完整、全面的胶接理论，但是，迄今为止仍然没有获得成功。也许是因为胶黏剂的门类、品种太多，有无机胶、有机高分子胶，还有各种天然胶等，它们的材料差别太大；也许是因为胶接的对象（即被粘物）太多，有各种金属材料、陶瓷材料、水泥材料、高分子材料以及木材、纸张、织物、石材等，它们的材质千差万别，由此胶接起来产生的粘接力大小各不相同，产生粘接力的来源也不同。学者们根据产生胶接的物理力、化学力、机械力以及静电力的试验与分析提出了各种粘接理论，现简要介绍如下。

1.1.1 吸附理论

一切原子或分子之间都存在着相互作用的力，这种作用力可分为强作用力（即主价力或化学键）和弱作用力（即范德华力或偶极力）。而吸附分为物理吸附和化学吸附。物理吸附是分子间力的吸附，即范德华力作用的结果；化学吸附是发生在化学反应形成的化学键的吸附。

吸附理论认为，胶接产生的黏附力主要来源于胶与被粘物之间界面上两种分子之间相互作用的结果，所有的液体-固体分子之间都存在这种作用力，这些作用力包括化学键力、范德华力和氢键力。胶黏剂分子与被胶接材料表面分子的相互作用过程有两个阶段，首先是液体胶黏剂分子由布朗运动向被胶接材料表面移动，使二者所有的极性基团或链节相互靠近，在此过程中可采用升温、施加压力、降低胶黏剂液体黏度等措施，都有助于布朗运动的加强。其次是吸附力的产生，当胶黏剂的表面分子与被胶接材料的表面分子间距离小于 0.5nm 时，分子间便产生吸附作用，就产生了范德华力或氢键力的结合，并使分子间距进一步缩短达到能处于最大稳定状态的距离，完成胶接作用。根据吸附理论，如果胶分子中极性基团的极性越大，数量越多，则对极性被粘物的胶接强度就越高，但胶黏剂的极性过高，有时会严重妨碍润湿过程的进行；极性胶黏剂与非极性被粘物或非极性胶与极性被粘物粘接，由于分子间排斥，不利于分子的接近，不能产生足够的分子间力，所以粘接力很差；而非极性胶与非极性被粘物结合，由色散力产生的粘接强度较小。

吸附理论把胶接主要归结于胶黏剂与被粘物分子间力的作用，但它不能充分解释胶与被粘物之间的粘接力有时大于胶黏剂本身这一事实；也不能很好解释有的胶极性大，而粘接力差，有的胶极性小，却粘接力大的现象等，这不仅说明这一理论的局限性，而且它所能解释的现象中，也有例外的情况。

1.1.2 扩散理论

扩散理论认为，高分子材料之间的粘接是由于胶黏剂与被粘物表面分子或链段彼此之间处于不停的热运动引起的相互扩散作用，使胶黏剂与被粘物之间的界面逐步消失，变成一个过渡区，最后在过渡区形成相互穿透的交织的牢固结合，胶接接头的强度随时间的延长而增至最大胶接强度。如果胶黏剂是以溶剂的形式涂覆到被粘物表面，而被粘物表面又能在此溶剂中溶胀或溶解，则彼此间的扩散作用更为显著，其胶接强度就越高。因为胶黏剂和被粘物间的相互扩散是产生胶接力的主要因素，胶接强度与它们的相容性有关。

因此扩散理论强调两点：一是胶黏剂的大分子与被胶接材料的表面要相容，即溶度参数相近；二是强调扩散。这样才能形成良好的过渡区的网络结构，获得更好的胶接强度。

但是，扩散理论对不同聚合物材料之间的粘接作用还不能作完满的解释，对聚合物材料与金属、陶瓷、玻璃等材料之间的粘接几乎无法解释。

1.1.3 化学键理论

化学键理论认为胶接作用主要是化学键力作用的结果，这是一种由化学反应产生化学键观点来解释粘接现象的理论。该理论认为，胶接作用是由于胶黏剂与被粘物之间的化学结合力而产生的，有些胶黏剂能与被粘物表面的某些分子或基团形成化学键。化学键包括离子键、共价键和金属键，而化学键是分子中相邻两原子之间的强烈吸引力，一般化学键要比分子间的范德华力大一两个数量级，这种化学键的结合十分牢固。由于化学键对胶接强度有相当大的影响，所以早就被人们所重视。化学键理论被许多事实所证实，在相应的领域中是成功的。尤其重要的是，界面有了化学键的形成，对胶接接头的抗水和介质腐蚀的能力有显著提高，这是不可忽视的。当然，界面化学键的形成对抗应力破坏、防止裂缝扩展的能力也有积极作用。

但这仅限于某些特定的反应性的胶黏剂品种中。如果在粘接中或多或少是由化学键产生的粘接力，那么粘接强度就要高得多。遗憾的是，在现有的粘接中，由化学键力产生的粘接力很少，这也许就是到目前为止粘接强度还不是很高的原因之一。

1.1.4 配位键理论

配位键理论认为，强的黏附作用来源于胶黏剂分子与被粘物在界面上生成的配位键（氢键就是一种特殊的配位键）粘接时，胶涂覆在被粘物表面后，受被粘物表面的吸引，胶黏剂开始润湿被粘物材料表面，同时胶分子向被粘物材料移动。在移动过程中，胶分子中带电荷部分（通常是带未共享电子或 x 电子的基团）逐渐向被粘物材料带相反电荷部分靠近，当这两部分距离小于 0.35nm 时，就结合形成配价键。配价键的形式依据胶与被粘物材料的不同而不同，常见的有含有未共享电子对的胶与金属形成的配价键和胶与被粘物材料之间含有未共享电子对，或给电子部分与缺电子部分或氢离子形成电荷转移配价键。

黏附性来源于界面上的配位键，生成配位键既需要提供未共享电子对的一方，又需要接受电子对的一方。就是说比较理想的粘接应当是，当被粘物材料是电子供给体则应采用电子接受体材料的胶黏剂进行粘接；当被粘物材料是电子接受体，则应采用电子供给体的胶黏剂进行粘接。如果在粘接中，胶黏剂与被粘物均能提供电子对或均为接受电子对的一方，则粘接就很难成功。聚四氟乙烯材料之所以难以粘接就是典型的例子，因为聚四氟乙烯可以提供电子对，而一般的胶黏剂大多可提供电子对，这样两者都能提供电子对，胶接时不能产生黏附的配位键，这就是聚四氟乙烯难粘的原因之一。

另外，金属之所以容易粘接是因为其中的金属原子都有空的价轨道，能够接受某些未共享电子对或 π 键，生成配位键，胶黏剂分子能有效地提供未共享电子对或 π 键，跨过界面生成配位键。再例如，环氧树脂之所以具有很好的粘接性，从最简单的分子结构看，它有 4 个氧原子 2 个苯环，从配位键机理分析，它应对金属有很好的黏附性，因为4个氧原子有8个配位能力很强的未共享电子对，还有2个具有共轭π键体系的苯环。另外分子中没有大的烷基链构成位阻，这就使它成为粘接金属材料的佼佼者。

配价键理论似乎比其他胶接理论能够更好地、更本质地解释各种粘接现象，在道理上说得通，实践中能得到验证，但绝不能否定其他理论，而是现有理论的深入探讨和补充。

1.1.5 机械结合理论

机械结合理论是最早提出的理论。理论认为，胶接只是一个机械结合过程，是胶黏剂对两个被粘物的粘接面机械附着作用的结果。它是以所有固体表面均为粗糙、多孔为基础，当胶黏剂流动、扩散、渗入、填满凹凸不平、细小孔隙的被粘物表面后，一旦胶凝固或固化，胶与被粘物表面便通过互相的咬合而连接起来，形成了无数微小胶黏剂的“钉键”“钩键”“根键”“榫键”，把两个被粘物牢牢地结合在一起。因此，机械结合理论认为：胶钉越多，胶黏剂渗透得越深，孔隙填充越满，胶接强度越高。

很明显，机械结合力对胶接强度的贡献与被粘物材料的表面状态有关。对金属特别是玻璃等表面缺陷比较小的材料的粘接，机械结合力对粘接强度贡献甚小；而对海绵、泡沫塑料、织物、纸张等多孔性材料的粘接，机械结合力则占主导地位；对非极性的多孔材料的粘接，机械结合力则起着决定性作用。因此，机械结合理论不能解释非多孔性，如表面光滑的玻璃等物体的胶接现象，不能解释许多胶接现象，具有一定的局限性。

1.1.6 双电层理论

双电层理论是将胶黏剂与被粘物视作一个电容器。电容器的两块夹板就是双电层。即当两种不同的材料接触时，胶分子中官能团的电子通过分界线或一相极性基向另一相表面定向吸附，形成了双电层。由于双电层的存在，欲分离双电层的两个极板，就必须克服静电力。当被粘物与胶黏剂剥离时，可以视为两块极板的分离，此时两极之间便产生了电位差，并随着极板间的距离增大而增大（即随着剥离力的增大两者之间的距离增大），到一定极限值时，便产生了放电现象，在黑暗时会有发光的放电现象和听到轻微的爆声。此时，由于双电层的形成，胶黏剂与被粘物之间就有静电力产生，从而产生了粘接力。

双电层理论只存在于能形成双电层的粘接体系，不具有普遍性，并且双电层所产生的静电力即使存在于某些粘接体系中，但是，它在这个粘接中绝不是起主导作用的，它只占整个胶接力的一部分。

另外，双电层理论不能解释许多聚合物在粘接剥离时并没有放电现象发生，也不能解释当两个聚合物性质越相近，粘接力越大，但两个同性聚合物接触时，电位差却小的现象等。因此双电层理论也有一定的局限性。

1.1.7 其他粘接理论

除了以上介绍的几种胶接理论外，还有学者提出一些其他胶接理论，诸如极性理论、弱界面层理论等，极性理论认为，胶接与胶黏剂和被粘物材料的极性有关，极性材料应用极性胶黏剂粘接，非极性材料应用非极性胶黏剂粘接；弱界面层理论并不是真正解释粘接原理的理论，它认为被粘物表面的弱界面层对粘接影响很大，强调被粘物表面弱界面层的处理，利于浸润的问题。

可以看出，以上每种理论都不能够解释所有的粘接现象，有的只能解释一种或几种胶接现象，而仅仅反映了粘接现象本质的一个侧面。有学者认为，粘接的吸附理论和扩散理论是胶接的形成过程，而双电层理论则是粘接形成后的一种结果，都不是产生粘接力的实质，胶接的实质应当是胶黏剂与被粘物材料之间形成配价键力结合、范德华力结合、机械结合、共价键及离子键结合等。在这些结合中，配价键力结合和范德华力结合是普遍存在的。而机械结合、共价键及离子键结合则是出现在个别的粘接情况中。

也有学者认为，胶黏剂与被粘物之间的粘接，是由于机械联结、分子之间相互扩散、物理吸附以及形成化学键、配价键、双电层等因素的综合结果。也就是说，胶黏剂与被粘物粘接所产生的粘接力是上述各种粘接理论的叠加产物。胶黏剂的不同，被粘物的不同，粘接接头形式不同，胶接工艺不同，这些因素对于胶接力贡献的大小就会不同。

在胶接技术中，高的黏附强度是由界面上的化学键和配位键提供的。但由化学反应生成的化学键，要求较高的条件，在界面发生化学反应的情况很少，而在界面上生成配位键却是普遍的，界面上的配位键能提供较高的、较稳定的黏附强度。

各种胶接理论都能解释一些胶接现象，但都有一定的局限性。具体运用时，要对具体情况作具体分析，并将各种理论相互补充。但是，粘接界面上两种分子之间的作用力是基本的，这已被许多胶接现象所证实。扩散现象发生在粘接过程中，特别是对于聚合物之间的粘接更适合，当粘接界面形成后，其胶接接头强度仍然是分子间力（吸附理论）的作用结果。同样，双电层产生的静电效应，主要是在胶层被剥离时的瞬间，静电作用才明显。因此，它不是形成粘接力的主要因素，在剥离前和剥离过程中，始终有分子间力的作用存在。

随着国内外学者对胶接理论的深入研究，学术观点的相互渗透，在某些方面的研究已得到共识，如同种橡胶聚合物的自粘可以用扩散理论解释；在胶黏剂与被粘物之间的粘接反应确实至少有化学键生成；还有，在某些吸附和静电作用的粘接中，机械结合能增强这些作用，从而提高了粘接强度；在织物、皮革、纸张等材料的粘接中，机械结合产生的粘接力起着主导作用等。相信不久的将来，胶接理论会有新的发展，并日臻成熟、完善。

1.2 胶接界面化学

所谓胶接，简单地说是使胶黏剂相和被胶接体形成必要的具有稳定的机械强度的体系。单纯地考虑其胶接过程的话，包括胶黏剂的液化、流动、润湿、扩散、胶接、固化、变形、破坏等多种过程，每个过程都对胶接强度有一定的影响，仅就每一个过程来理解胶接是不可能的。

胶黏剂的液化：因为胶黏剂要浸润到固体间的孔隙中，故它必须是可自由改变形状的液体。因此，可用单体或预聚物、溶液或乳液、熔融聚合物。

胶黏剂流动：这是胶黏剂浸透到固体间并嵌入空隙中的过程。在此关系到胶黏剂黏性等流变学的性质。

胶黏剂润湿：为了使胶黏剂能够浸润固体空隙，并润湿固体表面，胶黏剂对固体的接触角必须要在90°以下。

扩散、粘接、吸附：这个过程是与润湿平行发生的，它按照在多成分系高分子中，链段是通过界面自由能变成最小来吸附和取向的规则形成胶接层结构的。

胶黏剂固化：由于聚合、溶剂的挥发、冷却等作用，胶黏剂固化后形成所需强度的过程。

粘接体系的变形和破坏：这是在实际使用直至破坏的过程。

1.3 胶接流变学与胶接破坏

根据胶接的机械结合理论，在胶接木材这类多孔类材料时，胶黏剂以何种程度渗透到其内腔，又以何种方式形成有效的胶钉后才能最大限度地作用胶接强度成为研究重点。胶黏剂如何渗透到木材中的内腔是和胶黏剂的流动特性、木材的表面状态、木材和胶黏剂的浸润等相关。

1.3.1 胶接流变学

有关胶接的试验方法有许多种类，这些方法都与材料的变形和破坏有关，因此在通过试验结果所观察到的有关胶接的各种现象中，不考虑流变学问题难以理解的现象有很多。胶接的流变学主要与胶黏剂的黏弹性、流变学有较大关联，充分掌握胶黏剂的黏弹性，以便准确把握胶接体系的力学性能与结构特性及其应用问题。

1.3.1.1 胶黏剂的黏弹性

胶黏剂是聚合物材料，不仅限于力学方面的弹性，还包含黏性问题，即作为黏弹体而表现其特性。

理想弹性体（如钢制弹簧）在外力作用下平衡形变是瞬时达到的，与时间无关；理想黏性体（如水等低分子液体）在外力作用下，形变是随时间线性发展的；聚合物的形变性质与时间有关，其关系介于理想弹性体和理想黏性体之间。聚合物材料常被称为黏弹性材料。黏弹性是聚合物材料的另一重要特性。

聚合物的黏弹行为表现在蠕变、应力松弛和动态力学性质三个方面。唯象学的研究系从力学模型开始，首先假定聚合物各向同性，并且由均一的结构单元组成（如分子量是单分散的）。然后分别用理想弹簧和理想黏壶为代表研究固体的弹性和黏性。胶黏剂（聚合物）的黏弹性问题，是更准确地把握和解释胶黏剂和胶接接头的力学性能的关键问题。

1.3.1.2 胶接流变学

与胶接相关的性能多数情况是先使胶黏剂和被胶接材料接触后，再以一定的方式（标准等）使其破坏来进行评价的。无论是接触过程，还是破坏过程都伴有流变学特征。胶接体系的破坏形态是多样性的。如内聚破坏和（或）界面破坏，而且非常复杂。为了严密地解析其破坏形态，必须正确地把握各种材料的内应力及应变的分布和破坏条件。

胶接流变学主要从剪切胶接试验、拉伸胶接试验、剥离试验、冲击强度试验、持久强度试验、疲劳强度试验进行论证。

（1）剪切胶接试验　剪切胶接试验是对胶接面平行地施加外力。

（2）拉伸胶接试验　拉伸胶接试验是在与胶接面垂直的方向施加外力。

（3）剥离试验　剥离试验是使被胶接材料的一方大幅度弯曲，并对其施加外力。

（4）冲击强度试验　冲击强度是指胶接试样受到冲击破坏时，胶黏剂可能吸收的能量，或者是胶黏剂可吸收的能量，或者是胶黏剂抵抗冲击能而消耗的功。冲击强度以单位胶接面积上的功表示，单位 $N \cdot m/m^2$。

（5）持久强度试验　胶接接头在恒温下和规定的时间内，每单位面积所承受的最大负荷称为持久强度。胶接接头在小于静态破坏力的作用下，胶黏剂层在长时间应力作用下，内部会发生塑性流动，胶接接头失去稳定性，胶接强度不断下降，到一定时间后接头便发生破坏。

（6）疲劳强度试验　接头的疲劳强度是指在给定条件下，对胶接接头重复施加一定载荷至规定的次数而不引起破坏的最大应力。胶接接头在实际应用中不仅承受静态载荷，而且也承受动态载荷。一般情况下，在比静态载荷小得多的动态载荷下，胶接接头就可能产生破坏。因此，必须测定胶接接头的疲劳强度。

1.3.2 胶接破坏

胶接接头在材质上是不完全连续的，通常是应力集中部位，在外力和环境应力作用下，可能导致接头破坏。单位胶接面积或单位胶接长度上所能承受的最大载荷成为接头的破坏强度。胶黏剂多为高分子材料，因此其破坏必定存在流变学现象。破坏强度在黏弹性体上呈现出特征的速度（时间）依赖性或温度依赖性。

胶接接头是零部件材质不完全连续的部分，通常是应力集中部位，在外力和环境应力作用下，可能导致接头破坏。单位胶接面积或单位胶接长度上所能承受的最大载荷称为接头的破坏强度。

胶接接头的结构在形成和使用过程中，由于胶黏剂的固化或硬化造成体积的收缩、被胶接材料和胶黏剂不同的热膨胀率及受环境介质的作用等都将造成胶接结构中的内应力，而内应力的分布也是不均匀的。因此胶接结构的破坏从组成该结构的薄弱部分开始，根据接头破坏的位置可以划分为四种破坏类型：被胶接物破坏、内聚破坏、界面破坏和混合破坏，具体类型如图 1-1 所示。

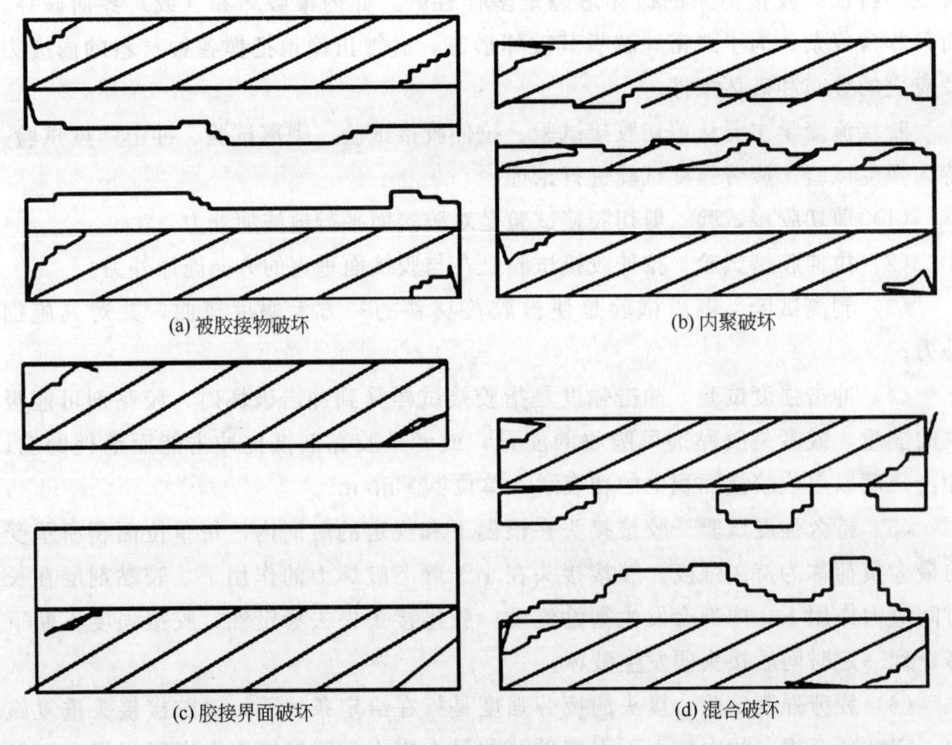

图 1-1 胶接接头破坏类型

被胶接材料破坏和胶黏剂的内聚破坏，主要取决于二者材料的自身强度。当然还与材料内部的缺陷、构成接头后体系内部胶层厚度、被胶接表面处理状况、组分间相互作用等有关。此时，接头强度并不等于材料自身强度，一般略低于材料强度，当然也有少数例外的情况。

界面破坏的原因是被胶接材料的可黏性差。由于材料的非均一性及表面处理、工艺实施等环节的不均一性，完全的界面破坏是不存在的。在理想的条件下，即没有界面区存在时，其破坏强度主要取决于胶黏剂与被胶接物之间的黏附强度。混合破坏的情况，在各种材料强度相近时特别容易发生。

接头破坏类型会随着各种条件的变化而转变。对于黏弹性聚合物，当温度升高时，分子链段热运动增加，应力松弛过程加快，受载时变形较大而强度较低。同样加载速度降低，外力作用时间增加了，应力松弛更充分，因此受载时，变形较大，强度较低。温度和加载速度对胶接强度的上述影响，其内在联系是十分明显的。当增加测试的加载速度或降低测试温度时，接头从内聚破坏转向界面破坏。这是由于胶黏剂的模量和内聚强度增加的缘故。

大量的测试结果表明，胶膜变厚、慢速测试和升高测试温度三者是等效的，往往导致内聚破坏；胶膜变薄、快速测试和降低测试温度也是等效的，结果导致界面破坏。

高分子材料的破坏都表现出一定的流变学特性，其破坏强度具有“时间-温度的等效性”，即增加外力的作用时间等效于提高温度，降低外力作用时间等效于降低温度。

1.3.3 影响胶接破坏(胶接强度) 的主要因素

在胶接接头体系破坏的类型中，被胶接物和胶黏剂的内聚破坏是由材料的选择、使用不当或者是材料工业发展水平限制所造成的。在充分润湿的条件下，胶接接头发生纯粹的界面破坏是不可能的。实际上，在各类破坏中都存在着一定程度的界面破坏。此外，接头的破坏还与被胶接物的表面状态、被胶接物和胶黏剂特性、胶接工艺以及环境应力等因素有关。

1.3.3.1 被胶接物的表面状态

表面粗糙度是产生机械胶接力的源泉，机械胶接力是通过湿润和吸附作用而得到的，尤其适用于被胶接物为木材类的胶接。但无论是木材还是其他多孔性材料，随着表面粗糙度系数的增加，有效胶接表面积增加，胶接强度随之增加，但随后表面粗糙度增加到一定值后，胶接强度反而下降。这与金属的情况基本相似。

关于被胶接材料的表面粗糙度对胶接破坏的影响还与其他因素有关。例如，加压的作用，对于表面粗糙的被胶接材料的胶接较为显著，对表面光滑的被胶接材料来说，即使在低压下也能基本上达到加压作用的胶接效果，而对能被胶黏剂润湿的胶接材料，粗糙度对胶接强度的影响较小。此外，粗糙度的影响还需要考虑到被胶接材料的密度，例如密度大的、表面十分粗糙的木材，其胶接效果较差。因此，在确定被胶接材料表面粗糙度时，要根据胶黏剂在被胶接材料表面的润湿情况具体而定。

1.3.3.2 弱界面层

弱界面层的产生是由于被胶接的材料、胶黏剂、环境以及它们共同作用的结果。当被胶接的材料、胶黏剂及环境中的低分子物或杂质等，通过渗析、吸附及聚集等过程，在部分或全部界面内产生这些低分子物的富集区，这就是弱界面层。

胶接力在外力作用下的破坏，必然发生于弱界面层，这就是胶接破坏中的界面破坏，并使胶接强度急剧下降的原因。弱界面层的产生条件：胶黏剂与被胶接材料间的胶接力主要来源于分子间的物理吸附作用，即次价键力的体系，弱界面层才有影响；低分子物在胶黏剂与被胶接材料中有渗析行为，通过渗析作用低分子物迁移界面形成富集区而形成弱界面层时，才对胶接接头破坏起作用；胶接体系中的低分子物对被胶接物的表面有比胶黏剂分子更强的吸附力，使被胶接物的表面产生新的吸附平衡，并形成低分子吸附层，对胶黏剂分子起了解吸作用，才对胶接接头破坏有影响。

须强调的是，胶接结构的界面破坏，不能全部归结为弱界面层的作用。事实上除了弱界面层的作用外，还有不少其他因素可使胶接结构出现界面破坏。

1.3.3.3 内应力

胶接结构的内应力是胶接接头破坏的重要原因之一，胶接体系的内应力主要是收缩应力和热应力两类。收缩应力是胶黏剂固化过程中体积收缩产生的应力；热应力是被胶接材料的各向异性，在水分变化的条件下，被胶接材料之间收缩膨胀系数不同、温度变化所产生的应力。当胶接接头是由密度不相同的多种材料构成时，不同被胶接材料之间以及它们与胶黏剂之间，由于膨胀系数不相同，温度变化时就产生热应力。

收缩应力产生的本质过程是固化反应中的体积收缩。不同的固化方式产生应力的原因是不同的。溶剂型胶黏剂，其固体含量一般在20%～60%，固化和硬化过程中由于溶剂的挥发而导致体积收缩最严重。热熔型胶黏剂，由于冷却速度的变化、温度的分布梯度、聚合物的结晶度及结晶区的分布等均会产生内应力。热固性胶黏剂，在凝胶之后的分子运动受阻，尤其在玻璃化之后，分子运动更加困难，因此在凝胶之后进一步固化反应是造成收缩应力的主要原因。例如，热固性酚醛树脂，在固化反应中逸出小分子的水，固化体积收缩率比环氧树脂大5～10倍。因此，为了提高胶接接头的强度，应该根据胶黏剂类型及其固化方法，采取降低收缩应力的措施，如降低官能团浓度、加入聚合物增韧剂或加填充剂（填料）。

热应力是热膨胀系数不等的材料胶接在一起，由于温度的变化，在胶接界面产生相应的变化。热应力大小正比于温度的变化、胶黏剂与被胶接材料膨胀系数的差异及材料的弹性模量。因此为了避免热应力的产生，胶接膨胀系数相差很大的材料，一般可选择比较低的固化温度。在许可的范围内，尽量选用模量低、延伸率高的胶黏剂，使热应力通过胶黏剂的变形释放出来。适当提高胶层厚度，选用室温固化的胶黏剂等都可减小胶接接头的热应力。

1.3.3.4 交联度

聚合物胶黏剂的内聚强度，是随着交联密度的增加而增大。这与交联点的数目和交联分子的长度有关，随着交联点的数目的增加，交联间距变短以及交联分子长度变短，交联后的胶黏剂变得又硬又脆，因而会降低胶黏剂的内聚强度。

在胶黏剂中加入交联剂，虽然会减弱相容性并丧失黏附性，但胶黏剂的极性基团被适当吸收在被胶接材料的表面上后，使还未反应的交联剂有提高胶黏剂内聚强度和胶接强度的作用。例如，使用胶接完成后就完成交联的橡胶类胶黏剂，即可得到胶接强度和内聚强度都很高的胶接制品。

1.3.3.5 极性

被胶接材料的极性与润湿性关系较大。含有极性分子水、乙醇、酯类等的胶黏剂能很好地润湿被胶接材料，有利于胶接。一般来说，随着胶黏剂极性的增强（或极性基团的增多），胶接强度在开始时会增加，但到了一定程度后，增加极性基团，胶黏剂的内聚强度增大，胶黏剂不易流动，从而对被胶接材料湿润不良，胶接强度下降。非极性胶黏剂胶接非极性材料，极性胶黏剂胶接极性材料。

1.3.3.6 胶黏剂的分子量及分子量分布

聚合物胶黏剂的分子量大小及其分布对胶接强度有较大的影响。分子量较小时，具有较低的熔点，较小的黏度，胶接性能良好，但内聚能较低，获得的胶接内聚强度不高；聚合物分子量较大时，难以溶解，熔点高，黏度较大，胶接性能较差。不过内聚强度较大，可能获得较高的胶接强度。一般胶黏剂所用聚合物应在相应的分子量范围内，胶黏剂才能有良好的胶接性能和较高的胶接内聚强度。在极性胶黏剂主剂选用和分子结构设计时，应当控制聚合物的分子量。一般在适宜的分子量范围内，分子量偏低时，胶接强度高。另外，聚合物的平均分子量相同而分子量分布不同时，其胶接强度也不同。低聚物含量较高时，胶接接头破坏呈内聚破坏；聚合物含量高时，胶接接头破坏呈界面破坏。

1.3.3.7 胶黏剂的固化

胶黏剂在固化或者硬化过程的物理化学性质的变化，对胶接强度和胶接破坏产生很大的影响，因为胶黏剂的固化或者硬化是决定胶接制品质量的一个重要方面。从胶黏剂的固化方式可将其分成硬化和固化两种。硬化是物理过程，是指胶黏剂通过干燥、结晶等物理过程而变硬的现象。固化是化学过程，是指胶黏剂通过化学反应（聚合、缩聚等）提高强度等性能的过程。

（1）溶液胶黏剂　溶液胶黏剂是指可溶解于适当的溶剂的胶黏剂。其固化是通过润湿被胶接材料表面之后将溶剂挥发掉，从而产生一定的胶接力。溶剂胶黏剂的硬化是随着溶剂的挥发，溶液的浓度不断增大，最后达到一定强度。因此溶剂胶黏剂的硬化速度决定溶剂的挥发速度。一些难以挥发的溶剂需要很长的固化时间，相反，如果溶剂挥发的速度太快，胶黏剂的黏度增加速度也过快，这样不利于润湿被胶接材料的表面，胶接强度下降。因此在合成溶液胶黏剂时要根据其适用环境和胶接强度要求选择合适的溶剂。

（2）乳液胶黏剂　乳液胶黏剂也是采用硬化的方式进行胶接，主要是通过乳液中的水分逐渐渗到被胶接的材料中或挥发掉，使乳液的浓度不断增大，最后在表面张力的作用下，使乳液的胶体颗粒发生凝聚而变硬，从而达到胶接效果。环境温度对乳液的凝聚影响较大，当环境温度足够高时，乳液凝聚形成连续的胶膜，当环境温度低于最低成膜温度时，就形成白色不连续的胶膜，胶接强度较低。因此使用乳液胶黏剂时，要注意其使用温度不能低于自身的最低成膜温度。

（3）热熔胶黏剂　热熔胶黏剂一般为热塑性聚合物胶黏剂，是通过加热使其熔融而获得流动性，从而润湿被胶接材料的表面，冷却而发生硬化，达到胶接效果。在配置热熔胶黏剂时，必须解决好胶黏剂的强度和熔融体黏度的关系。聚合物的胶黏剂必须有足够高的分子量才能具有一定强度和韧性，但熔融体的黏度也是随着分子量的增加而增大，提高温度可以降低熔融体的黏度，但温度过高又会引起聚合物的降解而影响强度。因此，为了提高热熔胶的流动性和对被胶接材料的黏附作用，必须加入各种辅助成分。热熔胶包括很多组分，其中最重要的是黏料（使两种被胶接材料结合在一起时起主要作用的组分）、蜡类、增黏剂、填料和抗氧化剂。

（4）热固性胶黏剂　热固性胶黏剂是具有三维网状体型结构的聚合物。获得三维网状结构的胶黏剂有两种方法：一是把线型结构的聚合物通过加入固化剂或者其他助剂进行交联起来。例如，橡胶的硫化、环氧树脂的固化剂以及不饱和聚酯的引发剂等。二是由多官能团的原料或者以缩聚或者聚合等方式形成三位交联结构的树脂。例如，脲醛树脂、酚醛树脂、聚氨酯胶黏剂等。在一些热固性胶黏剂的固化过程中，这两类交联反应可能同时存在，例如，脲醛树脂、酚醛树脂等。

1.3.3.8　胶层厚度

要想获得良好的胶接强度，胶接层的厚度在不产生缺胶的条件下，应尽可能地薄且均匀。为防止缺胶，胶黏剂的用量要足够，以便能够填充被胶接材料表面的孔隙，并填平凹凸不平的表面，形成连续的胶膜，形成有效的胶接强度。一般希望胶接层的厚度在 20～50μm。其理由为：①薄胶层变形需要的力比厚胶层大，胶接层越薄，使凝聚力降低，缺陷进入的概率减小，减少了胶接层中的应力集中点；②在胶接层中产生的内应力小，而且能使其易于向被胶接材料分散，耐老化性也提高，胶层越厚，由膨胀差引起的界面内应力与热应力越大；③随着胶层厚度的增加，流变或蠕变的概率变大；④坚硬的胶黏剂，胶接界面在弯曲应力的作用下，薄胶层的断裂强度比厚胶层的高；⑤胶层越厚，气泡及其他缺陷的数量增加，早期破坏的概率增加。

1.3.3.9 其他影响因素

获得良好的胶接强度除上述阐述的重要影响因素外，还与被胶接材料的特性、胶黏剂的特性、胶接工艺的相关因素有关。例如，如被胶接材料为木材，则与木材的密度、树种、含水率、纤维方向、抽提物有关；胶黏剂的特性还有胶黏剂的黏度、pH 值、渗透性；胶接工艺的影响有调胶工艺、适用期、施胶量、陈化与陈化时间、加压与加压时间以及固化温度与时间。

1.4 胶接接头的老化问题与环境实验

胶接接头和其他各种材料一样，在其使用或存放过程中，由于受到热、水、光、氧气等环境因素的作用，性能会逐渐下降，以至不能使用，甚至完全破坏。这就是胶接接头的老化。一个胶接接头形成以后，除了对它的力学性能进行一系列测试外，更重要的是，还要对它进行一系列的老化试验（也称环境试验），才能最后判断它是否真正适用而且可靠。

但是，人们对材料进行各种老化试验的目的，并不仅仅限于评述材料老化性能的好坏，而且还在于通过大量的试验研究，了解和掌握各种环境因素作用于材料的机制和规律性，从而根据对这种机制和规律性的认识，提出抵抗和防止材料老化的有效措施，或者设计出更耐老化的新材料。

研究胶接接头的老化，除了要考虑环境因素分别对胶黏剂和被胶接物在界面上的相互作用外，大量实验证明，金属、玻璃、陶瓷等亲水性材料的胶接接头的大气老化问题要比塑料、橡胶等疏水性材料的相应接头来得严重。这显然是与两者在胶接界面上有显著不同的性质有关。所以，胶接接头的老化问题要比组成它的胶黏剂和被胶接材料本身的老化问题复杂得多。目前，人们对这个问题的系统研究还不多，认识还不很深入。

1.4.1 胶接接头的大气老化

大多数胶黏剂，尤其是在航空工业和建筑业上得到广泛应用的胶黏剂，都是在室外自然气候条件下使用或存放的。它们必须长期受到日光、大气、风雨等各种气候因素的作用，因此，胶黏剂的室外耐大气老化性能也就特别受到人们的重视。早在20世纪50年代初期，国外就已经有人开始对木材胶合板和金属胶接接头进行比较系统的大气老化试验。

目前，国内外广泛采用大气暴晒试验法来研究胶黏剂的大气老化性能。这种方法比较接近实际使用情况，所取得的老化数据实用意义较大。但是，这种试验法的老化条件常根据试验地点、时间和气象情况而变化，不能进行人为的控制，所以试验结果往往缺乏重复性，难以进行定量的分析研究。此外，该法所用的时间较长，一次试验往往需要一年乃至几年才能得出结果。为了在较短的时间内得到结果，发展出各种人工加速老化试验，如人工气候加速老化试验、高温高湿试验、水浸-干燥循环试验、高低温交变试验等。但是，这些试验方法至今都还很不完善，只能进行定性的比较和筛选，还不能用来进行定量的动力学研究，而且，这些人工加速老化试验仍然必须以大气暴晒试验作为它们检验和比较的基准。

大气暴晒试验首先必须选择合适的地点，还要对试验场所的各种气象资料进行测定和记录。试验时间一般至少要经过一个气候周期（一年）。

金属胶接接头的一些老化规律：①即使完全相同的胶接接头，老化试验地区不同，试验结果也可能会有很大的差别，人们一般将潮湿炎热地区的大气老化数据看作是典型的数据；②除胶黏剂外，被胶接金属及其表面处理方法、偶联剂和底胶的使用与否、固化条件等皆影响胶接接头的大气老化性能；③水是引起金属胶接接头大气老化的最基本因素。

1.4.2 胶接接头的热老化

许多金属胶接件需要长期在较高的温度下使用，军用超声速飞机要求能在150℃的高温下使用数百小时，大型超声速客机的结构则要求在更高的温度下长期使用（数万小时），因此胶接接头在高温下的行为，尤其是它在空气中的长期热老化问题，也像它的大气老化一样引起人们的特别重视。

胶黏剂的热老化机制与其他高分子材料一样，遇热后将产生两种变化。①物理变化。线型结构的热塑性胶黏剂表现为软化和熔融；交联的热固性胶黏剂表现为外力下能产生较大变形。②化学变化。主要表现为热分解，有氧气存在时将同时发生氧化分解，表征这些变化的主要温度参数是玻璃化温度（T_g）、热变形温度（HDT）、熔点（T_m）和分解温度（T_d）等。当胶黏剂受热超过玻璃化温度或热变形温度时，力学性能就会显著降低，当温度达到熔点或分解温度时，胶黏剂就完全不能使用。

物理变化一般是可逆的，当温度降低后力学强度常会得到恢复；但化学变化则是不可逆的，往往产生永久性破坏，是胶黏剂热老化的主要原因。

一般认为，氧气首先氧化高分子链中易被氧化的化学键，生成的过氧化物分解为自由基，进而引起自由基连锁性分解反应。

金属被胶接物及其表面处理对胶黏剂的热老化有很大的影响，而且不同的胶黏剂，其影响的程度和规律是不一样的。

1.4.3 木材胶接接头的老化

除各种木材胶接结构件外，多层胶合板及刨花板和集成板材也都是通过胶黏剂胶接制成的。这些木材胶接材料一般都在常温下，室外或室内使用并存放，很少受到高温或其他严酷环境的作用，因此，它们的老化主要是大气老化问题。

1.4.3.1 引起木材胶接接头老化的原因

引起木材胶接接头老化的原因是复杂多样的。一般认为，大气中的水、热、日光及接头内部收缩-膨胀应力的作用是普遍性的原因；在特殊情况下还受化学药品、微生物及昆虫等的侵蚀。这些原因中，收缩-膨胀应力的作用和水的降解作用可以认为是最重要的。

众所周知，木材是多孔的亲水性材料。木材中，除了木质素、纤维素和半纤维素等主要成分外，还含有大量的水、树脂、脂肪、精油及其他有机化合物。在某些热带产的阔叶树木材中，水及有机挥发物含量可高达25%以上。在干燥的气候条件下，这些水及挥发物可以逐渐失去；在长期浸水或潮湿的气候条件下，又会重新吸收大量的水，而大量的失水或吸水必然引起严重的体积收缩或体积膨胀。木材胶接接头又和金属胶接接头不同，除了被胶接木材与胶层之间收缩-膨胀率有很大的差异外，木材中各种细胞之间、细胞膜与细胞质之间收缩-膨胀率也有比较大的不同。这就必然导致在这些地方产生很大的收缩-膨胀应力。此外，环境温度的周期性变化照例还会产生热应力。大量实践早就证明，这些应力是引起木材胶接件老化破坏的一个极其重要的原因。例如，潮湿地区制造的木器家具到干燥地区使用时，往往会产生严重的开裂或变形。用偏光显微镜观察大气老化后的木材表面，证实微小的裂缝首先在细胞膜或细胞间生成，然后逐渐扩展致使整个表面产生龟裂破坏；细胞膜内的这些微小裂缝也是木材疲劳破坏的初期现象。用显微镜观察三层胶合板在水煮-干燥或连续水煮等人工加速老化试验时表面和断面的变化情况，也证实了表面和断面的裂缝及胶层的剥离破坏几乎都是首先从收缩-膨胀率差别大的那些地方开始发生，然后扩展到其他地方的。

水对胶层的降解作用是引起木材胶接件老化破坏的另一个重要原因。早已证明，血蛋白、大豆蛋白等木材用动植物胶在老化条件下有明显的水解作用；脲醛树脂、三聚氰胺甲醛树脂等常用的木材用合成胶黏剂也会发生水解，脲醛树脂等胶黏剂的水解动力学研究表明，水解时甲醛浓度增加的对数与水解时间成正比，即水解是一级反应。从水解动力学研究求出的几种常用木材胶黏剂的水解活化能，以及25℃时水解半衰期次序可知，这个次序与这些胶黏剂的木材胶接接头的实际老化情况是完全一致的。

1.4.3.2 影响木材胶接接头老化的因素

(1) 胶黏剂的影响　人们对各种木材用胶黏剂的耐老化性能进行大量的研究比较。综合大量的研究结果，可以认为，常用的几种木材胶黏剂的耐老化性能有如下顺序：热固性酚醛树脂、苯酚-间苯二酚-甲醛共缩合树脂、氨基酚醛树脂＞聚乙酸乙烯酯乳液（俗称“白胶”）、三聚氰胺-甲醛树脂、血粉（加热加压固化）、环氧树脂＞三聚氰胺-脲醛树脂＞脲醛树脂、大豆蛋白胶、酪蛋白胶。

热固性酚醛树脂胶黏剂耐老化性能最好，缺点是必须高温固化才行。苯酚-间苯二酚-甲醛共缩合树脂和最新发展的氨基酚醛树脂既保持了热固性酚醛树脂的优良耐老化性能，又能在室温下快速固化，很有发展前途。脲醛树脂价格便宜，是目前木材加工工业中用量最大的合成树脂胶黏剂，但其老化性能差。在脲醛树脂中加入价格较贵的三聚氰胺-甲醛树脂可显著提高其老化性能，加入量越多，耐老化性能越好。为了少用三聚氰胺-甲醛树脂而取得较好的效果，可采用在脲醛树脂水溶液中直接加入三聚氰胺或加入水不溶的三聚氰胺-甲醛树脂制成悬浊液的方法。这样在胶接时，一部分脲醛树脂渗透到木材空隙中后，胶层中三聚氰胺树脂的含量自然就比原来胶液中的高，故耐水性就更好。有人提出，在脲醛树脂合成中，甲醛与尿素的摩尔比保持在1.4～1.6，尿素分两次添加，并在树脂中加入核桃壳粉做填料，可获得耐水性较好的脲醛树脂胶黏剂。

(2) 木材质量的影响　一般情况下，含水率低的木材比含水率高的耐老化性能好。针叶树材与阔叶树材相比，制成的胶合板在老化过程中胶接强度下降小，胶层的剥离破坏也少，就是这个原因。密度大的木材制成的胶合板老化速度比密度小的快，可能也是由于前者含水率高的缘故。

此外，木材的节子、孔、伤痕等也影响胶合板的老化性能。

(3) 加工工艺的影响　为了获得好的胶接性能，木材的含水率必须保持在一定的范围。为此，在胶合板胶合前一般要对木材单板进行干燥（抽出）处理。实验证明，干燥（抽出）处理的方法及干燥（抽出）后单板的储存条件、储存时间等皆对胶合板的胶接强度和老化性能有很大影响。为了改善胶合板的耐候性和防腐、防虫能力，还可以对单板进行专门的防腐处理。对含水率高的单板一般采用水溶性防腐剂，对干燥的或已经抽出处理过的单板则用油溶性防腐剂（如酚醛树脂）效果较好。

胶层厚度对胶合板的老化性能有很大影响。已经证明，对脲醛树脂或聚乙烯醇改性的脲醛树脂胶合板，胶层的厚度（用调节树脂黏度或加入填料来控制）越大，耐老化性能越好。固化温度和固化程度对胶合板的胶接强度和老化性能也有影响。例如，对三聚氰胺树脂的胶合板来说，高温固化的耐老化性能比中温固化的好。

在工业上，还广泛采用在胶合板的表面粘贴浸渍纸的办法来提高它的耐候性。改善的效果视纸的厚度和密度、浸渍用树脂的种类和含量而异。

1.4.4 人工加速老化试验

在实验室进行人工加速老化试验的目的主要有三个：一是突出环境的某个因素来研究这个因素的作用机制；二是在较短的时间内进行选材；三是估算材料的使用寿命。

（1）恒温恒湿和恒温水浸试验法　恒温恒湿试验法又分为可鼓风的恒温恒湿箱法和密闭的恒温蒸汽浴两种。前者在特制的调温调湿箱内进行，环境的相对湿度可借助流动空气将一定量的水蒸气鼓入试验箱内，以精确地加以调节和控制。后者则利用各种无机盐的水溶液或一定浓度的甘油-水溶液，以获得所需的相对湿度。这种试验法（特别是恒温蒸汽浴法）突出了胶接接头大气老化的基本因素——水的作用，排除了其他因素的干扰，对研究水的作用机制是有特殊意义的。此外，这种试验法设备简单，试验费用低，可广泛用于选材。选材时，试验条件可根据具体要求而定。必须注意，对有些胶接接头的老化，即使用同样的试验条件，箱法和浴法可能产生非常不同的试验结果。

恒温水浸试验可真实地模拟在水中长期使用的胶接接头的老化情况。

（2）人工气候加速老化试验法　人工气候加速老化试验在特制的人工气候加速老化箱内进行，企图完全模仿室外的气候条件并进行加速。日光照射一般采用紫外线碳弧灯、氙灯或汞弧灯做光源来模仿，其中氙灯是模拟日光的紫外线部分最好的光源。人工降雨的条件可按年降雨和平均年降雨量的数据而定。例如，美国规定每 120min 人工降雨 18min；日本规定每 60min 人工降雨 12min；我国一般采用每 60min 人工降雨 9min 的方式。试验温度可按需要进行调节，一般采用50～55℃。相对湿度随温度和人工降雨的情况而变化，但一般皆在 70%以上。

实际上，这种试验法主要加速了日光的照射量和降雨量。例如，用日本东洋理化岛津制作所的 WF-SH-2 紫外型人工气候老化箱，9 天的紫外线量和降雨量相当于日本地区一年的量。因此对于那些紫外线是主要老化因素的合成材料，如各种涂料、聚氯乙烯薄膜、有机玻璃、聚丙烯纤维等，这种加速老化试验法有较大的意义。对胶接接头来说，该试验法只加速了水的作用，而环境的相对湿度又不能精确加以控制，加之试验费用又较大，故只有一般性的意义。

（3）盐雾试验法　盐雾试验法主要反应海面和沿海陆地的大气特点。前面已经指出，盐雾的主要作用是加速被胶接金属的电化学腐蚀，因此该试验法主要考验被胶接金属的这种腐蚀对胶接接头强度究竟有多大影响。试验在特制的盐雾试验箱内进行。盐雾一般由5%的食盐水经人工喷雾造成，试验的温度、喷雾的压力和速度可根据实际使用地区的气象数据加以确定。我国通常采用的试验条件是：5%食盐水，喷雾压力700～800kPa，试验温度35℃，每隔半小时喷雾1次，每次喷雾0.5h。

（4）高低温周期交变试验法　高低温周期交变试验最好在能够自动控制试验温度并使其周期性变化的特制试验箱内进行。试验温度的高低和交变周期的长短可根据具体要求而定。对于航空用胶接接头，一般采用的低温为－60℃，高温则是所要求的最高使用温度。试验时环境的湿度一般不加控制，故高温时相对湿度较小，低温时相对湿度较大。前面已经指出，高低温的周期交变主要可使胶接接头产生内应力并引起开裂，故该试验法主要考验接头抵抗裂缝增加的能力，作为选材的一种手段，有一定的意义。

（5）干-湿周期循环试验法　高温下水浸或置于高温高湿环境下一定时间后再在高温干燥气流中烘烤一定时间作为一个老化循环周期。干-湿周期循环试验法早已广泛应用于胶合板的选材和估算使用寿命。例如，有人用11种人工加速老化方法对9种木材用胶黏剂进行了加速老化，其中只有两种干-湿周期循环试验（循环周期分别为：①沸水煮4h，再61℃烘干20h；②沸水煮10min，冰水浸泡3.75min，再在107℃烘干60min）效果最好，并能用以估算胶合板的大气老化寿命，但此种试验法在金属胶接接头的老化研究中应用得并不普遍。

（6）外应力作用下的人工加速老化试验法　前面已经谈到外应力下高温高湿或高温水浸老化试验，即应力腐蚀试验，可反映出胶接接头在水和应力同时作用下的老化性能，比上述几类试验法更接近实际使用情况。据报道，有人已在设计外应力下干-湿周期循环和高低温周期交变的新的人工加速老化试验，这类试验虽然需要更为复杂的试验设备和更多的试验费用，但仍然很有意义。

选择人工加速老化的试验方法必须要有针对性。若研究老化机制，则必须采用能尽量突出某一因素而排除其他因素影响的试验方法。若用于选材，则试验方法首先要尽可能地模拟使用环境，并力求简单易行。

1.5 胶接接头设计

优良接头的获得，除了与胶黏剂的选用、相应工艺的确定有关外，关键在于胶接接头的设计及其材料的选择。胶接接头构成方法很多，要获得满意的结果，必须进行认真的接头设计，而不是简单地用胶接来代替铆接、焊接等。从力学性能与工艺要求方面考察，其胶接比其他连接方法更复杂。胶接接头设计时，应当综合权衡各方面的影响。例如，受力的性质、方向与大小、接头结构形式、加工可能性、胶接工艺及使用的环境应力等。由于胶接机制尚难彻底揭示，胶黏剂研制和应用发展十分迅速。为了获得优良的胶接接头，必须研究胶接方法本身的特点及胶接接头设计的基本原则。

1.5.1 胶接接头的受力分析

1.5.1.1 胶接接头的基本形式

胶接接头是被胶接材料通过胶黏剂进行连接的部位。胶接接头的结构形式很多，从接头的使用功能、受力情况出发，可以划分成如下八种基本形式：

（1）搭接接头（lap joint）　搭接接头是由两个被胶接部分的叠合，胶接在一起所形成的接头［见图 1-2(a)］。

（2）面接接头（surface joint）　它是两个被胶接物主表面胶接在一起所形成的接头［见图 1-2(b)］。

（3）对接接头（butt joint）　它指的是被胶接物的两个端面与被胶接物主表面垂直的胶接接头［见图 1-2(c)］。

（4）角接接头（angle joint）　两被胶接物的主表面端部形成一定角度的胶接接头称为角接接头［见图 1-2(d)］。

（5）斜接接头（scarf joint）　将两被胶接物切割成非 90°的对应断面，并使该两断面胶接成具有同一平面的接头［见图 1-2(e)］。

（6）T 形胶接接头（T-type joint）　特指两个被胶接物主表面呈 T 形的胶接接头［见图 1-2(f)］。

（7）槽接接头（dado joint）　它是一种榫槽式的胶接接头［见图 1-2(g)］。

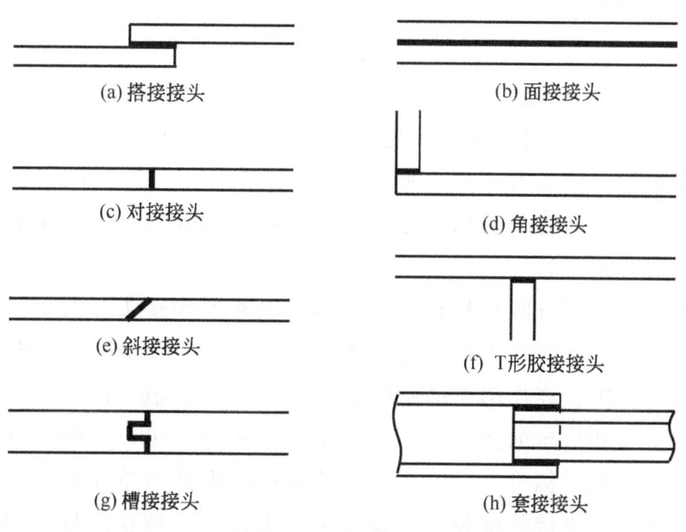

图 1-2　胶接接头的基本形式

(8) 套接接头（dowel joint） 在棒材与管材、管材与管材胶接时，两被胶接物的胶接部位形成销轴或套状结构的接头［图 1-2(h)］。

以上各种基本结构形式，在实际应用中可以联用，也可以采取其他补强措施，以提高接头的强度和增加接头的功能。

1.5.1.2 胶接接头的受力分析

实际的胶接接头形式是多种多样的。受力情况各不相同，况且应力分布不均。接头的破坏既与应力大小有关，也与受力部位及接头内部缺陷、弱界面区有关，因此，接头的受力状况是比较复杂的。通常是借助于标准化的胶接强度测试方法，以典型受力的接头形式，研究胶接接头的力学行为。

接头胶层在外力作用时，有四种受力情况，如图 1-3 所示。

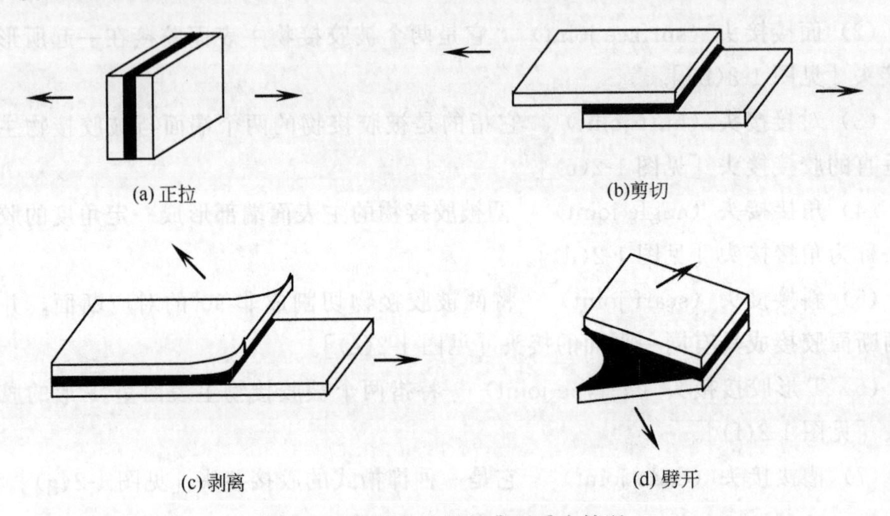

图 1-3 接头中胶层的典型受力情况

(1) 搭接接头 单面搭接接头应用相当广泛，研究得比较充分。接头的应力分布取决于接头的几何形状、尺寸，也取决于被胶接件和胶接工艺。

在外力作用下，接头内部有三种应力：①被胶接物上平行于外力的拉伸应力；②胶黏剂层上平行于外力的剪切应力；③胶黏剂和被胶接物的胶接面上，垂直于胶接面的剥离力（正应力）。

在单面搭接接头部分两端都有应力峰值。单面搭接接头，由于拉力偏离接头中心线而产生弯矩，从而在胶黏剂层产生正应力。在接头破坏前，若金属产生塑性伸长，正应力将因剥离作用而迅速增加，最终导致接头破坏。

若采用轻金属和恰当的搭接长度，此正应力很小，可以忽略不计。可将胶黏剂的抗剪强度作为强度标准。总之，对同种被胶接零件的单面搭接接头的应力集中，存在如下规律：搭接长度越小，应力集中也越小；被胶接材料和胶黏剂层厚度越大，应力集中越小；胶黏剂的柔性越大，应力集中越小；被胶接物越易变曲，应力集中越小。

(2) 斜接接头　Lubkin 指出，胶黏剂层厚度与被胶接物厚度之比小于 0.1 时，应力集中很小；厚度之比小于 0.01 时，应力集中因素可以忽略。

斜接接头受到平行于接头的拉力或压缩力的作用时，斜接接头的拉应力、剪应力集中小，是一种较合理的连接方式。斜接接头设计时，夹角偏小为好，这样可增大胶接面积，且应力小，承载能力较大。

(3) 对接接头　胶层在外力作用下，垂直方向被拉长，横向产生横向收缩。由于胶接面黏附力的限制，使横向收缩受到一定的约束。在外力作用下，对接接头产生纵向拉应力和横向拉应力。

从整体上看，对接接头的应力集中不大，因此，通常推荐对接接头作为胶接强度测量试样。在实际应用中，由于它的胶接面积太小，而且当外力方向稍有偏斜，其受力情况将变成不均匀扯离力，胶接强度将大幅度降低，因此，在胶接连接领域中很少使用。

1.5.2 胶接接头设计

胶接接头设计应当根据接头受力情况，遵照接头设计原则，选择接头结构形式，确定接头尺寸。对需要特别高强度的地方，设计时采取补强措施。

由于胶接机制尚难彻底揭示，典型试验数据难以满足设计要求，因此，对要求具备多种功能的复杂接头，应当进行样件指标测试，设计定型后方可使用。

1.5.2.1 接头设计的基本原则

胶接接头的设计与正确选择胶黏剂和固化剂有关，也与被胶接材料的表面特性及其处理方法有关，同时与环境应力有关，因此，接头设计是一个复杂的问题。对受力接头的设计，应当遵循如下的基本原则：

① 接头受力方向与胶接强度最大的方向相一致的原则。尽量使胶层承受正拉力和剪切力，避免胶层承受剥离力和不均匀扯离力。减小产生剥离、劈裂和弯曲的可能性，必要时采取局部加强的设计措施。

② 缓和应力集中的设计原则。适当改善应力集中的结构要素。例如，适当缩短搭接长度、增大搭接宽度，以及适当增加被胶接材料和胶黏剂层厚度，以缓解应力集中。为减小胶黏剂内的应力集中，胶黏剂的硬度应小于被胶接材料的硬度；构成接头的所有材料的膨胀系数应尽可能一致；构成接头零件的材料种类尽可能少。

③ 具有最大的胶接面积，以提高接头的承载能力。在胶接面积一定的前提下，适当增加宽度、缩短长度。

④ 接头材料选择遵循接头的功能要求与工艺性相结合的原则。

⑤ 提高胶接强度。为此要求胶层薄而均匀，连续而不缺胶，以减少弱界面区

的产生，但易产生应力集中，设计时应当审慎权衡。

1.5.2.2 接头尺寸确定

胶接连接的性能分散性大，一般的分散度在20%左右。接头破坏类型也会因接头内外条件变化而发生转化。标准接头的破坏性强度测试结果，指标重复性较差，在设计中，不能根据标准的胶接强度测试数据来推算实际接头的强度，这给设计带来一定的困难。

胶黏剂的种类繁多，接头形式也各不相同，难有普遍适用的计算公式。多用一些经验公式与实验结果相结合来确定接头尺寸。接头设计还包括接头的典型结构与接头基材的选择。对木材加工来讲，接头设计更重要的是胶黏剂种类的选择与胶接工艺的确定。

1.6 胶黏剂的组成与分类

胶黏剂的组成与分类是从宏观角度阐述胶黏剂的特性与用途的重要方面，随着时代的发展，目前所使用的粘接大都是采用合成高分子化合物为主剂，制备的胶黏剂具有良好的胶接性能，可应用于各种领域。实际胶接所用的胶黏剂是以基料为主剂，配合各种固化剂、增塑剂、稀释剂、填料以及其他助剂等配制而成。最早使用的胶黏剂大都是来源于天然的胶接物质，如淀粉、糊精、骨胶、鱼胶等，以水作溶剂，通过加热配制而成。由于组分单一，不能适应各种用途上的要求。当今的胶黏剂大都是采用合成高分子化合物为主剂，制成的胶黏剂有良好的胶接性能，可供各种胶接场合使用。

1.6.1 胶黏剂的组成

胶黏剂的品种繁多，组成不一，有的简单、有的复杂，但是在胶黏剂的配方中须有一种或几种起主要胶接作用的成分。胶黏剂的主要成分包括，主要成分胶，再配合一种或多种的以下所述其他成分，例如，固化剂、增塑剂、稀释剂、填料、增韧剂、溶剂、偶联剂等组分。

(1) 黏料　黏料也称为基料或主剂。它是胶黏剂中的主要成分，决定了胶黏剂的基本特性，也是区分胶黏剂类别的重要标志之一。不同类型的胶黏剂，其黏料也不同。一种胶黏剂一般由一种或两种，甚至三种聚合物构成。黏料是将两被胶接材料胶接在一起的主要作用的成分，起胶接作用，要求有良好的湿润性、相容性和胶接性。作为黏料的物质有合成树脂，包括热固性树脂（酚醛树脂、脲醛树脂、三聚氰胺·尿素共缩合树脂、三聚氰胺树脂等）、热塑性树脂（聚乙酸乙烯树脂等）、合成橡胶（氯丁橡胶、丁腈橡胶等）；天然高分子物质（淀粉、蛋白质、天然橡胶等）；无机化合物（硅酸盐、磷酸盐等）。有时使合成树脂和合成橡胶相互配合以改善胶黏剂的性能。

（2）固化剂　固化剂是大多数胶黏剂的主要成分，缺一不可，是使液态黏料通过物理或者化学反应，发生凝聚、聚合、缩聚或者交联反应，转变成高分子量的固体，使胶接接头具有较强的力学强度和稳定性的物质。它可直接参与化学反应，使胶黏剂发生固化的成分。胶黏剂必须在流动状态涂布并浸润被胶接物表面，然后通过适当的方法使其成为固体才能承受各种负荷，这个过程称为固化。固化可以是物理过程，如树脂中溶剂的挥发，树脂中乳液的凝聚，以及热熔胶熔融体的凝固。也有些树脂因加热等物理因素引起化学反应而固化的，有些树脂必须有固化剂存在才能使胶黏剂发生固化。固化剂的选择，主要是以黏料分子结构中特征基团的反应特性为依据。不同的聚合物胶料用不同的固化剂。同种黏料，固化剂种类或用量不同时，都可能产生性能差异悬殊的胶黏剂。选择固化剂的原则是固化快、质量好、用量少。为了促进固化反应，有时加入固化促进剂以加速固化过程或降低固化反应温度。热固性树脂常需要用固化剂固化。

（3）填料　填料是不参与反应的惰性物质，胶黏剂体系中应用填料的目的是改善胶黏剂的某些特性、降低成本或赋予它一些新的功能。通常为中性或弱碱性化合物，其主要作用为：

① 提高机械性能　起到补强作用，有些胶黏剂分子间作用力弱，选择合适的颗粒大小的填料可以提高内聚力。常用的无机填料，如金属粉末、金属氧化物和矿物质等均可提高胶黏剂的抗压强度、尺寸稳定性、降低收缩率。但也会降低胶黏剂的某些性能，如剥离强度等。橡胶中加入炭黑、白炭黑、碳酸钙等可提高拉伸强度、硬度和耐磨性。

② 赋予胶黏剂新的功能　胶黏剂中加入银粉制成导电胶；用碳基铁粉制造导磁胶；用铜、铝粉作填料，改善胶黏剂的导热性；环氧树脂中加入铬酸锌，提高强度的保持率，在填料中加入50%的三氧化锑，可增强抗氧化破坏能力。加入$Zr(SiO_3)_2$可降低环氧树脂的吸水性。加入气相SiO_2可改善胶黏剂的触变形，改善工艺操作性能。蛋白质或者含有氨类物质的填料，有降低甲醛系胶黏剂游离甲醛的作用。面粉有延长胶黏剂适用期的作用。

③ 降低胶接接头应力　胶黏剂在固化或者硬化过程中经常是放热反应，填料可以防止局部过热；胶接过程多数情况产生固化收缩，填料可以调节收缩率，如脲醛树脂中加入面粉可减少因固化收缩而产生的龟裂；正确使用填料可以缩小胶黏剂与被胶接材料之间热膨胀系数和膨胀速率的差异，并防止裂缝的延伸，减小胶接接头的内应力。因此添加填料会提高胶接强度，尤其是高温下的剪切强度，但填料不能加入过量，降低胶接强度。

④ 改善操作工艺　胶黏剂可以通过填料增稠获得触变性，适应垂直、悬置施

工，可以调节固化速度，延长使用寿命，利于操作施工。如在脲醛树脂中加入面粉生产胶合板时，可以提高胶液的稠度，防止胶液向木材内过度浸透，造成缺胶和透胶。

填料用量要适当，它要赋予新的相应的功能，又要保证胶黏剂配方的整体优越性能。在调胶配方中填料过多，会使胶黏剂的黏度增大，操作困难，胶料混合不均，胶黏剂与被胶接物的浸润性变差，导致胶接强度降低。

（4）增塑剂　增塑剂是指能改善胶黏剂固化体系中胶层的脆性，提高其塑性的成分，它在固化胶黏剂中能提高弹性和耐寒性。增塑剂是一种高沸点液体或低熔点的固体化合物，与胶料有混容性，但不参与固化反应，在固化过程有从体系中离析出来的倾向。其主要通过隔离、屏蔽、偶合作用，削弱聚合物分子间作用力而达到增塑目的，从而降低软化温度，减小熔体的黏度，增加流动性，改善加工性能和胶黏剂的柔韧性。如邻苯二甲酸二丁酯、邻苯二甲酸二辛酯、磷酸三苯酯等。增塑剂的加入能改善胶黏剂的流动性，提高胶层的冲击强度和伸长率，降低其开裂程度。但是用量过多会使胶层的机械强度和耐热性能有所降低，通常的用量为胶料的20%以内。一般要求无色、无臭、无毒，挥发性小、不燃和化学稳定性好。

（5）增韧剂　增韧剂是一种单官能或多官能团的化合物，能与胶黏剂中主剂反应，成为固化体系的一部分，对增进胶黏剂的冲击性能和伸长率以及开裂等缺陷有较好效果。有些增韧剂能降低胶黏剂固化时的放热量和固化收缩率。部分增韧剂还可以降低胶接接头的内应力，改善胶黏剂的强度、剥离强度、耐低温性能和柔韧性等。它们大都是黏稠液体，如低分子量的环氧树脂、不饱和聚酯树脂、聚氨酯类、聚酰胺、橡胶等。而聚酰胺、聚硫橡胶等也可作为环氧树脂的固化剂。

（6）稀释剂与溶剂　稀释剂是用来降低胶黏剂黏度、增加胶黏剂渗透能力以及改进加工操作性的液体物质。稀释剂中含有活性基团的能参与固化反应的稀释剂称为活性稀释剂；其分子中不含有活性基团，在稀释过程中只达到降低黏度的目的，不参加反应的稀释剂称为非活性稀释剂。活性稀释剂多用于环氧型胶黏剂，加入此种稀释剂，固化剂的用量应增大。非活性稀释剂多用于橡胶、聚酯、酚醛、环氧等类型的胶黏剂。一般来说胶接强度随稀释剂的用量增加而下降。

能溶解其他物质的成分称为溶剂。溶剂在橡胶型胶黏剂中用得较多，在其他类型胶黏剂中用得较少。它与非活性稀释剂的作用相同，主要的作用是降低胶黏剂的黏度，便于涂施操作。

（7）偶联剂　在对难胶接的被胶接材料的胶接过程中，为了使胶黏剂和被胶接物表面之间形成一层牢固的界面层，使原来直接不能胶接或难胶接的材料之间通过这一界面层使其胶接力提高，这一界面层的成分称为偶联剂。偶联剂分析一端的官能团可与被胶接材料表面的活性基团发生化学反应，另一端能与胶黏剂分子发生反应，从而偶联剂在胶黏剂与被胶接材料间起架桥作用，通过它把胶黏剂的表面与被胶接材料的表面连接起来。偶联剂的种类繁多，多以硅烷及其衍生物为主。通常来说，硅烷偶联剂的黏度较低，表面张力低，当涂刷在被胶接材料的表面上，能立刻扩散，并容易渗透到被胶接材料表面极微细的孔隙中，显示了被胶接材料表面作用的特征，大大提高了胶接效果。文献中显示，不同的偶联剂具有的活性官能团是不同的，但都能与共混的胶黏剂的官能团发生化学反应形成化学键。官能团的活性不同，对胶接强度的提高也不同。同时也要注意偶联剂与胶黏剂的相容性，相容性好的偶联剂可以在被胶接材料的表面形成一个均匀的反应层，对胶接效果的提高作用显著。

（8）其他助剂　为满足某些特殊要求，改善胶黏剂的某一性能，有时还加入一些特定的添加剂。加入防老剂以提高耐大气老化性；加入防霉剂以防止细菌霉变；增黏剂以增加胶液的黏附性和黏度；阻聚剂以提高胶液的储存性；阻燃剂以使胶层不易燃烧，提高胶接制品的耐燃性。它们不是必备的组分，依据配方主成分的特性和胶黏剂的要求而定。

1.6.2 胶黏剂的分类

随着胶接技术的飞速进步，胶黏剂已发展为一个独立的工业部门，渗透到各行各业中。胶黏剂也从单一的功能要求，不断地向多功能如耐水性、耐热性、耐候性和导电性等方向发展。在满足这些要求的同时，胶黏剂的应用范围也不断地扩大，商品胶黏剂的种类也越来越多。胶黏剂分类至今尚无统一的方法，但可以从不同角度对胶黏剂进行分类，以突出其不同的特征。

常用的主要有按胶黏剂胶料的主要化学成分、用途、物理表观形态、耐水性和固化方法对胶黏剂进行分类。

1.6.2.1 按胶料的主要化学成分分类

按胶料的主要化学成分分类（表 1-1），胶黏剂可分为无机胶黏剂和有机胶黏剂两大类。无机胶黏剂包括硅酸盐类、磷酸盐类、硫酸盐类等；有机胶黏剂又可分为天然有机胶黏剂和合成有机胶黏剂，合成有机胶黏剂还可分为树脂型、橡胶型、复合型胶黏剂等，它们还可继续分为其他更小的类型。

表 1-1　胶黏剂按主要化学成分分类

外观形态		胶黏剂品种	
有机胶黏剂	天然有机胶黏剂	淀粉类	淀粉、环糊精
		蛋白类	大豆蛋白、血蛋白、骨胶、鱼胶、酪素、虫胶
		天然树脂类	木质素、单宁、松香、树胶
		天然橡胶类	胶乳、橡胶溶液
		沥青类	

续表

外观形态			胶黏剂品种
有机胶黏剂	合成有机胶黏剂	热塑性	聚乙酸乙烯、聚乙烯醇、聚乙烯醇缩甲醛、聚丙烯、聚乙烯、聚氯乙烯、聚氨酯、聚酰胺、不饱和聚酯等
		热固性	脲醛树脂、酚醛树脂、间苯二酚树脂、三聚氰胺树脂、三聚氰胺·尿素共缩合树脂、环氧树脂、不饱和聚酯、聚异氰酸酯、呋喃树脂等
		橡胶型	氯丁橡胶、丁腈橡胶、丁苯橡胶、丁基橡胶、聚硫橡胶、端羧基橡胶、有机硅橡胶、热塑性橡胶
		复合型	酚醛-聚乙烯醇缩醛、酚醛-氯丁橡胶、酚醛-丁腈橡胶、环氧-酚醛、环氧-聚酰胺、环氧-丁腈橡胶、环氧-聚氨酯
无机胶黏剂	硅酸盐类		硅酸盐水泥、硅酸钠(水玻璃)
	磷酸盐类		磷酸-氧化铜
	硫酸盐类		石膏
	陶瓷		氧化锆、氧化铝、氧化镁

1.6.2.2 按胶黏剂的物理表观形态分类

根据胶黏剂的外观形态（表 1-2），可分为液态型、固态型、膏状与腻子型、胶带等。

表 1-2 胶黏剂按物理表观形态分类

外观形态		胶黏剂品种
液态型	水溶液	聚乙烯醇、纤维素、脲醛树脂、酚醛树脂、三聚氰胺树脂、硅酸钠
	非水溶液	硝酸纤维素、醋酸纤维素、聚乙酸乙烯、氯丁橡胶、丁腈橡胶
	乳液(胶乳)	聚乙酸乙烯酯、聚丙烯酸酯、天然橡胶、氯丁橡胶、丁腈橡胶
	无溶剂型	环氧树脂、聚酯丙烯酸、氰基丙烯酸酯
固态型	粉状	淀粉、酪素、聚乙烯醇氧化铜
	片、块状	鱼胶、松香、虫胶、热熔胶
	棒状	环氧胶棒、热熔胶
	胶膜	酚醛-聚乙烯醇缩醛、酚醛-丁腈橡胶、环氧-丁腈橡胶、环氧-聚酰胺、酚醛树脂
带状		黏附型
		热封型
其他形态		膏状与腻子型

1.6.2.3 按胶黏剂的固化方式分类

根据固化方式的不同，可将胶黏剂分为溶剂挥发型、化学反应型和冷却冷凝型（表 1-3）。具体对某个胶黏剂，它的固化方式可能是其中的一种形式，也可能同时具有两种固化形式。如湿固化反应型热熔胶，它既属于冷却冷凝型，同时又属于化学反应型；API 类的水性高分子水乳液属于溶剂（水分）挥发型，而同时加入的异氰酸酯交联剂与体系中含羟基化合物反应，因而又属于化学反应型。

表 1-3　胶黏剂按固化方式分类

<table>
<tr><th>固化方式</th><th colspan="2">固化方法</th><th>胶黏剂品种</th></tr>
<tr><td rowspan="3">溶剂挥发型</td><td rowspan="2">溶剂型</td><td>水</td><td>淀粉、羧甲基纤维素(CMC)、聚乙烯醇(PVA)、大豆蛋白</td></tr>
<tr><td>有机溶剂</td><td>氯丁二烯橡胶溶剂系、聚乙酸乙烯</td></tr>
<tr><td colspan="2">乳液型</td><td>聚乙酸乙烯酯乳液、聚丙烯酸酯乳液</td></tr>
<tr><td rowspan="6">化学反应型</td><td rowspan="3">两液型</td><td>催化剂型</td><td>脲醛树脂、三聚氰胺树脂</td></tr>
<tr><td>加成反应型</td><td>环氧树脂、间苯二酚树脂</td></tr>
<tr><td>交联反应型</td><td>水性高分子异氰酸酯系、反应型乳液、不饱和聚酯</td></tr>
<tr><td rowspan="3">一液型</td><td>热固型</td><td>加热固化型酚醛树脂、三聚氰胺树脂</td></tr>
<tr><td>抢夺反应型</td><td>聚氨酯树脂、α-烷基氰基丙烯酸酯</td></tr>
<tr><td>其他反应型</td><td>光化学反应型树脂、厌氧性固化树脂</td></tr>
<tr><td colspan="3">冷却冷凝型</td><td>骨胶、热熔胶</td></tr>
</table>

1.6.2.4　按胶黏剂的用途分类

按是否能长期承受较大负荷（表 1-4），是否有良好的耐热、耐油、耐水等性能分为结构胶、非结构胶，此外还有能满足某种特定性能和某些特殊场合使用的特殊胶黏剂。

表 1-4　胶黏剂按用途分类

外观形态	胶黏剂品种
结构胶	酚醛树脂、间苯二酚树脂、异氰酸酯树脂胶、酚醛-丁腈橡胶、环氧-酚醛树脂、环氧-聚酰胺等
非结构胶	聚乙酸乙烯、聚丙烯酸酯、橡胶类、热熔胶等
特种胶	导电胶、导热胶、光敏胶、应变胶、医用胶、耐超低温胶、耐高温胶、水下胶、点焊胶等

1.6.2.5　按胶黏剂的耐水性分类

根据胶合制品的耐水程度（图 1-5），可将胶黏剂分为高耐水性胶、中等耐水性胶、低耐水性胶和非耐水性胶。

表 1-5　胶黏剂按耐水性分类

外观形态	胶黏剂品种
高耐水性胶	酚醛树脂、环氧树脂、间苯二酚树脂、异氰酸酯树脂胶、三聚氰胺・尿素共缩合树脂等
中等耐水性胶	脲醛树脂等
低耐水性胶	蛋白类胶等
非耐水性胶	豆胶、淀粉胶、皮骨胶、聚乙酸乙烯乳液等

参考文献

[1] 潘慧铭,黄素娟．表面、界面的作用与粘接机理(一)[J]. 粘接,2003,24(2)：40-45.

[2] 王润珩．粘接过程中配位键力的研究[J]. 粘接,1999,20(6)：8-11.

[3] 翁熙祥．粘接理论研究的一些新进展[J]. 中国胶粘剂,1998,8(5)：38.

[4] Fourche G. An overview of the basic aspects of polymer adhesion. Part I：Fundamentals[J]. Polym Eng&Sci,1995,35:957-967.

[5] Schultz J,Nardin M. Adhesion Promotion Techniques：Technological Applications. Part 1：Theories and Mechanisms of Adhesion[M]. New York:Marcel Dekker,Inc. ,2002.

[6] Kinloch A J. Adhesives in Engineering//Proceeding of the Institution of Mechanical Engineers. 84th Thomas Hawksley Memorial Lecture in Institution of Mechanical Engineers[R]. London,1996.

[7] Kinloch A J. Adhesion and Adhesives[M]. New York：Chapman and Hall；1987,18-100.

[8] Sharpe L H,Schonhorn H. Adv Chem Ser,1964,8:189.

[9] Yang Shuo,Gu Lan,Ronald F. Nondestructive detection of weak joints in adhesively bonded composite structures[J]. Gibson Compos Struct,2001,51：63-71.

[10] Alisa Buchman,Hanna Dodiuk-Kenig. Laser surface treatment to improve adhesion//Mittal K L,Pizzi A. Adhesion promotion techniques：technological applications[M]. New York：Marcel Dekker,Inc,2002:206.

[11] Maeva E,Severina I,Bondarenko S,Chapman G,O′Neill B,Severin F,Maev R G. Can J Phys,2004,82:891.

[12] Lee L H. Adhesive Bonding[M]. New York：Plenum Press,1991.

[13] Mittal K L. In Adhesion Science and Technology[M]. New York：Plenum Press,1975:129.

[14] Walker P. J Adhes Sci Technol,1991,5:279.

[15] Plueddemann E P. J Adhes Sci Technol,1991,5:261.

[16] Chen R,Boerio F J. J Adhes Sci Technol,1990,4:453.

[17] Shultz J,Nardin M. Theories and mechanisms of adhesion. Adhesion Promotion Techniques：Technological Applications[M]. New York：Marcel Dekker,Inc,2002:19.

[18] Swadener J G,Liechti K M,Lozanne A. J Mech Phys Solids,1999,47:223-258.

[19] Kinloch A J. J Mater Sci,1980,15:2141-2166.

[20] Petrie E. Handbook of Adhesives and Sealants[M],McGraw-Hill Companies,2000.

[21] 臧庆来,张行,吴国勋．胶接连接件应力分析新模型与新方法[J]. 航空学报,2006,27(6)：1051-1057.

[22] 潘思曦．胶接接头设计及检验方法[J]. 机械管理开发,2010,25(1)：37-39.

[23] 张颖怀,许立宁,路民旭．高聚物/金属界面微观的表征方法[J]. 材料导报,2007,21(4)：44-46.

[24] 徐溢,唐守渊,陈立军．反射吸收红外光谱法研究铝表面硅烷试剂膜的结构与性能[J]. 分析化学,2002,30(4)：464-466.

[25] 金林．用于苛刻环境中的有机硅胶黏剂[J]. 精细与专用化学品,1985,(1):8-9.

[26] 周培光．SGA型胶黏剂的合成及粘接行为研究[J]. 粘合剂,1990,(3)：11-15.

[27] Petrie E. Handbook of Adhesives and Sealants[M]. McGraw-Hill companies,2000.

[28] 陆关兴．胶接接头设计[J]. 粘接,1986,7(4)：39-47.

[29] 何平笙,周志强,潘才元．制备高强度胶粘剂的新途径[J]. 粘接,1984,5(6)：30-33.

[30] 胡巧玲,朱永群．聚氨酯胶粘剂的分子设计[J]. 中国胶粘剂,1995,5(5)：7-11.

2 醛类树脂胶黏剂

醛类胶黏剂是指含有氨基或者其他官能团的化合物与醛类化合物反应生成的聚合物。传统的人造板加工业主要采用醛类胶黏剂，通常所说的三醛树脂，即酚醛树脂（PF）、脲醛树脂胶（UF）、三聚氰胺甲醛树脂胶（MF）。胶黏剂作为一种重要的黏合材料，在工业和人们的日常生活中发挥着重要的作用。目前，木材工业胶黏剂是胶黏剂中所占比例最大的一类。随着人们生活水平的不断提高，建筑装修、家具制造等对木材及人造板的需求与日俱增，我国木材工业胶黏剂也得到了迅猛的发展，在我国经济发展中所起的作用也越来越大。

2.1 脲醛树脂胶黏剂

脲醛（UF）树脂是一种尿素和甲醛在催化剂（碱性催化剂或酸性催化剂）的作用下，缩聚成初期脲醛树脂，然后在固化剂或助剂作用下，形成不溶、不熔的末期树脂，它属中等耐水性胶黏剂。脲醛树脂于1844年由B. Tollens首次合成，1929年德国染料公司（IG公司）获得UF树脂用于胶接木材的专利，其产品名叫Kanrit Leim，是一种能在常温固化胶接木材的脲醛树脂预聚体，引起人们的重视。1931年脲醛树脂首次在市场销售。从此以后，UF树脂在木材加工行业中得到了广泛应用和迅速发展。

由于脲醛树脂固化后胶层无色，工艺性能良好，成本低廉，并具有优良的胶接性能和较好的耐湿性，在木材胶接领域中的使用量不断增加。现在仍是木材工业使用量最大的合成树脂胶黏剂，特别是生产人造板的主要胶种，它既可用于胶接木材和非木质材料，又可用于浸渍纸张作人造板表面的装饰材料。

UF树脂胶黏剂由于其成本低廉、原料来源丰富、固化胶层无色、操作性能好，以及良好的胶接性能等一系列优点，成为我国人造板生产的主要胶种。也是木材加工业中使用量最大的合成树脂胶黏剂，占该领域胶黏剂使用量的80%以上。

随着使用脲醛树脂胶黏剂制造的木材胶接制品使用量的增大，木材胶接制品的甲醛释放已成为社会问题。20世纪60年代，人们开始着手研究有关脲醛树脂甲醛释放的问题。到20世纪70年代，随着分析仪器的发展，人们对UF树脂的结构、反应动力学、改性研究、固化机理有了进一步的认识。

2.1.1 合成脲醛树脂的原料

合成脲醛树脂的主要原料是尿素和甲醛。此外还需要一定量的酸碱催化剂及助剂等，在此就尿素和甲醛与合成树脂有关的物理化学性质作简单介绍。

2.1.1.1 尿素

尿素又名脲，学名碳酰胺。分子式：$CO(NH_2)_2$，分子量：60.055，熔点：132.7℃。尿素为无色针状结晶或白色结晶，呈弱碱性，易溶于水、甲醛、乙醇和液态氨。晶体尿素的吸湿性很强，吸湿后结块。

尿素在稀酸或稀碱中很不稳定，在稀碱中加热50℃以上时放出氨，在稀酸液中放出二氧化碳：

$$H_2N-\overset{\overset{\large O}{\|}}{C}-NH_2 \xrightarrow{H_2O} \begin{cases} NH_4^+ + CO_3^{2-}\uparrow \\ CO_2 + NH_3\uparrow \end{cases}$$

尿素在熔点温度以下相当稳定，在微微超过它的熔点加热时，则分解成氨和氰酸。假若加热不太强烈，有些氰酸和脲结合，形成缩二脲。硫酸铜和缩二脲反应呈紫色，可用来鉴定尿素。

$$H_2N-\overset{\overset{\large O}{\|}}{C}-NH_2 + HOC\equiv N \longrightarrow H_2N-\overset{\overset{\large O}{\|}}{C}-NH-\overset{\overset{\large O}{\|}}{C}-NH_2$$

尿素的主要用途为农业肥料及树脂、塑料、医药、食品等工业原料。

2.1.1.2 甲醛

甲醛的分子式：HCHO，分子量：30.03，沸点：−19.5℃。甲醛在常温下为气体。当空气中浓度达到0.15～0.3mg/m^{3}时，使人感到刺激眼睛和呼吸道黏膜；浓度在2.4～3.6mg/m^{3}时，对呼吸道黏膜起刺激作用，也会刺激皮肤，引起灼伤。我国规定一般空气中的浓度≤1.0mg/m^3，生产车间≤3.0mg/m^3。1987年美国环保署将甲醛列为人类可疑致癌物（B-1组），并规定在甲醛浓度超过0.5mg/L的环境中应设有警示标志。1992年修改规定甲醛的8h工作环境允许浓度为0.75mg/L，15min短期工作环境的允许浓度为2mg/L。甲醛剧烈中毒会使人失去知觉。2015年发表的研究结果表明，当室内空气中甲醛含量达到0.06～0.08mg/m^{3}时，儿童就会发生轻微气喘；当甲醛超标2倍达到0.2mg/m^{3}时，就有异味和不适感；当甲醛超标3倍达到0.3mg/m^{3}时，可刺激眼睛，引起流泪；

当甲醛超标 4 倍达到 0.4mg/m^{3}时，可引起咽喉不适或疼痛；当甲醛超标 5 倍达到 0.5mg/m^{3}时，可引起恶心呕吐，咳嗽胸闷，气喘甚至肺水肿；当甲醛含量达到 30mg/m^{3}时，会立即致人休克死亡。

甲醛易溶于水，甲醛含量为37%的水溶液称为福尔马林，其水溶液为甲二醇、聚甲醛、甲醇、甲酸及水的混合物。工业用甲醛水溶液为透明液体，混入铁等物质后呈淡黄色。工业甲醛水溶液合格品甲醛含量为 36.5%～37.4%。

甲醛水溶液易被氧化，极易聚合且遇冷聚合变浑浊。在硫酸存在下与变色酸（1,8-二羟基萘-3,6 -二磺酸）一起加热 10min，出现亮紫色，此方法可用于检测溶液中是否含有甲醛。

甲醛溶于水后的水合物为甲二醇，甲二醇与甲醛继续聚合生成半缩醛，如此聚合下去形成多聚体的水合物——多聚甲醛：

$$CH_2O + H_2O \rightleftharpoons HOCH_2OH$$

$$HOCH_2OH + CH_2O \rightleftharpoons HOCH_2OCH_2OH$$

$$HOCH_2OH + nCH_2O \rightleftharpoons HO(CH_2O)_{n+1}H$$

甲醛的水溶液在储存过程中形成聚合度 $n>3$ 的聚甲醛，是微溶于水的沉淀，加热可使其溶解，但加热温度不要超过 50℃，且不可用明火加热。甲醛水溶液的有效储存期为三个月。

为了防止甲醛自聚，常在甲醛水溶液中加入甲醇。甲醇含量越高，甲醛水溶液储存期间的容许温度就越低，但甲醇添加量过多会降低甲醛与尿素的反应速度，一般甲醇含量为 8%～12%。但近年来，甲醛生产企业为追求甲醛转化率而提高效益，极力降低甲醇含量，通常小于 2%。

甲醛易氧化生成甲酸，甲酸含量随甲醛水溶液储存时间的延长而增加：

$$2CH_2O + O_2 \longrightarrow 2HCOOH$$

甲醛在碱性介质中发生歧化反应生成甲酸和甲醇：

$$2CH_2O + H_2O \longrightarrow CH_3OH + HCOOH$$

甲醛与氨反应生成六亚甲基四胺和盐酸：

$$6CH_2O + 4NH_4^+ \longrightarrow (CH_2)_6N_4 + 4H^+ + 6H_2O$$

甲醛与其他一系列羟甲基化合物如聚乙烯醇、淀粉和纤维素也可以发生反应。甲醛是一种反应性很强的物质，大量被用于制造合成树脂、合成纤维、医药、塑料防腐剂及还原剂等产品。

2.1.2 脲醛树脂合成反应机理研究

经典理论认为，UF 树脂的合成分为两个阶段。第一阶段在中性或弱碱性（pH＝7～8）介质中，尿素与甲醛进行羟甲基化反应即加成反应，可生成一羟甲基脲、二羟甲基脲、三羟甲基脲和四羟甲基脲，其中四羟甲基脲从未分离出来过。

第二阶段在酸性条件下进行缩聚反应，当分子量达到一定程度时，将反应液的 pH 值调至 8～9，并降温至常温，得到脲醛树脂的初期缩合液。

2.1.2.1 尿素与甲醛的加成反应

尿素和甲醛在中性或弱碱性介质（pH＝7～9）中进行反应时，首先进行加成（羟甲基化）反应，依摩尔比的不同可生成初期中间体一羟甲基脲同系物、二羟甲基脲同系物和三羟甲基脲同系物。这些羟甲基衍生物是构成未来缩聚产物的单体。

1mol 的尿素与不足 1mol 的甲醛进行反应，生成一羟甲基脲。

$$H_2N-\overset{O}{\overset{\|}{C}}-NH_2 + HO-CH_2-OH \longrightarrow H_2N-\overset{O}{\overset{\|}{C}}-NHCH_2OH + H_2O$$

尿素　　水合甲醛　　一羟甲基脲

（白色固体，熔点111～113℃）

1mol 的尿素与大于 1mol 的甲醛进行反应生成二羟甲基脲。

$$O=C\begin{cases}NH_2 + HO-CH_2-OH\\NH_2 + HO-CH_2-OH\end{cases} \longrightarrow O=C\begin{cases}NH-CH_2-OH\\NH-CH_2-OH\end{cases} + 2\,H_2O$$

二羟甲基脲

（白色微晶体，熔点121～126℃）

$$\xrightarrow{+CH_2O} O=C\begin{cases}NH-CH_2-OH\\N(CH_2OH)-CH_2-OH\end{cases}$$

三羟甲基脲

以上反应在水溶液中是可逆的，反应程度进行到平衡反应阶段。羟甲基脲的分子中含有亲水性的羟基（—OH—），因而都能溶于水，还可溶于乙醇等有机溶剂中。研究结果表明，在加成反应中，尿素分子氨基上剩余氢原子的反应活性随着羟甲基的引入而依次降低，所以生成一羟甲基脲、二羟甲基脲和三羟甲基脲的反应速度比例为 9∶3∶1。当尿素与甲醛的摩尔比高于 1∶2 时，生成三羟甲基脲的数量增多。但是，尽管甲醛的用量再增加，1mol 的尿素也只能结合 2.8mol 的甲醛，所以四羟甲基脲即使生成其量也不会太多。在合成脲醛树脂时，二羟甲基脲的生成非常重要。

2.1.2.2 尿素与甲醛的加成机理

（1）尿素与甲醛在碱性环境下的加成机理　尿素与甲醛的加成反应，在碱性条件下反应的控制因素是尿素负离子的浓度，碱性催化剂从尿素分子中吸引了一个质子，生成带负电荷的尿素负离子，尿素负离子再与甲醛反应，其反应机理：

$$H_2N-\overset{O}{\overset{\|}{C}}-NH_2 + OH^- \longrightarrow H_2N-\overset{O}{\overset{\|}{C}}-NH^- + H_2O$$

$$H_2N-\overset{O}{\overset{\|}{C}}-NH + H-\overset{O}{\overset{\|}{C}}-H^- \longrightarrow H_2N-\overset{O}{\overset{\|}{C}}-NHCH_2O^-$$

$$H_2N-\overset{\overset{\displaystyle O}{\|}}{C}-NHCH_2O^- + H_2O \longrightarrow H_2N-\overset{\overset{\displaystyle O}{\|}}{C}-NHCH_2OH + OH^-$$

同时，在碱性条件下甲醛分子内形成离子$^+CH_2O^-$，C^+与来自于尿素中NH_2的N原子非共用电子对相配位；其次，NH_2基氮的H脱离与O^-中和，生成一羟甲基脲。

当尿素与甲醛的摩尔比大于1∶1时，生成的一羟甲基脲上带有的—NH_2—基团也会和甲醛反应，生成二羟甲基脲。但是—NH_2—基和—NH—基的反应速率相差很大，如果甲醛很多，也可生成三羟甲基脲和四羟甲基脲，他们的存在还只有间接的证明。

(2) 尿素与甲醛在酸性条件下的加成机理　在酸性条件下，甲醛受氢离子的作用，首先生成带正电荷的亚甲醇，再与尿素反应生成不稳定的羟甲基脲，进而脱水缩聚，生成以亚甲基键连接的低分子缩聚物或亚甲基脲，其反应历程如下：

$$CH_2O + H_2O \rightleftharpoons HO-CH_2-OH$$

$$HO-CH_2-OH + H^+ \rightleftharpoons {}^+CH_2OH + H_2O$$

$$H_2N-\overset{\overset{\displaystyle O}{\|}}{C}-NH_2 + {}^+CH_2OH \longrightarrow H_2N-\overset{\overset{\displaystyle O}{\|}}{C}-{}^+NH_2CH_2OH$$

$$H_2N-\overset{\overset{\displaystyle O}{\|}}{C}-{}^+NH_2CH_2OH \longrightarrow H_2N-\overset{\overset{\displaystyle O}{\|}}{C}-NHCH_2OH + H^+$$

$$\xrightarrow{pH<3} \begin{cases} H_2N-\underset{\underset{\displaystyle O}{\|}}{C}-NH-CH_2HN-\underset{\underset{\displaystyle O}{\|}}{C}-NH-CH_2OH \\ H_2N-\overset{\overset{\displaystyle O}{\|}}{C}-N=CH_2 + H_2O \end{cases}$$

上述反应表明尿素与甲醛可在酸性和碱性不同反应介质中发生加成反应，反应体系pH值对反应进行方向、产物的化学构造以及反应速率等都有一定程度的影响；尿素与甲醛的加成反应速率和反应产物的化学构造反过来同时也对反应介质的酸碱度产生影响。

通常合成脲醛树脂时，加成阶段多是在弱碱性条件下进行的。例如，用碱液（NaOH水溶液）将甲醛水溶液的pH值调节至8～9，然后根据摩尔比确定尿素添加量。由于尿素的加入，会使反应液的温度下降10℃左右，然后再升温到80～90℃。在这个阶段，从凝胶色谱分析发现尿素的峰降低（即含量减少），一羟甲基脲和二羟甲基脲的峰增高（含量增加），随着羟甲基化阶段的继续进行，尿素及一羟甲基脲的浓度减少（峰降低），二羟甲基脲的浓度增加（峰增高），并有缩聚物生成，此阶段pH值下降至6～7。

2.1.2.3 尿素与甲醛的缩聚反应

合成脲醛树脂的缩聚反应（或树脂化反应）是羟甲基化合物形成大分子的反

应阶段，在酸性或碱性条件下均可进行。但由于碱性条件下缩聚反应速率非常缓慢，因而工业上合成脲醛树脂均在弱酸性条件下进行，缩聚发生在羟甲基间或者羟甲基与尿素间发生的反应。形成大分子的缩聚反应历程可能有以下几种途径。

① 一羟甲基脲中的羟基和尿素中的氨基或一羟甲基脲中氮上氢原子作用生成亚甲基（$—CH_2—$）并脱去一分子水。

$$NH_2—CO—NHCH_2OH + NH_2—CO—NH_2 \longrightarrow NH_2—CO—NHCH_2NH—CO—NH_2 + H_2O$$

② 二羟甲基脲与尿素间的缩聚反应生成亚甲基键（$—CH_2—$）并脱去一分子水。

$$HOCH_2NH—CO—NHCH_2OH + NH_2—CO—NH_2 \longrightarrow$$
$$HOCH_2NH—CO—NHCH_2—NH—CO—NH_2 + H_2O$$

③ 一羟甲基脲间的缩聚反应生成亚甲基键并析出水。

$$NH_2CONHCH_2OH + NH_2—CO—NHCH_2OH \longrightarrow$$
$$NH_2—CO—NH—CH_2—NH—CO—NHCH_2OH + H_2O$$
$$NH_2—CO—NH—CH_2—NH—CO—NHCH_2OH + NH_2—CO—NHCH_2OH \longrightarrow$$
$$NH_2—CO—NH—CH_2—NH—CO—NHCH_2—NH—CO—NHCH_2OH + H_2O$$

④ 一羟甲基脲与二羟甲基脲间的缩聚并析出水。

$$NH_2CONHCH_2OH + HOCH_2NHCONHCH_2OH \longrightarrow$$
$$\begin{array}{l} \qquad NHCH_2NCH_2NCH_2NCH_2OH \\ O{=}C \qquad\qquad\quad C{=}O\;C{=}O\;C{=}O \quad + H_2O \\ \qquad NHCH_2NH \quad\; NHCH_2NH \end{array}$$

⑤ 二羟甲基脲间的羟基与另一个一羟甲基脲或者二羟甲基脲中的羟基进行相互作用缩聚反应脱掉一分子水形成二亚甲基醚键（$—CH_2OCH_2—$）。

$$HOCH_2NHCONHCH_2OH + HOCH_2NHCONHCH_2OH \longrightarrow$$
$$\begin{array}{l} \qquad NHCH_2OCH_2NH \\ O{=}C \qquad\qquad\qquad C{=}O + H_2O \\ \qquad NHCH_2OCH_2NH \end{array}$$

$$\begin{array}{l} \qquad NHCH_2OCH_2NH \\ O{=}C \qquad\qquad\qquad C{=}O \end{array}\!\!\longrightarrow\!\! \begin{array}{l} \qquad NHCH_2NH \\ O{=}C \qquad\qquad C{=}O + CH_2O \end{array}$$
$$\begin{array}{l} \qquad NHCH_2OCH_2NH \qquad\qquad\qquad\quad NHCH_2NH \end{array}$$

尿素与甲醛缩聚产物的特征是既有羟甲基基团，又有亚甲基基团。随着缩聚反应的继续进行，分子量逐渐增大，树脂中这些基团的相对含量也逐渐增加，黏度也随着缩聚程度的增加而增大。由于体系中羟甲基数量的不断减少，树脂的水溶性逐渐降低，形成线型或带有支链的缩聚物，包括大量活性端基如羟甲基、酰胺基等，能溶于水。缩聚物分子量分布比较宽，可从几百到几千。若参与反应的甲醛多，则体系中的羟甲基量也越多。官能团的含量直接影响树脂的黏度、储存稳定性、与水混合性、固化速度以及其他性质。因此尿素与甲醛的摩尔比对树脂性能有较大的影响。

缩聚反应具体合成工艺是用甲酸等调节 pH 至 4～5 左右，根据使用要求控制好树脂缩聚程度，避免凝胶。当达到预定的反应终点时即用碱中和。由于此时的固体含量为 45%～50%，比较低，根据被胶合对象不同的使用要求，有时需真空脱水，提高固体含量至 60%～65%。

2.1.2.4 UF 树脂固化机理研究

脲醛树脂为分子量低于 200，并且分子间相互作用不能分离的低分子聚合物的混合物。它经长期储存或在温度和固化剂的作用下，树脂从线型结构转化成体型结构，即转变成不溶、不熔的热固性脲醛树脂。这种转变是树脂分子链间缩聚反应的结果，也是上述缩聚反应的继续进行，达到凝胶点后则形成不溶、不熔的三向交联的空间结构。作为胶黏剂使用起粘接作用的脲醛树脂，是添加固化剂后经热压或冷压来完成最后的交联固化。

脲醛树脂交联固化转化成不溶不熔的化合物时释放出水和甲醛，可用下列反应式表示：

```
                          CH2OH
                            |
 —HCONHCH2NCONHCH2N—
                |
              CH2OH
                |                  —(CH2O+3H2O)
 —HNCONCH2NH—CONCH2NH—   ─────────────────→
        |              |
      CH2OH          CH2OH
      CH2OH        CH2OH
        |              |
 —HNCH2NCONHCH2NCONHCH2OH—

                                                        CH2OH
                                                       /
                        —HNCONHCH2NCONHCH2N—
                                        |
                                       CH2
                                        |
                        —HNCONCH2NCONCH2NH—
          ─────→                 |          \
                                 |          CH2
                                 |           |
                                CH2          O
                                 |           |
                                 |          CH2
                                 |           |
                        —NHCH2NCONHCH2NCONHCH2OH—
```

根据 Kellg 的研究，缩聚时还有环状三聚物，例如：

```
                    NH—R
                     |
                     C=O
                     |
                     N
                   /   \
      H        H3C      CH2        H             R为H或CH2OH
      |          |        |        |
 R—N—C—N            N—C—N—R
          ‖       \      /
          O         CH2
```

在充分交联、理想的固化结构中，分子链间的反应在理论上完全由亚甲基键连接起来，不会存在—NH—和—CH_2O—官能团。但实际上固化结构要复杂得多，其中会存在相当数量的—NH—和—CH_2OH—官能团，同时存在一些醚键。如果树脂中存在的—CH_2OH—官能团和醚键越多，树脂在固化时的脱水量也将随之增加。若醚键在树脂固化过程中不分解，将严重降低树脂结构的交联度，为此树脂的理化性能也会降低，影响树脂的胶接强度和耐水性。因此，体型结构树脂的交联程度与参与反应的二羟甲基脲的数量有关。若树脂全部是由二羟甲基脲缩聚而成，则树脂分子结构是高度交联的。因此，为保证脲醛树脂的使用性能如胶接强度等达到最佳，则不可忽视固化过程，必须严格按照树脂的固化条件进行。

上述的固化机理是以经典理论为依据。经典理论认为，UF 树脂在未固化前，主要是由取代脲和亚甲基链节或少量二亚甲基链节交替重复生成的多分散性聚合物组成。固化时，树脂中活性基团（—NH—、—CH_2OH—）之间或与甲醛之间反应形成不溶、不熔的三维网状结构，树脂的固化过程是连续的，且胶接强度随着固化时间的延长而增加。但是，无论是脲醛树脂的性质，还是脲醛树脂在生产过程中所出现的问题，有许多经典理论无法解释之处。S. Chow 和 W. V. Hancock（1969）及 F. P. Kollmann（1975）用 TBA 方法研究了 UF 树脂的固化过程，发现其固化过程是不连续的，胶接强度先增加后减小，最后又增加。

还有一种是以胶体理论为依据解释固化机理的，1983 年美国学者 Pratt 等人从 UF 树脂中得出的几个结论：①在固化过程中，UF 树脂的黏度变化是不连续的；②为使 UF 树脂固化或凝胶，其浓度必须超过某一最低极限值；③用 SEM 发现，已固化 UF 树脂断裂面有颗粒结构存在，Wsu 在胶黏剂年会上第一次提出了 UF 树脂固化的胶体理论。继 Pratt 之后，Dunker 等人应用蛋白质化学方面的知识和处理方法，从理论上解释了 UF 树脂具备胶粒成核的条件和可能性。Motter 利用 TEM 和 SEM 对 UF 树脂中沉降相的发展过程做了描述，并应用 GPC 技术、熔点测定方法、X 衍射技术，从实验上证实了低摩尔比树脂的固化是聚结和沉降的过程，揭示了 UF 树脂的胶体本质，进一步丰富和证实了胶体理论。胶体理论对低摩尔比 UF 树脂合成、固化过程中的问题和现象解释得比较清楚，在高摩尔比情况下，UF 树脂的憎液胶体相是否存在和它对固化过程的影响如何，还有待于揭示与证实。

目前工业生产中常以传统工艺，即“碱-酸-碱”合成工艺为脲醛树脂主要生产工艺路线，即尿素和甲醛首先在碱性条件下进行羟甲基化反应，然后调节 pH 至酸性时进行树脂化缩聚反应，达到预定缩聚程度后调节 pH 至碱性。采用传统工艺路线生产树脂具有操作性能良好、产品性能优异等特点。

在实际合成脲醛树脂的过程中，当缩聚反应达到预定反应程度（要求的分子量）时即终止缩聚反应。常采用终止缩聚反应的方法是调节体系 pH 至碱性，同时停止加热并降低体系温度至常温。然而此时体系内树脂化反应并未完全终止，仍以缓慢的速度继续进行。树脂在常温下放置的时间即为树脂的储存期，高 F/U 摩尔比脲醛树脂的储存期可达 6 个月，低 F/U 摩尔比脲醛树脂的储存期通常在 30 天左右。

脲醛树脂的固化是缩聚反应继续的结果，是树脂获得胶合强度的关键过程，因此脲醛树脂的固化须恢复其缩聚反应的条件。通常脲醛树脂成品的 pH 值在 7.0～9.0，这使得常温下树脂固化速度慢、树脂交联程度低，需升温以加快树脂固化。作为木材胶黏剂使用时，树脂仅靠木材本身的酸性难以使树脂完全固化，且固化后的胶接强度难以达到要求的力学标准。因此在脲醛树脂使用时都要加入一定量的固化剂，使脲醛树脂快速固化，以保证胶接强度并在一定程度上减少了甲醛释放。以粘接人造板材为例，通常固化的温度由外部提供（如热压的压板），通过添加固化剂来调节固化环境，这样初期树脂在温度和酸性的共同作用下交联固化，最终形成不溶、不熔的网状结构大分子，将树脂与被胶接材料胶合在一起。脲醛树脂在强酸环境下也可实现常温固化。脲醛树脂固化剂常用强酸弱碱盐类物质，如氯化铵、硫酸铵等，这类固化剂与树脂中游离醛反应生成的酸降低体系 pH 值，树脂在酸性条件下发生缩聚反应至交联固化，氯化铵与甲醛的反应方程式如下所示。

$$6CH_2O+4NH_4Cl \longrightarrow (CH_2)_6N_4+4HCl+6H_2O$$

在实际生产中进行树脂固化时，通常加入固化剂调节 pH 值至 5.6～5.8，游离甲醛与固化剂反应生成的酸使 pH 值降至 4.5～5.0，此时固化后胶层耐老化性最佳，且不影响胶液性能。随着树脂交联程度逐渐增大，体系 pH 也呈继续下降趋势，最终降至 2～3 并趋于稳定，固化基本反应完成。

低 F/U 摩尔比脲醛树脂中游离醛含量较低，加入固化剂后生成的酸相对较少，pH 值较原胶液下降幅度小，结果使树脂固化速度慢、交联程度较低。因此为保证树脂的固化速度需加入一定量的酸，调整 pH 值得到适宜的固化速度和较高的交联度。被胶接物的酸碱度对树脂的固化也有一定影响，相同固化剂条件下，被胶接物酸性越强，树脂固化速度越快。

2.1.3 脲醛树脂合成反应的影响因素

脲醛树脂胶黏剂的性能取决于脲醛树脂合成过程中的缩聚作用机理和固化后树脂空间结构特点。采用不同合成工艺合成脲醛树脂时，所得树脂的化学构造、胶接性能和甲醛释放量等差异较大。尿素与甲醛之间的反应历程受一系列因素的影响，其中包括原料组分的摩尔比（包括尿素分批加入量的不同）、不同反应阶段介质的 pH 值、反应温度和反应时间以及原材料质量等，这些因素对树脂的性能都起着决定性的作用。

2.1.3.1 尿素与甲醛的摩尔比

脲醛树脂合成时首先由尿素和甲醛反应生成一羟甲基脲和二羟甲基脲，然后由二者的混合物继续缩聚形成树脂。因此在树脂合成的初期，要尽可能保证一羟甲基脲和二羟甲基脲的形成，尤其是二羟甲基脲的形成，显得非常重要。这是因为在缩聚过程中，二羟甲基脲的存在促使羟甲基间形成交联结构，以确保胶层具有足够的内聚力。另外二羟甲基脲是连接胶层与木材之间起胶接作用的主要组分，同时，缩聚后树脂分子中必须具有足够的羟甲基才能确保与木材的胶接及交联。因此，尿素与甲醛的摩尔比对缩聚反应速率、树脂结构和树脂化学性能有着密切的关系。R. Steele 与 L. E. Giddens 发现脲醛树脂中的羟甲基与纤维素可以形成醚键交联，因此羟甲基含量对胶接性能有显著影响。可以说，羟甲基含量越高的胶黏剂对木材的胶接性能就越佳。但同时，羟甲基含量越高的胶黏剂固化后释放出的甲醛也越多，特别是固化后树脂中没有参加固化反应的羟甲基在环境因子作用下会分解释放出甲醛。二羟甲基脲的形成及其数量以及树脂中羟甲基的含量与尿素和甲醛的摩尔比有关。如果以 1mol 的尿素与不足 1mol 的甲醛进行反应，则只能生成一羟甲基脲，一羟甲基脲继续缩聚，最后只能形成线型结构的树脂。而如果在同样的条件下，以 1mol 的尿素与大于 1mol 的甲醛进行反应，则能生成一羟甲基脲和二羟甲基脲，甚至还有少量的三羟甲基脲。羟甲基脲是形成交联的主体，继续缩聚，最后可以形成具有体型结构的树脂。因此，为保证有足够的羟甲基脲的生成，尿素与甲醛的摩尔比应在 1∶(1.1～2.0) 之间较好。

尿素与甲醛的摩尔比与脲醛树脂胶黏剂的耐水性有着密切的关系。固化后的树脂中仍然残存少量亲水基团（如$—CH_2OH—$和$—NH_2—$），胶层中含有的水分会使带有亲水基团的树脂发生水解，降低树脂胶接强度，而亲水基团的含量决定了胶黏剂的耐水性。尿素与甲醛的摩尔比（F/U）对游离羟甲基等亲水基团的含量呈正相关性，当尿素与甲醛的摩尔比（F/U）增大时，羟甲基含量增加，树脂的耐水性降低；相反，当尿素与甲醛的摩尔比（F/U）减小时，羟甲基含量下降，胶黏剂的耐水性增强。但是从另一方面来讲，尿素与甲醛的摩尔比（F/U）增大时，树脂中羟甲基含量上升对固化后胶层的交联密度有促进作用，交联密度上升对耐水性有积极作用，但羟甲基含量上升对耐水性却有不利影响。所以应兼顾两种效应综合后对树脂性能造成的影响，选择适当的尿素与甲醛的摩尔比。

尿素与甲醛的摩尔比增加（F/U=1.3），树脂中的游离甲醛含量（表 2-1）及树脂在使用中甲醛的释放量均增加（图 2-1）。

表 2-1　尿素与甲醛的摩尔比与游离甲醛含量的关系

尿素与甲醛的摩尔比(U∶F)	树脂中游离甲醛含量/%
1∶1.70	1.38
1∶1.50	0.84
1∶1.30	0.50
1∶1.10	0.33

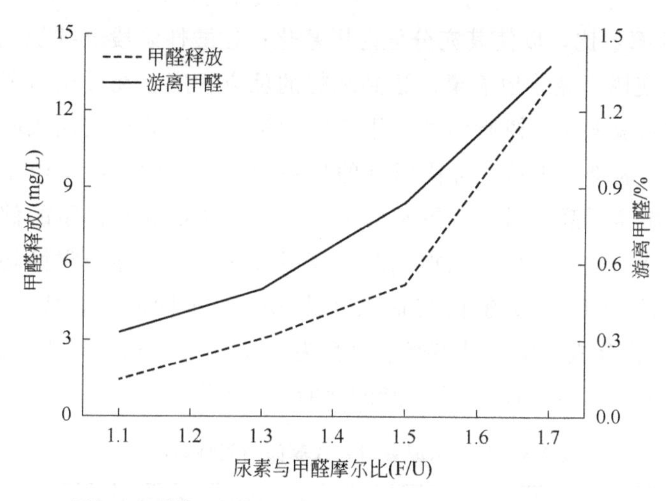

图 2-1　游离甲醛含量、甲醛释放量与摩尔比的关系

一般来说，脲醛树脂胶黏剂的固化时间随摩尔比（F/U＝1.3）的增加而缩短，见表 2-2。摩尔比 F/U 与游离甲醛含量呈正相关性，摩尔比越高体系中游离甲醛含量越高，与固化剂反应生成的酸越多，pH 值下降程度越大，因此固化速度越快。相同摩尔比的脲醛树脂，无论聚合度如何，其固体含量都大致相同。摩尔比不同时，摩尔比小的树脂固体含量高于摩尔比大的树脂的固体含量。摩尔比大的树脂稳定性好，摩尔比小的树脂稳定性差，储存期短、固化时间长，产品的力学性能、耐老化能力、耐水性能均有所降低。另外，摩尔比较高的树脂的初黏性较好。

表 2-2　尿素与甲醛摩尔比与固化时间的关系

尿素与甲醛的摩尔比(U∶F)	树脂的固化时间/s
1∶1.70	53.16
1∶1.50	62.28
1∶1.30	76.19
1∶1.10	88.65

以往，人们比较关注尿素与甲醛的最终摩尔比，而忽视了当尿素分批次加入时，不同反应阶段摩尔比的不同对最终合成树脂性能的影响。

为降低脲醛树脂的甲醛释放量，常采用降低 F/U 摩尔比的方法，使最终 F/U 摩尔比降至（0.90～1.30）∶1。根据化学反应平衡移动原理，低摩尔比 UF 树脂合成工艺中，采用尿素分批次加入有利于反应进行得更彻底、更充分，可制得胶接性能优良、低甲醛释放的脲醛树脂。尿素分批次加入的量不同，分不同批次加入，即不同反应阶段 U∶F 摩尔比不同，对反应速率、生成树脂的化学构造、分子量大小及其分布、合成树脂的性能等都有较大影响。尿素分批次加入时，第一次加入尿素的摩尔比是获得高稳定性能树脂胶黏剂的关键。通常在碱性条件下采用较高的 F/U 摩尔比，以使其充分地羟甲基化；在酸性阶段继续加入尿素以降低 F/U 摩尔比，使树脂充分地缩聚，达到理想的反应程度。在反应后期有时也通过加入一定量的尿素来降低树脂中游离甲醛的含量。尿素分批次加入时，对合成树脂性能的影响如表 2-3 所示，合成树脂的最终摩尔比相同，但是由于尿素加入的次数不同，其游离甲醛含量、羟甲基含量、亚甲基含量以及树脂的储存稳定性却有较大差异，特别是尿素分批次加入时游离甲醛含量、储存稳定性均优于一次性加入。在酸性阶段 F/U 摩尔比与加入尿素 pH 值不同时，合成树脂的性能如表 2-4所示，尽管合成树脂的最终摩尔比都为 1.3∶1，但由于酸性阶段 F/U 摩尔比不同（尿素加入量不同），合成树脂的性能显著不同。

表 2-3　分次加尿素对合成脲醛树脂性能的影响

合成树脂的 F/U 摩尔比(不同反应阶段的 F/U 摩尔比)	尿素加料次数	合成树脂的理化指标和胶接性能						
		固体含量/%	游离甲醛含量/%	羟甲基含量/%	亚甲基含量/%	树脂储存稳定性		胶合板的湿强度/MPa
						初黏度/s	21 天黏度/s	
1.7∶1	一次	55.3	1.80	10.23	13.83	5.9	30	1.48
1.7∶1 1.9∶1～1.7∶1	二次	54.5	1.33	11.22	13.35	4.4	6.8	1.52
1.7∶1 2.3∶1～1.9∶1～1.7∶1	三次	54.6	1.37	11.72	12.72	4.0	5.6	1.41

表 2-4　酸性阶段 F/U 摩尔比与合成树脂性能的关系

尿素与甲醛在不同反应阶段的 F/U 摩尔比					合成树脂的性能			
最终 F/U 摩尔比	加入第一批尿素前 pH	一次尿素加入后(酸性阶段)	二次尿素加入后	三次尿素加入后	固体含量/%	黏度/mPa·s	游离甲醛/%	固化时间/s
1.3∶1	4.5	2.5∶1	1.6∶1	1.3∶1	50.03	32	0.12	64.2
1.3∶1	5	2.5∶1	1.6∶1	1.3∶1	49.29	35.6	0.29	64.6
1.3∶1	5	2.5∶1	1.6∶1	1.3∶1	48.14	37	0.18	65.7
1.3∶1	6.5	2.5∶1	1.6∶1	1.3∶1	48.66	36	0.42	76.2
1.3∶1	8	2∶1	1.6∶1	1.3∶1	50.91	38	0.36	58.67

2.1.3.2　反应介质 pH 值

反应介质 pH 值直接影响到尿素与甲醛的反应进程和生成物的化学构造，因而采用不同反应 pH 值制得的树脂在理化性能上有较大差异。

（1）加成反应阶段　pH 值在 11～13 时，即使在强碱性稀溶液中，仍可生成一羟甲基脲。

pH 值在 7～9 时，尿素与甲醛在中性至弱碱性介质中可生成稳定的羟甲基脲。F/U 摩尔比小于 1 时，生成一羟甲基脲白色固体，可溶于水；F/U 摩尔比大于 1 时，除生成一羟甲基脲外，还生成在水中溶解度不大的二羟甲基脲白色晶体。如果甲醛过量很多，也可生成三羟甲基脲和四羟甲基脲，后者的存在只能通过间接的证明。

pH 值在 4～6 时，在弱酸性条件下，反应生成的羟甲基脲进一步脱水缩合，生成亚甲基脲和亚甲基醚键连接的低分子化合物。因此，尿素与甲醛在弱酸性介质中进行加成和缩聚反应也是一种制备脲醛树脂的工艺。这种工艺有别于传统工艺，可节省酸和碱的用量并缩短反应时间。但这种反应工艺由于放热量较大，生产中难以控制反应程度，实际生产中使用较少。

pH 值在 3 以下时，强酸性介质中的一羟甲基脲与二羟甲基脲反应，脱去水分并生成亚甲基脲。采用特殊的合成工艺在 pH 值小于 1 也可以制得脲醛树脂，并且这种树脂的亚甲基键含量远高于羟甲基键，亚甲基醚键的含量极低，固化后树脂的游离甲醛释放量也极低。

在不同 pH 值下合成的树脂其性能如表 2-5 所示，根据不同缩聚 pH 值合成的树脂性能可知，最佳缩聚 pH 值为 5.0～5.3。

表 2-5　不同缩聚 pH 值下合成树脂的性能

缩聚反应条件与树脂性能	合成树脂		
	UF-A	UF-B	UF-C
缩聚时 pH 值	5.3	5.0	4.7
缩聚温度/℃	85	85	85
缩聚时间/min	90	75	60
最终 F/U 摩尔比	1.3	1.3	1.3
黏度/mPa・s	80	78	118.6
固体含量/%	54.8	53.6	51.4
固化时间(100℃)/s	105.4	101.6	96
树脂中甲醛含量/%	0.14	0.13	0.16
羟甲基含量/%	7.7	8.0	9.8

(2) 缩聚反应阶段　羟甲基脲反应在碱性条件下进行，通常将反应介质的 pH 值转为酸性进行缩聚反应。羟甲基脲之间不直接反应生成亚甲基键，而是经脱水缩合生成二亚甲基醚键，二亚甲基醚键间反应生成亚甲基键并释放出甲醛，不过二亚甲基醚键间反应速率较缓慢。

一羟甲基脲和二羟甲基脲与尿素及甲醛在酸性条件下进行缩聚反应，生成物为亚甲基键和少量醚键连接的低分子化合物。pH 值主要控制缩聚反应速率，pH 值较低时生成不含羟甲基的聚亚甲基脲不溶性沉淀，从而降低树脂的溶解度与胶接强度；反应体系 pH 值继续降低，反应速率常数增大，树脂黏度持续增长，反应程度控制不当易产生凝胶。所以缩聚阶段具体 pH 值应根据 F/U 摩尔比大小而定，缩聚反应 pH 值一般在 4～6。

尿素与甲醛在反应过程中除可外加催化剂调节 pH 值外，反应液本身也会随着反应进行，自行降低 pH 值。出现这种现象有两个原因：一是参加反应的甲醛被氧化产生甲酸，二是反应初期甲醛在碱性水溶液中进行康尼查罗歧化生成甲醇和甲酸。

2.1.3.3 反应温度

反应温度也是影响脲醛树脂合成的重要因素。反应温度对反应速率影响较大，反应速率增加 1 倍需升温 10℃。当其他反应条件相同的情况下，缩聚反应的反应温度与缩聚反应速率基本呈直线关系，即反应温度越高反应速率越快。升高反应液的温度，原材料分子间彼此接触碰撞的概率增加，从而加快了分子间的反应速率。

缩聚反应速率、游离物的含量、树脂分子量分布与增长等在酸性介质中对反应温度更为敏感，影响也更为显著，因此在酸性介质中合成树脂时，更要准确、严格地控制反应温度。在保证缩聚反应安全的前提下，高温缩聚得到的树脂性能较为优异，亚甲基醚键含量低、亚甲基键含量高，树脂固化速度快，且固化后树脂的甲醛释放量也低。但此时要注意体系温度对合成树脂性能的影响。反应温度过高时，缩聚反应急剧进行而造成树脂分子量分布不均匀或凝胶，降低胶接强度及储存期；反应温度过低，缩聚速率缓慢，导致树脂反应程度低、胶液黏度小、树脂固化速度过慢、游离醛含量高，降低胶接强度与增加甲醛释放。

采用不同工艺路线合成脲醛树脂时，在不同反应阶段对体系温度的控制有所差异。在低温即反应温度 45℃以下缩聚合成得到糊状树脂；高温缩聚合成树脂时，反应初始阶段将温度控制在 50℃以下，然后逐渐升温至目标温度并保温至缩聚反应完毕，降温至室温后放料。

除上述影响因素外，反应过程中原料如尿素等在溶解过程中的吸热，以及缩聚反应过程中的放热，均对合成树脂的温度控制有一定影响，须予以注意以保证缩聚反应正常进行。

从减少能耗的角度来说，脲醛树脂的合成应避免波动升降温，尽可能利用反应放热升温。通常在尿素溶解后加热升温至 50℃左右，之后靠反应放热升温至一定温度，然后再升温（或降温）至目标温度进行缩聚，直至反应结束再降温。

2.1.3.4 反应时间

反应时间（终点控制）对树脂缩聚程度、固含量、耐水性、胶合强度等影响较大，反应时间过短或过长，都会降低树脂各项性能。例如反应时间过短、缩聚不完全，树脂固体含量低、黏度小、游离甲醛含量高、胶合强度低；相反，反应时间过长，缩聚程度过高，树脂分子量大、黏度高、降低树脂水溶性，影响施胶操作以及缩短树脂的储存期，降低胶合强度。

合成脲醛树脂时，还需考虑反应温度、摩尔比、pH 值等条件与反应时间共同作用的效果，不能将某一个因素看成是孤立的、一成不变的，它们与反应时间是互相依存又互相制约的，要考虑各因素之间相互作用的结果，才能获得理想的树脂。用脲醛树脂胶黏剂制造刨花板时，根据刨花板的使用要求，脲醛树脂应具有高固体含量、低黏度、固化速度快、储存期长、游离醛含量低等特性，同时胶接制板后其力学性能要符合标准。但这些性能对于同一树脂来说本身就相互矛盾，若要制得低游离甲醛的树脂，F/U 摩尔比低于 1.3 时，游离甲醛含量低于 0.3%，但降低摩尔比同样会降低板材的胶合强度；快速固化的树脂，则往往不宜长时间存放。目前，低 F/U 摩尔比的脲醛树脂胶黏剂已实现产业化生产，并得到广泛应用。合成低摩尔比的脲醛树脂，在反应温度、pH 值也较低时，可通过延长反应时间制得符合使用要求的树脂；反之反应温度高、pH 值也高时，可相应缩短反应时间。

综上所述，对上述因素进行合理地控制、辩证性的掌握，则可以有效解决矛盾。

2.1.3.5 原材料质量

(1) 尿素的质量

尿素含量应在 98%以上，含氮量要求高于 46%。尿素中主要含有硫酸盐、缩二脲和游离氨等杂质，它们对脲醛树脂胶黏剂的合成及树脂的性能有较大影响。

① 硫酸盐的含量　尿素中硫酸盐一般以硫酸铵的形式存在，体系 pH 受尿素中硫酸盐含量变化的影响。在合成反应的所有阶段，硫酸盐含量越高，反应体系 pH 降低越快，而且胶液升温也越快。当硫酸盐含量为 0.035%～0.05%时，体系内温度可很快升温至沸点（97～98℃），使得反应初期胶液就呈乳浊状态。硫酸盐含量过高还会增加树脂黏度（表 2—6），降低树脂固含量和树脂水混合性。

尿素中硫酸盐含量也会影响树脂的储存期及胶接强度，如图 2-2 所示，当硫酸盐含量为 0.02%～0.035%时，树脂储存 24h 后胶接强度开始下降。

表 2-6　硫酸盐含量与脲醛树脂性能的关系（U∶F=1∶1.98）

性能指标	尿素中硫酸盐含量/%			
	0.00	0.02	0.035	0.05
黏度/s	14.0	15.5	21.0	24.0
折射率	1.424	1.419	1.416	1.414
固体含量/%	48.3	46.3	45.1	44.4
与水混合的质量比(13℃,不凝聚)	1∶30	1∶20	1∶5	1∶3

综上所述，尿素中硫酸盐含量应低于 0.01%，否则对脲醛树脂合成过程无宜，且降低胶黏剂的物理化学性能。

② 缩二脲的含量　尿素中缩二脲含量低于 1.5%时，对脲醛树脂的合成及其物理化学性能无较大影响。但采用低 F/U 摩尔比（如 1.3∶1）合成低游离甲醛树

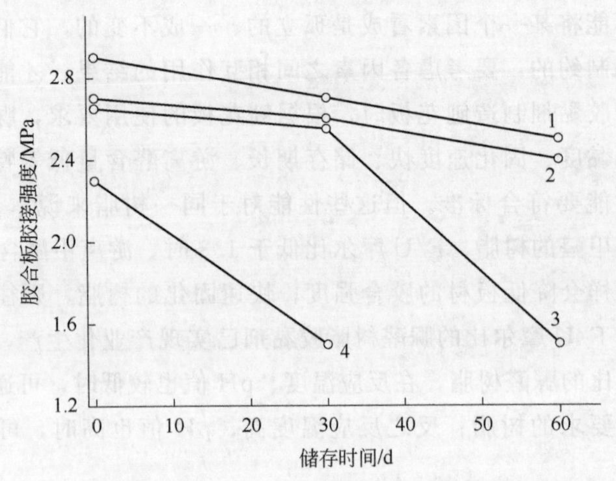

图 2-2　硫酸盐含量不同的树脂其储存期与胶接强度的关系

（U∶F=1∶1.66）

1—硫酸盐含量为 0.0%；2—硫酸盐含量为 0.02%；

3—硫酸盐含量为 0.035%；4—硫酸盐含量为 0.05%

脂时，若缩二脲含量高于1%，对树脂性能有较大影响。尿素中缩二脲含量对羟甲基含量影响较大，缩二脲含量较高时，羟甲基在储存期间其含量下降明显，影响树脂储存稳定性。通常工业尿素缩二脲含量低于农用尿素。

③ 游离氨的含量　尿素中的游离氨可提高缩聚反应初期阶段的 pH 值，以及补加尿素再缩合阶段的 pH 值，并对脲醛树脂胶接强度和耐老化性有较大影响。当游离氨含量高于 0.015%时，会降低树脂的储存稳定性并延长树脂的固化时间。

为了制得符合要求、理化性能优异的脲醛树脂，尿素中杂质含量需满足下述标准：硫酸盐含量低于 0.01%，缩二脲含量不超过 0.7%，游离氨含量不高于 0.015%。

（2）甲醛溶液的质量

① 甲醛浓度　在其他条件相同时，甲醛溶液浓度对合成树脂的反应速率影响较为显著。甲醛浓度低于 30%时，反应速率太慢，制得的树脂固体含量较低，脱水后才能使用；甲醛浓度高于 50%时，反应速率过大，制得的树脂固体含量较高。一般工业用甲醛浓度为 37%±0.5%，这是由甲醛自身的溶解特性所决定的。采用高浓度甲醛（需保温储存）可制得高固含量的树脂，使用其压制刨花板时，省去了脱水工序，有效解决了废水处理的问题。

② 甲醛溶液中甲酸和甲醇含量　甲酸是由甲醛自身氧化和康尼查罗反应产生的，甲醛中甲酸含量直接影响到反应介质的 pH 值大小。一般甲醛中甲酸含量不应高于 0.05%～0.1%，相对应的，甲醛溶液的 pH 值在 2.8～3.8。

甲醇除降低缩聚反应速率外，还会降低树脂的储存稳定性，同时也使固化后树脂吸水性上升。由于甲醛水溶液自身不可稳定存在，极易从水中析出发生自聚，形成白色的聚甲醛，所以在甲醛水溶液中添加甲醇（其含量亦可通过控制甲醇转化率来调节)，作为甲醛的阻聚剂。甲醇添加量与甲醇浓度有关，甲醛浓度越高，加入甲醇的量也就越大。甲醛浓度为37%～41%时，视储存温度不同需加入6%～12%的甲醇；若甲醛浓度较低为30%，则加入0.05%～1%的甲醇即可。

甲醇可氧化羟甲基生成甲氧基化合物，但甲氧基化产物不能进一步交联，所以甲醇的添加降低了树脂的交联密度，固化后树脂的耐水性下降甚至完全丧失。

为避免发生上述情况，脲醛树脂的实际生产常使用不加甲醇的甲醛溶液，或在使用前蒸出其中的甲醇。较为有效的方法也是工业上常采用的方法，是在生产时将甲醛、尿素、水配成混合溶液，使用时再按摩尔比补加尿素，即制成UF预缩液。此种方法在降低生产成本的同时很好地解决了甲醛在运输、储存过程中的自聚问题，而且节约了大量运费及能源。通常UF预缩液中甲醛、尿素、水的比例为甲醛∶尿素∶水=50∶20∶3。目前市面上甲醛的生产厂家通过降低甲醛中甲醇的含量来提高甲醛转化率、降低生产成本。

③ 甲醛溶液中铁离子含量　甲醛溶液中过多的铁离子，在反应初期可加速并催化甲醛的氧化；在后期树脂固化过程中，会延长树脂的固化时间，同时使胶层的颜色变成黄褐色、影响外观，但对胶层质量影响较小。甲醛溶液中的铁离子主要来自储存容器，如铁质容器。由于甲醛腐蚀铁制品，使得甲醛溶液中铁离子的含量随储存时间延长逐渐增高。

2.1.4 脲醛树脂的合成工艺

目前，脲醛树脂的制备大多采用先弱碱后弱酸的工艺，此工艺条件有利于在反应初期生成稳定的羟甲基脲，进而在弱酸性下进行缩聚反应，形成以亚甲基键为主体的、带有羟甲基基团的分子量不同的线型和支链型的树脂产品。还有一种工艺是一直在弱酸介质下进行加成和缩聚反应，也可制备得到稳定的树脂。

脲醛树脂的合成可以根据使用目的和树脂性能指标要求的不同，采用不同的配方和合成工艺路线。具体的合成工艺依据F/U摩尔比、缩聚次数、缩聚程度、反应温度、反应各阶段pH值、浓缩等条件，生成树脂的化学结构与物理化学性能以及使用性能各有不同。以下做简单介绍。

2.1.4.1 脲醛树脂的合成原料计算

合成脲醛树脂所用原料量是根据尿素与甲醛的摩尔比来进行计算的。如果原料的摩尔比已确定，则可根据尿素与甲醛的纯度按式(2-1)计算出与一定量尿素进行反应时所需甲醛溶液的用量。计算公式也适用于三聚氰胺树脂和酚醛树脂。

$$G=MN\frac{W}{M'}\times\frac{P}{Q} \tag{2-1}$$

式中　G——甲醛用量，kg；

M——甲醛分子量；

N——甲醛与尿素的摩尔比；

P——尿素纯度，%；

W——尿素量，kg；

Q——甲醛的浓度，%；

M'——尿素分子量。

例 1：某脲醛树脂合成配方为 U/F 摩尔比为 1∶1.5，尿素加入量为 100kg（尿素纯度为 98%），请计算需加入多少甲醛水溶液（浓度为 36.8%）。通过以上公式，计算得到加入甲醛水溶液 199.73kg。

例 2：某脲醛树脂合成配方：甲醛一次投入，尿素均分两次加入（尿素纯度为 98%），甲醛水溶液（浓度为 37%）共 500 克首先加入，第一次尿素加入后，甲醛与尿素 F/U 摩尔比为 1.8∶1，反应一段时间后加入第二次尿素，使最终摩尔比为 1.5∶1，求：第一次尿素投入量和第二次尿素投入量？经过计算得出第一次尿素投入量 209.8g，第二次尿素投入量 251.7g。

在实际生产中，因为甲醛厂家生产的甲醛浓度不完全相同，同时，甲醛在储存过程中其浓度也在变化，因此脲醛树脂合成时必须测定甲醛浓度，并准确计量甲醛用量。特别是低 F/U 摩尔比脲醛树脂的合成，甲醛浓度分析和重量计量尤为重要。若控制不准的话，一是会导致胶接制品游离甲醛释放量波动，二是会造成胶接性能波动。

2.1.4.2 树脂反应程度的控制

脲醛树脂的理化性能、使用性能以及胶接性能等，是由树脂化学构造和分子量大小及其分布所决定。因此在树脂合成过程中，必须正确地控制缩聚产物分子量的大小（即缩聚程度）

脲醛树脂的合成反应十分复杂，其缩聚产物是多种化学构造且分子量分布较宽的一类混合物。在实际生产中准确地测定其分子量，用以测定反应终点是很困难的，因为需要很精密的特殊仪器，操作也很复杂，精确度无法达到。如前所述，羟甲基脲在缩聚反应进程中脱水缩聚形成亚甲基键及亚甲基醚键，随着缩聚反应时间的延长，树脂的分子量逐渐增大，树脂的黏度也随之增高。又由于羟甲基数量的减少，其水溶性逐渐降低。树脂的分子量和树脂的黏度、水溶性之间存在一定的内在关系。为此，树脂的分子量可以通过测定树脂的黏度或水溶性间接地测定，并以此来控制树脂的缩聚反应程度，确定反应终点。

（1）根据树脂溶液与水相溶性的变化来确定反应终点　这种方法最简便，也不需特殊仪器。常用的方法有以下几种。

① 水稀释度：是指在室温下，对单位体积树脂液，使其开始沉淀所加的水量，这个数值也称为沉淀点，国内称为水数。

测定水稀释度的简便方法是从树脂反应器中取出一份试样，立即冷却以终止反应，达到室温后吸取 5mL 试样于小烧杯或三角瓶内，从滴定管放出蒸馏水，直至略微发生云雾状沉淀时，所加水的毫升数除以 5 就是试样的水稀释度。缩聚反应继续进行，水稀释度就下降。

这个方法对酚醛树脂和氨基树脂都适用。显然稀释度决定于温度，故在必要时试验也可在不是室温下进行。

② 憎水温度：最常用于氨基树脂，特别是三聚氰胺-甲醛缩聚反应，反应一开始时，缩聚物和水相互混溶，反应继续进行，树脂液含水量下降。若用少量树脂液，用大量水稀释，树脂便开始析出，此时的温度即称为憎水温度。工业上因为树脂从亲水阶段变为憎水阶段，故有憎水温度这个名称。简便方法可以将 1 或 2 滴树脂液滴入于维持在一定温度而半盛水的试管或烧杯内，发现白色云雾状不溶物时的温度就是憎水温度。当反应继续进行时，这个憎水温度就升高。由于这样稀释，树脂和水量的正确比例就不重要，水的温度就成为唯一的度量，这是一个简易而十分灵敏的测试方法，温度范围可以从 0～70℃。生产上也有采用以 20℃水中树脂液出现云雾状作为反应终点。

③ 浊点：当反应混合物冷却时，由于水分的析出，而最初发现混浊时的温度称为浊点。浊点的精确测定是将 10～15mL 反应液放入备有搅拌器和温度计的 15cm×2.5cm 的试管内，冷却，快速搅拌直至初次发现混浊的温度即是浊点。如果浊点很高，可以预先温热试管设备，以免冷却不当。

(2) 以黏度确定反应终点　这种方法应用较普遍，也是比较理想的方法。采用的仪器有改良奥氏黏度计、恩格拉黏度计、涂-4 杯黏度计、格氏管等。由于黏度随温度变化，所以测定黏度时一定要注意控制温度。

(3) 以反应时间来控制反应终点　以反应时间控制反应终点的方法也较常用，但准确性很差：反应时间受 pH 值、温度等的波动影响很大，不能真实确切地表征树脂的缩聚程度。

(4) 以折射率控制脱水终点（固体含量）　脲醛树脂的折射率与其固体含量之间存在线形关系，即可根据树脂的折射率确定其固体含量。故可用折光计来控制脱水终点。

近年来报道脲醛树脂的折射率与其固体含量之间存在线性关系，即可根据树脂的折射率确定其固体含量。因为在生产上常要求树脂具有一定的固体含量，故可用折光计来控制脱水终点。

2.1.4.3 脲醛树脂合成工艺类型的选择

(1) 缩聚次数的选择

① 一次缩聚　在树脂合成时，尿素采用一次加入与甲醛进行一次性缩聚反

应。最好先用蒸汽或少量水将尿素溶解后，缓缓加入甲醛进行反应。这样可以避免由于放热反应而使反应温度急剧升高，对生产操作及树脂质量带来不利的影响。

② 二次缩聚　在树脂合成时，尿素分两次加入与甲醛进行二次缩聚反应。这样可以减缓尿素加入后的放热反应，使反应平稳易于控制。二次缩聚的目的是提高第一次尿素与甲醛的摩尔比，这样有利于形成二羟甲基脲和降低游离甲醛含量。例如尿素与甲醛总摩尔比为1∶1.5，第一次缩聚采用1∶2的摩尔比，反应结果有1.6mol的甲醛与尿素结合，其余0.4mol的甲醛为游离甲醛，这些甲醛在第二次缩聚时与新加入的尿素结合，总的摩尔比仍为1∶1.5。

目前，为了将树脂中的游离甲醛降低到最少的程度，采用三次缩聚或四次缩聚工艺来合成脲醛树脂。与一次投料相比，分三次缩聚加入尿素可使游离甲醛含量降低50%左右。但多次加入尿素，导致生产周期延长，因此要选择合适的缩聚次数至关重要。

(2) 缩聚温度的选择　尿素与甲醛的缩聚反应温度有低温和高温两种。

① 低温缩聚　尿素与甲醛的缩聚反应温度，自始至终在45℃以下形成树脂，树脂外观为乳状液。树脂化速度与甲醛的浓度有关，甲醛浓度低，树脂化速度慢；甲醛浓度高，树脂化速度快，但储存性能不佳，树脂有分层现象，不便使用。

② 高温缩聚　尿素与甲醛的缩聚反应温度在90℃以上时，形成的树脂外观为黏稠液体。树脂储存期长，一般为2～6个月。储存中无分层现象，使用方便。

(3) 反应各阶段pH值的选择　尿素与甲醛在形成树脂的过程中，反应介质的pH值有三种，具体如下。

① 碱-酸-碱工艺　尿素与甲醛首先在弱碱性介质（pH=7～9）中反应，完成羟甲基化形成初期中间产物，而后使反应液转为弱酸性介质（pH=4.3～5.0），达到反应终点时，再把反应介质pH值调至中性或弱碱性（pH=7～8）储存。

② 弱酸-碱工艺　尿素与甲醛自始至终在弱酸性介质中（pH=4.5～6.0）反应，树脂达到反应终点后，把pH值调至中性或弱碱性储存。

③ 强酸-碱工艺　尿素与甲醛自始至终在强酸性介质（pH=1～3）中反应，要特别注意尿素的加入速度不能过快，否则反应极难控制。另外随着反应液pH的降低必须相应提高甲醛与尿素的摩尔比，在反应液pH接近1时，甲醛与尿素的摩尔比要大于3，同时反应温度也要相应降低。当树脂达到反应终点后，把pH值调至中性或弱碱性储存。

(4) 浓缩与不浓缩的选择

① 浓缩　树脂达到反应终点后进行减压脱水。这种树脂的特点是黏度大、树脂固体含量高、游离甲醛含量低、树脂无分层现象的黏稠性液体，胶合性能好等。

② 不浓缩　树脂达到反应终点后，不经减压脱水处理。不浓缩树脂的特点是树脂固体含量低、游离甲醛含量相对浓缩树脂高、胶液黏度小、生产成本低等，

若采用延长反应时间等方法提高树脂黏度，可缩短树脂的储存期，甚至降低了胶合强度，因此合成工艺要根据实际情况和条件进行调控。

2.1.4.4 脲醛树脂合成实例

（1）合成实例 A 树脂的配方见表 2-7。

表 2-7 脲醛树脂配方实例 A

原料	纯度/%	用量/g	摩尔比(F/U)
甲醛	37	1000	
尿素(1)	98	397.42	1.9
尿素(2)	98	123.34	1.45
尿素(3)	98	108.49	1.2
尿素(4)	98	157.31	0.96
聚乙烯醇	工业	4.5	
氢氧化钠	30	适量	

合成工艺：将甲醛水溶液加入到反应釜中，调节初始 pH 值至 8.4～8.6，加入第一批尿素及聚乙烯醇，30～45min 内升温至 85℃，并在此温度保温。反应 30min 后，加入第二批尿素反应至 14～15s，调 pH 值至 5.0～5.3 并缩聚 60min 左右，缩聚至 18～20s；调节 pH 值至 7.5 后加入第四批尿素，降温至 60℃后调节 pH 值至 8.0～8.5，40℃下出料。

合成树脂 A 的性能指标如下：

固体含量/%	48～52
黏度(涂-4 杯,30℃)/s	25～30
pH 值	6.8～7.3
羟甲基含量/%	10.5～11.5
游离甲醛/%	0.13～0.14
固化时间(100℃)/s	87～95
适用期(20℃)/h	7～10
储存期/月	1～1.5

该树脂最大的特点是游离甲醛含量低，主要用于刨花板生产，也可以用于胶合板生产。

（2）合成实例 B 树脂的配方见表 2-8。

表 2-8 脲醛树脂配方实例 B

原料	纯度/%	用量/g	物质的量
尿素	98	300	1.0
甲醛	37	675.42	1.7
氢氧化钠	30	适量	
六亚甲基四胺	10%	10	
甲酸	甲酸：水＝1：2	适量	

合成工艺：将甲醛加入反应釜后开动搅拌器，用30%氢氧化钠调节甲醛的pH值为8.5～8.7。向反应釜内加入第一批尿素使得摩尔比U∶F=1∶2.3，尿素溶解加入后向反应釜内加入六亚甲基四胺，利用反应放热至65℃，在30～40min内继续加热至85℃，测定pH为6.8～7.2并继续保温30min。升高温度至91～94℃并在pH为4.7～5.0时反应至黏度1（13.5～14.5s）。保温反应20 min后，向反应釜内再添加剩余尿素，使得最终摩尔比U∶F=1∶1.7。添加剩余尿素并在90℃下继续反应，当黏度达到要求后，用30%氢氧化钠调整反应液的pH值为7.5～8.0，冷却至40℃以下放料。

合成树脂B的性能指标如下：

固体含量/%　　47～49

黏度(涂-4杯,30℃)/s　　25～28

固化时间/s　　76～82

pH值　　7.5～8.0

此树脂胶主要用于细木工板、单板拼接、塑料贴面板胶贴等。

(3) 合成实例C　树脂的配方见表2-9。

表2-9　脲醛树脂的配方实例C

原料	纯度/%	摩尔比(F/U)	用量/g
甲醛	37		1000
尿素(1)	98	2.1	359.6
尿素(2)	98	1.75	71.91
尿素(3)	98	1.4	107.88
六亚甲基四胺	99.8		4.5
聚乙烯醇	工业纯		7.5
氢氧化钠	30		适量
甲酸	甲酸∶水=1∶2		适量

合成工艺：甲醛水溶液与聚乙烯醇加入反应釜后，50～55℃保温30min。用氢氧化钠调节pH=7.8～8.2。加入第一批尿素溶解后加热，在30～45min内升温至85～88℃，并保温30min；用甲酸调节pH=5.2～5.4，在88～92℃下保温30min后，再用甲酸调节pH=4.7～4.9。反应20min后不断测定黏度，当黏度达到17～19s（涂-4杯，30℃），加入第二批尿素并用氢氧化钠调节pH=4.9～5.1，在温度85～87℃下反应到黏度为23.5～25.5s；用氢氧化钠调节pH=7.5～8.0，并降温到80℃，加入第三批尿素，然后在65℃下保持15min。冷却并调节pH=7.5～7.8，在40℃以下放料。

合成树脂C的性能指标如下：

固体含量/%　　48～50

黏度(涂-4杯,30℃)/s　　24～27

pH 值　　7.5～7.8
游离甲醛/%　　1.3 以下
适用期(40℃)/min　　25～50
储存期/d　　15

该树脂初黏性好，可预压成型。用于胶合板生产，可加入面粉填充剂 15%～20%。

2.1.5 脲醛树脂的调制

脲醛树脂在加热或常温下，虽然也能够“固化”，但所固化需要的时间太长，且固化后树脂的胶接性能不十分理想，不能满足生产工艺的需求。因此，脲醛树脂合成后，在具体使用前通常都要对其进行调制。在脲醛树脂使用时加入固化剂、助剂和改性剂等，并且调制均匀后使用，这一过程称为脲醛树脂的调制，亦称为调胶。它是树脂使用过程中不可缺少的重要工序之一，越来越受到人们的重视。

2.1.5.1 固化剂

脲醛树脂的固化原理是线型可溶性树脂转化成体型结构树脂的过程，在树脂中加入酸或能释放出酸的盐类固化剂，使树脂的 pH 值降低，缩聚反应迅速进行，达到固化的目的，胶层在固化后显酸性。脲醛树脂的固化剂种类很多，可分为酸类、盐类和潜伏型以及微胶囊型（表 2-10）。

表 2-10　固化剂的种类与实例

种类		实例
酸类	无机酸	硫酸、盐酸、硝酸、碳酸、氢氟酸、氯酸、磷酸、硼酸、过硼酸
	有机酸	羧酸、磺酸、亚磺酸、硫羧酸、草酸、苯磺酸、丙二酸、乙酸乙烯、硝基醋酸、苯甲酸、乙二酸、酒石酸
盐类	酸性盐	氯化铵、硫酸铵、过硫酸铵、硫酸氢胺、磷酸铵、氯化锌、硫酸铁铵、盐酸羟胺、硝酸铵
潜伏型		草酸、有机醇胺、酒石酸、草酸二甲酯、柠檬酸、有机盐酸、氨基磺酸铵、对甲苯磺酸-β-苯基乙酯、乙二醇胺硫酸酯、一氯乙酰胺、丙二酸、醋酸乙酯、乙烯基醋酸酯、一氯醋酸、二甲胺、氯丙基二甲胺的盐酸盐、氨基烷二醇和烷基醇胺的盐酸盐混合物
微胶囊型		石蜡、异氰酸酯

潜伏型固化剂是一种低温下不显酸性，而在高温时（100℃）才呈酸性的物质。在生产上既要求脲醛树脂能在胶接过程中快速固化，又要求在使用时具有较长的适用期，这是生产上亟待解决的问题，在国内外以用潜伏型固化剂来解决这一问题。

一般常用的单组分的酸性盐类固化剂，如氯化铵、硫酸铵、氯化锌等，因为它们具有价格低廉、水溶性好、无毒无味、使用方便等特点，并具有加热分解，在水溶液中发生水解以及与某种物质相互作用产生游离酸，因而可以促进脲醛树脂固化。一般加入量（以固体氯化胺计）为树脂液质量的 0.2%～2%，过量则无明显作用。

氯化铵在受热条件下的分解：

$$NH_4Cl \longrightarrow NH_3\uparrow + HCl$$

氯化铵、氯化锌在水溶液中产生水解：

$$NH_4Cl + H_2O \longrightarrow NH_4OH + HCl$$

$$ZnCl_2 + 2H_2O \longrightarrow Zn(OH)_2 + 2HCl$$

特别是铵盐与树脂中的游离甲醛反应生成盐酸（HCl）：

$$4NH_4Cl + 6CH_2O \longrightarrow 4HCl + (CH_2)_6N_4 + 6H_2O$$

强酸性物质（如盐酸）虽然能迅速地促进树脂固化，但实际生产上却不能直接采用此类物质作固化剂。因为将强酸直接加入树脂内，则与强酸接触的部分树脂立即发生固化，失去使用效能。由于被胶接物如果是木材，木材本身易受酸的水解。所以作为木材加工用的胶黏剂加入的固化剂其酸性不能过高，一般控制在pH＝4～5，在此范围内的pH值即可加速固化又不致使木材发生水解而降低强度，因此采用强酸性作为固化剂，则一般选择加入另外一种组分进行复配，使用多组分的固化剂为宜，最好是设法使胶层固化后呈中性。如在制造胶合板的脲醛树脂胶中加入碱性的矿石粉可以显著地提高胶合板的湿强度。

理想的固化剂应能使树脂胶的适用期长，固化时间短。为此，常使用迟缓剂。迟缓剂是固化剂的一种组分，常用的迟缓剂如氨、尿素、六亚甲基四胺、三聚氰胺等。这些迟缓剂在常温下能使上述氯化铵和甲醛的反应平衡向左边移动，使生成酸的量减少，固化速度减慢，适用期延长。而在高温时上述反应的平衡向右边移动，生成酸的量迅速增加，固化速度加快。所以加入迟缓剂后，低温时胶固化慢，高温时固化速度快。

脲醛树脂胶在热固化时，由于树脂中存在的游离甲醛有利于链和链之间的交联，如两个分子链上的酰胺键（—NH）和甲醛形成亚甲基键相互连接。

$$\cdots\text{—}\underset{|}{\text{NH}} + CH_2O + \underset{|}{\text{HN}}\text{—} \longrightarrow \cdots\text{—}\underset{|}{\text{N}}\text{—}CH_2\text{—}\underset{|}{\text{N}}\text{—}$$

对游离甲醛含量很低的脲醛树脂则借助甲醛来形成亚甲基键的可能性就大大下降，若要形成交联必须借助两个分子以上的羟甲基相互作用形成亚甲基醚键或亚甲基键。因此低游离甲醛含量的树脂其羟甲基含量应适当提高，以有利于快速固化。当然羟甲基含量过高，若固化不完全，则导致板的吸湿性提高。

固化剂加入量取决于胶合工艺是室温固化还是高温固化、板的类型和厚度、填料的加入量以及期望的固化时间和适用期。

脲醛树脂的凝胶受温度影响很大，尤其在冬季低温时，凝胶时间会显著地延长。在夏季则会由于气温高，树脂凝胶过快，影响涂胶工艺操作。所以固化剂的加入量需根据不同的气候条件来选定，通常脲醛树脂加入固化剂的数量约占树脂液总量的0.2%～1.5%，加入固化剂后，胶液的适用期不得少于4h。夏季加量稍小，冬季适当增加，这样就可以避免在高温下胶液适用期过短，来不及涂胶就呈凝胶状态，从而引起胶接力下降和使用时由于胶液黏度过高致使涂胶量增加造成胶液浪费，同时也可以防止在冬季低温情况下，胶液长时间不凝胶，停留于单板表面，并且严重渗入木材内部而引起透胶或缺胶现象。

综上所述，人造板用脲醛树脂经调制后应满足以下要求：

① 根据胶接制品的不同工艺要求选择。一般人造板生产，要求加入固化剂后胶液的活性期要长，通常在3～4h，在胶合过程中要快速固化，同时不降低人造板质量。

② 根据不同的用途要求和气候条件进行适当的选择。UF树脂胶黏剂的固化速度受温度影响很大，特别是冬季气温低时，固化时间会显著延长，造成胶合效果不良。在夏季因气温高，树脂固化过快，会影响涂胶工艺操作。因此固化剂的加入量，夏季可少些，冬季适量增多。

③ 选择的固化剂，在胶液固化后其胶层的pH值不宜过低或过高，一般胶层的pH值在4～5，其胶合性能最理想。pH值过低，胶层易于老化，pH值过高，影响固化速度，而造成固化不完全。

④ 固化剂的种类决定了胶液pH值降低的速度及降低的极限值。而胶液pH值降低的速度受温度的影响很大，因此，在不同条件下使用的胶液，应选择不同种类的固化剂。根据实验可总结出，一般含有各种固化剂的胶液，固化时间都随温度的升高而缩短。

⑤ 选用复合固化剂。除保证完成固化作用外，还可增加树脂的交联作用。例如加入固化剂的同时，加入适量尿素、氨水、六亚甲基四胺等，还可降低甲醛的含量。

⑥ 为延长UF树脂的使用寿命，也可使用潜伏型固化剂。如草酸二甲酯及其易水解的酯类，有机卤化物（如溴化氢化肉桂酸、二溴丁二酸、1,3-二氯-2-丙醇）等。

⑦ 对于使用寿命太短的UF树脂（尤其在夏季），通常需要在胶黏剂或固化剂中加入一些固化抑制剂，如甲醇、氨水、六亚甲基四胺、尿素等。氨水价格便宜而有效，但使用起来不方便；六亚甲基四胺是固体，易溶于水，使用方便。

⑧ 固化剂应来源广泛，价格低廉，无毒，无污染，水溶性好。

2.1.5.2 助剂

为改善脲醛树脂胶黏剂的物理化学性能而加入的某些物质，统称为助剂。在此仅就脲醛树脂调制时常用的助剂作以简单介绍。

在脲醛树脂中加入填料的目的是节约树脂用量，降低生产成本；增加胶液操作黏度，避免由于胶液过稀，渗入木材内部引起缺胶；防止或减少胶液在固化过程中由于水分蒸发、胶层收缩而产生的内应力，提高胶层的耐老化性能。

(1) 填料　是不挥发的固体物质，没有黏性或稍有黏性，不能成糊状，一般是不溶解于水的粉状物质，可以分散在胶液中。加填料有两个作用：一是提高胶液的黏度；二是可以降低成本。从理论上看，填料是细小的颗粒状的物质，增加了胶液的黏度，同时能堵住木材细胞的孔隙，防止胶液渗入木材的孔隙中去。常用填料如表 2-11 所示。

表 2-11　木材加工用脲醛树脂常用填料

无机物	果壳粉	木粉	其他
瓷土 白垩 高岭土 矿石粉	椰子壳粉 核桃壳粉 油橄榄粉 松子壳粉 花生壳粉	软木粉 硬木粉 树皮粉	玉米芯 稻壳粉

(2) 增量剂　主要成分是蛋白质或淀粉，可形成糊状，是不挥发的固体物质。胶液中添加增量剂除可降低胶液成本外，还有其他优异的使用性能。增量剂中的蛋白质与甲醛发生反应，增大了胶液的黏度，防止热压时因胶液黏度过低而被木材过度吸收；增量剂中的淀粉可吸收胶液中的水分，在涂胶后一段时间内保持胶层水分含量稳定。水分有利于胶液的流动，可湿润木材表面，并使少量的胶液渗进木材形成胶钉，使胶接更牢固。增量剂中的淀粉和蛋白质都能增加混合后胶液的初黏性，使成型板坯具有良好的预压性能，便于板坯运输和热压机自动装板。

增量剂按组成成分有如下分类方式：①含蛋白质类增量剂，如大豆粉、血和血粉等；②含淀粉类增量剂，如小麦粉、高粱粉、马铃薯粉、黑麦粉、豆粉、木薯粉、米粉和大豆粉等；③含可溶性纤维素类增量剂，如乙基纤维素、羟甲基纤维素、可溶性纤维素、甲基纤维素。

大豆粉中含有的蛋白质是两性蛋白质，能与酸作用也可与碱反应。使用豆粉作为增量剂时，与不加入增量剂相比，加入增量剂后的树脂加入同样的氯化铵后胶液 pH 仍为 8，大大延长了胶液的适用期。当胶液经过高温热压后，由于高温使蛋白质失去两性。氯化铵显酸性，不影响树脂的正常固化，从这点看可将豆粉作为良好的潜伏型固化剂使用。

含淀粉的增量剂如马铃薯粉、米粉、木薯粉、高粱粉等需加热才能变成糊状。以小麦粉为例，它除了提高胶液的初黏性、使板材具有良好的预压性能，还可减少压制板材时的透胶和分层鼓泡，提高胶接的工艺性能。可溶性纤维素与其他改性剂相比具有改性效率高的特点，使用时只需加入少量就能起到很大作用。

填料和增量剂的加入量，需根据树脂本身的浓度大小以及胶接制品的质量做相应调整，增量剂一般占树脂用量的 5%～30%。填料和增量剂的加入量增多，相对应树脂耗用量相应减少，按此方法可降低用胶成本。但增量剂添加量过多时，树脂固化时间较原胶液延长，同时也会降低树脂胶合强度及耐水性。所以填料和增量剂的加入需以保证胶接质量为前提适量添加。

2.1.5.3 脲醛树脂调制实例

调胶是树脂使用过程中的一项非常重要的工作，因为它对于胶接质量以及胶黏剂使用性能均有较大的影响。

在进行树脂调制时，首先需根据树脂本身的情况以及树脂胶在使用上的要求，制订调胶配方，确定树脂、固化剂以及其他助剂的组分及其加入量，然后进行调胶。具体实施调胶配方需经过试验验证后才可用于实际生产之中。

（1）E_0 级胶合板用 NQ-J0 低毒性脲醛树脂的调胶配方

树脂性能：F/U＝1.1；固体含量 54%±2%；黏度（25℃）0.10～0.15Pa·s；游离甲醛含量（4℃）＜0.2%；pH 值 7.0～7.5；固化时间＜96s；适用期＞4h；密度（25℃）1.15g/cm³；储存期（20℃）＞30d。

调胶配方：①脲醛树脂 100 份，面粉 15 份，水 5 份，固化剂 5 份（氯化铵与盐酸共混，比例为 1∶1）。

② 脲醛树脂 100 份，面粉 20 份，水 5 份，固化剂 6 份。

③ 脲醛树脂 100 份，面粉 20 份，水 10 份，固化剂 4 份。

④ 脲醛树脂 100 份，面粉 20 份，水 5 份，固化剂 3 份。

固化剂加量以调胶后胶液 pH 值 5.0 左右为宜。此胶液初黏性好，具有较好的预压性能。

（2）E_1 级刨花板用 DN-6 低毒性脲醛树脂的调胶配方

树脂性能：F/U＝1.05；固体含量 60%～65%；黏度（25℃）0.20～0.40Pa·s；游离甲醛含量（4℃）＜0.1%；pH 值 7.0～7.5；固化时间＜60～70s；适用期＞4h；密度（25℃）1.26g/cm³；储存期（20℃）＞30d。

表层刨花用胶液的调胶配比如表 2-12 所示，芯层刨花用胶液的调胶配比如表 2-13所示。表层胶液固体胶含量一般为 42%～52%，pH 值为 8～9，固化速度为 200～300s；芯层胶液固体胶含量一般为 50%～56%，pH 值为 6～7，固化速度为 70～90s。

表 2-12 表层胶液调胶配方

原料种类＼指标	浓度/%	密度/(g/cm³)	干重/kg	溶液重/kg	体积/L
原胶	65	1.26	34.40	52.92	42
石蜡乳液	20	0.97	0.78	3.88	4
氨水	25	0.91		0.46	0.5

续表

原料种类＼指标	浓度/%	密度/(g/cm³)	干重/kg	溶液重/kg	体积/L
固化剂	20	1.09	0.17	0.87	0.8
水		1.0		10.12	10.12
混合胶液	50.49	1.19	35.35 ╱ 51.89%	68.13	57.3

表 2-13　芯层胶液调胶配方

原料种类＼指标	浓度/%	密度/(g/cm³)	干重/kg	溶液重/kg	体积/L
原胶	65	1.26	34.40	52.92	42
石蜡乳液	20	0.97	0.87	4.37	4.5
固化剂	20	1.09	0.35	1.74	1.6
水		1.0		5.0	5.0
混合胶液	53.72	1.21	35.62 ╱ 55.63%	64.03	53.1

2.1.6　脲醛树脂的改性研究

UF 树脂胶黏剂与其他胶种相比，存在着耐水性差、固化后胶层脆性大、耐老化性能差、游离甲醛含量高等缺点，这些缺点不但限制了它的使用范围，而且影响了产品质量。因此，为了扩大 UF 树脂的应用范围，根据不同的使用要求，采用对 UF 树脂胶黏剂进行改性的方法来提高其综合性能。

2.1.6.1　改进 UF 树脂的耐水性

UF 树脂的耐水性主要是指其制品经水分或湿气作用后能保持其胶接性能的能力，它比蛋白质胶黏剂的耐水性强，比酚醛树脂胶黏剂和三聚氰胺树脂胶黏剂弱，特别是耐沸水能力更弱，其制品在反复干湿条件尤其是高温高湿条件下，胶黏性能迅速下降，使用寿命显著缩短，限制了制品的使用范围。

UF 树脂胶黏剂耐水性差的原因，主要在于固化后的树脂中存在着亲水性基团，羟基、氨基、亚氨基、醚键等。此外，酸性固化剂如 NH_4Cl 作固化剂时，它与甲醛反应生成盐使胶层固化后显酸性，酸性易使胶中的亚甲基键水解。

改进 UF 树脂耐水性的方法主要是通过共混、共聚或一些其他的填料来实现的。通过共混的方法对 UF 树脂进行改性的有：聚乙烯醇缩甲醛、聚乙酸乙烯乳液和异氰酸酯、丙烯酸酯乳液等；共聚的方法进行改性的主要有：苯酚、单宁、三聚氰胺酸性盐、间苯二酚、苯胺及糠醛和苯胺等产生的共聚体等。采用两次改性即同时采用共聚和共混的方法，效果更好。与此同时，胶接前在UF树脂分子中引入三聚氰胺粉末进行热压，由于形成了三维网状结构，可以封闭许多吸水性基团。同时，三聚氰胺显碱性可以中和胶层中的酸，在一定程度上防止和降低了树脂的水解和水解速度，从而提高了产品的耐水性。

2.1.6.2 耐老化性能研究

UF树脂的老化系指固化后的胶层逐渐老化龟裂，开胶脱落的现象。脲醛树脂老化性差的主要原因有：①缩聚脱水反应：UF固化后仍继续进行；②胶层存在游离羟甲基：不断地吸收大气中的水分或放出水分，在反复干湿的情况下，即收缩-膨胀应力的作用下，引起胶层的老化；③外界因子（大气中的水、热、光等）的影响：树脂分子断裂，导致胶层老化；④固化剂的浓度、加压压力、木材表面的粗糙程度等都是引起树脂老化的因素。针对以上的原因可以向树脂中加入一定量的热塑性树脂如聚乙烯醇、聚乙烯醇缩甲醛、聚乙酸乙烯乳液、乙烯-乙酸乙烯共聚乳液等，降低树脂交联程度，来改善UF树脂胶层的脆性，挠性增加。树脂合成过程中，加入乙醇、丁醇及糠醇，将羟甲基醚化，或者将苯酚、三聚氰胺与尿素共缩聚，均可提高其抗老化能力。在调胶时，向UF树脂中加入适当比例的填料如面粉、木粉、豆粉、膨润土、小麦粉、木质素、石膏粉等，简便而行之有效的方法，可以削弱由于胶层体积收缩而引起的应力集中，从而导致的开胶脱落现象。适当使用固化剂，固化剂的酸性越强，虽然可以明显地缩短树脂的固化时间，但也相应地促使胶压后树脂的迅速老化。一般以氯化锌或氯化铁等作固化剂，效果较好。

由于UF树脂是一种低值产品，为确保其具有一定的市场竞争力，因此在生产和使用过程中需要尽量降低其生产成本。使用时可通过向树脂中添加淀粉、变性淀粉、纸浆废液、木粉、胡桃壳粉、矿石粉、改性后钙基磺酸盐木质素等增量剂来降低树脂的生产成本。用富含木质素的造纸废液改性UF树脂，当木质素增加量为10%～30%时，改性后树脂压制的板材干、湿态胶合强度都很高，特别是湿态胶合强度较原胶液涨幅较大。这是因为作为酚类衍生物的木质素本身具有较好的耐水性。木质素与UF树脂的共混在很大程度上减少了造纸废液中富含木质素的浪费，而且有效抑制了造纸废液任意排放对环境所造成的污染，同时有效改性了UF树脂，制得了低成本、使用性能优异的木质素-UF树脂。近年来，有学者针对面粉改性UF树脂进行研究。在树脂中加入聚乙酸乙烯酯和面粉，在提高拉伸强度和胶合强度的基础上降低了制品的吸水率。此外，将UF共聚物、乙二醛及氯化铵按一定比例混合组成的胶黏剂，固化快速，耐水性好，游离甲醛含量低。

2.1.6.3 游离甲醛的危害与控制

（1）甲醛的危害　甲醛是一种反应活性很强的醛类化合物，它能与人体的蛋白质反应生成氮亚甲基化合物，使蛋白质发生变性；引起眼睛、鼻子等部位的黏膜发炎而产生痛感。

$$HOOC—R—NH_2+HCHO \longrightarrow HOOC—R—N═CH_2+H_2O$$

20世纪50年代人们就已经发现甲醛对人身体有一定的影响。空气中甲醛含量低至0.1mg/m³就可以闻到它的气味；当浓度达到2.4～3.6mg/m³时，人的眼、鼻、喉都将受到刺激。人体对空气中甲醛浓度的嗅觉界限为0.15～0.3mg/m³，刺激界限为0.3～0.9mg/m³，感受界限为0.9～6mg/m³。据调查，受到不同浓度甲醛刺激后，人体可能发生咽喉炎、结膜炎、胃炎及胃痛、不眠症，以及视力减退等各种疾病。此外甲醛尚有致癌的可能。人体对空气中不同浓度甲醛的反应如表2-14所示。

表2-14 人体对空气中不同浓度甲醛的反应

空气中甲醛含量/(mg/m³)	人的反应
0.07～0.11	能感觉到甲醛的存在
0.15～0.3	能明显感觉到甲醛存在
0.30～0.90	有刺激性但还可以忍受
0.90～1.7	刺激性很强，难以忍受
1.7～6	眼睛的感光性受到影响
20～40	皮肤、呼吸道及视网膜出现明显症状

最近有研究表明，甲醛对红细胞的溶血有促进作用，抑制乙酰胆碱酯酶活力和引起可滴定巯基含量降低，同时使磷酸甘油醛脱氢酶、乳酸脱氢酶活力提高和促进细胞内Ca^{2+}泄漏。由此可见，甲醛对人体有害是不容置疑的。随着人们环保意识的不断增强，环保部门对散发到空气中对人体有害的有机挥发物含量（VOC）特别是甲醛含量的要求越来越严格。我国也于2002年1月颁发了“室内装饰装修材料人造板及其制品中甲醛释放限量”强制标准GB 18580—2001，用来限制人造板生产企业，必须使用低甲醛释放量的UF树脂胶黏剂。因此，降低脲醛树脂的甲醛释放量是研究UF树脂的一个重要课题。世界卫生组织的国际癌症研究中心（IARC）发布了关于甲醛可致癌的报告。甲醛在过去被认为是一种潜在的致癌物质，它可能成为各种癌症的诱因。在2004年6月份IARC发表的报告称高浓度的甲醛能导致耳、鼻和喉癌甚至白血病。IARC将化学药品分为四个危险等级，过去甲醛被列在第二等级内，在确认甲醛可致癌后，甲醛已提升至最高危险等级。

（2）游离甲醛的产生及释放　人造板释放游离甲醛的原因主要有以下几个方面：①树脂合成过程中，尿素与甲醛反应不充分，使树脂中残留未反应的游离甲醛；②在树脂合成时已参与反应的甲醛，由于生产了不稳定的基团，在热压固化或板材使用过程中，又释放出已结合的甲醛；③制品在使用过程中，受到温度、湿度、酸碱、光照等环境因素影响，发生降解而释放甲醛；④在高温、高湿的环境下，木材中的半纤维素分解、木质素中一些甲氧基键断裂，也会释放出甲醛。

因此，甲醛的释放原因是很复杂的，并且是不可避免的。

树脂在固化过程中释放甲醛的主要原因是树脂中存在羟甲基和二亚甲基醚键，此化学键的稳定性差，受外界影响时容易断裂分解释放出甲醛，在酸性环境和水分共同存在的条件下，分解反应进一步加速。加入固化剂后，树脂酸性增大，释放出甲醛。反应过程如下：

$$-CH_2-\overset{\overset{|}{C=O}}{\overset{|}{N}}-\boxed{CH_2OH}+H^+ \xrightarrow[\triangle]{} -CH_2-\overset{\overset{|}{C=O}}{\overset{|}{N}}H+HCHO$$

$$\overset{\overset{|}{C=O}}{\overset{|}{N}}H-CH_2-O-CH_2-\overset{\overset{|}{C=O}}{\overset{|}{N}}H+H^+ \xrightarrow[\triangle]{} \overset{\overset{|}{C=O}}{\overset{|}{N}}H-CH_2-\overset{\overset{|}{C=O}}{\overset{|}{N}}H+HCHO$$

树脂中存在羟甲基和二亚甲基醚键时，固化时就会产生游离甲醛。

(3) 游离甲醛的控制　自 20 世纪五六十年代以来，德国、日本、美国等在制造低毒脲醛树脂胶黏剂及其人造板制品，清除室内甲醛造成的空气污染等方面进行了较多的研究开发。近十几年来，我国科技工作者在合成工艺、甲醛捕捉剂以及改进人造板热压工艺等方面进行了大量研究，采取了一系列有效措施，取得了一些成果。现在人们已找到多种降低脲醛树脂游离甲醛含量的方法，其中最有效的是降低甲醛与尿素摩尔比，但此法有个限度。实践证明，摩尔比太低，会引起其他负效应，如树脂的水溶性下降，储存稳定性降低，固化时间延长，胶合强度下降等。降低甲醛与尿素摩尔比的关键是选择一个合适的比值，使它既能保证胶黏剂有优良的性能，又使甲醛释放量能达标。为了减少低摩尔比产生的不良影响，可分次加入尿素，以突出各批尿素的不同作用，但建议尿素加入次数最好不要超过 4 次。另外真空脱水抽提游离甲醛也是一个常用的办法，但此法存在一些问题，会排出含醛废水，生成周期长，设备费用高。目前，许多研究学者热衷于开发各种各样的甲醛捕捉剂和树脂改性剂，这是降低游离甲醛含量、对树脂进行改性的较好途径，但往往这类添加剂的引入使树脂成本提高过多，在一定程度上影响生产中的应用。在实际应用时把握好适度的原则是关键，总的来说，降低游离甲醛含量主要应从以下几个方面进行考虑。

① 树脂的合成工艺　可采取降低 F/U 的摩尔比、改进合成工艺等方法。优化合成工艺包括分批次添加尿素、控制缩聚阶段 pH 值，采用中、低温合成工艺。经过实验得出，尿素与甲醛生成羟甲基脲的反应是放热反应，羟甲基化程度越高，树脂中游离甲醛含量越低。降低体系温度可促使反应向放热方向进行，有利于羟甲基化反应的进行，也就有利于降低树脂中游离甲醛含量。可通过提高反应体系中活化分子百分数，在强酸条件下降低反应活化能，使中、低温合成工艺顺利实施。

② 使用甲醛捕捉剂　捕捉剂或甲醛结合剂的主要特点是在一定条件下能与甲醛反应生成一种稳定的新物质。从理论上讲，凡是能与甲醛反应的物质都是甲醛捕捉剂。常用的有尿素、亚硫酸盐、三聚氰胺、聚乙烯醇、氨水、铵盐、酰胺、树皮粉（含单宁）、苯酚、间苯二酚、硫脲等。实际生产中常用尿素、三聚氰胺和树皮粉作为甲醛捕捉剂。

③ 选用合理的固化剂　对树脂进行固化时通常加入酸性物质或能释放酸根离子的一类强酸弱碱盐，将介质环境 pH 值降低至酸性，从而提高固化速度。但是，酸性环境能加速树脂的固化的同时也能加速甲醚键、羟甲基的分解反应，即固化剂的加入量过多会增加固化时的甲醛释放量。由于树脂固化后固化剂仍残留在胶层中，并不能被释放或中和，导致胶层分解和甲醛释放的可能性始终存在。

④ 对人造板后处理　常用的减少人造板甲醛释放有如下方法：将能与甲醛反应的溶液喷涂人造板表面，然后经干燥处理可降低甲醛释放；还可以在板面上喷施尿素液；热处理也可以有效地降低板材的甲醛释放量；还可用某些封闭性涂料涂刷人造板表面；或对人造板覆以贴面，侧面进行封边处理。在工厂中广泛应用的方法是甲醛反应的气体熏制人造板，然后用氨气熏制人造板制品可以降低游离甲醛释放量。此外，用尿素和亚硫酸钠的混合液处理人造板也能收到很好的效果。

⑤ 加入其他改性剂　利用甲醛具有还原性的特点，可在树脂中加入强氧化剂如过氧化氢、过硫酸盐等氧化甲醛；在树脂中加入增量比例为5%～10%的氧化淀粉作改性剂，游离甲醛的含量由3%～7%降至0.2%～0.5%；除此之外还可将某些纤维填充剂（树皮粉、木粉）、蛋白质填充剂等添加到 UF 树脂中，在降低成本的同时还能减少制品中甲醛释放量。

2.2 三聚氰胺树脂胶黏剂

三聚氰胺树脂是三聚氰胺甲醛树脂的简称，是由三聚氰胺与甲醛在催化剂作用下经缩聚合成的，是氨基树脂胶黏剂的一种。它包括三聚氰胺甲醛树脂胶黏剂和三聚氰胺尿素甲醛树脂胶黏剂，该种胶黏剂的耐热性和耐水性都高于脲醛树脂胶黏剂和普通酚醛树脂胶黏剂。在木材加工中主要用于制造耐水性胶合板、刨花板和塑料贴面板的装饰纸及表层纸的浸渍、人造板饰面纸的浸渍。

三聚氰胺树脂胶黏剂所制备的成品，比用脲醛树脂制成的产品具有更大的硬度和耐磨性，而且具有耐沸水性、耐化学药物性和电绝缘性。

用于三聚氰胺塑料贴面板的三聚氰胺树脂使用时需采用高温（140～160℃）高压（7～11MPa），最后压板冷却至40℃时出板。由于采用“热-冷法”生产的热能和冷却水的消耗甚大，热压时间长，所以，这种贴面板成本较高。但是，由于其性能优越，至今仍然在广泛使用，如厨房家具等使用的防火板等。

为解决高压三聚氰胺存在的问题，20 世纪 70 年代初，德国科学家研制出一种高度改性的三聚氰胺-甲醛树脂，充分改善了它的柔软度和弹性，并且用这种树脂浸渍的装饰纸，在压机中可实现“热进热出”，即二次加工的“低压短周期”方法。

用于各类人造板饰面的预油漆纸的制造，使用改性的三聚氰胺树脂，固化后树脂的柔韧性非常好，适合于曲面和折角包覆胶贴饰面。

三聚氰胺树脂具有很高的胶接强度，较高的耐沸水能力（能经受 3h 的沸水煮沸），热稳定性高，低温固化能力较强，硬度高，耐磨性优异。尤其是三聚氰胺树脂胶膜具有在高温下保持颜色和光泽的能力，固化速度快，甚至在较低的适宜温度下也是如此。并具有较强的耐化学药剂污染能力。由于其硬度和脆性高，因而易产生裂纹。

由于三聚氰胺在水中的溶解度相当低，所以三聚氰胺树脂具有较好的耐水性。三聚氰胺只溶于热水，而尿素在冷水中也能溶解，因此脲醛树脂胶黏剂仅能用于室内，而三聚氰胺-尿素-甲醛树脂（MUF）则可以成功地用于条件颇为恶劣的室外。

2.2.1 合成三聚氰胺树脂的原料

三聚氰胺又称三聚氰酰胺、蜜胺。纯的三聚氰胺为白色粉末状结晶物，结晶体的结构（针状、棱形）取决于制备方法，三聚氰胺的分子式为：$C_3H_6N_6$，化学结构式为：

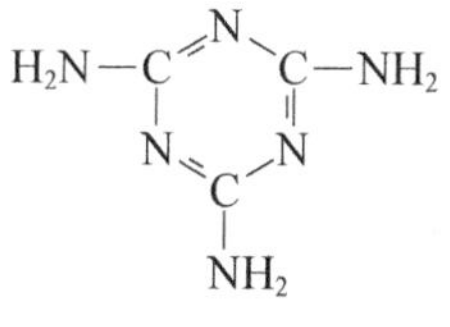

```
             N
          //   \
H2N — C         C — NH2
        |        ||
        N        N
          \\   /
             C
             |
            NH2
```

分子量：126.13，熔点：354℃，密度：1.573g/cm^3。三聚氰胺为弱碱性，但比尿素强，水溶液呈弱碱性。三聚氰胺易溶于液态氨、氢氧化钠及氢氧化钾的水溶液中，难溶于水（在 100℃水中仅溶解 5%），微溶于乙二醇、甘油，不溶于乙醚、苯、四氯化碳。加热升华，急剧加热则分解。低毒，在一般情况下较稳定，但在高温下可能会分解出氰化物。

三聚氰胺易水解，形成一系列水解产物，最后变成三聚氰酸。三聚氰胺随着三个氨基水解，酸性逐步上升，这对三聚氰胺树脂的合成非常不利，所以必须将其从三聚氰胺中用碱水洗去或重结晶精制，其含量不得超过 1%。

三聚氰胺是 6 个官能度，因为氨基的全部氢原子都显活性，这样每一个三聚氰胺分子则可以与 6 个甲醛分子反应。

$$C_3N_3(NH^*_2)_3 \quad (\text{*H}_2N{-}C_3N_3{-}NH^*_2,\ NH^*_2)$$

三聚氰胺的工业制备方法如下：

（1）由石灰石（$CaCO_3$）制备三聚氰胺

$$CaCO_3 \xrightarrow{加热} CaO + CO_2$$

$$CaO + C \xrightarrow{200℃} CaC_2 + CO$$

$$CaC_2 + N_2 \xrightarrow{加热} \underset{氰氨基化钙}{CaNCN} + C$$

$$CaNCN \xrightarrow[CO_2]{水} NH_2CH \xrightarrow{二聚作用} H_2N{-}\underset{\|\atop NH}{C}{-}NH{-}CN \xrightarrow[加热加压]{NH_3} C_3N_3(NH_2)_3$$

由石灰石制备三聚氰胺是传统方法，需要消耗大量的能量。

（2）由尿素制备三聚氰胺

$$6H_2NCONH_2 \xrightarrow[\triangle]{NH_3,加压} C_3N_3(NH_2)_3 + 6NH_3 + 3CO_2$$

由尿素制备三聚氰胺的方法，在技术上存在有腐蚀性和需要多次循环的问题。目前工业化生产的三聚氰胺主要由尿素制造。

2.2.2 三聚氰胺树脂合成原理

三聚氰胺树脂 1933 年才在文献上报道，然而 1939 年即作为商品在美国出售。其工艺迅速发展是由于三聚氰胺与甲醛的反应同尿素与甲醛的反应类似。甲醛与三聚氰胺的反应较之与尿素的反应更容易进行，并易于反应完全，它的反应过程也是分阶段进行的，首先是进行加成反应，形成羟甲基三聚氰胺。然后才逐步进行缩聚，最后形成具有不溶、不熔的体型热固性树脂。

2.2.2.1 三聚氰胺与甲醛的加成反应

在中性或弱碱性介质中，三聚氰胺与甲醛进行加成反应，形成羟甲基三聚氰胺。三聚氰胺分子中存在的六个活泼氢原子，在一定的条件下，能够直接与甲醛分子进行加成反应，形成1～6羟甲基三聚氰胺。如果在三聚氰胺的分子中结合的羟甲基越多，则形成的树脂具有较高的稳定性。

1mol分子的三聚氰胺与2～3mol分子的甲醛作用，反应介质为中性或弱碱性（pH＝7～9），反应温度为70～80℃时，可形成二羟甲基三聚氰胺和三羟甲基三聚氰胺。

$$C_3N_3(NH_2)_3 + 6\,HCHO \longrightarrow C_3N_3(NHCH_2OH)_3$$

在甲醛过量达到6～12mol分子，介质pH为中性或弱碱性及温度为80℃时，能形成六羟甲基三聚氰胺。

$$C_3N_3(NH_2)_3 + 6\,HCHO \longrightarrow C_3N_3[N(CH_2OH)_2]_3$$

羟甲基三聚氰胺的缩聚反应与脲醛树脂相比较，反应历程研究较少，与尿素不同，三聚氰胺在水中的溶解度较低，只溶于热水而不溶于冷水。但由于三聚氰胺官能度高，羟甲基化反应速率较快，反应产物很快即变为水溶性产物，其变为憎水性产物的速度也极快。

羟甲基三聚氰胺是合成三聚氰胺树脂的单体，由羟甲基三聚氰胺单体相互缩聚即可得到三聚氰胺树脂。由于单体上所结合的甲醛的数量不同，其生成的树脂固化速度、对酒精的溶解度以及树脂的适用期均有所不同。

2.2.2.2 三聚氰胺与甲醛的缩聚反应

羟甲基三聚氰胺的树脂化历程与脲醛树脂相同，同样是分子间或分子内失水或脱出甲醛形成亚甲基键或醚键连接的过程，同时低聚物的分子量迅速上升并形成树脂。羟甲基三聚氰胺在缩聚反应中，三氮杂环仍保留。主要是通过羟甲基三聚氰胺分子中的羟甲基之间或者羟甲基与另一个三聚氰胺分子中氨基上的活性氢之间进行的，分别通过醚键或亚甲基键连接起来。

与脲醛树脂缩聚反应不同的是三聚氰胺树脂缩聚及固化反应不仅在酸性条件下可以进行，而且在中性甚至弱碱性条件下也能进行。

由第一阶段制得的羟甲基三聚氰胺在中性、80～85℃条件下进行树脂化反应，其反应可按下述几种方式进行。

$HOH_2CHN—C(=N—C(—NHCH_2OH)=N—C(NHCH_2OH)=N—)$ + $HOH_2CHN—C(=N—C(—NHCH_2OH)=N—C(NHCH_2OH)=N—)$

$\longrightarrow$ $HOH_2CHN—C_3N_3(NHCH_2OH)—NH—CH_2—N(CH_2OH)—C_3N_3(NHCH_2OH)—NHCH_2OH$ $+ H_2O$

$HOH_2CHN—C_3N_3(NHCH_2OH)—NHCH_2OH$ + $H_2N—C_3N_3(NHCH_2OH)—NHCH_2OH$

$\longrightarrow$ $HOH_2CHN—C_3N_3(NHCH_2OH)—NH—CH_2—NH—C_3N_3(NHCH_2OH)—NHCH_2OH$ $+ H_2O$

$HOH_2CHN—C_3N_3(NHCH_2OH)—NHCH_2OH$ + $HOH_2CHN—C_3N_3(NHCH_2OH)—NHCH_2OH$

$\downarrow$

$HOH_2CHN—C_3N_3(NHCH_2OH)—NHCH_2—O—CH_2—NH—C_3N_3(NHCH_2OH)—NHCH_2OH$ $+ H_2O$

在上述反应中，反应分子之间是靠羟甲基而连接的。反应时有水分子析出。

由于羟甲基三聚氰胺在缩聚反应过程中可同时形成亚甲基键和醚键，若固化的树脂中，保留着大量醚键，将导致固化体系交联度下降，使树脂的硬度、耐磨等性能随之恶化。因而研究了这两种化学键在三聚氰胺树脂中的比例：当三聚氰胺与甲醛的摩尔比为 1∶2 时，形成的亚甲基键占优势；若三聚氰胺与甲醛的摩尔比为 1∶6，树脂几乎全部是醚键连接。

与脲醛树脂相比，三聚氰胺具有较多的官能度，这就决定它能产生较多交联，同时三聚氰胺本身又是环状结构，所以三聚氰胺树脂具有良好的耐水性、耐热性以及较高的硬度，其光泽和抗压强度等也较好。

三聚氰胺与甲醛形成初期缩聚物之后，再进一步缩聚，使反应深化，最终形成不溶不熔的体型结构的聚合物，其结构比较复杂，其分子简单结构为：

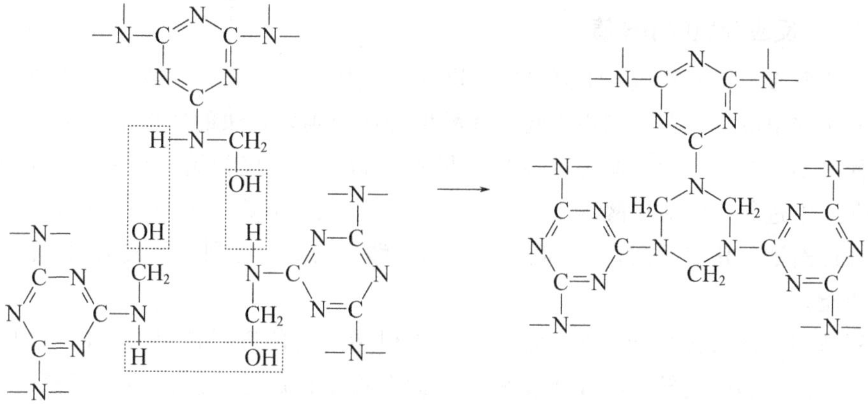

2.2.3 三聚氰胺树脂合成反应影响因素

在三聚氰胺树脂形成过程中，原料组分的摩尔比、反应介质的 pH 值、反应温度和反应时间，以及原材料质量与反应终点的控制等都是影响树脂质量的重要因素。同时对最初及最终产物的结构、树脂的质量和性能也起着决定性的作用。

2.2.3.1 三聚氰胺与甲醛的摩尔比

由实验得知，当三聚氰胺与甲醛的摩尔比为 1∶12，pH 值为 7～7.5，反应温度为 60～80℃时，反应后可以生成六羟甲基三聚氰胺。当摩尔比为 1∶8 时，则形成五羟甲基三聚氰胺。由此说明在树脂反应中，需要相当大数量的甲醛参加反应。这是因为三聚氰胺与甲醛结合速度除受温度影响外，还与三聚氰胺被取代程度有关。三羟甲基三聚氰胺较易形成，其反应迅速，并在反应过程中放出大量的反应热。三羟甲基三聚氰胺形成后，再要与甲醛继续反应，其反应速率则比较慢，在生成 4～6 羟甲基三聚氰胺时尚需吸收热量。所以只有用过量的甲醛参加反应，并且在高温条件下，才可以逐渐形成六羟甲基三聚氰胺。在树脂合成时，其三聚氰胺与甲醛的摩尔比为 1∶(2.5～3.5)，反应 pH 值控制在 8.0～9.0，温度约在沸点或接近沸点。

三聚氰胺与甲醛的摩尔比与树脂的胶接强度直接相关。当其摩尔比在 1∶2 以下时，胶合板的干强度下降，而湿强度却有上升的趋势。当其摩尔比在 1∶3 以上时，胶合板的湿强度下降。所以作为木材胶接用的三聚氰胺树脂其三聚氰胺与甲醛的摩尔比以 1∶(2～3) 为宜。

三聚氰胺与甲醛的摩尔比还影响三聚氰胺的羟甲基化程度。三聚氰胺分子中引入羟甲基之后，将依次减慢羟甲基三聚氰胺进一步缩聚反应的速度（当 pH 值相同时)。三聚氰胺分子中氨基上被取代的氢原子，超过 3h，缩聚反应只是依赖于羟甲基，而氨基不参加反应。

2.2.3.2 反应介质的 pH 值

三聚氰胺与甲醛反应 pH 值对反应进程有直接影响。在中性或弱碱性介质中，三聚氰胺与甲醛生成羟甲基衍生物；在酸性介质中则以较快的速度缩聚生成树脂，反应程度不宜控制。为了避免反应物过早地树脂化，反应初始阶段宜在中性或弱碱性介质中进行，同时甲醛浓度以 20%～30% 为宜。随着反应不断进行，反应液中甲醛逐渐被氧化成甲酸，pH 值下降，体系酸度增高，有利于形成黏稠性的三聚氰胺树脂。

浸渍用三聚氰胺树脂的储存稳定性是指树脂由无色透明转变为乳白色的储存时间，浸渍树脂颜色转变时间越长树脂的储存稳定性越好。浸渍用三聚氰胺树脂的储存稳定性在一定程度上影响了表面装饰材料的使用性能。

合成三聚氰胺甲醛树脂时反应介质 pH 值对合成树脂的稳定性有较大影响。实验结果表明：反应体系 pH 值过高或过低，树脂都不能长时间稳定存放；在弱碱性介质中（pH＝8.5～10）合成的树脂，经过长时间存放后树脂黏度上升较慢，储存稳定性良好。实验结果如图 2-3 与图 2-4 所示。

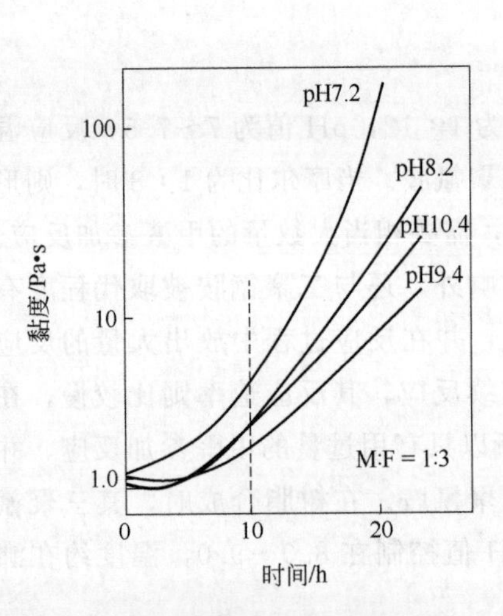

图 2-3 四种 pH 值下树脂黏度的变化（70℃）

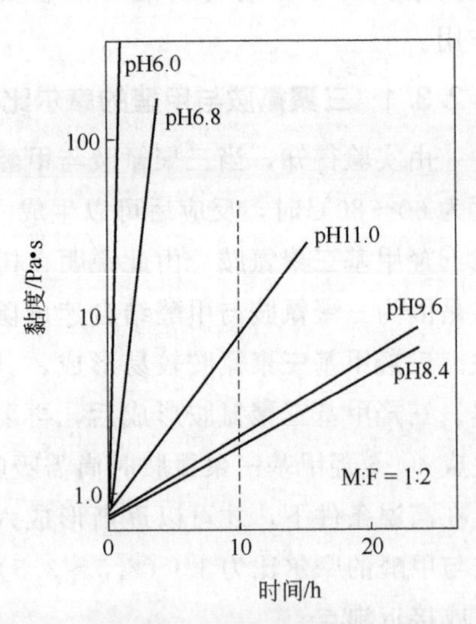

图 2-4 五种 pH 值下树脂黏度的变化（70℃）

2.2.3.3 反应温度

反应温度影响三聚氰胺在甲醛中的溶解性，因而影响二者之间的反应速率。例如当反应液的温度在 40～50℃以下时，三聚氰胺是很难溶解于甲醛的，因而使相互间的反应进行得非常缓慢。然而当温度超过 60℃时，三聚氰胺被甲醛溶解，则反应速率迅速加快。另外反应液中三聚氰胺与甲醛结合的数目，也与反应温度有密切的关系。反应温度愈高，则三聚氰胺分子中结合甲醛的分子数目也愈多。在三聚氰胺树脂生产中，反应温度以保持在75～85℃为宜。

三聚氰胺树脂一般在高温下不用固化剂即可以很好固化，如在100℃固化时则要加入强酸性盐作固化剂才能很好地固化。若pH值降至足够低时，三聚氰胺树脂也能在较低的温度下固化。但固化很不完全，固化后的产品胶接强度太低，没有使用价值。

2.2.4 三聚氰胺树脂的合成工艺

纯三聚氰胺树脂由于成本高，胶层固化后性脆易开裂，所以一般都采用改性三聚氰胺树脂。三聚氰胺树脂的稳定性和柔韧性是作为浸渍树脂所要求的重要特性，因此在合成三聚氰胺树脂中控制较低的反应速率很重要，通常都是在弱碱性和温度为85℃的条件下合成，但由于所用改性剂的性质不同，树脂的合成工艺条件也有所不同。

（1）合成实例A　原料配方见表2-15。

表2-15　三聚氰胺树脂的配方实例A

原料	纯度/%	摩尔比	用量/g
三聚氰胺	工业	1	189
甲醛	37	5.13	625
尿素	98	3.95	312
氢氧化钠	30		适量
甲酸	甲酸：水=1：2		适量

合成工艺：将甲醛溶液与水浸过夜的聚乙烯醇加入反应釜，50～55℃反应30min，然后调整pH值为8.0～8.5，加入第一批尿素，30～45min内升温至85℃，pH值为7.0～7.2，保温30min；将pH值调整至4.9～5.2，91～94℃缩聚至要求黏度后，用30% NaOH调整pH值至8.0～8.5，加入三聚氰胺，85～90℃缩聚至黏度25。再次调节pH值至8.6～8.9后加入剩余尿素，降温至40℃下放胶。

合成树脂A的性能指标如下：

固体含量/%	55～56
游离甲醛含量/%	0.15～0.2
黏度(涂-4杯)/s	25～35
pH值	8.5～9.0
储存期(20℃)/d	15～20

此树脂用于低摩尔比耐水型脲醛树脂的生产，该树脂耐沸水、甲醛释放量低，可用于空气湿度大、甲醛释放量要求苛刻的环境中。

（2）合成实例B　原料配比见表2-16。

表 2-16　三聚氰胺树脂的配方实例 B

原料	纯度/%	摩尔比	用量/g
三聚氰胺	99.8	1.0	126
甲醛	37	3.0	243.2
二甘醇	98		12.6
聚乙烯醇(1799)	工业		1.5
氢氧化钠	30		适量
水	软化水		适量

合成工艺：将甲醛与聚乙烯醇加入反应釜中，用30%氢氧化钠调 pH 值 9.3～9.5，加入一定量二甘醇与水的混合液并将溶液温度升至 40℃。将三聚氰胺在 3～5min 迅速加入到反应釜中，10～15min 内升温至 90℃，保温反应 30min 后，缓慢加入剩余的二甘醇与水的混合液。继续反应 1h 后测定水稀释度，反应重点控制水溶性在 2～2.3，并迅速降温至 40℃以下，出料后对树脂各项指标进行测定。

合成树脂 B 的性能指标如下：

固体含量/%	51～53
游离甲醛含量/%	0.26～0.28
黏度(涂-4 杯,20℃)/s	20～21
pH 值	9.0～9.2
加入 1%固化剂固化时间/min	5
储存期/d	20

此种改性三聚氰胺树脂用于该胶液可用作低压短周期装饰纸的浸渍饰面刨花板的压贴。

(3) 合成实例 C　原料配方见表 2-17。

表 2-17　三聚氰胺树脂的配方实例 C

原料	纯度/%	摩尔比	用量/g
三聚氰胺	99.8	1	116.55
甲醛	37	4	300
对甲苯磺酰胺	工业		18.5
乙醇	98		19
氢氧化钠	30		适量

合成工艺：将甲醛溶液与水加入反应釜，用30%氢氧化钠溶液调 pH 值至 8.6～8.9。然后加入三聚氰胺，并在 25～30min 内升温到 85℃，当温度升到 70～75℃时，反应液呈透明，此时测 pH 值应不低于 8.4～8.6。在 85℃±1℃下保温 30min 后测定憎水温度（俗称浑浊度），当反应液的憎水温度达到 29～32℃时（夏季用 29℃，冬季用 32℃），立即加入乙醇和对甲苯磺酰胺，并迅速降温至 65℃。在 65℃保持 30min 后冷却至 40℃，用30%氢氧化钠调 pH 值至 8.6～8.9 后即可放料。

憎水温度的测定：用 50mL 有刻度离心管取蒸馏水 46.5mL、树脂 3.5mL，不断搅拌，置于冰水中降温。若测定液已出现浑浊，则提高温度使之透明，然后再置于冰水浴，当测定液开始呈现白色浑浊状时的温度即为憎水温度。

合成树脂 C 的性能指标如下：

固体含量/%	45～48
黏度(20℃)/mPa·s	60～70
游离甲醛含量/%	0.7～0.85
pH 值	8.5～8.7
外观	无色透明液体

此树脂适用于塑料装饰板的装饰纸及表层纸的浸渍。

2.2.5 三聚氰胺树脂的改性

三聚氰胺树脂是无色透明的黏稠性液体，在沸水中可稳定存在，制品为不溶不熔的热固性树脂。固化后的三聚氰胺树脂无色透明，胶膜耐水、耐热、耐化学药剂以及耐腐蚀等性能极为优良，因而常用于制造塑料贴面板，并在家具、建筑、车辆、船舶等方面广泛使用。

三聚氰胺树脂在储存过程中，体系中游离羟甲基取代物等活性较高的分子会继续缩聚，使得树脂黏度持续增长。三聚氰胺树脂保存性能差是由于初期树脂性质极活泼，结构不稳定。分子间易于相互结合而逐渐趋于均衡的状态，因而储存时间短，一般不超过两周，其储存稳定性远不如脲醛树脂。三聚氰胺树脂具有低温下易冻结，储存稳定性差、胶膜易于发脆等缺点。工业中常将制得的树脂进行喷雾干燥，制成粉末状的三聚氰胺树脂，其保存期至少在一年以上，使用时只要将粉末状胶重新用水溶解即可。这对于树脂的储存、产品的质量以及使用寿命有一定的影响。也有用双氰胺改性，可使树脂的水溶性得到改善，储存稳定性大为提高。

对三聚氰胺树脂改性常用的方法有用醇类（乙醇）对树脂进行醚化，或加入蔗糖、对甲苯磺酰胺、硫脲、氨基甲酸乙酯、己内酰胺以及热塑性树脂（如聚醚、聚酰胺等）进行改性。三聚氰胺树脂胶膜的脆性较大，原因是固化后的树脂中具有高度交联的三向结构。加之在树脂中存在未参加反应的羟甲基，致使固化后的树脂具有某种程度的吸湿性。在湿度经常变化的大气环境中，树脂因吸湿、解吸而产生内应力，最终也会导致脆性树脂发生裂纹。对三聚氰胺改性手法的目的是增加其柔韧性，使脆性下降，常用的方法是减少树脂的交联度。

对三聚氰胺的氨基进行改性，也可起到树脂增韧的效果。当三聚氰胺中的一个氨基被甲基或苯基所取代时，就可合成甲基鸟粪胺和苯基鸟粪胺来代替三聚氰胺的甲基（苯基）鸟粪胺甲醛树脂。采用该树脂制作的塑料贴面装饰纸胶膜韧性、树脂本身稳定性较原三聚氰胺树脂使用性能优异。另外在合成三聚氰胺树脂过程中，加入聚乙烯醇作为改性剂，使得三聚氰胺、聚乙烯醇和甲醛进行共聚，也可以降低树脂脆性，增加树脂韧性。

2.2.6 三聚氰胺·尿素共缩合树脂胶黏剂

三聚氰胺树脂与酚醛树脂和脲醛树脂相比开发得比较晚，因此被用于木材胶接的时间也比较晚。三聚氰胺能够与脲醛树脂中的吸水性基团发生反应，提高树脂的耐水性能；同时，三聚氰胺呈碱性，可以中和胶层中的酸，并且其具有稳定的环状结构，提高树脂的水解活化能，在一定程度上防止和降低树脂的水解速度和热降解。

用三聚氰胺改性脲醛树脂实质上是针对脲醛树脂存在耐水性差、游离甲醛含量高的现象，用一定量的三聚氰胺进行改性，以提高脲醛树脂的耐水性、尺寸稳定性、耐龟裂性、耐磨性，并降低游离甲醛释放量。

早在1944年McHale就用三聚氰胺来提高脲醛树脂的耐水性。Delmonte用三聚氰胺来提高脲醛树脂的耐沸水能力，并得出三聚氰胺用量与水煮3h后破坏载荷的关系曲线，如图2-5所示。

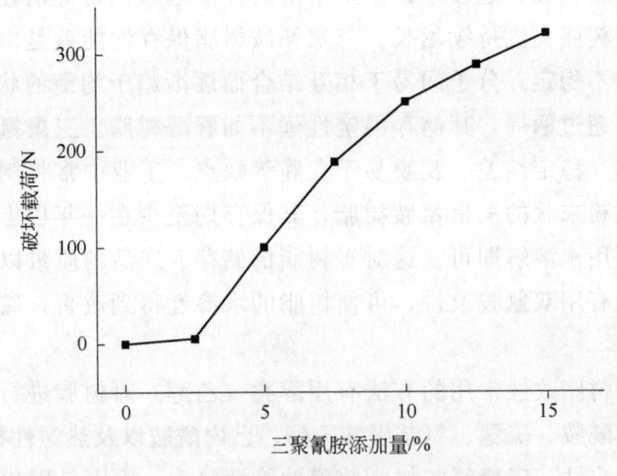

图2-5　三聚氰胺添加量与破坏载荷的关系

将脲醛树脂胶黏剂、三聚氰胺树脂胶黏剂、三聚氰胺尿素甲醛共缩合树脂胶黏剂的耐沸水能力进行比较，结果如图2-6所示。由图可知，用三聚氰胺改性后的脲醛树脂胶黏剂的耐水性接近三聚氰胺树脂胶黏剂。Blomquist研究证明，用三聚氰胺改性脲醛树脂较用间苯二酚其产品耐高温性能强。Kehre指出，三聚氰胺同其他改性剂相比，制得的刨花板具有较高的尺寸稳定性和较低的厚度膨胀率。

20世纪70年代末，樋口对改善脲醛树脂胶黏剂的耐水性的可能性进行了研

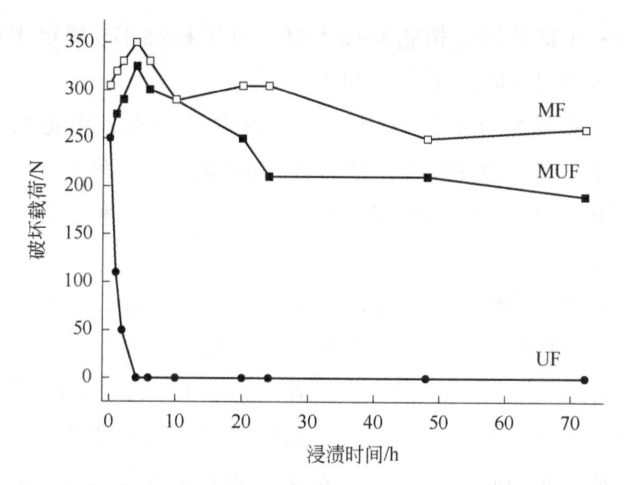

图 2-6　三聚氰胺尿素共缩合树脂、脲醛树脂和三聚氰胺甲醛树脂耐沸水性比较

究，指出如果能除去树脂中的酸就可以使胶的耐水性迅速上升。他认为用三聚氰胺改性脲醛树脂提高耐水性是由于三聚氰胺的碱性使固化树脂的酸度下降，抑制了树脂水解的缘故。Kreibich 研究指出，采用高温固化和延长固化时间可以改善胶层的耐久性。他把 MUF 胶合试件进行真空加压、干燥之后再煮沸 4h，发现剪切强度和木材破坏率都为零，他认为这是由于胶层中的三聚氰胺并未完全固化，在真空加压时，未完全参与到聚合物链段中的三聚氰胺被萃取出来的缘故。

20 世纪 80 年代，Deppe 和 Stolznburg 进一步研究了用酚醛树脂、异氰酸酯胶黏剂改性 MUF 树脂胶黏剂，进一步改善了 MUF 树脂胶黏剂的耐水性。

包学耕、黄平在研究 MUF 树脂胶黏剂的合成工艺时得到以下几条规律：①在树脂合成的开始阶段或中间阶段加入三聚氰胺用量不宜超过 10%，否则，一调到酸性，黏度增加很快，反应不易控制，容易发生凝胶；②若在脲醛树脂合成的后期加入三聚氰胺，则需要较多的三聚氰胺才能达到耐水要求；③在脲醛树脂合成过程中加入少量的三聚氰胺，热压前再加入适宜比例的三聚氰胺树脂与其共混，制得的刨花板具有优良的耐水性。

顾继友等采用先共聚后共混的方法，开发出一种 MUF 共缩合树脂胶黏剂，用其制造准耐水级中密度纤维板。

2.2.6.1　三聚氰胺·尿素共缩合树脂的性能及应用

三聚氰胺树脂的耐水性虽然不如酚醛树脂，但与脲醛树脂相比却具有极高的耐水性。三聚氰胺和尿素复合树脂的耐水性，因三聚氰胺和尿素及甲醛的摩尔比不同而不同。当甲醛的用量在适当范围内时，三聚氰胺与尿素相比其用量越多，复合树脂的耐水性越好。

用三聚氰胺·尿素共缩合树脂胶接木材，日本标准JIS规定木材拉伸剪切强度在经过反复煮沸处理后应大于0.98MPa。

三聚氰胺·尿素共缩合树脂可用于制造耐水胶合板、刨花板、MDF、集成材、单板层积材等，属热固性树脂。通常以氯化铵作为固化剂，并加入面粉等添加剂与增量剂使用。加入固化剂虽然在常温下也可达到某种程度的固化，但是很难达到理想的固化状态。

日本胶接协会所属的胶接耐久性研究委员会对三聚氰胺·尿素共缩合树脂制造的胶合板进行了胶接耐久性试验。其结论为：用三聚氰胺·尿素共缩合树脂制造的胶合板其胶接耐久性介于酚醛树脂和脲醛树脂胶合板之间。未进行防腐处理的普通胶合板经不同地点3年室外暴露后其胶接强度接近于零；而用杂酚油进行防腐处理后，三种树脂的胶合板其胶接强度下降的速度都减缓。杂酚油处理不仅具有防腐效果，还赋予其防水性和拒水性，这种综合效果使其胶接耐久性得以提高。

近年来，随着人造板产量的不断提高，急需增加人造板的品种及提高其性能，以求扩大人造板的应用范围。特别是厨房家具快速发展，对防潮级刨花板需求增加，以及强化复合地板用高档高密度纤维板的巨大市场需求，极大地促进了MUF树脂胶黏剂推广应用。苯酚的价格持续上涨，也为三聚氰胺·尿素共缩合树脂胶黏剂的推广应用创造了机遇和发展空间。这类胶黏剂已经用于制造E_{1-0}级防潮刨花板、水泥模板、多层实木复合地板、胶接木材（集成板材）及模压托盘等生产。

由于我国木材胶接制品主要用于家具制造和室内装修，不同于欧美等发达国家以建筑类结构用材为主，所以三聚氰胺·尿素共缩合树脂胶黏剂尤其适合我国木材胶接制品制造的需求。

2.2.6.2 三聚氰胺·尿素共缩合树脂的合成原理

合成三聚氰胺尿素共缩合树脂有两种方法：一种方法是将三聚氰胺和尿素分别与甲醛反应合成三聚氰胺树脂和脲醛树脂，然后再将两种树脂按比例混合后使用；另一种方法是将三聚氰胺和尿素在同一反应釜内同时与甲醛进行反应合成。这两种方法制得的树脂在使用性能上各有优势。目前还没有明确的数据表明究竟哪一种方法更好。

三聚氰胺尿素共缩合树脂的合成原理与脲醛树脂及三聚氰胺树脂基本相同，是一种复合型的树脂。人们对复合型树脂对分子层面的反应更为关注，即在三聚氰胺和尿素之间是否产生共聚缩合反应？固化产物的化学构造如何？最终固化产物的化学构造如何？

对于这些问题，国内外学者包括日本学者柳川、樋口、富田等人在三聚氰胺改性脲醛树脂基础理论研究方面做了大量的研究工作。

富田等对三聚氰胺树脂、脲醛树脂以及三聚氰胺尿素共缩合树脂的^{13}C NMR核磁共振谱图进行了研究，发现三者的亚甲基键和二亚甲基醚键碳原子的吸收几乎在同一位置出现，因此很难判断三聚氰胺、尿素与甲醛是否发生共聚缩合反应。不过最近利用更先进的测定装置可以对其进行判别，并且发现共聚缩合反应是在羟甲基和自由氨基之间产生的。

柳川等将三聚氰胺和尿素以及它们的羟甲基化合物以不同的比例反应，然后将产物进行红外光谱分析。结果得出在酸性条件下三聚氰胺尿素共缩合树脂是通过尿素的羟甲基和三聚氰胺的自由氨基之间进行共聚缩合反应的。

樋口等将三聚氰胺尿素共缩合树脂在固化过程生成的凝胶体分离出来，并对凝胶体氮含量的变化以及固化后树脂加酸水解的规律进行解析，提出了如图 2-7 所示的固化后树脂的化学构造。

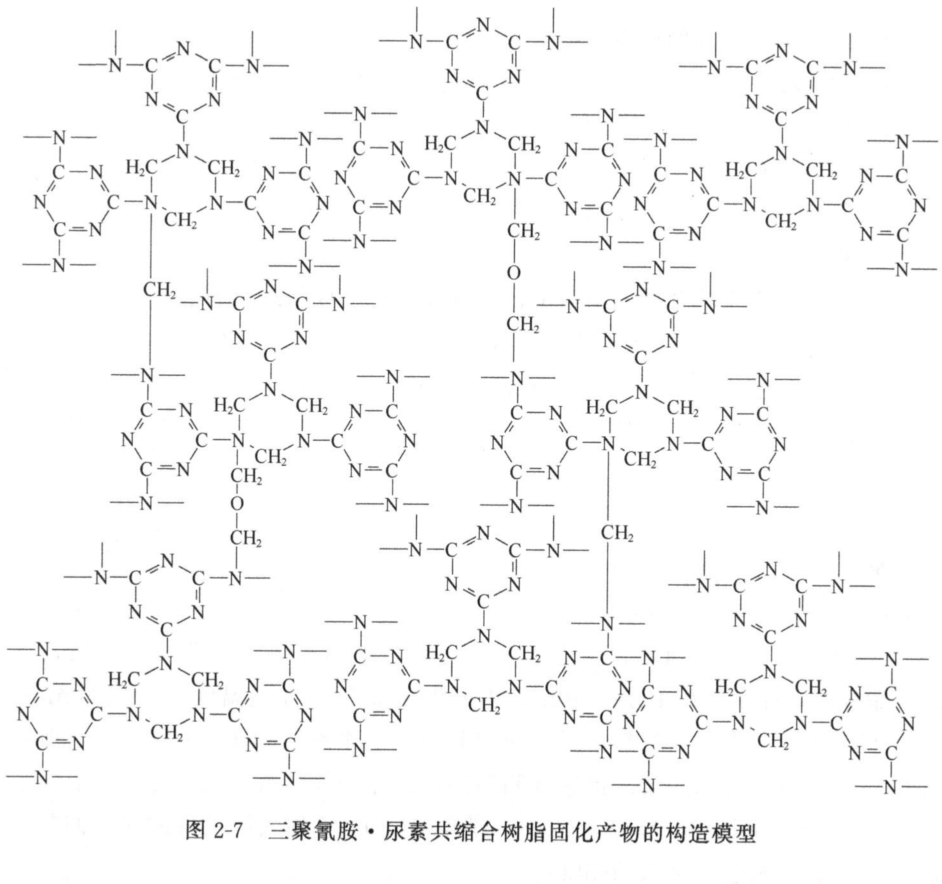

图 2-7　三聚氰胺·尿素共缩合树脂固化产物的构造模型

2.2.6.3　三聚氰胺·尿素共缩合树脂的合成工艺

（1）合成实例 A　原料配方见表 2-18。

表 2-18　三聚氰胺树脂的配方实例 A

原料	纯度/%	用量/g
三聚氰胺	99.8	100
甲醛	37	405.4
尿素	98	235.5
第一批尿素	98	133.1
第二批尿素	98	28
第三批尿素	98	43
第四批尿素	98	34.4
氢氧化钠	30	适量

合成工艺：首先将甲醛水溶液加入反应釜，调节 pH≤3，加入聚乙烯醇与第一批尿素，待其溶解后反应 5min 后再加入第二批尿素。反应 20min 左右调节 pH 值至 5.5～6.5，加入三聚氰胺并升温 60℃，反应缩聚至黏度达到 1 后，加入第三批尿素反应至树脂滴入 50℃水中出现白色浓雾，马上调节 pH 值至 8.6～8.9，加入最后批次尿素并降温 40℃下出料。

合成 MUF 树脂 A 的性能指标如下：

固体含量/%	54～56
黏度/s	25～29
游离甲醛含量/%	0.10～0.20
pH 值	8.2～8.5
储存期/d	20

此树脂主要用于胶合板、细木工板及各种木材胶接制品的制造。

(2) 合成实例 B　原料配方见表 2-19。

表 2-19　三聚氰胺树脂的配方实例 B

原料	纯度/%	摩尔比	用量/g
三聚氰胺	工业	1	126
甲醛	37	3.9	316.2
尿素	98	3	183.7
聚乙烯醇	工业		2.5
氢氧化钠	30		适量

合成工艺：将甲醛加入到反应釜中，用 30%氢氧化钠溶液调 pH 值至 8.0～8.5。添加第一批尿素并在 30～40min 内升温至 90℃，在此温度下反应 20min 后调节 pH 值至 4.8 左右，85℃下反应至目标黏度。继续降温至 60～65℃，同时使 pH 值在 8.0～8.5，加入第二批尿素和第一批三聚氰胺，在 85℃反应 40min 左右后加入第二批三聚氰胺，反应 25～28s，降温至 70℃下加入第二批尿素，调节 pH 值至8.6～8.9，降温至 40℃下出料。

合成树脂 B 的性能指标如下：

固体含量/%　　55～56.5

游离甲醛含量/%	≤0.15
黏度/mPa·s	25～27
pH 值	8.4～8.7
外观	透明液体
储存期/d	30

此树脂亦主要用于胶合板、细木工板及各种木材胶接制品的制造。

2.3 酚醛树脂胶黏剂

酚醛树脂（PF 树脂）是酚类与醛类在催化剂作用下形成树脂的统称。酚类主要是苯酚、甲酚、间苯二酚、单宁等，醛类主要是甲醛、糠醛等。用于胶黏剂的酚醛树脂通常是苯酚与甲醛经缩聚反应而得到的树脂。它是工业化最早的合成高分子材料。在近一个世纪的时间里，被用于诸多产业领域，现在仍是重要的合成高分子材料。1872 年，德国化学家拜耳（A. Baeyer）首先发现酚和醛在酸的存在下可以缩合得到无定形棕红色的不可处理的树枝状产物，但未开展研究。美籍比利时化学家贝克兰德（Baekeland）对酚醛树脂进行了系统而广泛的研究，于 1909 年提出了关于酚醛树脂“加压、加热”固化的专利，实现了酚醛树脂的实用化。

酚醛树脂胶黏剂是仅次于脲醛树脂胶黏剂的第二大木材胶黏剂。它因具有粘接强度高、耐水、耐热、耐磨及化学稳定性好，耐沸水性能最佳等优点，广泛应用于木材工业中。特别是在耐水、耐候性木制品方面的生产中酚醛树脂具有特殊的意义。然而，酚醛树脂胶黏剂也存在着颜色深、固化后的胶层硬脆、易龟裂、成本较脲醛树脂胶黏剂高、毒性较大等缺点，尤其是酚醛树脂胶黏剂固化温度高、固化速度慢（一般要在 130～150℃下热压才能得到好的粘接强度），对单板的含水率要求严格（一般要求控制在 5%～10%）等，造成生产效率低，能量和设备消耗大，限制了酚醛树脂胶黏剂更广泛的应用。为此，世界各国的科技工作者对酚醛树脂胶黏剂进行了广泛的改性研究。其中在保证酚醛树脂优良物理、化学性能的前提下，缩短酚醛树脂固化时间，降低酚醛树脂胶黏剂的生产成本，降低胶中的游离醛、游离酚含量等几个方面成为研究重点。目前，酚醛树脂胶黏剂主要被广泛应用于生产耐水胶合板、船舶板、航空板、塑料板和纤维板等方面。

生产酚醛树脂，根据所采用原料的化学结构、酚醛摩尔比以及催化剂选取（反应体系 pH 值）的不同，所得到的产品有两类，即热塑性酚醛树脂和热固性酚醛树脂，二者可相互转化。根据需要可制成不同形态，如溶液状、粉状、乳液状及膜状的胶黏剂，也可制成高温固化型（130～150℃）、中温固化型（100～110℃）和室温固化型（20～30℃）的胶黏剂，根据用途的不同还可制成胶接用和浸渍用的酚醛树脂。

2.3.1 合成酚醛树脂的原料

合成酚醛树脂的酚类主要是苯酚及其衍生物（甲酚、二甲酚、间苯二酚、多元酚等），醛类主要是甲醛，还有乙醛、糠醛等，催化剂有盐酸、草酸、硫酸、对甲苯磺酸、氢氧化钠、氢氧化钾、氢氧化钡、氨水、氧化镁和醋酸锌等。合成酚醛树脂所用原料不同，生成树脂的性能差异较大。因此，了解它们的性质，并根据所合成树脂的性能要求正确选择和使用原料是十分重要的。

2.3.1.1 苯酚

苯酚又称为石炭酸，是木材工业中合成酚醛树脂的主要原料，其分子式：C_6H_5OH，分子量：94.11，熔点：40.9℃，沸点：182.2℃，相对密度：1.055，结构式：

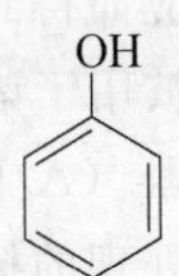

纯苯酚为无色针状结晶体，具有特殊的气味。在空气中受光的作用氧化，逐渐变成深红色，有少量铜、铁存在时会加速变红氧化过程。苯酚易被水蒸气蒸出，易潮解，苯酚若含有水分，其熔点急剧下降，每增加1%的水分其熔点下降1.2℃。在常温下苯酚含有27%的水就成为均匀的液体。随着含水量的继续增加，使液体分为两层，上层为苯酚在水中的溶液，下层为水在苯酚中的溶液，苯酚在水中的溶解度随温度的升高而增加。

苯酚能溶于乙醇、乙醚、氯仿、苯、丙三醇、冰醋酸、脂肪酸、松节油、甲醛水溶液及碱性水溶液中。

苯酚分子结构中具有羟基和苯环，因此它具有羟基和苯环的某些性质。苯酚分子中的羟基直接与苯环相接，由于共轭效应的结果，氧原子的负电荷分散到整个共轭体系中，使苯氧负离子稳定，所以苯酚呈弱酸性。当其溶于氢氧化钠水溶液中时，能与碱反应生成酚盐。

$$C_6H_5OH + NaOH \longrightarrow C_6H_5ONa + H_2O$$

由于苯酚的酸性比碳酸弱，故可将CO_2通入酚盐中，溶液中出现白色浑浊使苯酚游离析出。

$$C_6H_5ONa + CO_2 + H_2O \longrightarrow C_6H_5OH + NaHCO_3$$

苯酚的羟基系供电子基团，使苯环上的电子云密度增加，尤其是羟基的邻、对位增加得更多。因此苯环易发生亲电取代反应，并且取代基主要在酚羟基的邻、对位上，即苯酚有三个反应活性点。

苯酚与溴水作用立即生成白色沉淀，这个反应很灵敏，可用来检验苯酚的存在。甚至 10μL/L 的苯酚也能检查出来。反应可定量完成，可用于苯酚的定量分析。

苯酚与卤代烷作用生成醚，与酰氯或酸酐作用生成酯，在涂料工业中利用这个反应制得改性酚醛清漆。

苯酚在常温下稍有挥发。苯酚极毒，具有腐蚀与刺激作用。它能使蛋白质降解，皮肤接触苯酚时，首先变为白色，继之变成红色，并起皱，有强烈的灼烧感，较长时间接触会破坏皮肤组织，大量地接触能麻痹中枢神经系统而导致生命危险。空气中蒸汽的最大允许浓度为 0.005mg/L。当皮肤受到侵害时，可用大量的水冲洗，用酒精清洗，再擦 3%丹宁溶液，并涂敷樟脑油。因此操作和储存都要严格按照规定，以免对身体和环境造成伤害。

苯酚根据其来源可分为煤焦油苯酚和合成苯酚两种。煤焦油（炼焦工业的副产物）苯酚是从煤焦油中提取出来的，但它的产量远不能满足工业的需要，所以苯酚的来源主要是采用合成方法得到的。

2.3.1.2 甲酚

甲酚的分子式：$CH_3C_6H_4OH$，分子量：108.1。甲酚为含有一个甲基的一元酚，它有三种异构体，即邻甲酚、对甲酚和间甲酚：

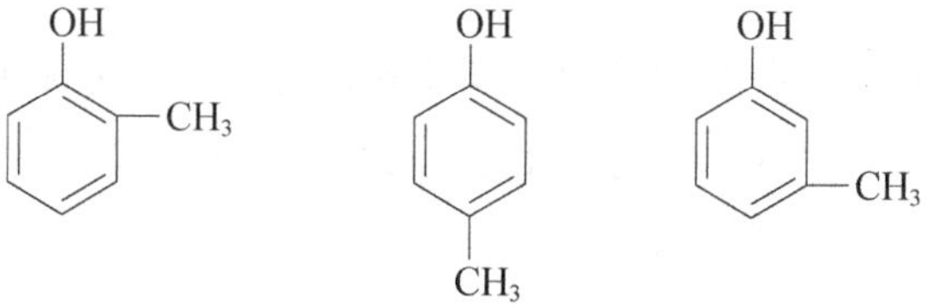

邻甲酚　　对甲酚　　间甲酚

工业甲酚系三种甲酚的混合物，来自煤焦油在 160～230℃蒸馏范围内的馏分。为暗黑色油状液体，相对密度 1.03～1.05，因为三种异构体沸点相近，不易单独分离出来，所以生产树脂时，也采用这种混合物。用邻甲酚和对甲酚与甲醛反应只能生成线型树脂，所以作为制造树脂的混甲酚，其中间甲酚的含量应大于 40%。间甲酚有三个反应活性点，可与甲醛缩聚生成热固性树脂，间甲酚含量越多，反应越快越完全，生成树脂的缩聚程度也越高，游离酚含量少，固化速度快。

甲酚在水中的溶解度低于苯酚，能溶于碱的水溶液、乙醇和乙醚中，其毒性和腐蚀性与苯酚相似。甲酚蒸汽对呼吸道、眼睛的黏膜特别有害，在使用时必须要有防护措施。

2.3.1.3 二甲酚

二甲酚的分子式：$(CH_3)_2C_6H_3OH$，分子量：122.16，沸点：211～225℃，相对密度 1.035～1.040。二甲酚为含有两个甲基的一元酚，它有六种异构体。

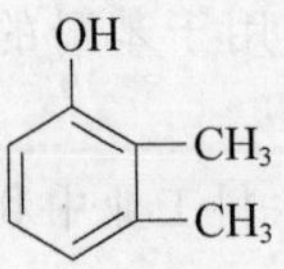

OH CH$_3$ CH$_3$ — 2,3-二甲酚

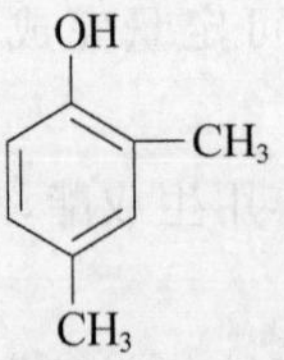

OH CH$_3$ CH$_3$ — 2,4-二甲酚

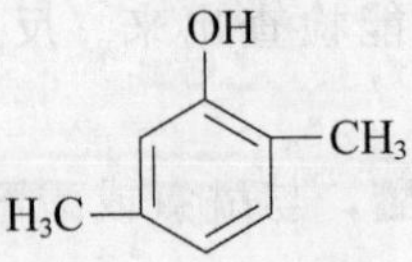

OH CH$_3$ H$_3$C — 2,5-二甲酚

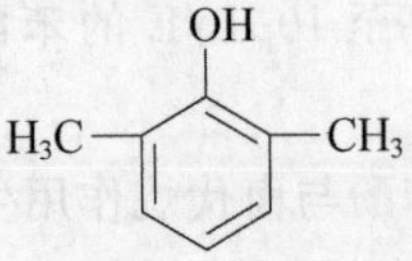

OH H$_3$C CH$_3$ — 2,6-二甲酚

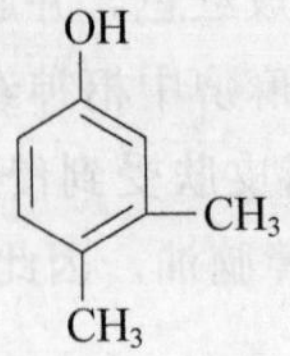

OH CH$_3$ CH$_3$ — 3,4-二甲酚

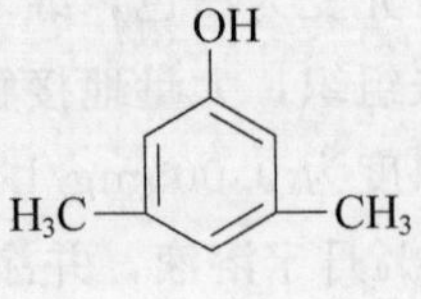

OH H$_3$C CH$_3$ — 3,5-二甲酚

二甲酚外观为无色或棕褐色的透明液体，其中3,5-二甲酚有三个反应活性点，能与醛作用生成网状结构热固性树脂；有两个反应活性点的2,3-二甲酚、2,5-二甲酚、3,4-二甲酚只能生成线型热塑性树脂；仅有一个反应活性点的2,4-二甲酚、2,6-二甲酚不能参与反应形成树脂。二甲酚是从煤焦油分离出苯酚和甲酚后剩下的高沸点馏分中蒸馏出来的，呈油状液体，其腐蚀性及毒性与苯酚相似。

2.3.1.4 间苯二酚

间苯二酚是常温固化酚醛树脂的重要原料。间苯二酚为无色或略带颜色的晶体，具有轻微的二元醇气味，其分子式：$C_6H_4(OH)_2$，分子量：110.11，熔点：118℃，沸点：276.5℃，结构式：

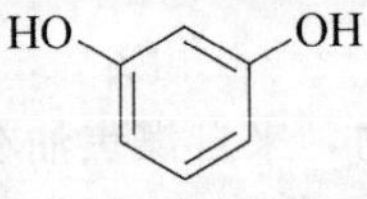

HO OH

在光及湿空气的作用下，间苯二酚的颜色逐渐变红，反应性较强。能溶于水、醇、醚、甘油，但难溶于苯，间苯二酚是极弱的酸。

2.3.1.5 醛类

醛类主要是甲醛，有关甲醛参阅脲醛树脂部分。也有用糠醛或其他醛类如乙醛和丁醛等，由于位阻较大、活性低，很少用来制造树脂。

糠醛为无色且具有特殊气味的液体，在空气中逐渐变成深褐色。糠醛除含醛基外，尚有双键存在，故反应能力很大。苯酚与糠醛缩合的树脂，具有耐热性较高的特点，糠醛还可作为酚醛塑料粉中的增塑剂。糠醛的熔点：－36.5℃，沸点：162℃，相对密度：1.159，结构式：

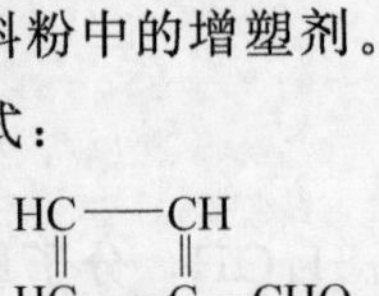

HC—CH
HC　C—CHO
　O

2.3.2 酚醛树脂的合成原理

酚类和醛类形成酚醛树脂的反应较为复杂，研究酚醛树脂合成原理的目的在于揭示酚与醛形成酚醛树脂的本质，探索酚醛树脂形成的基本规律，进而指导酚醛树脂的合成和改性研究。

酚醛树脂胶黏剂有常温固化型和加热固化型（热固性），热固性酚醛树脂胶黏剂又分为液状、粉末状和胶膜状。

常温固化型酚醛树脂分为线型酚醛树脂和甲阶酚醛树脂（又称可溶性酚醛树脂）。线型酚醛树脂是在酸性催化剂作用下制备的，使用时加入六亚甲基四胺、甲醛等固化剂，在加热条件下固化，甲阶酚醛树脂是在碱性催化剂的作用下制备的，能直接溶于丙酮、乙醇和水中。加热固化，也可加入酸性催化剂室温固化。

可溶性酚醛树脂主要用于纸张或单板的浸渍，用于木材胶接和表面装饰。碱性的水溶性酚醛树脂用于生产耐水胶合板、碎料板和纤维板等，使用时不加固化剂，加热即可固化。

合成酚醛树脂时，根据所采用原料的化学结构、酚醛摩尔比以及催化剂选取（反应体系 pH 值）的不同，所得到的产品有两类，即热塑性酚醛树脂和热固性酚醛树脂。

2.3.2.1 热固性酚醛树脂合成原理

（1）苯酚与甲醛间的加成反应　加成反应是苯酚和甲醛在形成聚合物的酚醛树脂之前的基础反应。在酸或碱性催化剂存在下，苯酚首先与甲醛发生加成反应生成羟甲基酚。由于酚羟基的影响，使酚核上的邻位和一个对位活化。这些活性位置当受到甲醛的进攻时生成邻位或对位的羟甲基酚。此反应形成的各种羟甲基酚，是发生缩聚反应的必要条件：

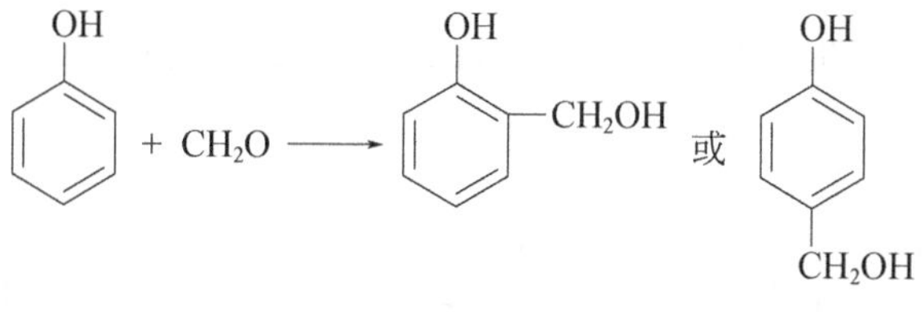

OH
$+ CH_2O \longrightarrow$
OH
CH_2OH
或
OH
CH_2OH

羟甲基酚还可继续与甲醛发生加成反应而生成二羟甲基酚及三羟甲基酚。

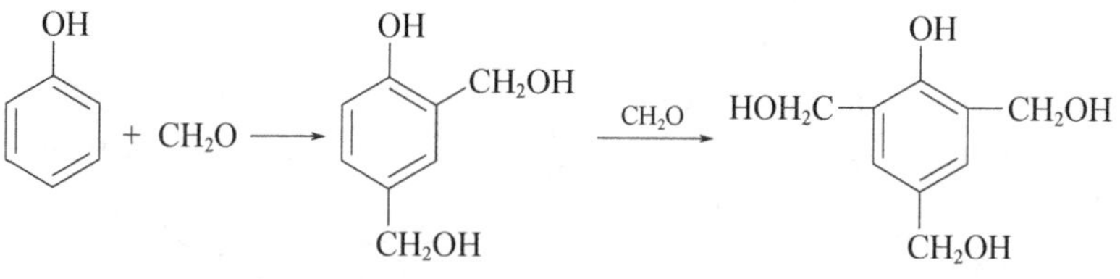

OH
$+ CH_2O \longrightarrow$
OH
CH_2OH
CH_2OH
$\xrightarrow{CH_2O}$
OH
HOH_2C
CH_2OH
CH_2OH

（2）苯酚与甲醛间的缩聚反应　加成反应产物是一羟甲基酚和多羟甲基酚的

混合物，这些羟甲基酚与苯酚作用或相互之间发生反应可生成线型结构的酚醛树脂。

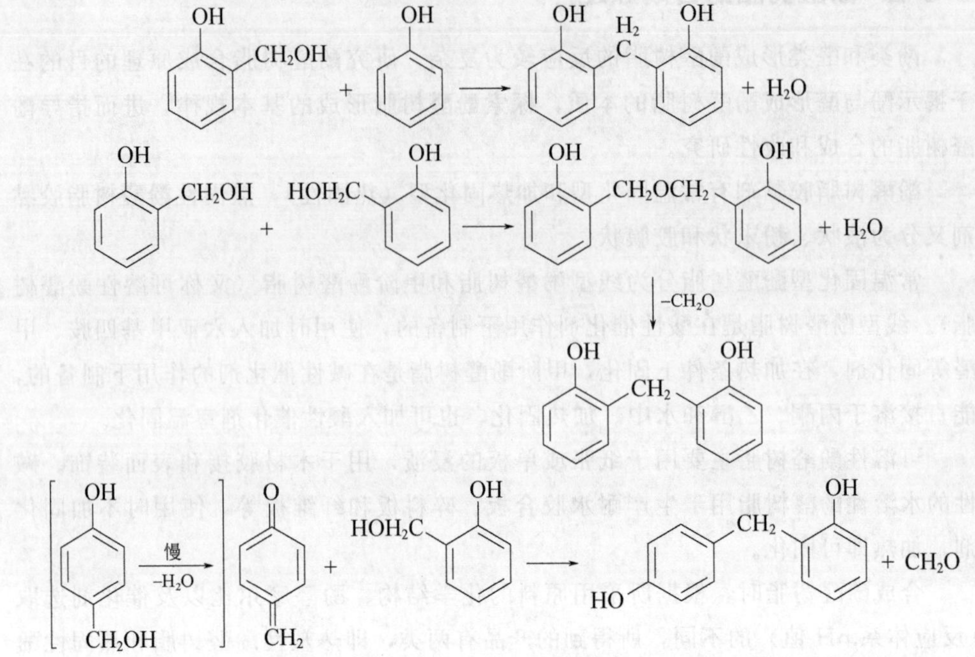

上述三种反应都可发生，但在碱性条件下主要反应是第二类反应，也就是说，缩聚体之间主要是以亚甲基键连接起来。反应继续进行会形成很大的羟甲基分子。据测定，加成反应的速率比缩聚反应速率要大得多，所以最后反应产物为线型结构，少量为支链结构。

由上述反应形成的一羟甲基酚、多羟甲基酚及二聚体等在反应过程中不断地进行缩聚反应，树脂的分子量不断增大，若反应不加控制，最终生成不溶不熔的体型产物，即热固性酚醛树脂。

羟甲基酚的缩聚反应若在凝胶点之前停止下来，可得到各种用途的可溶性酚醛树脂，即甲阶酚醛树脂（A 阶树脂）。此种酚醛树脂是由不同聚合度的酚醛树脂组成。具体结构如下：

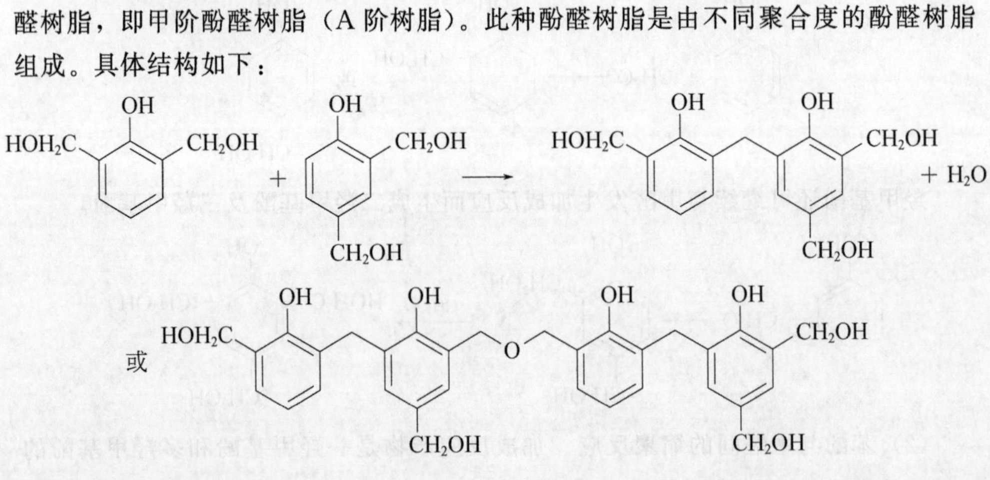

或

或

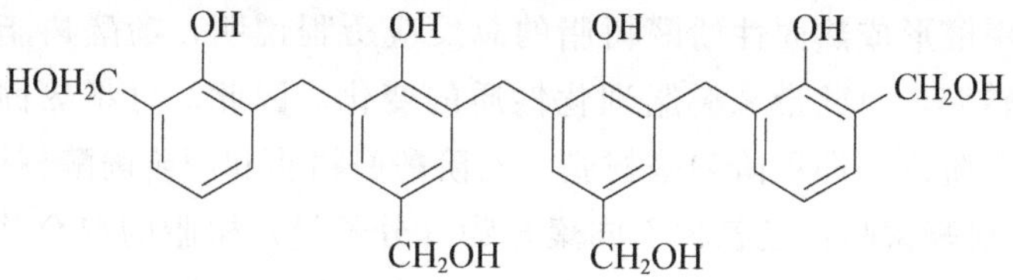

或

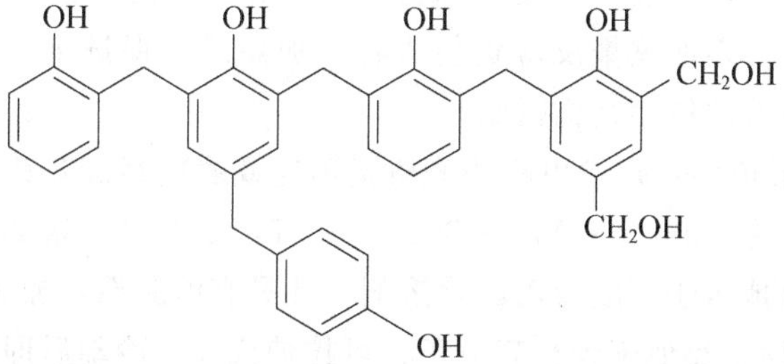

具有上述结构特征的酚醛树脂即为甲阶酚醛树脂，又称水溶性酚醛树脂。甲阶酚醛树脂溶于碱性水溶液亦称为水溶性酚醛树脂；甲阶酚醛树脂在乙醇溶液中称为醇溶性酚醛树脂；甲阶酚醛树脂经低温真空干燥，可制成粉状的酚醛树脂，此种酚醛树脂在使用时用水、乙醇或其他溶剂溶解即可。

通常甲阶酚醛树脂为线型结构，分子量较低，具有可溶可熔性，并具有较好的流动性和湿润性，能满足胶接和浸渍工艺的要求，因此一般合成的酚醛树脂胶黏剂均为此阶段的树脂。从甲阶酚醛树脂的化学特征可知，在树脂的分子链上仍有未反应的羟甲基和酚环上的活性氢，因此缩聚反应仍在继续进行，直到形成体型结构的酚醛树脂，缩聚反应才能停止。体型结构如下：

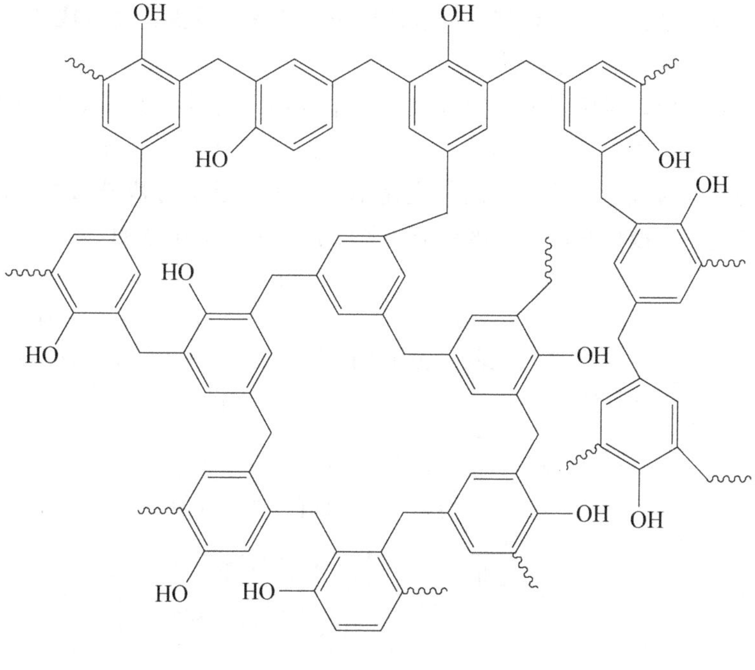

苯酚与甲醛形成热固性酚醛树脂的总反应历程说明，酚醛树脂的分子结构由线型向体型转变，由此带来树脂理化性质的变化。因此，可将热固性酚醛树脂的形成分成三个阶段，即甲阶酚醛树脂、乙阶酚醛树脂和丙阶酚醛树脂。

① 甲阶酚醛树脂：是各种不同聚合物（分子量）树脂的混合物。树脂的结构为线型，具有可溶可溶性，故又可称为可溶可熔性酚醛树脂。树脂分子具备缩聚反应的基本条件，因而缩聚反应仍能进行，加热或加促进剂，反应便可加速，最终形成不溶、不熔的体型结构树脂。

② 乙阶酚醛树脂：是指甲阶酚醛树脂迅速或缓慢经加热或长期储存，树脂的分子量较高（约为 1000 左右），聚合度为 6～7，是不溶不熔的高分子物质。乙阶酚醛树脂可部分地溶于丙酮及乙醇等溶剂，并具有溶胀性，加热可软化，在 110～150℃温度下，树脂类似于弹性高分子，可拉伸成丝，冷却后即变成脆性的树脂。

③ 丙阶酚醛树脂：是乙阶酚醛树脂继续反应缩聚而得到的最终产物，也是苯酚与甲醛经一系列化学反应得到的最终产物。此阶段的树脂为不溶不熔的体型结构，具有很高的机械强度和极高的耐水性及耐久性。丙阶酚醛树脂对酸性溶液稳定，而对强碱性溶液不稳定，在高温下同苯酚作用产生降解，加热至 280℃以上时树脂开始分解，生成水、苯酚和碳化物。

2.3.2.2 热塑性酚醛树脂合成原理

热塑性酚醛树脂是在酸性介质中，由甲醛与三官能度的酚或二官能度酚缩聚而成。采用三官能度的酚，则酚必须过量（通常酚与醛用量的摩尔比为 6∶5 或 7∶6)，若苯酚与甲醛的摩尔比大于 1 时，首先形成二酚基甲烷，由于醛量不足，树脂分子量只能增长到一定程度，反应便停止。若酚量较少，会生成热固性树脂，酚量增加则会使树脂的分子量降低。

在酸性介质中，羟甲基酚之间或羟甲基酚与酚环上的氢原子的反应速率，都较醛与酚的加成反应速率快。热塑性酚醛树脂的生成过程是通过羟甲基衍生物阶段而进行的，同时羟甲基彼此间的反应速率总小于羟甲基与苯酚邻位或对位上氢原子的反应速率。故此热塑性酚醛树脂主要是按下列反应生成的：

OH OH OH OH OH
$+ CH_2O \longrightarrow$ CH_2OH $\longrightarrow$

OH OH OH OH
$\xrightarrow{CH_2O}$ $[\;\;]_n$

上述热塑性酚醛树脂，是分子量为200～1300的混合物。聚合度主要分布在4～12，其值的大小取决于反应混合物中苯酚的过量程度。几乎没有未反应的羟甲基，它具有可熔和可溶的性质，在受热时仅熔化而不会继续发生缩聚反应。但是这种树脂的酚基中尚存有未反应的活性点，因此加入适量的甲醛或六亚甲基四胺等又能继续反应，变成不溶不熔的体型结构。

在酸性条件下，由于羟甲基及苯环的质子化作用，作为亲核中心的苯环，反应活性特别低。

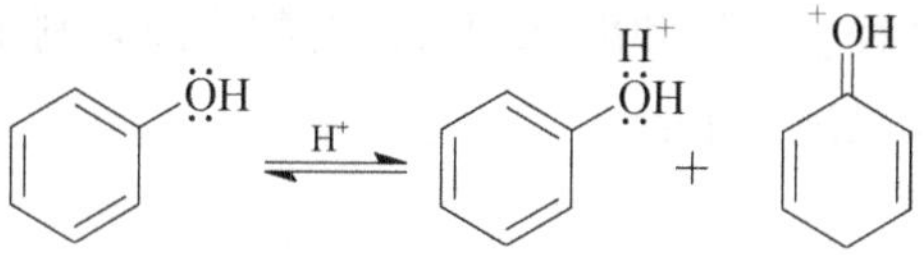

然而，甲醛却因质子化作用而被活化，形成碳正离子，这对酚环潜在活性的降低是一种补偿。质子化的甲醛具有较强的亲电子反应活性，是一种亲电子剂。

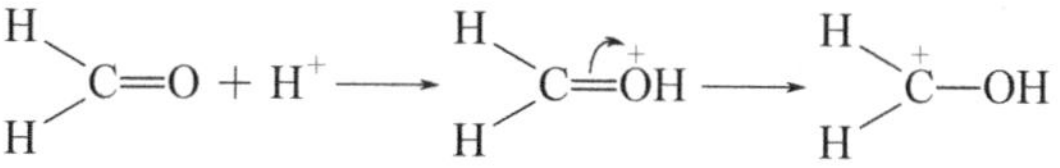

$$H_2C{=}O + H^+ \longrightarrow H_2C{=}\overset{+}{O}H \longrightarrow H_2\overset{+}{C}{-}OH$$

取代反应进行得较慢，由于进一步的质子化作用而产生苄基碳正离子，所以，随之即发生缩聚反应，缩聚反应速率较快。

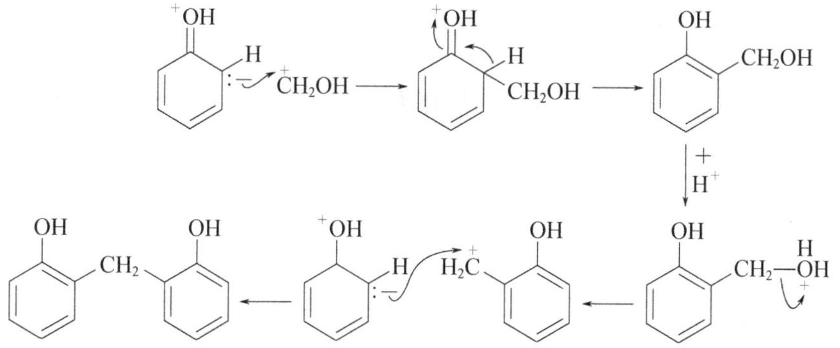

热塑性酚醛树脂在缩聚过程中，中间产物二羟基二苯基甲烷继续与甲醛、苯酚作用，但因甲醛不足，故只能生成线型树脂。

2.3.2.3 高邻位热固性酚醛树脂合成原理

高邻位酚醛树脂具有制品成型快、产量高、质量优异等优点，它的分子结构有序度高，固化速度快，具有高的固化程度。在一般的酸碱催化剂的作用下，苯酚的对位的反应活性高于邻位，故一般的甲阶酚醛树脂中留下的大多是活性较差的邻位。20世纪50年代初，Bender、Burke等研究了各种催化剂或催化剂中引入卤化物及多元复合催化剂［如$ZnO/MgBr_2$、$ZnO/MgBr_2/Mn(Ac)_2$］等对酚醛树脂邻位结构和含量的影响，二价金属离子在苯酚与甲醛的反应中起到螯合作用，促成甲基水杨醇的生成，水杨醇与苯酚或相互之间进一步缩聚，得到高邻位酚醛树脂。在反应过程中溶剂极性对高邻位树脂的反应速度影响很大，二价离子的催化效率也不一样，与反应生成的中间配合物的不稳定性有关。

此后 Fraser 等发现二价金属离子催化剂对形成邻位结构很有效，采用二价金属的弱酸盐，尤其是他们的醋酸盐作为催化剂，即可发挥苯酚环邻位处羟基的亲电子取代作用，又具有邻位缩合引导作用。此种“高邻位”的线型酚醛树脂用六亚甲基四胺固化时，其凝胶速度要比普通酸催化的线型酚醛树脂快得多。这是因为金属离子在催化的过程中与酚和醛之间有配合物生成，利于邻位羟甲基的生成。

金属离子催化反应机理如下：

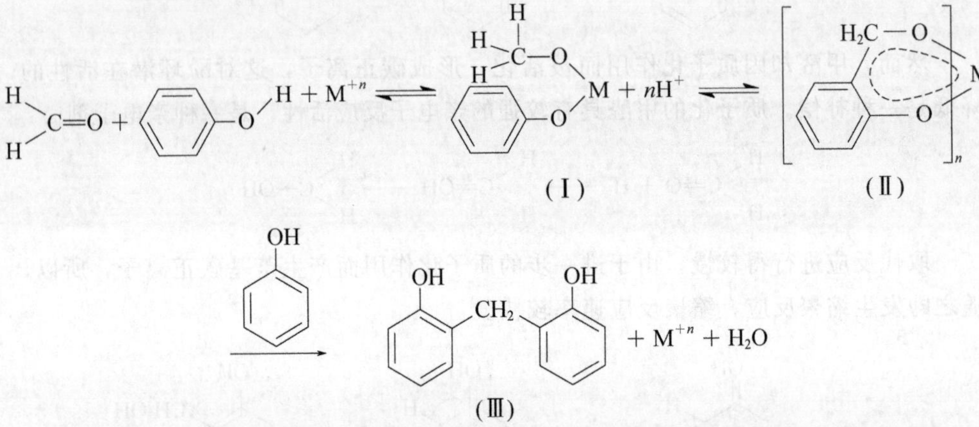

(Ⅰ) (Ⅱ)

(Ⅲ)

Pizzi 解释了这种原理，所提出的机理类似于金属乙酰丙酮盐类配合物的生成机理。

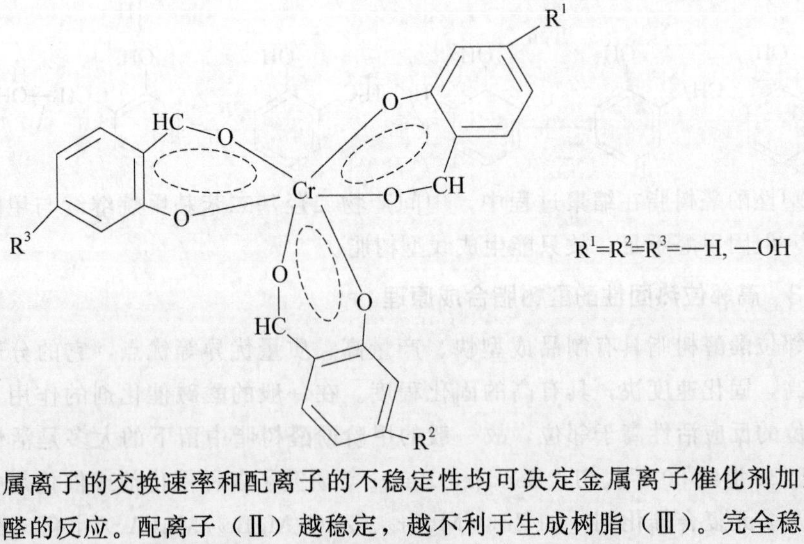

$R^1=R^2=R^3=$—H, —OH

金属离子的交换速率和配离子的不稳定性均可决定金属离子催化剂加速或抑制酚与醛的反应。配离子（Ⅱ）越稳定，越不利于生成树脂（Ⅲ）。完全稳定的配离子（Ⅱ）不进行生成树脂（Ⅲ）的反应。

Pizzi 指出，二价金属离子催化剂提高酚醛树脂固化速度的原因主要有两个方面：一方面是通过催化剂的定位效应提高苯酚的邻位加成含量；另一方面，在固化反应过程中，二价金属离子在树脂中仍能够自由行动，它依然起着催化作用而进行树脂固化。研究表明，二价金属离子的氧化物或氢氧化物，具有邻位定位作用，可以加快酚醛树脂的固化速度，三价金属离子阻聚酚醛树脂固化反应的进行。

Masayuki Inagaki 介绍了苯酚、甲醛在较高的温度和较高的压力下无需催化剂反应生成线型高邻位酚醛树脂，并利用溶剂法除去低分子量产物。有报道称，甲醛气体与晶体苯酚用萘作催化剂也能制得高邻位酚醛树脂。反应温度低（20～40℃），萘与苯酚生成的配位配合物可活化酚与醛，此法制备酚醛树脂节能减耗，不用对树脂进行脱水，其表面也不产生缩聚水。

高邻位热固性酚醛树脂是国内外学者比较关注的研究问题，因为它比一般热固性甲阶酚醛树脂固化速度快，在加热或促进剂存在下，有快速固化的性能，在室温下储存稳定性好，如 ZnO 催化的高邻位酚醛树脂能储存 2～3 年其性能指标无明显变化，这对胶黏剂来说是十分重要的关键技术。

2.3.2.4 间苯二酚甲醛树脂合成原理

间苯二酚-甲醛树脂（RF），简称间苯二酚树脂，它是一种能够实现低温固化的胶黏剂。它耐水耐候性能优异、胶接强度高，多用于制造集成材。

由于间苯二酚价格较高，应用上受到限制，用间苯二酚、苯酚与甲醛共缩聚来制备能够在低温或室温快速固化且成本较低的酚醛树脂胶黏剂（RPF）。该树脂的反应性能低于纯的间苯二酚树脂，故其固化温度也较纯间苯二酚高（40℃左右）。由于间苯二酚结构上的特点，它的化学活性较高，因此，间苯二酚与甲醛的反应速率在同等条件下比苯酚甲醛快 10～15 倍，故用间苯二酚改性酚醛树脂，其用量低但效果明显。但由于成本高，很少单独使用。

间苯二酚胶黏剂一般是由含有醇的线型间苯二酚树脂液体和聚甲醛粉末混合使用，实际应用中常加入适量的填充剂如椰子壳粉等。

纯的间苯二酚树脂胶黏剂的合成相对较简单。间苯二酚甲醛树脂的合成需要在酸或碱催化的条件下进行。首先，间苯二酚与甲醛发生加成反应生成羟甲基酚，生成的羟甲基酚继续与另外的间苯二酚或羟甲基分子中的苯环作用，借亚甲基键以及亚甲基醚键进一步反应生成线型结构。酚醛树脂的合成遵循体型缩聚反应的规律，当间苯二酚和甲醛的比例、催化剂的类型和反应温度等合成因素控制不当时，含羟甲基活性基团的树脂就进一步缩聚，形成不溶不熔的具有三维网状结构的体型固化树脂。间苯二酚的高反应活性与其分子结构有密切关系，它的分子上有三个反应活性点，即苯环的 2、4、6 位。在缩聚反应过程中，间苯二酚甲醛树脂之间都是以亚甲基链相连，被亚甲基链取代的位置可为苯环的 2、4、6 位。因此它的生成物可以是包括 2、4、6 三个位置被取代的多种物质相混杂的复杂混合物。间苯二酚-甲醛体系的高反应活性使之不可能以甲阶树脂形式用于胶接体系，而只能生产出线型树脂。此树脂分子中没有羟甲基，也没有亚甲基醚键存在。该树脂是由亚甲基键桥连接起来的间苯二酚低聚物的混合物构成，聚合度一般为 3～4。

在合成的线型树脂中，分子主链以线型为主：

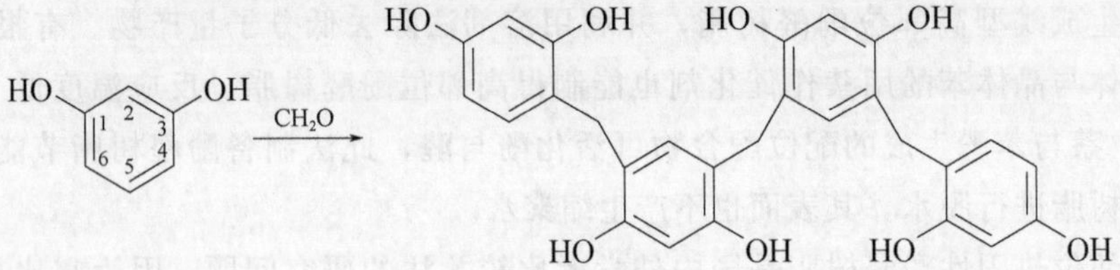

HO OH HO OH
HO OH $\xrightarrow{CH_2O}$
1 2 3 4 5 6
HO OH HO OH

实际生产中，可以通过控制反应工艺条件来控制树脂产物的结构。申明霞等通过控制催化剂的用量来控制酚的活性，使其活性只表现在苯环的 4、6 两个等效位上，从而得到结构单一的线型树脂。童晓等采用不同催化剂合成了间苯二酚甲醛树脂，通过对树脂的 C NMR 谱进行分析确定，在不同催化剂下，所得到的间苯二酚甲醛树脂中亚甲基的主要连接方式为邻位相接，并比较和探讨不同催化剂对间苯二酚苯环上不同位置碳的空出比例影响。覃小红等以间苯二酚、甲醛为原料，氢氧化钠为催化剂合成了线型间苯二酚甲醛树脂，并探讨了该聚合反应的影响因素。

间苯二酚与苯酚共缩合树脂的合成，首先将苯酚在碱性条件下制成低聚合度的甲阶树脂，然后再在中性条件下加入间苯二酚并使其反应而制得。此时若甲阶酚醛树脂中羟甲基量高于间苯二酚的量，树脂的黏度迅速增高，产生凝胶。若能使羟甲基只存在于甲阶酚醛树脂分子的两个末端，使其再与间苯二酚反应最理想，但是合成羟甲基只存在于分子末端的甲阶酚醛树脂是非常困难的。

间苯二酚-苯酚-甲醛共缩合树脂虽然减少了间苯二酚的量，降低了成本，但是固化速度也相应地减慢了。如果用苯酚替代一般的间苯二酚的量时，即使树脂能充分地固化，胶接强度也不比纯的间苯二酚树脂差。但因苯酚的含量高，固化温度低时仍存在固化不充分的情况。

2.3.3 酚醛树脂的固化

酚醛树脂一般可分为两大类，即在碱性条件下合成的甲阶酚醛树脂和在酸性条件下合成的线型酚醛树脂。金属离子催化下合成的高邻位酚醛树脂是介于上述两者之间的产物，既有线型酚醛树脂的主链结构，又有少量的羟甲基存在，分子链还有一定程度的支化度，所以常被称作支化的线型酚醛树脂即甲阶甲酚醛树脂。

胶黏剂的固化是胶接过程中的关键步骤，因为胶黏剂只有经过固化，才能达到胶接的目的。固化过程对胶黏剂的性能特别是胶接制成品的性能都有直接影响。

2.3.3.1 酚醛树脂的固化反应历程

酚醛树脂的固化过程如同其合成反应一样极其复杂，有关酚醛树脂的固化反应机理仍是目前研究的热点问题。

线型酚醛树脂属热塑性树脂，软化点为 85～95℃，其分子量分布较宽（一般在 200～1300）。在碱性介质下，加入甲醛给予体（如六亚甲基四胺、聚甲醛等）并加热，甲醛即与酚核上未反应的邻、对位活性点反应，同时失水缩聚形成亚甲基键桥，使树脂由热塑性转变为热固性树脂，进一步缩聚，最终得到不溶不熔的体型结构固化产物。

高邻位酚醛树脂由于支链中单取代酚比例较高，因此其固化速度比普通甲阶酚醛树脂快。热塑性酚醛树脂在木材胶接中很少使用，一般多用于生产酚醛塑料。在木材胶接中应用面最广、用量最大的酚醛树脂是甲阶酚醛树脂。用于木材胶接的甲阶酚醛树脂是不同分子量的低分子混合物。其平均分子量为 300～400，平均聚合度为 3 左右。

甲阶酚醛树脂的固化方式一般有两种，即冷固化和热固化。冷固化即室温固化，常用于木材冷压胶接，冷固化常用的固化剂有苯磺酸、石油磺酸等。将酸性固化剂加入液体甲阶酚醛树脂后，酸引起羟甲基与酚核上活泼氢的缩聚反应。反应剧烈，放热量高，足以产生使酚醛树脂完全固化所需的局部温度。所以一般在室温下即可固化。

甲阶酚醛树脂在胶接木材时，多采用热固化。其固化反应机理十分复杂，Hultzsch 认为固化反应分三步进行。首先甲阶酚醛树脂由室温缓慢加热至 110～120℃，树脂的分子量进一步增长，相邻近的羟甲基失水缩聚形成亚甲基醚键。同时，羟甲基也可以与苯环上未反应活性点的氢原子失水缩合，形成亚甲基键桥。这时树脂从低分子的流动态变为半固态，胶层具有了一定的初黏力。但此时的树脂仍是可溶可熔的甲阶酚醛树脂。第二步当树脂由 120℃升高到 140℃或更高时，伴随着羟甲基与酚核上活泼氢的缩合，同时醚键大量裂解失去甲醛而变成亚甲基键。这时树脂外观由浅红色变成红棕色，它是游离酚、苯酚及各种羟甲基同系物、与不溶不熔高分子的混合物。这种树脂的平均分子量约为 400～500，聚合度约为 6～7。此时树脂为乙阶。它与甲阶树脂有根本区别，在丙酮及乙醇等溶液中只能部分溶解，而大部分不能溶解仅溶胀。加热时可软化，在 110～120℃下呈黏弹状态，可拉成长丝，冷却后变成硬脆物质，呈半固化状态。

在固化的第二阶段，醚键裂解脱出的甲醛只有理论值的一半逸出，这是由于脱出的甲醛立即与树脂分子中酚核上未反应的活泼氢失水缩合。如果酚核上已不存在活性点，则在此高温下甲醛可与亚甲基及酚羟基反应，形成如下结构：

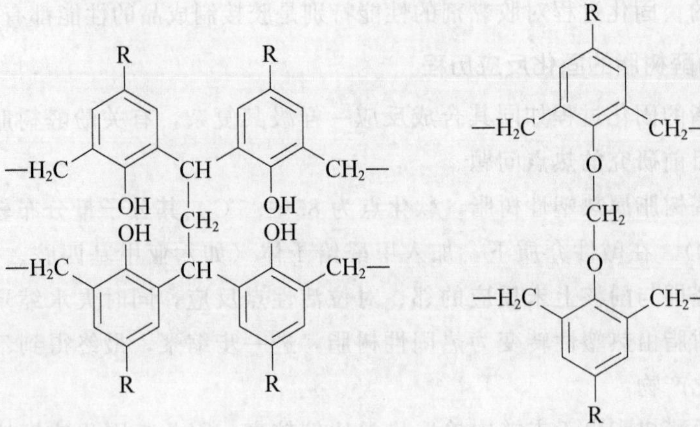

在固化的第二阶段，酚羟基是至关重要的条件，若酚羟基被醚化或酰化，则会极大地降低固化速度。最后在更高的温度（170～200℃）下进一步固化时，树脂中的亚甲基含量进一步上升，并定量地转化为聚亚甲基醌。这些聚亚甲基醌在200～230℃下聚合成惰性树脂（即丙阶酚醛树脂），同时产生少量的亚甲基醌氧化还原产物羟醛化合物。由于树脂的热解同时也产生少量的二甲酚及单、双酚醛等低分子裂解产物。

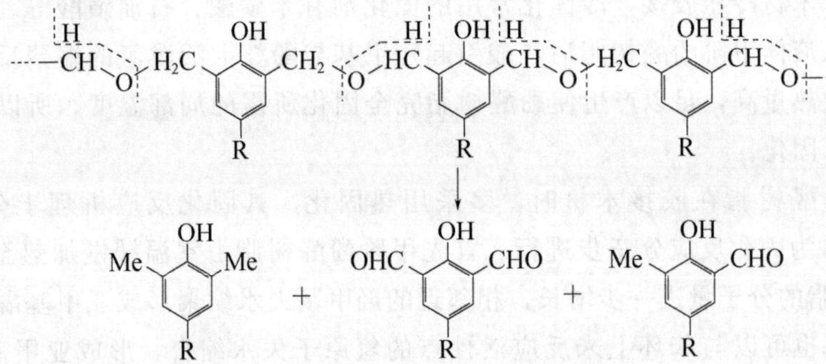

这些反应副产物的存在，经实验分析均已得到证实。

2.3.3.2 影响酚醛树脂固化反应速率的因素

影响酚醛树脂的热固化速率的因素主要有三点：

（1）树脂合成时的酚/醛投料比　一阶热固性树脂在固化时的反应速率与合成树脂时的甲醛投料量有关，随着甲醛含量的增加，树脂的凝胶时间缩短。

（2）酸碱性　一阶树脂的热固性能受体系酸、碱性的影响很大。当固化体系的 pH＝4 时为中性点，固化反应极慢，增加碱性导致快速凝胶，增加酸性导致极快的凝胶。

（3）温度　随固化温度的升高，一阶树脂的凝胶时间明显缩短，每增加 10℃，凝胶时间约缩短一半。

当 F/P 摩尔比为 2.0～2.3 时，NaOH/P 最适宜的摩尔比为 0.2～0.3，而实际使用的酚醛树脂胶黏剂其 NaOH/P 摩尔比远比此高。这是因为若树脂分子小，由于树脂向木材内部过度渗入而不能获得良好的胶接性能，然而随着缩聚反应进行树脂分子量增大，如果碱含量过低，树脂的溶解性恶化，黏度也增高，为此必须加入过量的碱。故此通常木材胶接用酚醛树脂的 pH 值为 11～12，呈强碱性。

酚醛树脂的固化速度受温度的影响非常大，常温下若温度相差 10℃，固化速度则相差 4～5 倍；在 130℃左右，若温度相差 10℃，则固化速度相差近 2 倍。酚醛树脂的热压固化温度与脲醛树脂、尿素三聚氰胺共缩合树脂相比要高出 10～20℃。并且当单板或刨花的含水率过高时，将招致树脂固化迟缓，树脂向木材中过度渗入而产生缺胶、鼓泡、放炮等胶接缺陷。故此，与脲醛树脂、尿素三聚氰胺共缩合树脂相比，酚醛树脂对木材含水率管理的要求极为严格。由于酚醛树脂热压温度高，因此单板的压缩率亦高。

由此可见酚醛树脂固化所需温度高、时间长，这是酚醛树脂的缺点，对其进行改性是目前有关酚醛树脂研究的主要问题之一。

在酚醛树脂胶黏剂液体中加入 10%的于常温下不能溶解的高分子量的线型酚醛树脂粉末后，酚醛树脂的固化速度加快，并且对含水率为 12%的单板也能容易地获得优良的胶接强度。这是因为线型酚醛树脂在加热时溶解，使胶黏剂液体的黏度增高，抑制了树脂向木材中的过度渗入，同时线型酚醛树脂与甲阶酚醛树脂反应而使固化速度加快。其改性原理是通过固、液两相的混合，预先使树脂的缩聚程度得以提高的缘故。在提高碱性可溶酚醛树脂缩聚程度的过程中，为了消除黏度过大的问题，也有人尝试制造酚醛树脂悬浊液。

酚醛树脂随着其缩聚程度的提高，其黏度增大，操作性能恶化，若使其发泡会减小流动阻力。在美国的胶合板与 LVL 工厂常用泡沫胶来改善高聚合度酚醛树脂胶黏剂的涂施性能。

樋口等研究发现：碳酸钠、碳酸丙烯酯和甲醛均对酚醛树脂的固化有促进作用。碳酸氢根离子是碳酸盐的作用基元，其分子的两端分别为吸电子性、给电子性。与羟甲基相互作用时从一方吸入电子向另一方给出电子，故使相互作用形成的二亚甲基醚键或直接形成亚甲基键的固化反应变得容易进行。甲醛与水形成的二甲醇具有与碳酸氢根离子相似的分子大小和性能，其催化酚醛树脂固化作用机理与碳酸氢根相同。

碳酸丙烯酯是丙二醇的碳酸酯，在碱性的酚醛树脂中受加水分解作用生成碳酸氢根离子和丙二醇。随着碳酸氢根离子产生催化作用的同时，由于其还中和过剩的碱，从而促进了酚醛树脂的固化。

通常碱性酚醛树脂在加入椰子壳粉、木粉或面粉等填充剂、增量剂和碳酸钠等固化促进剂后使用。若胶接作业适当，由此种胶黏剂制造的胶接制品具有可靠的胶接耐久性，可耐 72h 连续煮沸，对于可能存在固化不充分的胶层会通过煮沸而继续固化。为判断树脂固化不良的存在，最好同时采用冷水浸渍处理进行胶接强度试验。

2.3.4 影响酚醛树脂质量的因素

胶接效果在很大程度上取决于酚醛树脂的质量与合成树脂所用原料、F/P 摩尔比、催化剂、反应温度及反应时间等的关系。

2.3.4.1 原料

为合成体型结构的酚醛树脂，两种原料的官能度总数应不少于5。醛类常用甲醛，为二官能度的单体，而碳链较长的甲醛同系物，较难与酚类形成体型结构的酚醛树脂。因此，所用酚类必须有三个官能度。苯酚在与甲醛反应时，反应主要发生在酚羟基的1个对位和2个邻位，因而它有3个活泼的氢参与反应，可视为三官能度的原料。具有两个官能度的酚类如对甲酚、邻甲酚及2,5-二甲酚等在一般情况下难以形成体型结构的树脂。

不同的酚类与甲醛的反应活性不同。酚类的活性受其结构的影响很大，Sprung 在 98℃时使各种酚与甲醛反应，酚类：甲醛＝0.87：1，用三乙醇胺［$N(CH_2CH_2OH)_3$］作催化剂，其用量为每 1mol 酚使用 0.0241mol 的催化剂，测定甲醛消失的速率见表 2-20。

表 2-20 各种酚的反应活性

酚类	反应速率常数	比较速率(以苯酚为1)
3,5-二甲酚	0.0630	7.75
间甲酚	0.0233	2.88
2,3,5-三甲酚	0.0121	1.49
苯酚	0.00811	1.00
3,4-二甲酚	0.00673	0.83
2,5-二甲酚	0.00570	0.71
对甲酚	0.00287	0.35
邻甲酚	0.00211	0.26
2,6-二甲酚	0.00130	0.16

取代基的位置特别重要，当甲醛在苯环—OH 的邻位和对位起反应时，间位上的甲基便大大地增加了反应的活性，但当甲基在邻位或对位时，则使活性减退并妨碍在这特殊位置进行反应。间苯二酚并没列入表中，但我们知道其间位上的第二个—OH 使间苯二酚与甲醛的反应非常活泼。

酚类分子结构对树脂固化速度的影响与树脂化速度的影响不同，Megson 和 Paisleg 依据树脂固化后以丙酮作为溶剂提取树脂可溶物的含量，发现苯酚的活性要比间甲酚大，而间甲酚又比 3,5-二甲酚大，这个次序与表 2-20 中所列次序相反，其原因可能是与空间障碍有关。

有关甲醛的质量在2.1.3.5节中已做过介绍，甲醛质量对酚醛树脂性能的影响与脲醛树脂相近。不过甲醛水溶液中的甲醇能降低树脂化速度，同时使树脂的某些基本性能变坏。如果甲醇含量增加，树脂的产量下降，树脂对酒精的溶解度下降，游离酚含量增加等。因此甲醇含量以不超过12%为宜。

2.3.4.2 苯酚与甲醛的摩尔比

从碱性催化的热固性酚醛树脂固化后的理想结构来看，只有当一个苯酚环分别和三个亚甲基的一端相连接，即甲醛和苯酚的摩尔比为1.5∶1时，固化后才能得到体型结构整齐的酚醛树脂。同时，当用碱做催化剂时，会因甲醛量超过苯酚量而使初期的加成反应有利于酚醇的生成，最后可得热固性树脂。工业常用的酚与醛的摩尔比为（1.1～1.5）∶1。

如果使用的酚的物质的量比醛多，则因醛量不足而使酚分子上活性点没有完全利用，反应开始时所生成的羟甲基就与过量的苯酚反应，到一定阶段反应停止。最后只能得到热塑性的树脂。

例如3mol苯酚和2mol甲醛反应：

$$3\ C_6H_5OH + 2CH_2O \longrightarrow HOC_6H_4-CH_2-C_6H_3(OH)-CH_2-C_6H_4OH + 2H_2O$$

很明显，上述反应中即使酚的量再增加，缩合程度也不会增加。因为没有足够的甲醛使其产生所需要的邻、对位羟甲基，因此反应产物只能形成线型结构的热塑性酚醛树脂。故此制造热固性酚醛树脂苯酚与甲醛的摩尔比应略小于1。

酚与甲醛的摩尔比和初级产物的分子结构直接相关。当苯酚与甲醛的摩尔比为1∶1时，反应生成产物主要是邻羟甲基酚及对羟甲基酚，其中对羟甲基酚的含量较多。当苯酚与甲醛的摩尔比为1∶2时，反应生成产物是二羟甲基酚及三羟甲基酚。苯酚与甲醛反应生成三羟甲基酚的数量与其摩尔比的关系如表2-21所示，三羟甲基酚的含量随苯酚与甲醛摩尔比的减小而增加。

表2-21 苯酚与甲醛摩尔比和三羟甲基酚含量的关系

摩尔比(P∶F)	1∶0.5	1∶1	1∶1.5	1∶2	1∶2.5
三羟甲基酚含量/%	3.38	9.24	22.16	31.00	40.70

酚与甲醛的摩尔比与树脂的平均分子量也直接相关。实验表明，改变反应物的摩尔比，可以有效地控制产物的分子量，见表2-22。

表2-22 苯酚与甲醛摩尔比和树脂平均分子量的关系

摩尔比(P∶F)	1∶1.1	1∶1.2	1∶1.3	1∶1.4	1∶1.5	1∶1.6	1∶1.7
树脂的平均分子量	228	256	291	334	371	437	638

酚与醛的摩尔比对树脂性能有较大的影响，如表 2-23 所示。

表 2-23 甲醛与苯酚的比例对热固性树脂性能的影响

苯酚与甲醛的摩尔比	树脂产率（以苯酚用量计算）	树脂滴点/℃	150℃时凝胶化时间/s	50%乙醇溶液的黏度/mPa·s	游离酚含量/%
5∶4	112	42	160	23.0	24.3
5∶5	118	50	98	39.5	16.8
5∶6	122	65	100	42.0	15.5
5∶7	126	66	96	42.5	14.8

不同类型的酚醛树脂，其酚与甲醛的摩尔比不同。胶合板用水溶性酚醛树脂，其苯酚与甲醛摩尔比在 1∶(1.5～2.25) 范围之间。醇溶性酚醛树脂，酚与甲醛的摩尔比一般在 1∶(1.19～1.4) 之间。

2.3.4.3 催化剂

酚醛树脂的形成必须在酸或碱的催化下进行。由实验可知，用甲醛水溶液（浓度 37%～40%）与等体积的苯酚相混合，溶液的 pH 值为 3.0～3.1，将此混合溶液加热到沸腾，在数天至数周内并未观察到有任何反应发生，所以将 pH＝3.0～3.1 称为酚醛树脂合成中的“中性点”。在上述混合溶液中加入酸使 pH＜3 或加入碱使 pH＞3.1，则反应立即发生。

当苯酚与甲醛的摩尔比大于 1（即苯酚过量），在强酸性（pH＜3）条件下可合成热塑性酚醛树脂；同样当苯酚与甲醛的摩尔比大于 1，在二价金属离子催化剂作用下可合成高邻位酚醛树脂；当苯酚与甲醛的摩尔比小于 1（即甲醛过量），在碱性（pH＞7）条件下可合成热固性酚醛树脂。

在酸性催化剂作用下，苯酚与甲醛之间的反应速率随反应介质中氢离子浓度的增加而加快，缩聚反应的速度大致上比加成反应快 5 倍以上。因而形成的一羟甲基酚以较快的速度形成二酚基甲烷，它再与甲醛反应的速度大体上与苯酚和甲醛的反应速率相当，所以形成不带羟甲基的线型聚合物。在这种条件下，增加甲醛或苯酚与甲醛的摩尔比为 1∶1 时，可导致反应体系的变化，甚至很快凝胶；若将摩尔比增至 1∶1 以上，则得到热固性酚醛树脂。

而在碱性催化剂及二价金属离子催化剂作用下，当氢离子或金属离子的浓度超过某一数值时，浓度再增加对反应速率几乎无影响。

(1) 碱性催化剂　碱性催化剂的种类及其性质对反应的催化效应、树脂耐水性、水溶性及树脂颜色等均有影响。常用的碱性催化剂有氢氧化钠、氨水及氢氧化钡，它们的催化能力依次为 $NaOH > Ba(OH)_2 \cdot 8H_2O > NH_4OH$。此外还有氢氧化钙、碳酸钠及三乙醇胺等。

氢氧化钠：是催化作用较强的催化剂，常用于水溶性酚醛树脂的生产，可保持甲阶酚醛树脂有极大的溶解性能。其特点是生成的树脂在各种溶剂中均有较大的溶解度及水稀释度。缺点是缩聚产物中残存的游离碱降低了树脂的性能（色泽、耐水性、介电性能），如果游离碱过多，树脂游离酚含量越高，树脂颜色越深、树脂耐水性能和介电性能越差，还能降低胶接强度。其用量一般为酚量的10%～15%。

氢氧化铵：它是一种弱碱。催化作用较缓和，具有反应易于控制、不易出现凝胶、增加甲阶酚醛树脂树脂储存稳定性、同时残留在树脂中的游离铵较易处理等优点，但可降低甲阶酚醛树脂的水溶性。主要用于醇溶性酚醛树脂的生产。通常用25%的氨水，用量以氨计，为苯酚的0.5%～3%。

氢氧化钡：该催化剂碱性较弱，催化作用比较缓和，反应易于控制。残存在树脂中的不溶性惰性钡盐，不会影响树脂的介电性能及化学稳定性。实验证明，树脂中残存的二价钡盐反而使介电性能更佳。

(2) 酸性催化剂　常用的酸性催化剂有盐酸、硫酸、石油磺酸及各种苯磺酸等。在木材工业中，极少使用线型酚醛树脂，只有少数冷固化酚醛树脂胶黏剂采用石油磺酸及对甲苯磺酸作固化剂，它可提高酚醛树脂的固化速度。

(3) 金属离子催化剂　常用的金属离子催化剂是锌、锰、铝等碱金属或碱土金属的氧化物、氢氧化物或有机盐。此类催化剂催化作用平缓，反应易于控制，常用于高水溶性快速固化酚醛树脂的合成。常用的有氧化锌、乙酸锌等，其用量一般为苯酚的0.5%～1%。

2.3.4.4 反应温度和反应时间

苯酚与甲醛混合的同时，化学反应即开始。但在低温下，即使有催化剂存在，反应仍进行得很缓慢，达到一定的聚合度所需时间长。提高反应温度可使反应速率加快，达到一定聚合度所需时间就短。苯酚与甲醛之间的反应是一个逐步缩聚反应，在树脂化过程中初期树脂的质量对木材胶接质量影响较大，因而树脂制造中反应温度与反应时间是不可忽视的因素。

反应温度越高，苯酚与甲醛缩聚的反应速率越快。在反应初期，低温有利于形成多羟甲酚。羟甲基酚进一步缩聚则要求在较高的温度下（一般为90～98℃）反应。由于苯酚与甲醛的缩聚反应是放热反应，因此合理地控制好各阶段反应温度，对形成树脂的结构和反应速率都有很大的影响。反应初期温度过高会引起暴沸而喷胶；后期温度过高会导致凝胶，影响产品质量。

反应时间的长短直接影响树脂分子量的大小。反应时间越长，分子量越大，黏度越高；如果控制不好，也会造成树脂凝胶。因此树脂合成过程中反应温度与反应时间是不可忽视的因素。

上述的各种因素不是孤立的，它们之间必须相互制约、互相配合，才能获得符合要求的树脂。

2.3.5 酚醛树脂的合成工艺

木材加工业应用的酚醛树脂主要是热固性甲阶酚醛树脂。按其用途可分为两种：一种是水溶性酚醛树脂；另一种是有机溶剂溶解的酚醛树脂。用乙醇溶解的酚醛树脂又称醇溶性酚醛树脂。

合成酚醛树脂的配方和工艺甚多，因其所用酚的种类、摩尔比等的不同，各有其特点，限于篇幅所限不能尽述，这里仅就有代表性的配方与合成工艺作以简单介绍。

2.3.5.1 原料用量计算

根据原料的摩尔比和各原料分子量及纯度计算出原料的用量。若以苯酚物质的量为基准，苯酚与甲醛或其他原料摩尔比来计算投料量，则有如下的计算公式：

$$x = MN\frac{pW}{94Q} \tag{2-2}$$

式中 x——所计算的原料用量，kg；

M——所计算的原料分子量；

N——所计算的原料物质的量；

Q——所计算的原料浓度；

p——苯酚的纯度，%；

W——苯酚的质量，kg；

94——苯酚的分子量。

2.3.5.2 合成工艺类型的选择

工艺类型系指在确定投料配方和生产工艺过程中，具体操作工艺时采取的措施和方案。工艺类型的选择是影响酚醛树脂胶黏剂质量的一个重要方面，不同的生产工艺生产不同性能的酚醛树脂。

（1）缩聚次数的选择　一次缩聚是指在弱碱（氢氧化铵）的催化下，苯酚与甲醛一次投料进行缩聚反应，形成酚醛树脂。此工艺的特点是反应平稳，易于控制，有利于降低树脂的水溶性，便于脱水浓缩；但对降低游离酚不利。醇溶性酚醛树脂一般多采用一次缩聚，金属离子催化下合成高邻位酚醛树脂也采用一次缩聚。

二次缩聚是在强碱（氢氧化钠）的催化下，甲醛分两次投料与苯酚进行缩聚反应形成甲阶酚醛树脂。这样可以减缓反应中的放热，使反应易于控制，同时有利于减少游离酚，提高树脂质量及收率。水溶性酚醛树脂一般多采用二次缩聚工艺。

（2）催化剂投入次数的选择　强碱性催化剂，其催化作用较强，反应速率较快，能增加树脂的水溶性；但树脂中有残存的碱，若碱量过多会降低胶接强度。在强碱性溶液中甲醛易发生歧化反应，这对保持 pH 值稳定不变及对反应速率不利。现代工业中为了合成水溶性酚醛树脂，同时避免发生甲醛歧化，将碱分几次投料。

（3）缩聚温度的选择　苯酚与甲醛的缩聚反应可以采用高温缩聚或低温缩聚。高温缩聚的温度在 90℃以上，低温缩聚在 70℃以下。高温缩聚树脂的分子量分布较窄，树脂的平均分子量较高，树脂黏度高、水溶性好，适用于胶合板及刨花板等的制造。低温缩聚树脂的平均分子量较低，分子量分布较宽，游离酚含量较高，黏度低，适用于浸渍。一般根据树脂的用途来选择缩聚温度。

（4）浓缩与未浓缩处理　初期酚醛树脂到反应终点后，对其进行减压脱水处理，使固体含量达到规定的要求称为浓缩处理，对其未进行脱水处理的称为未浓缩处理。浓缩处理的处理黏度大、固体含量高、游离酚含量低、树脂无分层现象；但生产周期长、能耗及成本高，主要用于胶合板的制造。未经浓缩处理的树脂固体含量低、黏度低、游离酚含量较高。生产周期短、能耗及成本低。此类树脂主要应用在刨花板、纤维板等的制造。

2.3.5.3　酚醛树脂的合成工艺

（1）水溶性酚醛树脂　水溶性酚醛树脂是用量最大、用途最广的酚醛树脂，系由苯酚与甲醛在氢氧化钠催化剂作用下缩聚而成，外观为深棕色透明黏稠液体，特点是以水为溶剂，成本低，游离甲醛低于 2.5%，对人体的危害小；使用时不加固化剂，加热即可固化。主要用于生产耐水胶合板、碎料板和纤维板等。国内的水溶性酚醛树脂的性能已达到或超过国外同类产品的性能。

树脂配方见表 2-24。

表 2-24　水溶性酚醛树脂的配方

原料	纯度/%	摩尔比	质量比
苯酚	100	1	100
甲醛	37	2.11	a:104 b:60 c:18
氢氧化钠	42		51.4
水			78.6

合成工艺：将反应釜加热至 40～45℃，加入苯酚、水和氢氧化钠，开动搅拌器。搅拌 15min，反应釜停止加热，在 40～42℃条件下将第一批和第二批甲醛加入反应釜，反应液由于放热反应温度升至 80～85℃。在此温度下反应 45min，于 10～15min 加热至沸腾，沸腾 10min 后将反应液降温至 80～85℃，加入第三批甲醛并在 5～10min 加热至 85～90℃，在此期间取样测黏度。当黏度达到要求时，用 60min 将反应液冷却至 30～35℃放料。

合成树脂的性能指标：

固体含量/%	39～43
黏度/Pa·s	0.04～0.13
碱含量/%	4.5～5.5
游离酚含量/%	＜0.18
游离甲醛含量/%	0.1～0.18
可被溴化物含量/%	11～15
储存期(5～20℃)/d	60～90
沸水浸泡/h	＞1.5

此树脂用于生产高级耐水胶合板（涂胶板不需干燥）的水溶性酚醛树脂。

(2) 醇溶性酚醛树脂　醇溶性酚醛树脂胶黏剂是苯酚与甲醛在氨水或有机胺催化剂作用下进行缩聚反应，之后，经过减压脱水再用适量的乙醇溶解而制成，外观是棕色透明的液体，不溶于水，遇水则浑浊并出现分层现象，固含量为50%～55%，20℃时黏度为15～30mPa·s，游离醛含量在5%以下，主要用于纸张及单板的浸渍，以及生产高级耐水胶合板、船舶板、层积塑料等。

配方：

苯酚	100	37%甲醛	149
25%氨水	6.8	乙醇	100

合成工艺：将熔化的苯酚加入反应釜，搅拌。加入甲醛，升温至40～45℃，保温10～15min，加入氨水。升温至65℃（约20min），65℃下反应20min，升温至90℃（升温时间约60min），升温的同时防止反应液沸腾，观察反应液的变化，大约20min左右溶液变浑浊，在95℃温度保温25min。

保温结束后，停止加热，进行减压脱水，内温不能高于65℃，待反应液透明后内温不得超过75℃，透明后静置20min，取样测聚合速率，不高于$70s^{-1}$，停止脱水。

加入酒精（约为苯酚的质量），内温保持在65～75℃，待树脂全部溶解后，冷却至50℃，放料。

合成树脂的性能指标：

外观	棕色透明黏稠液体
固体含量	＞50%
游离醛含量	＜14%
黏度	0.4～0.7m^2/s
水分含量	＜7%

(3) 高邻位酚醛树脂　用缓和的酸性催化剂二价金属钙、镁、锌等乙酸盐，在P：F=1：0.8的配比下反应，甲醛常用高浓度水溶液（如50%），分批或逐渐

加入，一般分两个阶段进行，以减少放热和出现凝胶，即缩聚阶段和高温阶段（达 145℃）。用甲苯或二甲苯做共沸溶剂，易于除水，能有效地控制反应热和反应速率，反应速率高；可使用双催化系统。

在 pH=4～7 下，控制 P：F=1：(1.5～1.8)，用金属盐催化系统，甲醛水溶液或多聚甲醛逐渐加入，缩合水通过共沸溶剂（甲苯或二甲苯）除去，反应需 6～8h，温度在 100～125℃，脱水至含量<2%，得到中性树脂。在室温下，树脂固体含量高、黏度低、储存比较稳定。也可用气体甲醛通入熔融的苯酚或取代酚来制备高邻位快速固化酚醛树脂。

(4) 间苯二酚树脂　具体的合成工艺：

① 无催化剂条件下合成　在有搅拌器、温度计、滴液漏斗的四口烧瓶中，加入 16.5g（0.15mol）间苯二酚及 40mL 水，加热搅拌到 60℃，使间苯二酚全部溶解后，提高温度到 80～90℃，用滴液漏斗滴加甲醛水溶液 8.5g，滴毕，在 90℃反应 6h，减压蒸馏除去体系的水，得到黄色透明的固体产物 A。

② 在草酸催化下合成　将催化剂草酸 0.1g 溶于甲醛水溶液中滴加，其余反应条件均和工艺①相同，产物为红色透明固体 B。

③ 在间苯二酚铝盐催化下合成　在四口烧瓶中加入 16.5g（0.15mol）间苯二酚，加热搅拌至 110℃，直到间苯二酚完全熔融后，加入 1g 新制 $Al(OH)_3$，在 120～130℃反应 4h，固体 $Al(OH)_3$消失，加入 40mL 水，待体系均一后，温度维持在 80～90℃，从滴液漏斗中滴加甲醛水溶液 8.5g（0.1mol），滴毕，在 90℃反应 10h，减压蒸馏除去体系中的水，得棕红色透明固体产品 C。

实验了不同催化剂对产物性能的影响，结果见表 2-25。

表 2-25　不同催化剂对产物性能的影响

树脂代号	催化剂	产物性状	$\theta_{软化}$/℃	溶解性能			
				乙醇	丙酮	乙二醇	W=1%NaOH
A	无	黄色透明固体	25～28	溶解	溶解	溶解	溶解
B	草酸	红色透明固体	38～40	溶解	溶解	溶解	溶解
C	间苯二酚盐	棕红色透明固体	42～44	有少量不溶物	有少量不溶物	溶解	溶解

从表 2-25 中可知，无催化剂及草酸催化下合成树脂 A、树脂 B，颜色较浅，溶解性能好；而在间苯二酚铝盐催化下合成的树脂 C，颜色较深，在醇、酮、醚等有机溶剂中溶解性能都不太好。

间苯二酚树脂在进行胶接前，需要将其转化为热固性树脂。为此加一定量的甲醛（多用三聚甲醛粉末或其与木粉的混合物），以提供交联固化过程中所需的羟甲基。间苯二酚冷热固化均可。由于其固化速度快，也可作为一般甲阶酚醛树脂的固化促进剂。

间苯二酚-甲醛树脂胶黏剂具有良好的胶合强度，且其胶合强度大于木材结构强度。当粘接头暴露在大气中的各种条件下时，间苯二酚-甲醛树脂也能够保持原有的胶合强度，具有良好的耐疲劳、耐水特别是耐沸水以及耐化学试剂等优点，能承受负载而不产生蠕变，在室温下可实现快速固化。因此，凡是要求高强度、耐水耐候性好、能室温固化的室外用木材胶黏剂，多采用间苯二酚-甲醛树脂。

(5) 苯酚、间苯二酚共缩合树脂　间苯二酚树脂是一种能够实现低温固化的胶黏剂。它耐水耐候性能优异、胶接强度高，但是间苯二酚的价格昂贵，因而限制了该种胶黏剂的应用领域范围，而间苯二酚-苯酚-甲醛树脂却弥补了间苯二酚价格高的缺点。

配方：

甲醛	1	间苯二酚	0.2
苯酚	0.8	氢氧化钠	适量

制备工艺：将苯酚与甲醛按一定的摩尔比混合均匀，用氢氧化钠将 pH 值调至 10，以油浴加热逐渐升温至 65℃左右，缓慢滴加间苯二酚进行共缩聚反应（间苯二酚的物质的量为苯酚的 1/4），不断搅拌，控制温度不超过 65℃，控制好间苯二酚的加入时间，待完全加入后，继续反应 30min，降温，将反应物取出。

合成树脂的性能指标：

外观	黏性的深红色胶液
固含量	58.5%
凝胶时间	175s
剪切强度	6.86MPa

由于该胶具有良好的耐候性、耐水性、耐温性及粘接强度高等特点，适用于室外木结构工程材料的胶接。在木材胶黏剂中占有重要的地位。

(6) 冷固化酚醛树脂　冷固化酚醛树脂系为在室温下可固化的热固性酚醛树脂，以钡酚醛树脂为例。

钡酚醛树脂胶黏剂又称酚钡树脂胶黏剂，是室温固化型酚醛树脂，由苯酚与甲醛在氢氧化钡催化作用下进行缩聚反应，经减压脱水而得，酚钡树脂胶配好后，在常温下有 3～5h 使用期，温度升高，使用期缩短。在室温下固化时间为 4～6h，对多孔材料的胶接，固化时间要长一些。若在 60℃固化，时间为 60min 左右，对木材的粘接剪切强度可达 13MPa。

钡酚醛树脂胶黏剂的缺点是组分中含有酸，易使木材纤维水解，木材的粘接强度随时间的延长而下降，胶中游离酚高达 20%左右，对操作者身体有害，使用时应注意通风，钡酚醛树脂胶黏剂主要用于木材、纤维板等的粘接。

配方：

苯酚	100
37%甲醛	105
氢氧化钡	2（溶于5倍的水中）

合成工艺：将融化的苯酚加入到带有搅拌器、冷凝器和温度计的三口瓶中，开动搅拌器搅拌，升温至40～50℃加入氢氧化钡溶液；在30min内升温至65～75℃，保温10～20min至氢氧化钡完全溶解，加入甲醛溶液，在30min左右升温至85℃，停止搅拌，由于放热而沸腾，温度达97～100℃，沸腾回流10min后再搅拌。保持回流沸腾60min左右，立即通冷凝水开始降温。温度降至70℃以下时，开始减压脱水。溶液温度控制在50℃，真空度为86.66～94.89kPa，当脱水量接近理论脱水量时，取样测黏度达到要求时停止脱水，冷却至40℃，得到产物。

合成树脂的性能指标：

外观	红棕色透明黏液
固体含量/%	＞75
黏度/mPa·s	1000～1500
游离酚含量/%	＜20

2.3.6 酚醛树脂改性

酚醛树脂在被工业化后近百年的历史过程中，由于其具有诸多优良性能，如耐热性能、胶接性能、机械强度、阻燃性能等，被广泛用于除木材加工业之外的电子电器工业、汽车工业、机械工业等许多领域。

酚醛树脂是木材胶黏剂中性能优异、应用面广泛的胶种。此类胶黏剂胶接强度高，耐水、耐热、耐腐蚀等性能良好，其突出的特点是耐沸水性能和耐久性能优异。但是酚醛树脂也存在一些缺陷，如成本高、胶层颜色较深、胶层内应力大、易产生老化龟裂、甲阶酚醛树脂初黏性低、渗透力强而易透胶、耐碱性差、对异种材料的胶接性能不理想，特别是在胶接木质材料时固化时间长、毒性大等。另外随着工业技术的不断发展，对酚醛树脂性能的要求也在不断提高。因此未改性的酚醛树脂已不能满足工业产品质量和生产工艺的要求。针对这些问题，国内外开展了大量的有关酚醛树脂的改性研究。

2.3.6.1 酚醛树脂的改性方法

由于酚醛树脂的固化温度高、固化时间长、颜色较深等，这就使得它在目前的应用范围内有一定的局限性。如果这些问题能够加以改善，那么酚醛树脂胶黏剂的应用范围将不断地扩大。随着对材料性能的要求越来越高，未改性的酚醛树脂胶黏剂已经不能满足人们对其的需求。针对不同的应用领域，酚醛树脂被赋予不同的改性方式。酚醛树脂改性的目的主要是改进它的脆性或其他物理性能，提高它对纤维增强材料的粘接性能并改善复合材料的成型工艺条件等。改性的方法有很多种，综合起来有两种，即化学物理改性和化学改性。

物理改性：将某种填充物与酚醛树脂调制混合，可以降低酚醛树脂固化过程中的体积收缩率或赋予其某些特殊的性能，以改进酚醛树脂的工艺性能及使用性能。

化学改性：通过在树脂中引进其他元素或基团发生化学反应或部分混合，可以将某些黏附性强或者耐热性好的高分子化合物或单体与酚醛树脂用化学方法制成接枝或嵌段共聚物，也可以将柔性高分子化合物混入酚醛树脂中，从而获得具有各种综合性能的改性酚醛树脂，使酚醛树脂具有更优异的性能，提高了韧性和反应活性。

尿素改性酚醛树脂是指通过价格低廉的尿素替代部分苯酚与甲醛，共聚形成苯酚-尿素-甲醛树脂，尿素除了价格低外，还易于与甲醛、羟甲基反应，由尿素改性酚醛树脂可降低体系中的游离甲醛含量且可提高树脂的聚合度。与此类似的还可用三聚氰胺、木素、糠醛、丹宁、花生壳水解产物等进行共聚；均是降低木材用酚醛树脂成本及扩大原料来源的途径。

利用三聚氰胺与苯酚、甲醛反应可生成耐候、耐热、耐磨、高强度及稳定性好的满足不同要求的三聚氰胺-苯酚-甲醛树脂胶黏剂。

还有许多其他类似的共缩聚改性方法，如间甲酚改性、间苯二酚改性、间氨基酚改性等高活性的酚类改性。这些改性方法都是通过与苯酚、甲醛发生共缩聚反应，来降低酚醛树脂的固化温度和缩短热压时间，提高生产效率，达到降低成本的目的。

为改进酚醛树脂的脆性、改善固化性能和其他物理性能，常加入热塑性树脂或橡胶进行改性，得到韧性好、耐热高、强度大、性能优良的结构胶黏剂，扩大了酚醛树脂胶黏剂的应用领域。常用的高分子材料有：丁腈胶乳、丁苯胶乳、羧基丁苯胶乳、交联型丙烯酸酯乳胶、EVA乳液、聚乙烯醇及聚乙烯醇缩甲醛、羧甲基纤维素、羟乙基纤维素、木素磺酸盐、羟甲基化尼龙及水解聚丙烯腈废料、涤纶树脂副产品水解产物、造纸厂黑液等。

2.3.6.2 几种重要的改性酚醛树脂

（1）酚醛-缩醛树脂胶黏剂　热塑性的聚乙烯醇缩醛树脂以一定比例可用于改性酚醛树脂。聚乙烯缩醛树脂本身对许多材料具有良好的胶接力，但其耐热性差，改性后的树脂兼具二者的优点，机械强度高，柔韧性好，耐寒、耐大气老化性能极佳，可用于木材和金属的胶接。

聚乙烯醇缩醛是由聚乙烯醇与醛类反应生成，而聚乙烯醇一般是利用聚乙酸乙烯酯经水解制得。常用的聚乙烯缩醛有聚乙烯醇缩甲醛和聚乙烯醇缩丁醛。

聚乙酸乙烯酯水解生成的聚乙烯醇其分子中除含有水解羟基之外，还含有一定量的未水解的酯基：

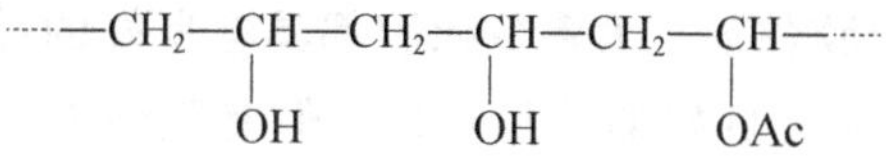

$$\cdots\!-CH_2-\underset{\displaystyle OH}{\underset{|}{CH}}-CH_2-\underset{\displaystyle OH}{\underset{|}{CH}}-CH_2-\underset{\displaystyle OAc}{\underset{|}{CH}}-\!\cdots$$

聚乙烯醇与醛类反应生成产物的结构为：

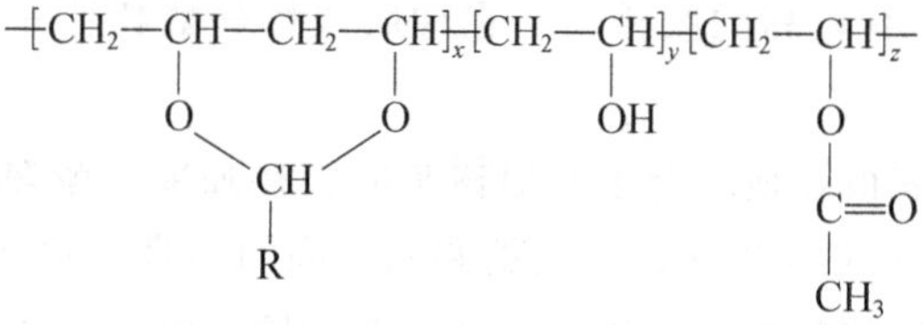

$$-\!\!\left[CH_2-\underset{\underset{\displaystyle O\diagdown\underset{\underset{\displaystyle R}{|}}{CH}\diagup O}{|}}{CH}-CH_2-CH\right]_x\!\!-\!\!\left[CH_2-\underset{\underset{\displaystyle OH}{|}}{CH}\right]_y\!\!-\!\!\left[CH_2-\underset{\underset{\displaystyle O-\underset{\underset{\displaystyle CH_3}{|}}{C}=O}{|}}{CH}\right]_z\!\!-$$

聚乙烯醇缩醛分子中：x 链段为缩醛化的聚乙烯醇；y 链段为未缩醛化的聚乙烯醇；z 链段为聚乙酸乙烯酯。这几种链段呈无规则分布，并且其数量的多少也各不相同。这种聚合物含有缩醛基、羟基及酯基，因此聚乙烯醇缩醛对许多表面都有极好的黏附性，但是其耐热性差、吸湿性较大，所以很少单独使用。当其与酚醛树脂等配合使用时，则得到具有一定耐热性和柔韧性的结构胶黏剂。

聚乙烯醇缩醛含有羟基，它能与酚醛树脂中的羟甲基发生缩合反应生成接枝共聚物：

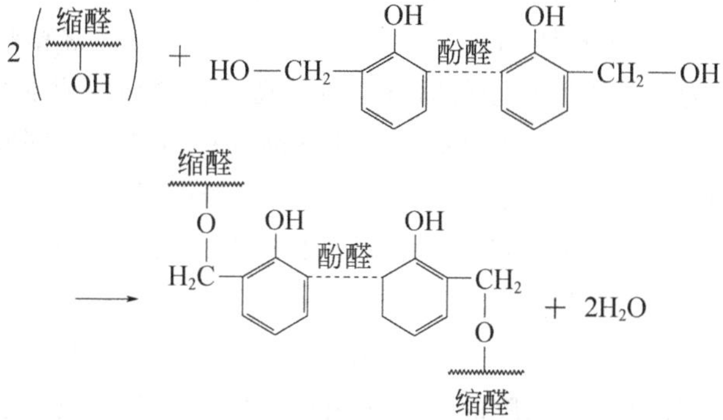

$$2\left(\begin{array}{c}\text{缩醛}\\ \sim\sim\sim\\ |\\ OH\end{array}\right) + HO-CH_2-C_6H_3(OH)\cdots\text{酚醛}\cdots C_6H_3(OH)-CH_2-OH$$

$$\longrightarrow \text{缩醛}\sim O-H_2C-C_6H_3(OH)\cdots\text{酚醛}\cdots C_6H_3(OH)-CH_2-O\sim\text{缩醛} + 2H_2O$$

这种聚合物作为胶黏剂使用具有较好的综合性能和较突出的耐老化性能。

缩醛的结构不同，赋予胶黏剂的性质不同。缩丁醛和缩甲醛与酚醛树脂的相溶性非常好，所以固化体系为均相物质。用碳链较长的醛形成的缩醛，其胶黏剂的韧性好，但不耐热。例如丁醛比甲醛形成的缩醛胶黏剂的韧性与弹性好，但耐热性差。糠醛形成的缩醛，其胶黏剂的刚性高、耐热性好、化学稳定性强，但憎水。

酚醛树脂的比例对胶黏剂的胶接强度的性能有很大影响。酚醛树脂与缩醛的比例可从 10∶1 降至 1∶2，当缩醛的比例增加时，胶黏剂的室温剪切强度高、柔性好，但耐热性下降；当酚醛树脂的比例增加时，胶黏剂的交联度增加、耐热性提高，但冲击强度、韧性和剥离强度的性能下降。

值得注意的是固化温度。此种改性胶黏剂的固化温度至少需要 140℃，当固化温度低于140℃时胶黏剂欠固化，而温度过高时也会降低胶接强度。固化时间随缩醛量的增加而增加。胶接压力应在0.69～1.37MPa。

(2) 酚醛-丁腈橡胶胶黏剂　大多数橡胶都具有良好的黏附性和柔韧性，但耐热性较差，酚醛树脂则具有良好的热稳定性，但有脆性大的弱点。而橡胶改性的酚醛树脂成功地结合了橡胶与酚醛树脂二者的优点，使其改性树脂的柔韧性好、耐温等级高，并且具有较高的胶接力。在橡胶改性酚醛树脂中尤其以丁腈橡胶改性酚醛树脂的应用最为广泛。

酚醛-丁腈胶黏剂很好地结合了酚醛树脂的胶接强度、耐热性和丁腈橡胶的韧性。丁腈橡胶中的—CN基越多，其与酚醛树脂间的相容性越好，胶黏剂的性能也就越优异。酚醛-丁腈胶黏剂广泛用于金属、非金属的胶接。

酚醛树脂与丁腈橡胶间的化学反应比较复杂，反应机理有亚甲基醌理论和氧杂萘满理论。亚甲基醌理论认为：甲阶酚醛树脂与橡胶在加热条件下，生成一种亚甲基醌中间体，它很容易与橡胶分子中α-位置的氢反应，从而在橡胶分子间形成交联键，使橡胶硫化；另一种理论根据羟甲基能与某些烯类反应，生成氧杂萘满结构这一事实，提出酚醛树脂与橡胶间反应的机理。除此之外，羟甲基还能与橡胶中的氰基反应。

酚醛-丁腈胶黏剂其各组分的结构、分子量及其有关性能均会对胶黏剂的性能起重要作用。例如，酚醛树脂的分子量以700～1000为好，热塑性酚醛树脂的分子量以350～450为好。丁腈橡胶的氰基含量越高，胶黏剂的耐油性越好，因为氰基的增加，致使其极性增加，因而对非极性溶剂的稳定性好，同时高温的稳定性也好，但耐寒性差。通常氰基含量增加，酚醛-丁腈胶黏剂的剪切强度也相应提高。当提高酚醛树脂的含量，可提高胶黏剂的强度、硬度、弹性模量和耐热性，但其延伸率和抗冲击性能下降。

两组分的化学反应速率要匹配，即酚醛树脂的固化速度与酚醛树脂硫化橡胶的速度要协调。酚醛树脂对橡胶的硫化作用比常用的橡胶硫化剂要弱，而且树脂的固化速度通常又大于树脂对橡胶的硫化速度。这两种速度相差太大时，固化产物是性能较差的树脂和橡胶的混合体。因为其速度相差越大，相容性随反应的进行变坏程序加剧，内部缺陷增加，所以其性能变差。因此，必须降低酚醛树脂自身的固化速度或提高酚醛树脂对橡胶的硫化速度，二者的固化速度相差越小，其内部缺陷越小，胶接性能、耐热性都会得到提高。提高酚醛树脂对橡胶的硫化速度，某些带结晶水的金属卤化物可作催化剂，常用的几种金属卤化物的催化活性如下：

$$SnCl_2 \cdot 2H_2O > FeCl_3 \cdot 6H_2O > ZnCl_2 \cdot 15H_2O > SrCl_2 \cdot 6H_2O$$

酚醛树脂与丁腈橡胶的反应除催化剂之外，有时还需要在胶黏剂配方中添加橡胶硫化剂及硫化促进剂，如硫黄、硫载体、氧化锌、过氧化物、有机促进剂等。

填充剂对酚醛-丁腈胶黏剂的力学性能也有很大作用，如调节胶黏剂的热膨胀系数、提高弹性模量、提高胶黏剂的胶接强度和抗冲击性能、提高耐热性等，还可调节胶黏剂的黏度。常用的填充剂有石棉、炭黑、石墨、二氧化硅、金属粉末、金属氧化物、玻璃纤维等。

配制酚醛-丁腈胶黏剂溶剂时，必须考虑储存稳定性、毒性、易燃性、挥发性及成本等。通常使用混合溶剂，如乙酸乙酯、乙酸丁酯和甲乙酮等。

(3) 苯酚·三聚氰胺共缩合树脂　采用常规合成的脲醛树脂（UF）或酚醛树脂（PF）胶用于多层胶合板时，很容易出现开胶或透胶现象。调节反应条件，利用三聚氰胺与苯酚、甲醛反应可生成耐候、耐热、耐磨、高强度及稳定性好的满足不同要求的三聚氰胺-苯酚-甲醛（MPF）树脂胶黏剂。三聚氰胺改性酚醛树脂，通过向酚醛树脂中引入三聚氰胺结构，可以改善树脂的性能，尤其是耐热性能。三聚氰胺是弱碱性物质，氮原子的孤电子对与苯环发生共轭效应，使氮上氢原子活化，易与甲醛发生甲基化反应，生成各种羟甲基三聚氰胺，然后羟甲基化合物与苯酚、甲醛进行缩合和缩聚，形成改性树脂。

如在 pH 值为 8.5 以下将酚醛（PF）树脂与三聚氰胺-甲醛（MF）树脂按摩尔比 1∶1 进行固化，生成含有一定氨的三维交联不溶物，通过^{1}H NMR 分析表明，该固化过程分为两个阶段：第一阶段基本上是 MF 树脂单独缩合的过程，速度极快；第二阶段为 PF 树脂固化以及不溶的 MF 树脂共缩合，速度缓慢。通过利用三聚氰胺还可以大大地改善 PF 树脂的色调及光泽。1977 年德国研制出浅色耐候刨花板，不久，又利用加入一定量的铵离子或碱金属硫酸盐制得白色 MPF 树脂胶。合成工艺步骤如下：

① 将 12 份甲醛溶液和 0.72 份稀氨水加入反应釜内，升温到 60℃，迅速加入 6 份三聚氰胺，在 70～80℃保持至完全溶解，立即冷却至 60℃。

② 加入 40 份苯酚、42 份甲醛溶液和 1.5 份氨水，加热至 80℃保持 15min，再加热至沸腾，保持 20min 后尽快冷却至 80℃。加入 0.43 份油酸和 0.65 份氨水，再加热至沸腾。注意反应液出现浑浊的起始时间。

③ 从浑浊开始，再保持沸腾回流 30min，然后迅速冷却至 60～70℃，真空脱水，至树脂液由浑浊变为透明后取样测黏度，当达到要求时停止脱水，加入 0.43 份油酸，再加入 30～40 份 95%乙醇，冷却至 40℃以下出料。

所制得的树脂质量指标：固体含量 50%～55%，黏度（涂-4 杯，24～26℃）45～65s，游离酚含量≤10%。

三聚氰胺分子中含有大量的氨基，反应活性较高，与甲醛反应速率较快，三聚氰胺和甲醛反应会生成大量的羟甲基结构，高温下可以和羟甲基酚发生缩合反应，以完成交联固化，但是三聚氰胺的加入可能会影响树脂的稳定性并且增大脆性，因此三聚氰胺的用量要严格控制。此外三聚氰胺水溶性不好，而且由于活性较高，要严格控制反应时间以及温度防止爆聚，这增加了合成工艺的难度。傅深渊用三聚氰胺、尿素复合改性酚醛树脂，首先原料在中性环境中反应一段时间后将体系调成酸性进行缩合反应，最后在碱性催化剂作用下发生共聚，得到游离酚在0.5%～10%、游离醛低于2%、储存期达1个月的高强度酚醛树脂。时君友等人用三聚氰胺脲醛改性酚醛树脂，得到颜色较浅且游离甲醛含量较高的高性能酚醛树脂。

胺类改性酚醛树脂可以有效地降低游离甲醛含量，但是必须严格控制用量，否则将降低酚醛树脂性能和储存稳定性，此外三聚氰胺等溶解性不好，加入到酚醛树脂中可能会改变加工工艺。

(4) 降低酚醛树脂的固化温度和固化时间　酚醛树脂因具有胶接强度高、耐水、耐热、耐磨及化学稳定性好等优点，广泛用于木材工业中。但酚醛树脂固化温度较高，固化时间较长，这增加了酚醛树脂的应用成本，因而近年来各国科学家不断尝试各种改性方法，以降低酚醛树脂的固化温度，缩短树脂的固化时间，来降低树脂的生产成本。

提高合成酚醛树脂的分子量，使其能在中温条件下固化，并用于制造胶合板。为使树脂具有较长的储存期以及便于稀释，需要加入相当数量的强碱，使树脂的pH值提高到12～13，当树脂需要快速固化时，加入间苯二酚、间苯二酚树脂和多聚甲醛等固化剂。关于在100℃添加多聚甲醛对酚醛树脂固化时间的影响，Rayner指出：树脂不含多聚甲醛的固化时间为36min，加入2份多聚甲醛的树脂固化速度为24min，加入4份多聚甲醛的树脂固化速度为15min。

水溶性酚醛树脂加入栲胶、间苯二酚等可降低树脂的固化温度和缩短固化时间。例如由100份酚醛树脂、3～5份豆粉、15份栲胶、37.5份氢氧化钠（40%）和11.75份水组成的胶黏剂，能够缩短热压时间25%～30%，热压温度降低到120～130℃，游离酚降到1%，胶合板的胶接强度达到Ⅰ类胶的要求。

与脲醛树脂等常用木工用胶黏剂相比，过高的固化温度也阻碍了酚醛树脂在木材工业中的应用。针对这个问题，各国学者提出了一些解决的思路和方法，归纳起来主要有以下几种途径：

① 提高酚醛树脂的缩合程度。通过控制酚醛树脂反应体系的pH，使反应体系先在中性或弱碱性条件下反应，在反应的后期通过加酸或加碱的方法使树脂缩聚反应加快，反应生成的酚醛树脂黏度高，分子量大，缩聚程度接近乙阶酚醛树脂。

② 热固性酚醛树脂可以通过提高pH至强碱条件下，使固化反应更容易进行，缩短固化时间。

③ 调胶的过程中通过添加适宜的固化剂可以使酚醛树脂反应更容易进行。

④ 用锰、锌、镁等二价金属离子的氧化物、氢氧化物使酚醛树脂合成反应中苯酚邻位羟甲基化比例提高，获得能快速固化的高邻位酚醛树脂。

⑤ 与其他树脂共聚。酚醛树脂由于其自身的结构导致固化反应需要更多的能量。快固型树脂一般反应活性高，反应所需要的能量较小。酚醛树脂加入快固型树脂后，在固化时，反应更多的发生在快固型树脂上的高活性位置，缩短了树脂的固化时间。

⑥ 采用先进的合成配方和合成工艺。日本学者塔村真一郎的研究，表明了原料的投料比对固化速度有显著的影响。

（5）降低游离酚、游离醛和碱含量　酚醛树脂是石油酚类和醛类缩聚合成的，在酚醛树脂胶黏剂中游离苯酚、游离甲醛不可避免地存在。随着绿色环保概念越来越普及，酚醛树脂的污染和危害问题成了其在我国木材工业中广泛应用的主要问题之一。浸渍用的酚醛树脂由于其需要较好的水溶性，所以反应程度一般不高，游离甲醛和游离苯酚的含量较高，通常苯酚的含量大于10%。但是苯酚的毒性较大，国际上通常将小于0.2%游离苯酚的树脂认定为无毒树脂。酚醛树脂的游离酚和醛含量与合成树脂的配方和工艺有很大关系。甲醛与苯酚的摩尔比、催化剂与苯酚的摩尔比、催化剂的种类以及反应的温度和投料工艺都能影响树脂的游离物含量。

国内外降低酚醛树脂毒性的研究工作主要是通过改进酚醛树脂的合成工艺和通过加入添加物对酚醛树脂进行改性实现的。赵临五等制得了具有低毒和固化速度高等优点的酚醛树脂，方式是使用复合催化剂并改进了酚醛树脂的合成工艺。酚醛树脂合成反应中原料的投料摩尔比对树脂游离甲醛和游离苯酚的含量有很大的影响。实际生产中可以通过多次添加甲醛的合成工艺或在反应快结束时加入甲醛捕捉剂，使甲醛与苯酚充分反应，反应掉多余的甲醛和苯酚，得到低含量游离酚和游离醛的酚醛树脂胶黏剂。方鲲等通过控制反应过程中的合成工艺并添加改性剂调整的方法，制备出具有预期结构的酚醛树脂，树脂具有低毒性。日本的研究人员也研究出来一种在合成反应中添加改性剂降低酚醛树脂的游离甲醛含量的方法。他们在合成反应中添加消泡剂、玉米淀粉、尿素等添加物，使用合成出的酚醛树脂所压制的人造板的游离甲醛低于0.02%。

酚醛树脂的酸碱性与所用催化剂种类有关，热塑性酚醛树脂一般呈酸性，热固性酚醛树脂由于使用碱类催化剂，树脂呈碱性。热固性酚醛树脂 pH 值的高低与所用催化剂的量有直接的关系，用量多 pH 值自然就高。碱性催化剂在物理性质上有一特点，即具有强烈的吸水性。苯酚甲醛体系的水溶性很差，只有在反应过程中通过催化剂对水有极强的亲和力，才有可能除去树脂反应产生的缩合水，使得树脂不会分层，固化反应得以继续。碱性催化剂一般用氢氧化钠，但由于氢氧化钠是强碱性物质，制得的胶黏剂不但固化后为棕褐色，而且对胶的耐水性、介电性及胶接强度也有影响。工业上常用碱性较弱的氢氧化钡作催化剂，反应易于控制，二价钡离子在反应体系中以不溶性的二价惰性钡盐的方式存在，不会影响胶的化学稳定性和介电性，树脂的颜色为淡黄色。另外，在反应后期加酸中和进行调整，也是一种很好的方法。

当前的酚醛树脂有常温固化型和加热固化型。前者要使用强酸性的固化促进剂使其固化，因此存在基材如木材、纸等由于酸的作用而劣化的问题。后者需要高温加热固化，且树脂的 pH 值越高固化越快。pH 值过高或过低对于树脂的使用来说都不是好事，不仅操作起来不方便，而且强酸强碱的管理也不容易。

参 考 文 献

[1] 顾继友．胶黏剂与涂料[M]．北京:中国林业出版社,1999.

[2] 李兰亭．胶黏剂与涂料[M]．北京:中国林业出版社,1992.

[3] 李和平．木材胶黏剂[M]．北京:化学工业出版社,2009.

[4] 李和平．胶黏剂生产原理与技术[M]．北京:化学工业出版社,2009.

[5] 黄发荣,万里强．酚醛树脂及其应用[M]．北京:化学工业出版社,2011.

[6] 李东光．脲醛树脂胶黏剂[M]．北京:化学工业出版社,2002.

[7] 文美玲,朱丽滨,张彦华,等．三聚氰胺共聚改性脲醛树脂固化性能研究[J]．中国胶黏剂,2015,24(2):20-24.

[8] 郑云武,朱丽滨,顾继友,等．三聚氰胺-尿素-甲醛共聚树脂的胶接性能[J]．东北林业大学学报,2010,38(2):83-84.

[9] 顾继友,赵佳宁,倪荣超．弱酸性条件起始合成 MUF 树脂工艺研究[J]．哈尔滨工业大学学报,2009,(5):161-164.

[10] 朱丽滨,顾继友,曹军．木材胶接用三聚氰胺改性脲醛树脂胶黏剂性能研究[J]．化学与粘合,2009,(4):1-4.

[11] Singh A P, Causin V, Nuryawan A, et al. Morphological, chemical and crystalline features of urea-formaldehyde resin cured in contact with wood[J]. European Polymer Journal,2014,56:185-193.

[12] Pizzi A,Mittal K L. Handbook of Adhesive Technology[M]. New York:Marcel Dekker,2003.

[13] Paiva N T,Henriques A,Cruz P,et al. Production of melamine fortified urea-formaldehyde resins with low formaldehyde emission[J]. Journal of Applied Polymer Science,2012,124(3):2311-2317.

[14] Luo J,Zhang J,Luo J,et al. Effect of melamine allocation proportion on chemical structures and properties of melamine-urea-formaldehyde resins[J]. Bio Resources,2015,10(2):3265-3276.

[15] 王磊,张斌,孙明明,等．MUF-MF 共缩合改性树脂胶黏剂的研究[J]．化学与粘合,2013,(5):31-33.

[16] 韩书广,吴羽飞,卢晓宁．三聚氰胺改性脲醛树脂化学结构及反应过程的^{13}C NMR 研究[J]．南京林业大学学报:自然科学版,2007,31(6):82-86.

[17] 刘晓颖．脲醛树脂胶接人造板耐老化性研究[D]．北京:北京林业大学,2012.

[18] 闫文涛,张永娟,张雄．改性三聚氰胺-尿素-甲醛共缩聚树脂胶黏剂的合成[J]．中国胶黏剂,2008,17(9):31-33.

[19] Kim M G. Syntheses and properties of low-level melamine-modified urea-melamine-formaldehyde resins[J].Journal of Applied Polymer Science,2004,93(6):2559-2569.

[20] 童晓,余尚先．间苯二酚-甲醛树脂的合成及其结构表征[J]．北京师范大学学报:自然科学版,1997,33(3):389-392.

[21] 李晓平．木材胶黏剂实用技术[M]．哈尔滨:东北林业大学出版社,2003.

[22] 柳婷．间苯二酚改性酚醛树脂胶黏剂的制备及性能研究[D]．长沙：中南林业科技大学，2014.

[23] 王春霞，崔立东，刘浩阳，等．间苯二酚改性酚醛树脂胶黏剂的研究[J]．林业机械与木工设备，2014，42(1)：31-32.

[24] 吴姝云．间苯二酚苯酚甲醛树脂耐水改性及固化工艺研究[D]．长沙：中南林业科技大学，2015.

[25] 王春鹏，赵临五．间苯二酚-苯酚-甲醛树脂制备及性能研究[J]．林产化学与工业，1999，19(4)：23-28.

[26] 王峰，李元杰，张方志，等．间苯二酚甲醛树脂粘合剂的制备及其在橡胶工业中的应用[J]．山东科学，2012，25(5)：83-87.

[27] 周大鹏．快速成型与耐热、高强度酚醛注塑料的制备技术及性能研究[D]．杭州：浙江大学，2005.

[28] 时君友．三聚氰胺脲醛树脂改性酚醛树脂胶黏剂的研究[J]．木材工业，2003，17(6)：9-12.

[29] 曾念，谢建军，丁出，等．中温固化高邻位酚醛树脂胶黏剂制备与性能研究[J]．中国胶黏剂，2012，21(11)：38-42.

[30] 朱永茂，殷荣忠，刘勇，等．2007—2008年国外酚醛树脂及塑料工业进展[J]．热固性树脂，2009，24(2)：47-49.

[31] 王健．二价金属离子催化浸渍纸用快速固化酚醛树脂的研究[D]．哈尔滨：东北林业大学，2012.

[32] 任蕊，党江敏，刘春玲，等．高邻位高分子量热塑性酚醛树脂研制[J]．高分子通报，2011(7)：82-89.

[33] Pizzi A, Mittal K L. Phenolic resin adhesives[J]. Handbook of adhesive technology, 2003：541-571.

[34] Effendi A, Gerhauser H, Bridgwater A V. Production of renewable phenolic resins by thermochemical conversion of biomass：a review[J]. Renewable and Sustainable Energy Reviews, 2008, 12(8)：2092-2116.

[35] Berchem A, Sudan K K, Gres E M. Spray-dried phenolic adhesives：U. S. Patent 4098770[P], 1978-7-4.

[36] Megson N J L. Phenolic resin chemistry[M]. Butterworths Scientific Publications, 1958.

[37] Sprengling G R. Hydrogen bonding in phenolic resin intermediates[J]. Journal of the American Chemical Society, 1954, 76(4)：1190-1193.

3

丙烯酸酯胶黏剂

20 世纪 60 年代发展起来的丙烯酸酯类胶黏剂因其色泽清浅，耐水、耐环境侵蚀、抗变色性好，性能易于调节等特点而受到重视。丙烯酸酯胶黏剂是以各种类型的丙烯酸酯为基料，经化学反应制成的胶黏剂。丙烯酸酯胶黏剂类型很多，性能各异，主要有α-氰基丙烯酸酯胶黏剂、第二代（反应性）丙烯酸酯胶黏剂、丙烯酸酯类压敏胶、丙烯酸酯厌氧胶。

3.1　α-氰基丙烯酸酯胶黏剂

α-氰基丙烯酸酯胶黏剂是一类具有特殊性能的丙烯酸酯，一般简称氰基丙烯酸酯。分子结构中强吸电子的氰基和强吸电子的酯基同时位于双键的一侧，使双键的电子云强烈极化，该类物质在弱碱的作用下极易发生阴离子聚合。尤其制备的胶黏剂固化速度快，可在数秒内固化，也称瞬干胶。1947 年，B. F. Goodrich 公司首次合成了氰基丙烯酸酯，但并不知道它具有胶接性。直到 1950 年，Eastman Kodak 在鉴定其单体时，不小心把阿贝折光仪的棱镜粘在一起，才发现它是一种瞬间强力胶黏剂。1958 年，Eastman Kodak 公司正式推出了世界第一种α-胶——Eastman 910。由于α-胶有快速发生胶接作用的特点，特别是它能胶接人体组织而引起人们的广泛注意。1962 年以后我国将其作为商品进行生产研究，在北京、上海、辽宁等多地有许多研究科研院所和生产企业进行研究和生产。2003 年国内瞬干胶产品只有 2300 多吨，2004 年增至 4500 多吨。2005 年国内瞬干胶已增长至 5500 吨，全球瞬干胶产量超过万吨，现在α-氰基丙烯酸酯胶黏剂早已实现产业化生产。α-氰基丙烯酸酯胶黏剂是单组分反应型胶黏剂，因其具有独特的使用性能，是各类胶黏剂中发展最快的一种。α-氰基丙烯酸酯胶黏剂的发展迅速，新品种不断增多，使用用途逐渐扩大，性能也在不断优化改进。

目前生产氰基丙烯酸酯胶黏剂中酯基主要有甲基、乙基、丙烯基、丁基、异丁基等。其中以乙酯（502胶）为主，占销售量的90%以上。美国的Eastman Kodak公司以最早研制成功并大规模生产氰基丙烯酸酯胶黏剂而驰名。乐泰公司（Loctite）后来居上。

3.1.1 α-氰基丙烯酸酯胶黏剂的特点及组成

3.1.1.1 α-氰基丙烯酸酯胶黏剂的特点

（1）优点　氰基丙烯酸酯特殊的结构使得它具有优异的使用性能，优点如下：

① 单组分，无溶剂，使用方便；

② 快速固化，便于流水线生产；

③ 固化后的胶层无色透明，且外观平整，特别适合于工艺美术品、贵金属、装饰品、精密仪器、光学仪器的胶接；

④ 电气绝缘性好，与酚醛塑料相当；

⑤ 对人体无毒，可用于人体组织的胶接；

⑥ 耐药品性、耐候性、耐寒性良好；

⑦ 应用面广，对多种材料均有良好的胶接强度。

（2）缺点　但使用时也有缺点：

① 胶接刚性材料时抗冲击性能差；

② 未经改性的产品只能在70～80℃下使用，耐热温度低；

③ 固化速度快，大面积胶接时有难度。若未加以增黏，填充性胶接有难度；

④ 储存期一般为半年左右，储存时间较短；

⑤ 对体内黏膜有一定的刺激性。

α-氰基丙烯酸酯的分子结构与聚合机理密切相关，特殊的结构决定了它具有特殊的性能，使α-氰基丙烯酸酯胶黏剂有区别于其他胶黏剂的特点。α-氰基丙烯酸酯分子中的α-碳原子有氰基（—CN—）与酯基（—COOR—）两个强极性基团，使双键高度极化，从而有利于阴离子聚合过程的进行。在水或弱碱的存在条件下，可催化此聚合过程反应。其反应过程如下：

$$CH_2{=}\overset{\overset{\displaystyle CN}{|}}{C}{-}COOR \xrightleftharpoons{A^-} \overset{\delta^+}{C}H_2{-}\overset{\overset{\displaystyle CN}{|\,\delta^-}}{C}{-}COOR \xrightarrow{A^-} A{-}CH_2{-}\overset{\overset{\displaystyle CN}{|}}{\underset{-}{C}}{-}COOR$$

$$\xrightarrow{CH_2{=}\overset{\overset{CN}{|}}{C}{-}COOR} A{-}CH_2{-}\underset{\underset{\displaystyle COOR}{|}}{\overset{\overset{\displaystyle CN}{|}}{C}}{-}CH_2{-}\overset{\overset{\displaystyle CN}{|}}{\underset{-}{C}}{-}COOR \xrightarrow{nCH_2{=}\overset{\overset{CN}{|}}{C}{-}COOR} \text{聚合物}$$

因此，制备及改性α-氰基丙烯酸酯胶黏剂需考虑这一性质对树脂的影响。

3.1.1.2 α-氰基丙烯酸酯胶黏剂的组成

（1）单体　α-氰基丙烯酸酯（甲酯或乙酯）。

(2) 增稠剂　单体的黏度很低，使用时易流淌，不适用于多孔性材料及间隙较大的充填性胶接，因此需要加以增稠。常用的有聚甲基丙烯酸酯、聚丙烯酸酯、聚氰基丙烯酸酯、纤维素衍生物等。

(3) 增塑剂　改善固化后胶层脆性，提高胶层的冲击强度。具体有邻苯二甲酸二丁酯、邻苯二甲酸二辛酯等。

(4) 稳定剂　阻止单体发生聚合。具体有二氧化硫、对苯二酚。

3.1.2 α-氰基丙烯酸酯胶黏剂的合成

实际生产中常采用的方法是将氰乙酸酯与甲醛在碱性介质中进行加成缩合，然后将得到的低聚物裂解成为单体经精制后，加入各种辅助成分就得到 α-氰基丙烯酸酯胶黏剂。

3.1.2.1 单体的合成

α-氰基丙烯酸酯的合成方法有许多种，工业上常采用的方法是将氰乙酸酯与甲醛在碱性介质中进行加成缩合，得到的低聚物裂解成为单体，所得单体经精制后，加入各种辅助成分就得到 α-氰基丙烯酸酯。

制备 α-氰基丙烯酸酯的反应如下：

$$n\mathrm{CH_2O} + n\mathrm{CH_2(CN)COOR} \xrightarrow{\text{碱性催化剂}} \mathrm{-\!\!\!\left[CH_2-\overset{\overset{\displaystyle CN}{|}}{\underset{\underset{\displaystyle COOR}{|}}{C}}\right]\!\!\!-}_n + n\mathrm{H_2O}$$

$$\mathrm{-\!\!\!\left[CH_2-\overset{\overset{\displaystyle CN}{|}}{\underset{\underset{\displaystyle COOR}{|}}{C}}\right]\!\!\!-}_n \xrightarrow{\text{加热裂解}} n\mathrm{CH_2{=}\overset{\overset{\displaystyle CN}{|}}{\underset{\underset{\displaystyle COOR}{|}}{C}}}$$

(1) 原料　可用甲醛水溶液（37%）和氰乙酸制备，但操作步骤烦琐、产率低，产物纯度差。现在采用较多的是用多聚甲醛和氰乙酸酯以甲醇、甲苯为溶剂，在碱性条件下反应，然后共沸脱水，再进行裂解。该法的产率和纯度均高，且操作也比甲醛水溶液简单，缺点是所用的有机溶剂有毒。

通常氰乙酸酯稍过量，1mol 甲醛用 1.05～1.10mol 的氰乙酸酯为宜，氰乙酸酯用量过多时单体产率降低。在甲醛过量的情况下，缩聚物难以裂解，单体产率就更低了。

(2) 催化剂　缩合反应是在 pH＝8～9 的条件下进行的。可用氢氧化钠、脂肪族胺、六氢吡啶等作催化剂。最常用的是六氢吡啶，产率随六氢吡啶的增加而降低，一般用量小于 50mL/mol。

(3) 反应温度　缩合反应在 0℃以上即发生，但温度超过 60℃时反应加快，必须严加控制。同时温度过高，不但使甲醛溢出，而且还使副反应（生成焦油或水解等）增加，从而使产率降低。

（4）脱水　由于水对产品的质量有显著影响，因此必须脱出生成的水，通常的方法是共沸脱水，如甲苯、二氯乙烷等进行脱水。

（5）裂解助剂和单体阻聚剂　裂解反应通常用离子型阻聚剂（常用SO_2）、自由基阻聚剂（常用氢醌，用量为α-氰基丙烯酸酯低聚物的0.06%左右）、解聚催化剂（常用五氧化二磷，用量为4%左右）存在下进行，加入增塑剂如磷酸三甲酚酯、邻苯二甲酸二丁酯可降低裂解温度。粗产品再加1%左右五氧化二磷（兼作脱水剂）和0.5%左右的氢醌，通入SO_2气体，经蒸馏提纯，可得较纯的产品。

3.1.2.2　胶黏剂的制备工艺

为了配制成便于储存和使用的胶黏剂，必须在α-氰基丙烯酸酯单体中加入其他辅助成分。由于α-氰基丙烯酸酯在水的催化下易发生阴离子聚合反应，所以单体的储存稳定性与其水分含量有很大关系，含水量超过0.5%的单体很不稳定。为防止储存时单体发生聚合，需加入一些酸性物质做稳定剂，常用二氧化硫（用量为单体重量的0.0006%），也可用醋酸铜、五氧化二磷、对甲苯磺酸、二氧化碳等作稳定剂。α-氰基丙烯酸酯还可能发生自由基聚合反应，所以单体储存还必须加对苯二酚之类的阻聚剂（用量为单体重量的0.01%～0.05%）。

α-氰基丙烯酸酯是一种低黏度的液体，黏度为0.001～0.003Pa·s，加入增稠剂可使黏度上升到2Pa·s。特别是在胶接多孔性物质或有缝隙的物质时，增稠更有必要。所以常在胶黏剂配制时加入聚合物做增稠剂，常用的有聚甲基丙烯酸甲酯、氰基丙烯酸酯-马来酸二炔丙酯共聚物、丙烯酸甲酯-丙烯腈共聚物等。如添加5%～10%的聚甲基丙烯酸甲酯（分子量约30万）能使黏度显著提高，而胶接强度无明显下降。

为了提高α-氰基丙烯酸酯的韧性，还可加入适当的增塑剂，如磷酸三甲酚酯、邻苯二甲酸二丁酯、邻苯二甲酸二辛酯、癸二酸二乙酯等。若在合成单体时已加，就可不加。

目前用得最多的α-氰基丙烯酸酯胶黏剂是α-氰基丙烯酸甲酯和乙酯。它们的主要物理性能如表3-1所示。

表3-1　氰基丙烯酸酯典型物理性能

性能	α-氰基丙烯酸甲酯	α-氰基丙烯酸乙酯
密度(20℃)	1.10	1.05
沸点(226.6Pa,2mmHg)/℃	50	59
闪点/℃	82	82
自燃点/℃	468	468
$p_{蒸气}$(25℃)/Pa	<266.6	<266.6
折射率(η_D^{25})	1.4406	1.4349

α-氰基丙烯酸酯胶黏剂固化后就变成聚α-氰基丙烯酸酯，其主要物理性能如表3-2所示。

表3-2 固化后的氰基丙烯酸酯胶的物理性能

性能	α-氰基丙烯酸甲酯胶	α-氰基丙烯酸乙酯胶
软化点/℃	165	126
折射率	1.4923(钠玻璃1.496)	1.4870
熔点/℃	211	200～208
热变形温度(在1.82MPa载荷下)/℃	119	69
分解温度(10%被分解)/℃	198	213
纵弹性模量/MPa	813.4	686～1070

3.1.2.3 α-氰基丙烯酸酯胶黏剂合成原理

工业化合成路线以氰基丙烯酸乙酯为例介绍合成原理，其他酯的合成方法与原理相同。首先氯代乙酸与氰化钠发生亲和取代反应，然后再与乙醇发生酯化反应，生成氰乙酸乙酯。

$$ClCH_2COOH + NaCN \longrightarrow CNCH_2COOH + NaCl$$

$$CNCH_2COOH + C_2H_5OH \longrightarrow CNCH_2COOC_2H_5 + H_2O$$

氰乙酸乙酯与甲醛缩合形成聚氰基丙烯酸酯预聚物，预聚物裂解再生成α-氰基丙烯酸酯。

$$nCH_2O + nCH_2(CN)COOR \xrightarrow{\text{碱催化剂}} \left[CH_2-\underset{COOR}{\overset{CN}{C}}\right]_n + nH_2O$$

$$\left[CH_2-\underset{COOR}{\overset{CN}{C}}\right]_n \xrightarrow{\text{加热裂解}} nCH_2{=}\underset{COOR}{\overset{CN}{C}}$$

预聚物的合成阶段是氰乙酸乙酯合成的关键阶段，许多学者对预聚物的合成进行了大量的研究，主要目的是提高聚合物的分子量，降低生产成本，提高反应收率和简化反应工艺。

3.1.2.3.1 缩合反应

乙酸乙酯分子中亚甲基同时与氰基和酯基相连，且氰基与酯基都是强吸电子基团，在碱的作用下亚甲基与醛发生缩合反应，生成水。1mol氰乙酸乙酯与1mol甲醛反应，可得线型聚合物。反应式如下：

$$CNCH_2COOC_2H_5 + HCHO \longrightarrow H-\underset{COOC_2H_5}{\overset{CN}{C}}-CH_2OH$$

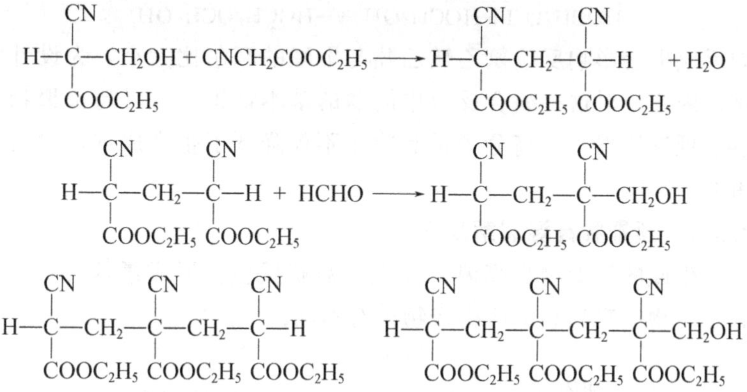

$$\begin{array}{c}\mathrm{CN}\\|\\\mathrm{H{-}C{-}CH_2OH}\\|\\\mathrm{COOC_2H_5}\end{array} + \mathrm{CNCH_2COOC_2H_5} \longrightarrow \begin{array}{c}\mathrm{CN\qquad CN}\\\mathrm{H{-}C{-}CH_2{-}C{-}H}\\\mathrm{COOC_2H_5\ COOC_2H_5}\end{array} + \mathrm{H_2O}$$

$$\begin{array}{c}\mathrm{CN\qquad CN}\\\mathrm{H{-}C{-}CH_2{-}C{-}H}\\\mathrm{COOC_2H_5\ COOC_2H_5}\end{array} + \mathrm{HCHO} \longrightarrow \begin{array}{c}\mathrm{CN\qquad CN}\\\mathrm{H{-}C{-}CH_2{-}C{-}CH_2OH}\\\mathrm{COOC_2H_5\ COOC_2H_5}\end{array}$$

$$\begin{array}{c}\mathrm{CN\qquad CN\qquad CN}\\\mathrm{H{-}C{-}CH_2{-}C{-}CH_2{-}C{-}H}\\\mathrm{COOC_2H_5\ COOC_2H_5\ COOC_2H_5}\\(A)\end{array} \qquad \begin{array}{c}\mathrm{CN\qquad CN\qquad CN}\\\mathrm{H{-}C{-}CH_2{-}C{-}CH_2{-}C{-}CH_2OH}\\\mathrm{COOC_2H_5\ COOC_2H_5\ COOC_2H_5}\\(B)\end{array}$$

由上可知，形成的低聚物可能以羟甲基（结构式 B）封端，也可能以 H（结构式 A）进行封端，氰乙酸乙酯与甲醛的缩合反应为逐步缩合聚合反应。该聚合反应是可逆反应，形成的聚合物是低聚物，且分子量的大小与原材料的摩尔比和转化率有关。理论平均聚合度为（数均结构单元数）：

$$\overline{x_n}=\frac{1+r}{1+r-2rp} \tag{3-1}$$

式中，r 为氰乙酸乙酯与甲醛的摩尔比；P 为转化率。

如果 $r=1$，则

$$\overline{x_n}=\frac{1}{1-p} \tag{3-2}$$

氰乙酸乙酯与甲醛的缩合反应为可逆反应，当反应平衡时：

$$\overline{x_n}=\sqrt{\frac{K}{pn_{\mathrm{w}}}} \tag{3-3}$$

式中，K 为平衡常数；n_{w}为水含量，即水与单体的初始原料浓度比［H_2O］/［M］。

由以上讨论可知，为增加低聚物的分子量，应使氰乙酸乙酯与甲醛的摩尔比 r 接近 1∶1，增加反应平衡常数 K，降低水的分率 n_{w}。

从经济上考虑，以降低生产成本为出发点。即反应时间越短，转化率越高越好。然而在实际操作过程中，转化率很难达到 100%。即使继续延长反应时间，反应也不会进行完全，而且很难达到平衡状态。因此为促使反应向正向进行、加快反应速率，常需使用催化剂缩短达到平衡的时间。由于原料纯度、称量精度不准确、出水过程中甲醛挥发等因素，两原料配比也会发生变化，难以精确控制，因此所制得预聚物的分子量也会有所波动。

另外体系中存在一些副反应，如

$$\mathrm{CH_2O+H_2O \longrightarrow HOCH_2OH}$$

$$HOCH_2OH + HOCH_2OH \longrightarrow HOCH_2OCH_2OH$$

这些副反应也会影响反应氰乙酸乙酯与甲醛的摩尔比大小，为设计实验带来了一定困难。因此，对这些缩合反应中问题的基本认识，为提高预聚物分子量采取措施提供了理论依据。提高分子量和收率不仅降低了生产成本，对后期的高温裂解也有重要的影响。

3.1.2.3.2 预聚物高温裂解反应

缩聚阶段生成的预聚物在高温下降发生裂解反应，形成氰基丙烯酸乙酯。但是对不同封端产物的高温裂解所得产物稍有不同：

$$(A) \xrightarrow{\text{加热}} (n+1)CH_2{=}\underset{}{\overset{CN}{\overset{|}{C}}}COOC_2H_5 + CNCH_2COOC_2H_5$$

$$(B) \xrightarrow{\text{加热}} (n+1)CH_2{=}\overset{CN}{\overset{|}{C}}COOC_2H_5 + H_2O$$

从以上反应式可得出，以H（A）封端的预聚物分解时形成副产物为氰乙酸乙酯，以羟甲基（B）封端的低聚物分解时形成副产物水。

结构式A预聚物分解时副产物所占比例与预聚物的聚合度n有关系。聚合度n越大，副产物所占比例越小，即收率越高，所得产物品质越好。为增加氰基丙烯酸酯的产量并提高纯度，应增加聚合度n，也就是增加预聚物的分子量。

结构式B的预聚物以羟甲基封端，解聚时无副产物氰乙酸乙酯，产品纯度好，但是形成的副产物水，易引发产物氰基丙烯酸乙酯单体聚合，必须在裂解过程中加入强吸水剂。形成水的多少与聚合度有关，聚合度n越大，生成的水量越小，表明收率越高。

综上所述，提高α-氰基丙烯酸酯的产率和纯度，在缩合阶段提高预聚物的分子量是整个合成技术的关键。

3.1.2.4 α-氰基丙烯酸酯胶黏剂的固化

α-氰基丙烯酸酯的固化过程可近似地看成α-氰基丙烯酸酯的本体聚合过程。由于结构中具有双键和—CN—、—C═O—等强吸收电子基，可以发生自由基聚合或阴离子聚合，而阴离子聚合是它的主要特性。和通常的阴离子聚合一样，α-氰基丙烯酸酯从单体到聚合物的整个过程经过链引发、链增长、链转移与链终止几个步骤。

（1）链引发与链增长　当一个亲核试剂攻击单体分子的β-碳原子时，就产生稳定的碳负离子。根据亲核试剂是负离子还是中性物，判断相应的引发单体是负离子还是两性离子。以氢氧根离子为例：

$$HO^- + CH_2{=}\overset{CN}{\underset{COOR}{C}} \longrightarrow HO{-}CH_2{-}\overset{CN}{\underset{COOR}{C^-}}$$

引发单体之后，就发生链增长反应：攻击另一个单体生成二元体，再进一步与更多单体反应，至生成高分子量的聚合物。

$$HO-CH_2-\underset{\underset{COOR}{|}}{\overset{\overset{CN}{|}}{C}}- + CH_2=\overset{\overset{CN}{|}}{C}-COOR \longrightarrow HO-CH_2-\underset{\underset{COOR}{|}}{\overset{\overset{CN}{|}}{C}}-CH_2-\underset{\underset{COOR}{|}}{\overset{\overset{CN}{|}}{C}}-$$

$$\xrightarrow{+CH_2=\overset{\overset{CN}{|}}{C}-COOR} HO-CH_2-\underset{\underset{COOR}{|}}{\overset{\overset{CN}{|}}{C}}\!\left[CH_2-\underset{\underset{COOR}{|}}{\overset{\overset{CN}{|}}{C}}\right]_n CH_2-\underset{\underset{COOR}{|}}{\overset{\overset{CN}{|}}{C}}-H$$

以此种方式生成的聚氰基丙烯酸酯的分子量约为 $10^5 \sim 10^7$，具体分子量大小视胶黏剂的纯度而定。分子链增长至单体消耗殆尽，或有链转移或链终止发生为止。仅有一小部分单体消耗在链引发阶段，大多数单体在链增长阶段转化为大分子。

(2) 链转移和链终止　链转移和链终止是一对竞争反应，它们共同影响着聚氰基丙烯酸酯的最终分子量。增长中的碳负离子不与单体反应，而和其他物质（链转移剂）反应，产生一个惰性高分子和一个新的负离子或一个中性物（依赖于链转移的本质）。若这个新产生的分子链有能力进一步引发聚合，则就发生了链转移。

在聚合过程中，活性增长链可能遇到惰性的高分子链、水、醇和酸。强酸可使负离子质子化而起链终止剂的作用，并阻止聚合反应进行。弱酸会终止某些链段，但形成的共轭碱将缓慢地引发新的聚合链。所以，弱酸会减慢聚合速率。

(3) α-氰基丙烯酸酯的固化物状态　在大多数胶体中，α-氰基丙烯酸酯单体含量约占 95%，α-氰基丙烯酸酯的固化可看作是单体的本体聚合过程。聚合时单体同时成高分子的溶剂，这种高分子溶液的黏度将随转化率的增加而迅速增加。最后，在聚合温度下黏度增加到玻璃态为止。也就是说，反应聚合物的玻璃化温度（T_g）等于或超过固化温度。

当单体-聚合物混合物变为玻璃体时，聚合活性点受阻难以运动。这时单体只能缓慢扩散到不能动的碳负离子上，维持反应进行。所以在固化的聚合中，有部分单体残留，T_g 将低于纯高分子 T_g。

还可把固化时的氰基丙烯酸酯当作增塑剂-聚合物体系，其中未反应的单体就是增塑剂。增塑高分子的 T_g 比未增塑的低，并且 T_g 下降的多少与增塑剂种类与数量有关。所以，即使该体系中的高分子部分已达到最终的 T_g 值，残留单体也能起到增塑剂的作用，使固化产物的 T_g 降低到固化温度以上 30℃左右。

把上述固化产物加热到其 T_g 以上，聚合反应可以进一步发生，至逐渐接近高分子的最终 T_g。未增塑的高分子量的聚氰基丙烯酸乙酯的 T_g 大约是 130℃，本体聚合中固化得到的 T_g 大约是 60℃，此时，大约残留 12%的单体。为使聚合完全进行，至少加热到 95℃。众所周知，α-氰基丙烯酸酯胶可在室温快速固化，并且有相当好的起始粘接强度。但是随着老化或加热时间的延长，由于残余单体（作为增塑剂的）的消失，接头将变脆而失去强度，这大概是 α-氰基丙烯酸酯产生种种缺点的基本原因所在。

3.1.3 α-氰基丙烯酸酯胶黏剂的改性

3.1.3.1 改善储存稳定性和提高固化速度

α-氰基丙烯酸酯单体，主要以负离子方式或自由基方式反应。因此，为了提高制备产率和改善储存稳定性必须同时加入两类阻聚剂：一类是以氢醌、对甲氧基酚或受阻酚等酚类化合物为代表的自由基型阻聚剂，使用浓度为 0.1%～1.0%，目的在于防止热、光和其他可能的自由基源引起的过早聚合，如用量合适一般不会影响负离子聚合的固化速度；另一类是负离子阻聚剂，酸性二氧化硫气体是有效而广泛使用的负离子阻聚剂。也曾有人使用 HF、SO_3 和 NO_2 等酸性气体。

与酸性物质相反，碱性物质则有引发 α-胶发生负离子聚合的作用，醇、环氧化合物、仲胺或叔胺、乙醇胺、咖啡和三氮杂苯等均可和适当的溶剂制成底胶，在涂 α-胶之前施用可加速 α-胶的固化。特别是在粘接酸性材料（如木材）、多孔材料和粘接大间隙部件时，普通 α-胶必须配以适当的底胶使用。上述碱性物质起了负离子引发剂的作用，只能作底胶用。亚乙基醚类化合物配入胶中，既可加速固化，又不影响储存稳定性。

3.1.3.2 改善 α-胶的耐热性和耐水性

（1）改善 α-胶的耐热性　因为 α-胶是热塑性高分子，固化后还含有大量残余单体，使得 T_g 不高，一般 α-胶最高耐热温度为 80℃左右。α-胶完全固化的接头因黏附性差、脆性大，在收缩应力和其他外力的作用下更易开裂而失去强度。改进 α-胶的耐热性有三个途径：一是采用交联剂，如乙二醇的双氰基丙烯酸酯、氰基丙烯酸烯丙基酯、氰基戊二烯酸的单酯或双酯等，使其具有一定程度的热固性；二是采用耐热黏附促进剂，包括单元或多元羧酸、酸酐、酚类化合物等，以改善胶和粘接材料之间的界面状态；三是适当地加入增塑剂。另外，在 α-胶中引入马来酰亚胺，也可以提高耐热性。

（2）改善 α-胶的耐水性　就聚合物本身来说，在 α-胶中引入交联单体或共聚单体，会改善其耐水性；就界面来说，许多黏附促进剂（二酐、苯酐、硅烷等）可以改善界面状态，从而在改善黏附性的同时，也改善了耐水性；就材料本身来说，适当的表面处理是其他胶黏剂领域中常用的方法；就界面来说，许多黏附促进剂（如二酐、苯酐、硅烷等）可以改善界面状态，在一定程度上改善黏附性，也同时改善了耐水性。

（3）改善α-胶的耐冲击性　有三种提高耐冲击性的方法：一是引入如α-氰基-2,4-戊二烯酸酯等可共聚的内增塑单体；二是添加如苯酰丙酮、多羟基苯甲酸及其衍生物、脂肪族多元醇、聚醚及其衍生物等增塑剂；三是用聚氨酯橡胶、聚乙烯醇缩醛、丙烯酸酯橡胶以及接枝共聚物等高分子量弹性体来改性。

3.1.4　α-氰基丙烯酸酯胶黏剂的应用

使用α-氰基丙烯酸酯胶黏剂胶接时，需用丙酮或三氯乙烯对被粘接物表面加以处理，擦拭除去油类及脱模剂。在胶接多孔性材料如木材、水泥件等，需先用3%乙醇胺水溶液擦拭表面，再将胶涂布在经表面处理的胶接表面上，以4～6mg/cm^2的涂胶量为宜，经空气中晾置5s至几分钟后将两胶接面密合在一起并加以接触压力，几分钟内就可粘住。24h后可达到最高强度。

在一般室内温湿度条件下可进行胶接。胶接的最适宜条件为湿度为50%～60%，温度为15～35℃。在保证操作安全的情况下，为减少用胶量较大而又集中的工作场所散发到空气中的单体和二氧化硫，要求有良好的自然通风或机械通风的条件下，可采用如下几种方法将胶接好的部件拆开。

（1）加热法　加热到使胶软化的温度，约150℃左右。

（2）溶剂浸泡法　可用丙酮、硝基甲烷、*N*,*N*-二甲基甲酰胺或70℃的氢氧化钠溶液浸泡，使胶溶解。

（3）敲击法　应以不损害被胶接材料为前提，敲击胶接件使胶层脱开。

α-氰基丙烯酸酯胶黏剂储存期通常为3～6个月，国内目前用的胶储存期较短，仅三个月，如101胶、501胶、502胶、504胶等。α-氰基丙烯酸酯胶黏剂在储存时需尽量与水蒸气隔绝，通常在聚乙烯容器中储存。由于聚乙烯塑料具有透气性，因而会缩短储存期。若用清洁、干燥的玻璃储存，则可大大延长储存期，甚至可储存几年而不失效。α-氰基丙烯酸酯胶黏剂最好储存在阴凉、干燥处，若放在冰箱里，可延长储存期。

工业、民用及医疗等方面都有α-氰基丙烯酸酯的广泛应用。由于α-氰基丙烯酸酯具有独特的使用优点，具有“万能瞬间胶黏剂”之称，可用来胶接塑料、橡胶、金属、玻璃、陶瓷、木材、皮革等；它可用于玩具的制作、修理，教学仪器及昆虫标本的制作、家庭日用品的修复等方面；在医学上用来快速止血、伤口粘合、骨骼粘合、医疗栓塞、无痛绝育等；它在电气工业、机械工业中广泛用于铭牌安装、部件组合、固定螺钉等胶接工序；在工艺美术方面用于粘接、修复破损玉石雕刻件；在力学试验中用于应变片的粘贴。国外还有人将它用于人造板二次加工方面，但国内由于氰基丙烯酸酯成本较高，在木材工业尚未使用。

3.2 第二代（反应性）丙烯酸酯胶黏剂

第二代（反应性）丙烯酸酯胶黏剂是一种改性丙烯酸酯胶黏剂，是以（甲基）丙烯酸的自由基接枝共聚为基础的双组分胶黏剂。以往的丙烯酸酯胶黏剂，即第一代丙烯酸酯胶黏剂（FGA），是由丙烯酸酯单体、催化剂及弹性体组成。在固化过程中，单体与弹性体之间不发生化学反应。因此，耐水性、耐溶剂性、耐热性、耐冲击性的温度范围，均不如第二代丙烯酸酯胶黏剂。

反应性丙烯酸酯胶黏剂即丙烯酸酯结构胶黏剂是相对较新的一类胶黏剂。20世纪70年代由杜邦公司开发成功，并于1975年投放市场，是相对于使用性能较差、应用不广的第一代丙烯酸酯胶黏剂（FGA）而言。第一代丙烯酸酯胶黏剂是美国Eastman公司在1955年合成一系列乙烯类化合物时偶然发现其黏性的，它主要由丙烯酸系单体、催化剂、弹性体（丙烯腈橡胶或丁二烯橡胶等）组成。由引发剂引发而产生聚合后固化，单体与弹性体之间不进行化学反应，因而其耐水性、耐溶剂性、耐热性以及耐冲击性都较差，在早期并没有得到广泛应用。研究者们加入各种橡胶对其进行改性，增加了其剥离强度，开发出了第二代丙烯酸酯胶黏剂，简称为SGA。SGA从组分上讲与FGA基本相同，它区别于第一代丙烯酸酯胶黏剂的地方是单体在聚合过程中会与弹性体发生化学反应，也是其性能得以改进的重要原因。在SGA的基础上，现在又有了第三代丙烯酸酯胶黏剂（TGA）。它与SGA的主要区别是二者的固化方式，SGA靠与固化剂进行化学交联而固化，TGA靠紫外线或电子束照射引发自由基聚合而固化。在物化性能方面两者并无大的区别。

第二代（反应性）丙烯酸酯胶黏剂是一类100%反应的双组分胶黏剂，我国称之为“室温快固丙烯酸酯胶黏剂”。早在20世纪50年代，就有以甲基丙烯酸酯为基础的胶黏剂专利发表，但由于固化速度慢，性能一般而发展不快。直到1975年杜邦公司的以氯磺化聚乙烯和（甲基）丙烯酸酯单体为主的底胶型双组分胶Cavalon出现于市场之后，才有了较迅速的发展。国外到20世纪80年代，逐渐趋向完善，在工业上也达到了一定规模的生产量，开始进入实用化的阶段。

3.2.1 第二代(反应性）丙烯酸酯胶黏剂的特点

与其他双组分胶黏剂相比，第二代丙烯酸酯胶黏剂具有许多独特的优点：①室温快速固化，一般3～15min基本固化（25℃左右），24h完全固化；②使用时不需要正确计量及混合；③二液可分别涂布，使用寿命不受限制；④可进行油面粘接；⑤被粘接材料范围宽广，如金属、非金属（一般是硬性材料）可自粘及互粘；⑥耐冲击性、抗剥离性等优良；⑦可提高劳动生产率，适用于流水线操作。

但同时也存在一些使用性能劣势：①耐热性差；②耐水性不如环氧胶；③储存期一般为六个月，且要避光、避热（低于25℃）；④产品储存期不长，耐久性不能判断。

3.2.2 第二代(反应性) 丙烯酸酯胶黏剂的组成

反应型丙烯酸酯胶黏剂分为底涂型及双主剂型两大类。底涂型有主剂及底剂两个组分，主剂包含聚合物（弹性体）、丙烯酸酯单体（低聚物）、氧化剂、稳定剂等；底剂中包含促进剂（还原剂）、助促进剂、溶剂等。双主剂型不用底剂，两个组分均为主剂，其中一个主剂中含有氧化剂，另一个主剂中含有促进剂及助促进剂。使用的氧化-还原体系必须匹配且具有高效，这样才能室温快速固化，并达到固化完全。

主剂中所包含的成分举例如下：

① 聚合物有未硫化橡胶　如氯磺化聚乙烯、氯丁橡胶、丁腈橡胶、丙烯酸橡胶、ABS、AMBS、MBS、聚甲基丙烯酸甲酯等。

② 丙烯酸酯单体（低聚物）　有甲基丙烯酸甲酯、甲基丙烯酸乙酯、甲基丙烯酸丁酯、甲基丙烯酸-2-乙基己酯、甲基丙烯酸-β-羟乙(丙) 酯、甲基丙烯酸缩水甘油酯等。

③ 氧化剂　有二酰基过氧化物，如BPO、LPO；异丙苯过氧化氢、叔丁基过氧化氢等过氧化氢类；过氧化甲乙酮等过氧化酮类；过氧化酯类等。

④ 稳定剂　有对苯二酚、对苯二酚单甲醚、酚噻嗪、2,6-二叔丁基对甲酚等。

底剂中所包含的成分举例如下：

① 还原剂（促进剂）　有胺类，如N,N-二甲基苯胺、乙二胺、三乙胺等；硫酰胺类，如四甲基硫脲、乙烯基硫脲、二苯基硫脲、硫醇苯丙咪唑等。

② 助促进剂　有有机酸的金属盐，如环烷酸钴、油酸铁、环烷酸锰等。

3.2.3 第二代(反应性) 丙烯酸酯胶黏剂的固化机理

丙烯酸酯胶黏剂固化的本质，是设法使丙烯酸酯及其衍生物的高分子弹性体(包括官能性低聚物和接枝共聚物等) 溶液进行自由基连锁反应，在室温下迅速聚合变成固体，并把两被粘表面连接在一起，达到传递应力的目的。

丙烯酸酯室温自由基聚合反应一般应满足以下条件：

(1) 一个强有力的氧化还原引发剂，这是室温下生成活性自由基，从而引发聚合的先决条件。

(2) 尽量使体系的黏度增大。例如添加高分子弹性体或进行预聚，使体系黏度增加到一定程度。这样一方面可使氧气在胶液中的扩散受阻，减少氧气的阻聚作用，保证链增长的顺利进行；另一方面，由于高黏度和会使长链自由基的活动受阻，两个自由基偶合终止速率相对变小。而单体可自由扩散，不断在长链自由基上进行链增长反应，结果链增长速率相对较大，自加速作用提前出现，引起聚合速率与分子量迅速上升。但同时胶液的黏度不能过高，否则涂胶工艺会发生困难，且过高的黏度也不利于单体和引发剂的扩散，固化速度反而降低。胶液中引入弹性体的目的还在于，当分子链存在可能参与反应的官能团，或某些分子链的叔碳原子上的氢原子在活性自由基的作用下发生歧化反应时，将引起接枝反应和交联反应。

(3) 增加单体分子的官能度。在体系中加入适当双官能团或多官能团的单体或预聚物，有助于链增长。原因是增长中的聚合物链一旦被终止时，还有其他反应点，可继续进行链增长反应，从而保证聚合物的分子量迅速增长到应有的程度。但多官能团小单体在胶液中的比例不能过多，否则将使脆性增加，降低剥离强度。

(4) 尽量提高单体的纯度，少加阻聚剂，避免不正常的链转移和链增长反应。

上述四项条件基本满足时，体系可在室温下空气中实现迅速聚合。

双组分丙烯酸酯胶黏剂的固化反应包括共聚、嵌段、接枝、交联在内的，由氧化还原体系引发的复杂的自由基聚合过程。该过程的反应如下：

① 链引发

引发：

$$ROOH + M^{2+} \longrightarrow RO^{\cdot} + M^{3+} + OH^{-} \qquad E=10kcal/mol$$

$$RO^{\cdot} + CH_2{=}\underset{COOR'}{\overset{CH_3}{C}} \longrightarrow ROCH_2{-}\underset{COOR'}{\overset{CH_3}{C^{\cdot}}} \qquad E=5\text{-}8kcal/mol$$

② 链增长

$$ROCH_2{-}\underset{COOR'}{\overset{CH_3}{C^{\cdot}}} + CH_2{=}\underset{COOR'}{\overset{CH_3}{C}} \longrightarrow ROCH_2{-}\underset{COOR'}{\overset{CH_3}{C}}{-}CH_2{-}\underset{COOR'}{\overset{CH_3}{C^{\cdot}}}$$

$$ROCH_2{-}\underset{COOR'}{\overset{CH_3}{C^{\cdot}}} + CH_2{=}\overset{CH_3}{C}{-}COO{-}X{-}OCO\overset{CH_3}{C}{=}CH_2$$

（多官能团预聚物）

$$\longrightarrow ROCH_2{-}\underset{COOR'}{\overset{CH_3}{C}}{-}CH_2{-}\overset{CH_3}{\underset{\cdot}{C}}{-}COO{-}X{-}OCO\overset{CH_3}{C}{=}CH_2 \longrightarrow \text{接枝或嵌段}$$

$$ROCH_2{-}\underset{COOR'}{\overset{CH_3}{C^{\cdot}}} + HCR''' \longrightarrow ROCH_2{-}\underset{COOR'}{\overset{CH_3}{CH}} + {}^{\cdot}CR''' \longrightarrow \text{接枝}$$

（以上两者：交联或支化）

③ 链终止

不可避免的终止

$$\sim\!\sim R^{\cdot} + {}^{\cdot}R\sim\!\sim \longrightarrow \sim\!\sim R—R\sim\!\sim$$

(增长中的自由基) (自由基的重组合)

$$\sim\!\sim CH_2—\underset{COOR}{\dot{C}H} + \underset{COOR}{\dot{C}H}—CH_2\sim\!\sim \longrightarrow \sim\!\sim CH_2—\underset{COOR}{CH_2} + \underset{COOR}{CH}═CH\sim\!\sim$$

(自由基歧化反应)

④ 链转移

应尽量避免的终止和链转移

$$\sim\!\sim R^{\cdot} + HS \longrightarrow \sim\!\sim RH + S^{\cdot}$$

(杂质) (稳定自由基)

$$\sim\!\sim R^{\cdot} + O_2 \longrightarrow \sim\!\sim ROO^{\cdot} \xrightarrow{{}^{\cdot}R} \sim\!\sim ROOR$$

$$\sim\!\sim R^{\cdot} + O═C_6H_4═O \longrightarrow \sim\!\sim RO—C_6H_4—O^{\cdot}$$

$$\xrightarrow{{}^{\cdot}R} \sim\!\sim RO—C_6H_4—OR$$

3.2.4 第二代(反应性) 丙烯酸酯胶黏剂的改性

3.2.4.1 改善耐热性

常用的反应型丙烯酸酯胶黏剂的耐热性有限，加热后易老化。现有效的改性手法如采用多官能单体，在一定程度上改善了耐热性（127℃时的剪切强度达11.1MPa）；也可把交联的两种单体，如甲基丙烯酸环氧丙酯和甲基丙烯酸分别放入甲乙二组分中，使用时产生交联结构而提高耐热性。其他的交联方式，如把丁腈橡胶和己二胺及甲基丙烯酸酯在单体溶液中50℃加热1h，把甲基丙烯酸酰基通过离子键合引入到橡胶中，从而使胶液在150℃、250h的老化过程中剪切强度仅下降很小。

3.2.4.2 改进耐水性

采用硅烷偶联剂是改善耐水性的有效途径。特别是γ-甲基丙烯酰氧基丙基三甲氧基硅烷，对于阳极氧化铝、玻璃等无机物具有很好的偶联效果。除了硅烷偶联剂之外，胶液组分的结构因素对耐水性更重要。

3.2.4.3 延长储存稳定性

甲基丙烯酸酯类单体，在储存和运输时均需加入自由基聚合的阻聚剂，包括醌类、对苯二酚、邻苯二酚、受阻酚、酚噻嗪、氨基酚、醌肟、硝基、化合物胺类等。其中最常用的是醌、氢醌和烷氧基酚。还可采用添加稳定剂的方法，如草酸、*N*-烷基邻芳基硝基化合物、硝基苯和氯化的硝基苯等。也有反其道而行的，即在胶液中加入各种金属盐，如在含过氧化物的主剂中加入钠、镁、锌、镍、铝、铁、铜等的乙酸、丙烯酸、甲基丙烯酸盐时，固化速度不下降，而主剂的稳定性却可大大提高；或将甲酸、乙酸或甲基丙烯酸的铵盐加入主剂，也能改善其稳定性。还可将不饱和聚酯的羧酸基用碱（包括金属化合物、氨和胺）中和后加入主剂中作为稳定剂，效果更好。另外，有机锡化合物，如二丁基马来酸锡、二正辛基马来酸锡、二丁基二硬脂酸锡等加入主剂中，在多缩水甘油醚和多缩水甘油酯等环氧树脂的配合下，也可以显著改善其稳定性。但是若环氧树脂单独加入主剂，则没有稳定化的功效。

3.2.4.4 改善臭味

绝大多数早期反应型丙烯酸酯以甲基丙烯酸甲酯为主单体，由于其沸点低(101℃)，室温下蒸汽压相当高，有刺激性臭味。可以采用一些高级单酯，如甲基丙烯酸十八烷酯、甲基丙烯酸乙二醇单乙醚酯、甲基丙烯酸四氢呋喃甲酯、甲基丙烯酸乙二醇单二氢双环戊二烯醚酯等来代替甲基丙烯酸甲酯等低沸点臭味单体，可制成几乎无臭的产品。还可以用甲基丙烯酰基为末端的低聚物溶解成胶液，再加入适当的氧化剂和还原剂制成胶黏剂。

3.2.5 反应型丙烯酸酯胶黏剂的性能与应用

从甲基丙烯酸酯的自由基聚合的机理可发现，室温快速固化丙烯酸酯胶黏剂的特征和优点如下：

① 采用氧化还原引发体系，聚合活化能低。室温下可快速固化，且配比不严格。

② 单体组合的多样性，使得聚合物性能具有多样性，可广泛粘接各种材料。

③ 单体对油脂、水等的可溶性，对金属表面的高度浸润性，油面可粘接性。

④ 自由基接枝共聚和相分离技术。树脂综合性能提高，特别是耐冲击、耐剥离、耐老化性能有质的飞越。

基于以上优越的使用性能，反应型丙烯酸酯胶黏剂可用于粘接不锈钢、铝合金、钢、铜、铁等金属材料，也可粘接硬塑料、硬橡胶、陶瓷、玻璃等非金属材料，已用于扬声器磁回路、衡器、刀具、量具、装饰嵌件、工艺品、电子零件等各方面的粘接。还可用于汽车油箱、机械裂缝的修复，铸件砂眼的填补，文物古董的修复，以及其他野外应急抢修等。

3.3 丙烯酸酯压敏胶黏剂

压敏胶是指只需以一定的压力就能润湿被粘接表面并将被粘接物粘牢，产生实用粘接强度的一类胶黏剂，它通常被加工成胶黏带、标签或各种片状制品来应用。20 世纪 20 年代合成的电器绝缘用压敏胶黏带使压敏胶制品开始进入工业应用领域；从60年代开始，特别是各种丙烯酸酯压敏胶的相继开发，压敏胶技术带动其制品工业一直处于高速发展中，压敏胶制品已被广泛应用于工业、日用、医用等诸多领域。

压敏胶一般有橡胶型和合成树脂型两类，丙烯酸酯压敏胶属于合成树脂型。丙烯酸酯类压敏胶黏剂是目前仅次于橡胶类，用得最多的压敏胶黏剂，它是丙烯酸酯单体和其他乙烯类单体的共聚物。由于均聚物的玻璃化温度较低，一般情况下是由起黏着性作用的柔性单体为主，加入高玻璃化温度、能赋予胶黏性和内聚力的硬性单体，以及少量含官能团的单体共聚而成。加入含官能团单体的目的是使压敏胶能够通过交联而进一步提高其胶黏力、内聚力和耐热蠕变性。

近年来，压敏胶的发展呈现日新月异的趋势，新的合成手段及交联固化方式为合成高性能、满足环保及安全要求的压敏胶提供了技术支持，将具有特殊功能的组分引入压敏胶体系中可扩大其应用领域。在未来的一段时间之内，压敏胶及其制品的研究还将受到广泛的重视，广大学者应将其与其他材料相结合，使其朝着功能化、多样化方向发展，同时产品的安全性问题也应受到更多的关注。

3.3.1 丙烯酸酯压敏胶黏剂的特点

丙烯酸酯压敏胶黏剂有如下优异的特点：①几乎不需要加入防老剂便具有优良的耐候性和耐热性；②由于几乎是单组分，所以无相分离和迁移现象；③耐油性良好；④透明性好；⑤对皮肤无影响，适用于制取医用胶黏带；⑥通过共聚合可以引进各种极性基团，因此胶黏力一般比较大。又由于有氢键和进行交联反应，所以内聚强度一般比较大。

3.3.1.1 丙烯酸酯压敏胶黏剂的使用形式

压敏胶通常以胶黏带、标签或各种片状制品的形式得到应用。胶黏带的构造如图3-1(a) 所示。实际使用时，胶黏带产品都卷曲成带状卷筒，根据基材的种类不同可分为各种不同的胶黏带。双面胶黏带如图3-1(b) 所示，它是在基材的两面都涂上压敏胶，再贴附一层两面经隔离剂处理过的衬纸，最后卷曲成带状卷筒。胶黏带的结构如图3-1(c) 所示。它是在基材的单面涂上压敏胶，然后贴上一层单面用隔离剂处理过的隔离纸，如皱纹纸、玻璃纸等。因此，掌握压敏胶的物理性能和基材处理剂、隔离剂、底涂剂的使用方法等各种压敏型胶黏技术，才能制成优良的产品。按照基材的种类和胶黏带的构造，有不同的涂布技术。这个部分的难度较大，所以说压敏胶技术是物理、化学、机械等方面的综合技术。

3.3.1.2 压敏胶的黏附特性

压敏胶的压敏性是它的黏度特性表现，其黏附特性是由快粘力（A)、粘接力(B)、内聚力（C）和黏基力（D）四个要素组成的，它们的关系如图3-2所示。

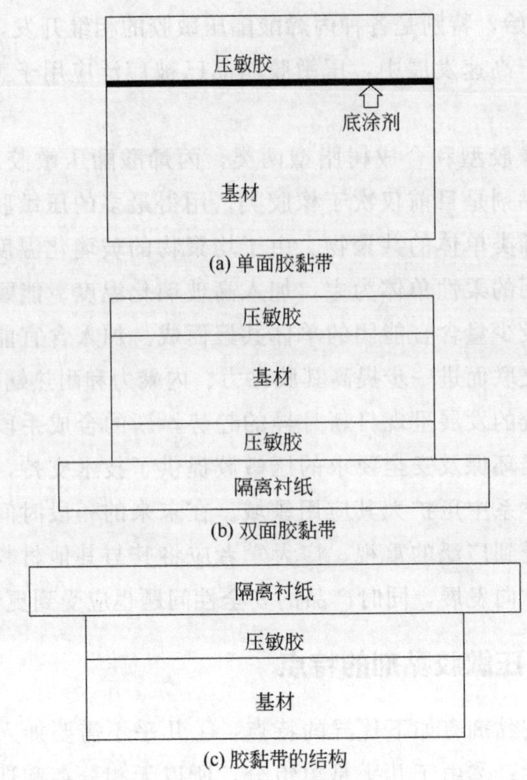

图 3-1 胶黏带分类形式

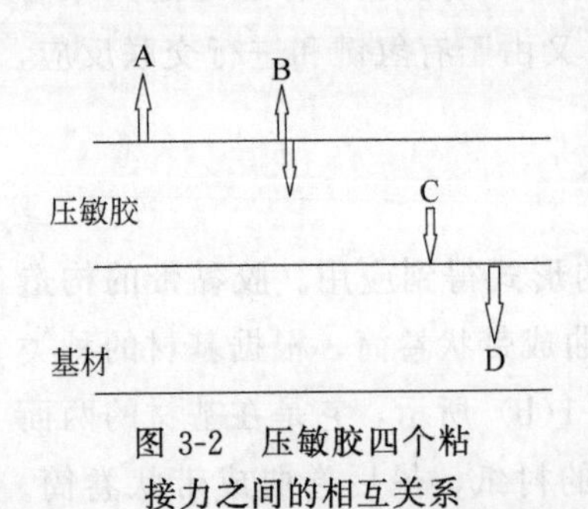

图 3-2 压敏胶四个粘接力之间的相互关系

（1）快粘力（A） 胶黏带与被粘接物之间以最小的压力、最快的速度接触后立即分离所表现出来的一种界面剥离力，可理解为初黏性、表面黏性及压敏胶对被粘物的浸润能力等，它体现出压敏胶对被粘物表面进行粘接的难易程度。

（2）粘接力（B） 进行适当粘贴后胶黏带与被粘物表面之间所体现出的剥离力，其大小决定着胶黏带的黏附性能。

（3）内聚力（C） 压敏胶内部聚集力为内聚力，即粘贴后胶层的内聚强度，它与分子间力、分子间键、分子大小及分子间的排布方式有关。

（4）黏基力（D） 黏基力是胶黏剂与基材之间的黏附力，或者说胶黏剂与底胶及底胶与基材之间的黏附力。

四种粘接力之间的相互关系是：B 必须大于 A，否则没有压敏性；C 必须大于 B，否则揭胶带时，胶层会破坏；D 必须大于 C，否则胶层与基材间易脱开。总的来说以上四种粘接力必须形成如下的平衡关系：

快粘力＜粘接力＜内聚力＜黏基力

在这种情况下，黏基力是基材和压敏胶之间的黏合力。在实际工艺中，基材和压敏胶之间用底涂剂来解决粘接力的问题。所以，要求压敏胶有快粘力、黏合力、内聚力，并且要求这三种力建立上述平衡关系。但是，其关键是求得合乎使用要求的物理特性。

3.3.2 丙烯酸酯压敏胶黏剂的组成和分类

3.3.2.1 丙烯酸酯压敏胶黏剂的组成

丙烯酸酯类压敏胶一般包括三种组成成分，即起黏附作用的成分、起内聚作用的成分和起改性作用的成分。

（1）黏附作用的成分　起黏附作用的成分是丙烯酸酯压敏胶中的主要单体，一般采用碳原子数为4～12的长侧链丙烯酸烷基酯，如丙烯酸丁酯、丙烯酸异丁酯、丙烯酸己酯等。它赋予压敏胶足够的润湿性和黏附力，用量通常大于50%。合成时可以采用单一单体，也可以采用复合单体。

（2）内聚作用的成分　起内聚作用的单体一般采用1～4个碳原子的短侧链丙烯酸低级烷基酯、甲基丙烯酸烷基酯和其他烯烃。它们的共同特点是玻璃化温度比起黏附作用的单体的玻璃化温度高。使用时可用单一单体，也可用复合单体，用量20%～40%。它们提高压敏胶的内聚能、黏附性、耐水性和工艺性。

（3）改性作用的单体　起改性作用的单体又称功能性单体，其作用是改进压敏胶的黏附性能和内聚强度，它可以起交联作用和促进聚合反应，加快聚合速率而又提高聚合稳定性。这种单体以丙烯酸为主，含有羧基、酰氨基、羟基、氨基、环氧基和羟甲基等功能团。它在压敏胶中用量为5%～20%。

3.3.2.2 丙烯酸酯压敏胶黏剂的分类

按照组成、形态及固化方式的不同，可把压敏胶分为以下几类：橡胶系、溶剂系、水系、压延贴覆系、热熔系、液态固化系等。

橡胶系压敏胶的配方组合原则是建立压敏胶的各种物理性能的平衡。一般由弹性体、增黏树脂、软化剂、防老剂、填充剂等成分构成。

溶剂系压敏胶是将压敏胶用溶剂溶解后，涂布于基材上，再将压敏胶涂层中的溶剂挥发完全，制成胶黏带。橡胶系压敏胶使用的溶剂大多是橡胶工业的溶剂油、甲苯、苯、正己烷、三氯乙烯等。丙烯酸酯压敏胶使用的溶剂多数是乙酸乙酯、甲苯、甲乙酮。溶剂系压敏胶用途广泛，是普遍的制品。近年来，环境问题得到越来越多人的重视，因此压敏胶黏剂增添了溶剂回收工艺，或向无溶剂型压敏胶转变。

水系压敏胶有水溶液型和水乳液型两种。前者是制备成有特殊要求的压敏胶，后者是制备一般的压敏胶，同时乳液型可以制得高浓度的胶液。它们都具有成本低、安全、无公害等优点。但是同时也存在耐水性差、电气特性差、干燥时间长、能量消耗大等缺点。乳液型压敏胶有天然橡胶乳液、聚异戊二烯橡胶乳液、聚丁烯乳液等乳液压敏胶。经常使用的还是丙烯酸酯系乳液压敏胶，多数使用于制备胶黏标签等类产品。

压延贴覆系压敏胶是以天然橡胶为主体的压敏胶，以布类为主的基材，经压延机后，利用热和压力来完成压敏胶的涂布过程。此类压敏胶主要用于制作布胶黏带、橡皮膏、贴覆膏药等品种。

热熔系压敏胶具有无公害、省资源、生产效率高等优点，最近成为引人注目的压敏胶。虽然目前还未能达到溶剂系压敏胶所具备的应用范围广的优良的理化性能，但它将来有望成为溶剂系压敏胶的替代品之一。热熔系压敏胶可以大致分为以 SIS、SBS 等嵌段共聚物为主的类型和以固体丙烯酸系共聚物为主的类型。

液态固化系压敏胶是单体，在低聚物中将适当的组分溶解成压敏胶液，然后涂布于基材上，再用过氧化物、电子射线、紫外线等对胶液涂层进行固化。待固化之后，即制成此种压敏胶黏带。

压敏胶根据胶黏剂主要材料不同还可分为天然橡胶系、丁苯橡胶系、丙烯酸酯系、有机硅化合物等。

3.3.3 丙烯酸酯压敏胶黏剂的应用实例

用于制备压敏胶的单体分为三类：

(1) 主单体　丙烯酸乙酯、丙烯酸丁酯、丙烯酸-2-乙基己酯等。酯基上的分子链越长，共聚物越柔软。

(2) 共聚单体　乙酸乙烯酯、丙烯腈等。

(3) 功能单体　甲基丙烯酸、丙烯酰胺、马来酸酐等。

这些单体的不同组合，所制成的压敏胶 T_g 高低不同，性能各异。

压敏胶的应用实例如下。

3.3.3.1 合成实例 A

压敏胶配方实例 A 见表 3-3。

表 3-3　压敏胶配方实例 A

组分	含量/质量份
丙烯酸-2-乙基己酯	116.5
丙烯酸丁酯	112.5
乙酸乙烯酯	12.5
甲基丙烯酸缩水甘油醚	1.25
丙烯酸	7.5

通过溶液聚合而成，经过涂布、烘干、成卷制成胶带。因为胶中含有交联单

体，胶接力、耐久性都较好。

3.3.3.2 合成实例 B

压敏胶配方实例 B 见表 3-4。

表 3-4 压敏胶配方实例 B

组分	含量/质量份
丙烯酸-2-乙基己酯	100
丙烯酸丁酯＋乙酸乙烯	80
甲苯	适量

在 BPO 引发下，于 78～82℃ 反应聚合，聚合完成后，用溶剂稀释到固含量 39％。属于非交联性压敏胶，用于制作压敏标签、医用胶带等。

3.4 丙烯酸酯厌氧胶

厌氧胶又称厌氧性胶黏密封剂，早年又称嫌氧胶、绝氧胶，国外亦称厌氧锁固（紧）剂或密封剂，是一种具有厌氧特性的胶黏密封剂，能起到粘接、固定和密封的作用。所谓的厌氧特性，是指胶液在储存或与空气保持充分接触时，不会固化而是保持液态；在应用时胶液被填在被粘面，在隔绝空气中的氧气及被粘表面金属的催化作用下，单体发生自由链式聚合反应而固化，达到对机械零件锁紧与密封。1955 年美国 GE 公司发现了丙烯酸双酯的厌氧性，20 世纪 60 年代中期由 Loctite 公司制成厌氧胶黏剂出售。

3.4.1 丙烯酸酯厌氧胶黏剂的特点

厌氧胶黏剂是一种性能独特的丙烯酸酯类胶黏剂，它是具有单组分、无溶剂、可室温固化的液体胶黏剂，是一种引发（金属可以起促进聚合的作用使粘接牢固）和阻聚（大量氧抑制引发剂产生游离基）共存的平衡体系，它能够在氧气存在时以液体状态长期储存，隔绝空气后可在室温固化成为不溶不熔的固体。

厌氧胶黏剂同双组分丙烯酸酯胶黏剂相比具有如下特点：

① 单组分，使用方便；

② 无需称量，混合、配胶，使用极其方面；

③ 无溶剂，挥发性及毒性低，为环境友好产品；

④ 室温固化，速度快、强度高、收率小、密封性好，且固化后可拆卸；

⑤ 耐油、耐盐、耐酸碱、耐热、耐压、耐低温、耐药品、耐冲击、减震、防腐蚀性能优异；

⑥ 易实现自动化作业；

⑦ 胶缝外溢胶不固化，易于清除；

⑧ 在空气下的胶液储存期长；

⑨ 用途广，密封、锁固、粘接等均可使用。

3.4.2 丙烯酸酯厌氧胶黏剂的组成与分类

3.4.2.1 丙烯酸酯厌氧胶黏剂的组成

厌氧胶是单包装胶黏剂，通常由丙烯酸酯单体、引发剂、促进剂、助促进剂、稳定剂、阻聚剂等组分混合而成，还可根据需要添加其他助剂，如表面活性剂、填料、染料、颜料、增稠剂、增塑剂、触变剂和紫外线吸收剂等。

丙烯酸酯类单体时厌氧胶的主要成分，约占其总配比的90%以上，该类单体包括丙烯酸、甲基丙烯酸的双酯或某些特殊的丙烯酸酯（如甲基丙烯酸羟丙酯）等。丙烯酸酯厌氧胶黏剂由如下成分组成。

(1) 单体　各种分子量的多缩乙二醇甲基丙烯酸酯、环氧树脂甲基丙烯酸酯、多元醇甲基丙烯酸酯及小分子量的聚氨酯丙烯酸酯。

(2) 引发剂（约5%）　多用有机过氧化物如异丙苯过氧化氢、过氧化苯甲酰、叔丁基过氧化氢等。

(3) 促进剂（0.5%～5%）　含氮化合物（N,N-二甲基苯胺）、含硫化合物（如四甲基硫脲）、肼类化合物。

(4) 助促进剂　亚胺和羧酸类应用最多、效果最好的是邻苯磺酰亚胺（即糖精）。

(5) 稳定剂（约0.01%）　氧、醌、酚、草酸等。

(6) 增稠剂　聚丙烯酸酯、纤维素衍生物等。

3.4.2.2 丙烯酸酯厌氧胶黏剂的分类

从厌氧胶的组成可知，厌氧胶由多种成分组成，而所形成的厌氧胶的使用性能，则随成分种类及用量的变化而改变。

厌氧胶一般可按单体的结构、单体的类别和强度、黏度等进行分类，也可按照用途分类。按包装形式可分为单组分和微胶囊型；按照用途可分为锁固密封用厌氧胶（紧固件锁固和密封、法兰面和管接头的密封、粘接固持和浸渗堵漏等）、柔性密封厌氧胶、耐高温厌氧胶、真空浸渍胶等。

按照单体化学结构的不同可把厌氧胶分为四类：聚醚型、醇酸树脂型、环氧型、聚氨酯。

(1) 聚醚型　典型的聚醚型丙烯酸酯厌氧胶是以双甲基丙烯酸酯三缩四乙二醇为代表的双甲基丙烯酸多缩二乙醇酯（如美国的乐泰290、乐泰271、乐泰277）。

(2) 醇酸树脂型　醇酸树脂型厌氧胶的典型代表有国产铁锚302，日本的三键103Q。

（3）环氧酯　环氧酯是指各种类型的环氧树脂与甲基丙烯酸反应的产物，常见的有双酚A环氧酯（如国产Y-150、BN-501、GY-360等是环氧酯与多缩乙二醇的混合物）。

（4）聚氨酯　此类聚氨酯是异氰酸酯，甲基丙烯酸羟烷基酯和多元醇的反应产物（如美国的乐泰312，国产GY-168、BN-601等）。

3.4.3 厌氧胶的制备方法

3.4.3.1 通用方法

厌氧胶胶液本身的制备比较简单，一般是将各组分按比例和顺序混合后，搅拌均匀即可。若有固化促进剂时，尽量将其最后添加，或将固化促进剂分装，在使用前混入厌氧胶液中，或把固化促进剂配置成表面处理剂使用。厌氧胶的制备过程中，通用聚合型单体、有机过氧化物、有机胺类、稳定剂四大类都有商品出售，所以关键问题是制造特殊类型的聚合性单体及各种类型的促进剂。

3.4.3.2 增稠

厌氧胶使用场合不同，对黏度的要求也不同。封固螺钉，堵塞细缝、砂眼，需使用流动性好、黏度低的厌氧胶；一般密封，用中黏度厌氧胶；法兰面箱体结合面密封，用糊状高黏度厌氧胶，若厌氧胶黏度过低可适当增稠。增稠的主要方法是加入可溶于胶液的聚合物，如一定分子量的聚酯，聚氯乙烯、甲基丙烯酸酯、苯乙烯-丙烯酸酯共聚物、丁腈橡胶、丙烯腈橡胶等。具体加入量根据所需胶液黏度和聚合物分子量而定，一般为胶液量1%～3%。加入聚合物除增稠外，还可调节强度。

3.4.3.3 固态化

为了使用方便，可将厌氧胶“固态化”，即在出厂时按需要固封件的表面，如螺纹内，把厌氧胶形成图层，使用时不用再现场涂胶可直接使用，效率高，使用更加方便。目前已经有许多方法可以达到该目的。

由于厌氧胶为单组分胶黏剂，胶液中既有氧化剂又有还原剂，稳定性能难处理，故氧化还原体系必须更加精密。对于厌氧胶黏剂的配方组成来说，欲获得既要高度稳定又要快速固化的体系，除精选单体外，引发和阻聚的平衡更为重要。体系中加入过氧化物后，树脂的储存稳定性更差。由于原材料中不可避免地含有杂质，特别是过渡金属离子，这将促进过氧化物分解，引起聚合反应，促使过早凝胶。为了提高树脂的储存稳定性，工业生产中一般采用乙二胺四乙酸二钠盐处理丙烯酸单体和低聚体，这样处理过的单体金属离子含量大大降低，从而减少阻聚剂的添加量，可获得既高度稳定又快速固化的厌氧胶黏剂。

厌氧胶固态化目前最成功的例子是微胶囊化。它是将厌氧胶包在由它自聚成膜的小胶囊中，胶囊直径约0.2～0.8μm，胶含量约占总质量的70%～80%。空气透过囊壁维持胶液稳定，使用时由于粘接面间挤压囊壁破裂，胶液流出，在不接触空气时很快固化。微胶囊制备常采用机械搅拌将厌氧胶分散到含有分散剂（聚乙烯醇或聚甲基丙烯酸钠）的水中成小液滴，使液滴外层聚合成膜又马上终止反应。目前常用两种方法：一种是分散到二氧化硫或亚硫酸氢钠的水溶液中，另一种是分散到三价铁水溶液中。

3.4.4 丙烯酸酯厌氧胶的原材料及作用

制备厌氧胶的材料除基体树脂外，还包括引发剂、促进剂、稳定剂等。根据使用需要，有时还加入触变剂、增稠剂等，它们对厌氧胶的性能都有重要作用。下面介绍厌氧胶的基本成分。

3.4.4.1 基体树脂

用于厌氧胶的丙烯酸酯的结构由两部分组成：一是丙烯酸酯部分，二是聚醚、聚酯等部分。按照第二部分的不同可以把用于厌氧胶的丙烯酸酯的种类分为以下几种。

（1）聚醚型丙烯酸酯　聚醚型丙烯酸酯的典型代表是多元醇的（甲基）丙烯酸酯单体，由多元醇和（甲基）丙烯酸类化合物合成。随单体结构的不同，配制的厌氧胶聚合速率和粘接强度也不相同。通常含环醇基的（甲基）丙烯酸甲酯与甲基丙烯酸多乙二醇双酯并用，机械强度可提高1.5～3倍。

聚醚型丙烯酸酯单体制造工艺简便，原料易得，但固化后耐热性和耐水性较差。此类单体还可分为空气氧化厌氧型和过氧化物引发剂厌氧型两类。前者在储存时必须不断充氧气，以防止胶黏剂固化，现在都加入过氧化引发剂、促进剂和稳定剂配制厌氧胶。

（2）聚酯型丙烯酸酯　聚酯型丙烯酸酯的特点如下：

① 这类树脂具有较高的交联结构，本体内聚力大；

② 含有羟基和羧基两个极性基团，因而具有较强的粘接力；

③ 无低沸点刺激物，可避免引起皮肤“斑疹”；

④ 缺点是黏度较大。

（3）环氧型丙烯酸酯　此类单体由环氧树脂与（甲基）丙烯酸反应而值得，单体性能在很大程度上取决于所用环氧树脂的类型。环氧树脂的类型不同，所得厌氧型树脂性能也不相同。目前常用的是低黏度环氧树脂。

① 双酚A型环氧甲基丙烯酸酯　以叔胺作催化剂，甲基丙烯酸与双酚A型环氧树脂反应可生成双酚A型环氧甲基丙烯酸酯。由于在反应中环氧基团与羧基反应而消失掉，因此环氧型丙烯酸酯虽然名字中有“环氧”，却不是一种环氧树脂。

② 6701环氧甲基丙烯酸酯　6701环氧甲基丙烯酸酯由6701环氧树脂与甲基

丙烯酸结合而得。因这类单体分子链中有苯环（从而提供了良好的刚性和耐热性)、醚键（能提供良好的柔韧性)、羟基和酯基（能提供良好的粘接力，并通过羟基进一步改性以满足某些用途的需要)，所以具有良好的粘接性能。另外，甲基丙烯酸上的侧甲基能保护酯键，所以这类单体的耐水性、耐化学药品性也较好。但这类单体的黏度较大，需要与其他低黏度单体或稀释剂配合使用。

③ 带极性基团的丙烯酸酯　这类聚合性单体含有羧基、羟基等极性基团，所以粘接力强，从而能提高厌氧胶的粘接强度。这类单体大多与其他单体配合使用。

④ 带羧基的（甲基）丙烯酸酯　带羧基的（甲基）丙烯酸酯由带羟基的单（甲基）丙烯酸酯与二元酸酐反应合成。所使用的带羧基的（甲基）丙烯酸酯有（甲基）丙烯酸羟乙酯、（甲基）丙烯酸-2-羟丙酯、（甲基）丙烯酸-3-氯-2-羟丙酯、（甲基）丙烯酸二甘醇等。所用二元酸的酸酐有马来酸酐、琥珀酸酐、衣康酸酐、邻苯二甲酸酐、四氢邻苯二甲酸酐、氯代马来酸酐、氯菌酸酐等。

⑤ 带羟基的（甲基丙烯酸酯）　一般采用带羧基的（甲基）丙烯酸酯与单环氧化物反应而成。其中单环氧化物有环氧乙烷、环氧丙烷、环氧丁烷、一氧化丁二烯、1,2-环氧乙苯、烯丙基缩水甘油醚、苯基缩水甘油醚、环氧乙烷等。

⑥ 耐热丙烯酸酯　为提高厌氧胶的耐热性常选用耐热性好的单体，主要使用的两种类型是芳香（甲基）丙烯酸酯单体和有机硅氧烷的（甲基）丙烯酸酯单体。

⑦ *N*-（甲基）丙烯酸酯　主链上含有氨基甲酸酯键和异氰酸酯键的（甲基）丙烯酸酯单体制成的厌氧胶，具有较好的粘接强度和耐水性、耐热性，常用来制作弹性密封剂。

3.4.4.2 配合剂

(1) 引发剂　引发剂是厌氧胶的第二主要成分。所有末端上有甲基丙烯酸酯型的多官能团单体，都必须添加引发剂才能固化。一般选用的是活化能较高（分解温度低)、能产生自由基的有机过氧化物。常用的引发剂主要有机过氧化物有过氧化氢、过氧化酮和过羧酸等，如异丙苯过氧化氢、叔丁基过氧化物、过氧化异丙苯、苯甲酸过氧化叔丁酯、乙酸过氧化丁酯、过氧化苯甲酰、过氧化甲基乙基酮、2,5-二甲基-2,5-二过氧化乙烷。

在选用引发剂时应考虑胶液储存稳定性和隔绝空气后能快速固化，引发剂活性不能太大是重要条件。一般要求厌氧胶使用的引发剂在100℃下的半衰期必须超过5h。引发剂用量是单体质量的0.1%～10%，通常用量为2%～5%，用量过少则引发速度太慢，过多则影响储存稳定性。

(2) 促进剂和助促进剂　促进剂和助促进剂是兼顾厌氧胶固化速度和储存稳定性的组分。促进剂的作用是在引发剂引发单体聚合时加速单体聚合，使厌氧胶很快达到一定的粘接强度，而在储存期间不起作用。一般选用含N的有机化合物、含 S 的有机化合物或有机金属化合物（如二茂铁等），也有提出以二氯代乙酸为促进剂的。

促进剂的种类很多，常用的有 N,N-二甲基苯胺、二甲基对苯二胺、三乙胺、辛胺、丙二胺、三乙醇胺、二甲基甲酰胺、十二烷基硫醇等。助促进剂一般是亚胺和羧酸类、如邻苯磺酰亚胺、邻苯二酰亚胺、糖精、抗坏血酸、甲基丙烯酸等。应用最多的是糖精，其次是抗坏血酸，其用量一般为 0.01%～5%（质量分数）。

有不少研究表明，当有助促进剂与引发剂与促进剂并存时，能使促进效率大为提高，且能较好地解决厌氧胶固化速度和储存稳定性之间的矛盾。

（3）阻聚剂　为提高厌氧胶的储存稳定性，必须加入适当的阻聚剂，使其能与自由基结合，使自由基失去活性。其化合物类别及加入量既要确保储存稳定性，又要对固化速度不产生明显的影响。所以，阻聚剂的选择是使该胶保持优良性能的关键之一。

（4）稳定剂　厌氧胶的原材料和配置过程中难免会混入微量变价金属，这些金属能被引发剂氧化成金属离子或在叔胺类促进剂作用下还原成低价离子，形成氧化-还原体系，低价态催化量的变价金属离子能引发胶液中单体的自由基链反应，破坏胶液的储存稳定性。为此常加入螯合剂以消除或削弱过渡金属离子引发自由基聚合的作用。

（5）表面活性剂　一般的胶黏剂对零件表面的油膜都很敏感。油膜的存在往往会降低胶的粘接程度。零件表面难免会有油膜，为减弱胶液对油膜的敏感程度，降低对工件表面清洗的要求，通常加入一些特殊的表面活性剂，如十二烷基（苯）磺酸钠、OP 等。

（6）其他配合剂　除上述组分外，厌氧胶还常用到下列配合剂：

① 增塑剂　其作用时增加胶的塑性，常用的有邻苯二甲酸辛酯和癸二酸二辛酯。

② 触变剂　通常采用加入气相白炭黑或熔点稍高的酯类、脂肪酸及其盐类，以防止使用时胶在垂直面上发生流淌。

③ 增稠剂　增加胶的初黏力。常用的有聚苯乙烯、聚甲基丙烯酸甲酯、PVAc、聚乙烯醇缩丁醛和聚乙二醇等。

④ 染料、颜料　便于识别牌号而加入的物质。

⑤ 填料　降低成本，减少收缩率。

3.4.5　丙烯酸酯厌氧胶的应用

丙烯酸酯厌氧胶以其独特的使用特性，已在汽车、电器、仪表制造以及建筑的装饰、装修、维修，医用、医药，船舰的制造，日常生活用品的维修等行业获得广泛应用，成为胶黏剂领域中应用面广且用量大的重要品种之一。

丙烯酸酯厌氧胶作为机械制造业的装配、维修用途是非常有效的，主要用于螺纹的紧锁，管路接头的密封、齿轮和轴承等的定位，铸件中砂眼的堵漏和一些小部件的结构粘接。由于丙烯酸酯黏合力强、密封效果好、使用方便，适合于生产线使用。目前多作为锁固密封胶，如用来锁固间隙较大的螺栓、做金属与玻璃之间的密封。厌氧胶黏剂的种类很多，按不同的需要和用途，可以配制成胶接力、黏度和硬度不同的品种，而且对于带油表面也具有较好的胶接性。

参考文献

[1] 张军营．丙烯酸酯胶黏剂[M]．北京：化学工业出版社，2006.

[2] 汪长春，包启宇．丙烯酸酯涂料[M]．北京：化学工业出版社，2005.

[3] 刘万章，张在新．α-氰基丙烯酸酯瞬间胶黏剂的现状和展望[J]．中国胶黏剂，2007，16(2)：41-44.

[4] 熊林，王建营，延玺，等．丙烯酸酯胶黏剂研究进展[J]．中国胶黏剂，2002，11(3)：47-52.

[5] Liu B, Nie J, He Y. From rosin to high adhesive polyurethane acrylate: Synthesis and properties[J]. International Journal of Adhesion and Adhesives, 2016, 66: 99-103.

[6] 赵颖，刘振．α-氰基丙烯酸酯类医用粘合剂的特点及应用[J]．热固性树脂，2010，25(3)：47-48.

[7] 夏毅然，徐永祥，刘文冰，等．医用粘合剂的研究及应用进展[J]．化工新型材料，2003，31(4)：9-12.

[8] Wang C, Wang L, Chen C, et al. Synthesis, characterization, and pressure-sensitive properties of butyl acrylate and methyl acrylate copolymers[J]. Journal of Applied Polymer Science, 2006, 101(3): 1535-1542.

[9] 蔡大振，徐亮，孟庆国，等．α-氰基丙烯酸酯类医用黏合剂的研究进展[J]．军事医学，2012(03)：238-240.

[10] 尉晓丽，傅和青．改性水性丙烯酸酯压敏胶研究进展[J]．化工进展，2012，31(1)：176-184.

[11] 陈榕珍，成荣明，李国庆，等．UV固化聚丙烯酸酯压敏胶的制备及其性能研究[J]．中国胶黏剂，2006，15(8)：28-30.

[12] Li J, Masso J J, Guertin J A. Prediction of drug solubility in an acrylate adhesive based on the drug-polymer interaction parameter and drug solubility in acetonitrile[J]. Journal of Controlled Release, 2002, 83(2): 211-221.

[13] 刘敬松，沈一丁，赖小娟．丙烯酸酯改性水性聚氨酯胶黏剂的制备及性能[J]．化工进展，2010，29(4)：699-703.

[14] 何瑞红，胡孝勇．第二代丙烯酸酯胶黏剂的研究进展[J]．中国胶黏剂，2012，21(11)：52-55.

[15] 彭小琴，陈亮，陈炳耀，等．耐高温厌氧胶的研制及其贮存稳定性研究[J]．化工进展，2012，31(9)：2058-2063.

[16] 欧静，薛纪东，钟汉荣．快速固化高稳定性厌氧胶的制备[J]．粘接，2012(03)：57-59.

[17] Lee Y, Akiba I, Akiyama S. The study of surface segregation and the formation of gradient domain structure at the blend of poly(methyl methacrylate)/poly(dimethyl siloxane) graft copolymers and acrylate adhesive copolymers[J]. Journal of Applied Polymer Science, 2003, 87(3): 375-380.

[18] Anderson K S, Lewandowski K M, Fansler D D, et al. 2-Octyl(meth)acrylate adhesive composition: U. S. Patent 7385020[P], 2008-6-10.

[19] 殷榕灿，梁亮，钟强锋，等．新型室温固化双组分胶黏剂的研究[J]．化工新型材料，2007，35(4)：80-81.

[20] Chen P, Zeng X, Li H, et al. Effect of polymerized rosin on polymer microstructure and adhesive properties in tackified acrylate emulsions[J]. Polymer-Plastics Technology and Engineering, 2012, 51(2): 122-127.

4

聚氨酯胶黏剂

聚氨酯胶黏剂（PU）是一种由多异氰酸酯（OCN—R—NCO）和多元醇（HO—R—OH）反应生成且分子链中含有氨基甲酸酯基团（—NHCOO—）和/或异氰酸酯基（—NCO）链段的有机高分子材料，结构通式如下。它具有优异的性能，且应用领域广泛。

$$\left[\overset{\overset{\displaystyle O}{\|}}{C} - HN - R - NH - \overset{\overset{\displaystyle O}{\|}}{C} - O - R - O \right]_n$$

聚氨酯的开发应该追溯到有机异氰酸酯的合成。有机异氰酸酯是一种不存在于自然界的化合物，1849 年德国化学家 Wurts 用烷基硫酸盐与氰酸钾进行复分解反应，首次合成了脂肪族异氰酸酯化合物；1850 年德国化学家 Hoffman 用二苯基甲酰胺合成了苯基异氰酸酯；1884 年，Hentschel 用胺或铵盐与光气反应合成了异氰酸酯，成为工业上合成异氰酸酯的方法。当时异氰酸酯并没有合适的用途，直到 1933 年美国杜邦公司的拉罗瑟斯（W. H. Carothers）发明了尼龙，为了与之抗衡，德国加速了对异氰酸酯的研究，在 1937 年德国拜耳（Bayer）（PU 工业奠基人）教授等人发现六亚甲基二异氰酸酯和 1,4-丁二醇的加聚反应可以制得链状的聚氨酯。在第二次世界大战期间，德国拜耳实验室的人员，进一步对二异氰酸酯及羟基化合物的反应进行研究，用 4,4′,4″-三苯基甲烷三异氰酸酯胶接金属和合成橡胶获得成功，应用于坦克的履带上，使聚氨酯胶黏剂首次工业化。该公司还首先以三异氰酸酯和聚酯多元醇为原料开发了商品名为 Polystal 的系列双组分溶剂型聚氨酯胶黏剂。为日后聚氨酯胶黏剂工业的发展奠定了基础。在 1941～1942 年间，建成了 10 吨/月的试验车间。1951 年美国用干性油及其衍生物制得了 TDI 型 PU 涂料。美国第二次世界大战后于 1953 年美国从德国引进了 PU 胶黏剂制造技术，开发成了以蓖麻油和聚醚多元醇为原料的 PU 胶黏剂。而日本于 1954 年引进德国和美国聚氨酯技术，1960 年生产聚氨酯原料，1966 年开始生产聚氨酯胶黏剂。我国于20世纪70年代初在上海以合成树脂研制成PU胶黏剂，并由上海新光化工厂投入工业化生产。Goodyear公司于1968年开发了无溶剂型聚氨酯结构胶黏剂“Pliogrip”，并成功地应用于汽车用玻璃纤维增强塑料的胶接。1978年又开发了单组分湿固化型聚氨酯胶黏剂。日本光洋公司于1975年开发成功“乙烯类聚氨酯”水性胶黏剂，于1981年投入工业化生产。而在1984年美国市场上又出现了反应型热熔聚氨酯胶黏剂。

正如德国Bayer公司的聚氨酯胶黏剂专家Gunter Festel所说：聚氨酯胶黏剂的多样性几乎为每一种粘接难题都准备了解决的方法。目前日本聚氨酯胶黏剂的研究与生产十分活跃，与美国、西欧一起成为聚氨酯生产、出口大国。

4.1 聚氨酯胶黏剂概述

4.1.1 聚氨酯胶黏剂的特性

由于聚氨酯胶黏剂中含有极性强、化学性质活泼的氨基甲酸酯基团（—NHCOO—）和/或异氰酸酯基（—NCO），致使异氰酸酯胶黏剂可与含有活泼氢的物质发生化学反应，从而也赋予聚氨酯胶黏剂具有很强的化学黏合力。同时由于其具有强极性，而可以与被粘接材料产生氢键作用使分子内力增加，促使粘接牢固。

从聚氨酯的化学结构来看，聚氨酯由软段（主要有聚酯、聚醚多元醇等低聚物多元醇构成，玻璃化温度低于室温）和硬段（主要由异氰酸酯和扩链剂构成，玻璃化温度高于室温）。因此可通过调节聚氨酯配方来控制分子链中软段和硬段之间的比例，从而满足不同场合的粘接。

关于聚氨酯胶黏剂的固化，即使胶中—NCO反应完全或是溶剂挥发完全，并与被粘接物产生足够的粘接力的过程，该胶黏剂可室温固化，也可加热固化。固化过程没有副反应，使用方便，性能良好。

聚氨酯胶黏剂能溶于大多数有机试剂，因此可与其他基料复配使用，适用于不同场合。

聚氨酯胶黏剂不仅具有良好的粘接性能，而且还耐低温、耐水、耐磨、耐酸碱等等化学品，尤其耐油、耐低温等性能较突出。

4.1.2 聚氨酯胶黏剂的分类

聚氨酯胶黏剂的类型和品种很多，其分类方法也很多，一般可按照反应组成、溶剂形态、包装、用途、固化方式等方法分类。

4.1.2.1 按照反应组分进行分类

（1）多异氰酸酯胶黏剂（单体胶黏剂）　多异氰酸酯胶黏剂的毒性大，韧性较差，故很少以单体形式使用。一般将其与橡胶混合制备制得改性多异氰酸酯胶黏剂，或混入聚乙烯醇溶液制得乙烯类聚氨酯胶黏剂，该胶黏剂也可作为交联剂加入其他基料中使用。常用的多异氰酸酯胶黏剂有多苯基多异氰酸酯、二苯基二甲烷二异氰酸酯等。

(2) 含异氰酸酯基聚氨酯胶黏剂　含有异氰酸酯基聚氨酯胶黏剂主要是含有—NCO的聚氨酯预聚物，它是由多异氰酸酯与多羟基化合物（聚酯或聚醚）的反应生成物。该预聚物具有较高的极性和较高的活性，能与含有活泼氢的物质反应，因此也具有较高的黏附性。该类胶黏剂又可分单组分、双组分、溶剂型、无溶剂型等类型。

(3) 含羟基聚氨酯胶黏剂　含羟基聚氨酯胶黏剂是指含羟基的线型聚氨酯聚合物，由二异氰酸酯与二官能度的聚酯或聚醚反应生成。该胶黏剂可作为热塑性胶黏剂也可作为热固性胶黏剂，其中作为热塑性胶黏剂时，胶层柔软、易弯曲、耐冲击，具有较好的初黏性，但粘接强度较差、耐溶剂性能差、易蠕变；作为热固性胶黏剂时，主要是通过分子两端的羟基化学反应固化，该胶黏剂改善了上述的缺点，但柔软性和耐冲击性受到了影响。该胶黏剂属于双组分胶黏剂，使用前现场配置。

(4) 聚氨酯树脂胶黏剂　聚氨酯树脂胶黏剂主要是由多异氰酸酯与多羟基化合物充分反应，制得的溶液、乳液、压敏胶以及粉末等不同品种的胶黏剂。把含异氰酸酯基聚氨酯胶黏剂中的异氰酸酯基进行封闭处理，制得的封闭性聚氨酯胶黏剂亦属于此类型。

4.1.2.2 按照溶剂形态进行分类

(1) 溶剂型聚氨酯胶黏剂　该类胶黏剂是以聚氨酯类聚合物、多异氰酸酯为主体材料配制的溶剂型胶黏剂，所用溶剂应为异氰酸酯惰性溶剂，此类胶黏剂胶液对基材浸润性好、渗透性强、施工方便。缺点是由于溶剂的存在，在生产、使用时存在一定气味，对环境安全等具有影响。常用于仪器制造、复合包装薄膜制造、制鞋业等。

(2) 水性聚氨酯胶黏剂　水性聚氨酯胶黏剂又称乳液胶黏剂，是指聚氨酯溶于水或分散于水中而形成的胶黏剂。根据外观可分为乳液型聚氨酯、聚氨酯水分散液和水溶性聚氨酯；按聚氨酯的异氰酸酯原料分，可以分为芳香族异氰酸酯型、脂肪族异氰酸酯型、脂环族异氰酸酯型；根据其主链或侧链是否含有离子基团而被分为阴离子型聚氨酯乳液、阳离子型聚氨酯乳液和非离子型聚氨酯乳液。水性聚氨酯以水为溶剂，具有环境友好、无毒、不易燃等优点而被广泛用于环境友好型涂料和胶黏剂中，并显示出一系列优良的性质。其不足之处是乳液固含量低导致干燥成膜速度慢、自增稠性差、初黏力低等缺点；此外，水性聚氨酯乳液成膜后存在耐水性差、耐溶剂性不良、硬度低、表面光泽差、涂膜手感不佳等缺点。

一般应用于涂料、人造板等行业。

（3）无溶剂型聚氨酯胶黏剂　该类胶黏剂是指在无溶剂的条件下实现介质的黏合和连接的一类聚氨酯胶黏剂。可分为单组分、双组分胶黏剂，是一种绿色环保的潜力胶黏剂。该类胶黏剂不存在溶剂污染带来的问题，还具有节省原料、能耗低、维护费用低廉等优点。可用于食品包装、药品包装、家具等诸多领域。

4.1.2.3　按照固化方式进行分类

（1）热固性聚氨酯胶黏剂　热固性聚氨酯胶黏剂是指以含有反应性基团的中、低分子量聚氨酯聚合物或异氰酸酯预聚体为基料，通过加入或含有固化剂（含有活泼的物质）情况下，对其进行升温，使其发生聚合反应交联成网状结构而固化。广泛用于粘接金属、木材、塑料、皮革、陶瓷、玻璃等，黏结力强，而且可以配制不同硬度的胶黏剂，在极低温度下都保持较高的剥离强度。

（2）室温固化型聚氨酯胶黏剂　室温固化型聚氨酯胶黏剂是指无需加热等处理在室温即能反应交联而固化的胶黏剂。一般用于汽车浇筑胶、防锈屋面及体育设施的铺装材料、密封胶等。

（3）湿固化型聚氨酯胶黏剂　湿固化型聚氨酯胶黏剂是指利用湿气中水分等与其发生反应固化的一类胶黏剂，它有无毒、无污染、使用方便等优点，而且通过对原料、生产工艺等的控制，可调节产品性能，使其和双组分聚氨酯胶相近，是有应用前景的一类胶黏剂。一般用于涂料、密封胶等。

（4）紫外线固化型聚氨酯胶黏剂　紫外线固化型聚氨酯胶黏剂是指在紫外线的照射下，胶体内产生自由基或离子引发化学反应交联固化的一类胶黏剂。具有固化快、耗能少、无溶剂污染等优点，是一种新型的节能环保胶黏剂。一般应用于医疗塑胶基材针和各种工程塑料的粘接。

4.1.2.4　按照用途进行分类

按照用途进行分类，可分为通用型聚氨酯胶黏剂、食品包装用聚氨酯胶黏剂、鞋用聚氨酯胶黏剂、木材加工用聚氨酯胶黏剂、建筑用聚氨酯胶黏剂、结构用聚氨酯胶黏剂等。

4.2　聚氨酯胶黏剂的原料

4.2.1　异氰酸酯

聚氨酯是由异氰酸酯与多羟基化合物通过加成聚合反应制备而成，因此，异氰酸酯是聚氨酯胶黏剂的主要原料之一。异氰酸酯（isocyanate）是一大类含有异氰酸基（—N═C═O）的有机化合物。其制备方法主要有光气法、羰基化法、氨基甲酸酯或酰亚胺化合物热分解法、氰化法、叠氮或酰羟胺化合物重排法等。目前主要的工业化生产法仍然是光气法，其化学反应式为：

$$R—NH_2+COCl_2 \longrightarrow R—NCO+2HCl$$

式中，R＝烷基、环烷基、苯基、取代苯基、α-取代苄基等。

4.2.1.1 异氰酸酯的种类

常用的异氰酸酯主要有芳香族类和脂肪类两种。具体分类及结构见表 4-1。其中，脂肪族异氰酸酯对紫外线的稳定性比芳香族异氰酸酯好；但相比于脂肪族异氰酸酯，由于苯环的共振稳定作用，芳香族异氰酸酯的化学活性更高。同时对于具有对称结构的二异氰酸酯，如 HDI、2，6-TDI、PPDI 等在适当条件下能够结晶，获得具有更强凝聚力的硬段微区。

由于 TDI 价格较低而且在 2,4-甲苯二异氰酸酯中两个不同位置的异氰酸根活性差异很大，有利于化学反应中的分子设计，应用较为广泛。MDI 比 TDI 制备的异氰酸酯具有较高的模量和撕裂强度，因为 MDI 对称，产生结构规整有序的相区结构。芳香族异氰酸酯制备的聚氨酯，由于具有刚性的芳环，硬段内聚能增大，其强度比来自脂肪族的异氰酸酯生产的聚氨酯大，并且抗氧化性能也好。异氰酸酯根据对动物实验以及对人的作用，将其归类于危害性物料，在运输规范中也被视为危险品。

表 4-1 异氰酸酯种类及特性

类别	名称	代号	分子量	结构式
芳香族异氰酸酯	2,4-甲苯二异氰酸酯、2,6-甲苯二异氰酸酯	TDI	174.15	CH_3, NCO, NCO; CH_3, OCN, NCO
	4,4′-二苯基甲烷二异氰酸酯	4,4′-MDI	250.25	OCN—C₆H₄—CH_2—C₆H₄—NCO
	对苯二异氰酸酯	PPDI	160.13	OCN—C₆H₄—NCO
	多亚甲基多苯基多异氰酸酯	PAPI（粗 MDI）	240～450	OCN, NCO, $[\ ]_n$, NCO
	1,5-萘二异氰酸酯	NDI	210.19	NCO, NCO

续表

类别	名称	代号	分子量	结构式
脂肪族异氰酸酯	1,6-亚己基二异氰酸酯	HDI	168.19	$OCN-(CH_2)_6-NCO$
	异佛尔酮二异氰酸酯	IPDI	222.29	OCN, NCO (结构式)
	1,4-环己烷二异氰酸酯	CHDI	166.18	OCN—⬡—NCO
	二环己基甲烷二异氰酸酯	HMDI（氢化MDI）	262.35	OCN—⬡—CH_2—⬡—NCO

4.2.1.2 异氰酸酯的特点

异氰酸酯具有许多特点，具体如下。

（1）反应活性大，与大多数活泼氢反应，具体方程式见 4.2.1.3。在含活泼氢的官能团中，除—OH、—COOH、$—NH_2$以外，还有—SH、—NHR、$—CONH_2$、—CONHR、$—SO_2NH_2$、$—SO_2NHR$、$—CSNH_2$、$—SO_2OH$ 等，均能与异氰酸酯基反应。

（2）易溶于有机溶剂中。由于异氰酸酯的分子量较小，容易渗入一些多孔被粘接基材中，或被胶接物界面层内，与被胶接物的活性基团反应，从而提高了胶接性能。

（3）胶接工艺性较好。异氰酸酯胶黏剂既可以在高温下固化，也可以在常温下固化；既可以制造溶液，也可以使用乳液，还可以制成热熔胶，或者双组分使用；既可以使用单体多异氰酸酯，也可以与多元醇等反应制得聚氨酯使用。

（4）稳定性好。耐酸、耐碱、耐化学药品性好，胶接性能稳定。

（5）复合性好。异氰酸酯胶黏剂能和许多胶黏剂配合使用，获得不同性能。它能与氨基树脂如 UF、MF、PF，丙烯酸树脂等以一定的方式配合使用，发挥不同的作用。

（6）用途广泛。异氰酸酯胶黏剂中除了含有高活性—NCO 基外，还含有氨基甲酸酯基（—NHCOO—）、缩二脲基（—NHCONCONH—）等极性基，对多种极性基材有较高的黏附性能，而且由于种类多，各种性能好，在建筑业、制鞋、木工、汽车、航空、橡胶、金属粘接等领域获得应用。

4.2.1.3 异氰酸酯的化学反应

异氰酸基是一种高度不饱和基团，异氰酸酯基（—N=C=O）是一个高度的不饱和基，由两个含杂原子双键积累构成，其电子云密度分布不均，具有很高的反应活性，异氰酸基的电子结构表现为如下共振式：

$$R-\ddot{\bar{N}}-\overset{+}{C}=\ddot{O} \rightleftharpoons R-\ddot{N}=C=\ddot{O} \rightleftharpoons R-N=\overset{+}{C}-\ddot{\bar{O}}$$

从共振式看出，由于氧原子和氮原子上的电子云密度较大，电子云可以偏向氮原子，也可以偏向氧原子，其中基团中氧原子电负性最大，并且从键能的角度看，由于N═C的键能小于C═O的键能，所以氧原子是亲核中心，可以吸引含活性氢化合物结构中的氢原子而生成羟基，但是不饱和碳原子上的羟基很不稳定，容易重排成为氨基甲酸酯或氨基甲酸酯脲；碳原子由于电子云密度最低，加上两侧N、O原子的促进作用，从而呈较强的正电性，形成碳正离子，为亲电中心，容易受到亲核试剂如醇类、酚类、胺类、酸类、水以及亚甲基化合物的进攻。异氰酸酯与活泼氢化合物的反应，是由活泼氢化合物分子中的亲核中心进攻基团的碳原子而引起的。

反应机理如下：

$$R-N=\overset{\delta^+}{C}=\overset{\delta^-}{O} + H^+-R' \rightleftharpoons [R-\overset{\delta^-}{N}=\underset{R'}{\underset{|}{C}}-OH] \rightleftharpoons R-\overset{H}{\overset{|}{N}}-\overset{O}{\overset{\|}{C}}-R'$$

异氰酸酯结构对反应活性的影响主要有诱导效应和位阻效应。其中连接基团的R基的电负性对异氰酸酯的反应活性有较大影响，若R是吸电子基团，它能使—NCO基团中C原子的电子云密度变得更低，能提供类似于共轭的稳定性，因而使C原子具有较强的正电性，更易与亲核试剂（或亲核中心）发生反应，所以，含有吸电子基的异氰酸酯与活性氢化合物的反应活性增大；反之，若R为给电子基，它会增加—NCO基团中C原子的电负性（即C原子电子云密度增大），使其与活性氢化合物的反应活性降低。由于芳香族二异氰酸酯中两个—NCO基团之间相互发生诱导效应，促使芳香族二异氰酸酯反应活性增加。因为第一个基团参加反应时，另一个—NCO基团起吸电子取代基的作用，这种诱导效应对于能产生共轭体系的芳香族二异氰酸酯特别明显。—NCO基团空间位阻的反应活性低，反之相对较高，且二异氰酸酯的两个—NCO基团的活性一般也不一样大。

理论上讲，异氰酸酯能与任何含活泼氢的物质发生反应，但由于含活泼氢物质的化学结构、活泼氢的类型及该类化合物的性质等的差别，使得反应呈现多样性。对聚氨酯胶黏剂较有意义的反应主要是与含羟基化合物、含氨基化合物、含羧基化合物及水的反应。

关于反应速率，对于伯醇和仲醇，在没有催化剂存在的条件下反应温度大概需要50～100℃；异氰酸酯与叔醇和酚反应缓慢，而且由酚反应制备的氨基甲酸酯基团容易断裂，受热分解为异氰酸酯和酚；脂肪族伯胺和仲胺在0～25℃就能够与异氰酸酯迅速地反应制备脲，反应速率大概是伯醇的100～1000倍。此外，胺的反应活性与自身碱性强弱有关，脂肪族的胺一般比芳香族的胺要快，具体反应速率如表 4-2 所示。

表 4-2 不同含活泼氢物质与异氰酸酯相对反应速率

活性氢组分	分子式	相对反应速率(无催化剂,25℃)
脂肪族伯胺	RNH_2	1000
脂肪族仲胺	$R'NH$	200～500
芳香族伯胺	$ArNH_2$	2～3
伯羟基	RCH_2OH	1
水	H_2O	1
仲羟基	$R'CHOH$	0.3
脲	RNHCONHR	0.15
叔羟基	$R''COH$	0.005
酚羟基	ArOH	0.001～0.005
氨基甲酸酯	RNHCOOR	0.001

(1) 异氰酸酯与羟基化合物的反应　含羟基的化合物主要有小分子羟基化合物和较大分子量的醇类，前者包含小分子醇类、乙醇胺类、酚类、肟类等，后者主要有聚醚多元醇、聚酯多元醇、蓖麻油、端羟基聚氨酯、酚醛树脂、脲醛树脂、聚乙烯醇、纤维素、半纤维素等。反应都生成氨基甲酸酯，如果反应条件（高温或强碱性催化剂）具备，多余的异氰酸酯还能进一步与氨基甲酸酯反应，生成脲基甲酸酯，用化学式表示为：

$$R\text{—}NCO + R'\text{—}OH \longrightarrow R\text{—}NH\text{—}\overset{\overset{O}{\|}}{C}\text{—}OR'$$

$$R\text{—}NCO + R\text{—}NH\text{—}\overset{\overset{O}{\|}}{C}\text{—}OR' \longrightarrow R\text{—}N\begin{cases}\overset{\overset{O}{\|}}{C}\text{—}NH\text{—}R \\ \underset{\underset{O}{\|}}{C}\text{—}OR'\end{cases}$$

(2) 异氰酸酯与含氨基化合物的反应　含氨基化合物主要有二元胺及一些多元胺，如乙二胺、三乙烯四胺等，但反应都生成取代脲，前者多用作异氰酸酯胶黏剂的扩链剂，后者可用作催化剂或交联剂。如反应条件剧烈（温度高于 100℃），多余异氰酸酯还会以适中的速度与取代脲反应生成缩二脲：

$$R\text{—}NCO + R\text{—}NH\text{—}\overset{\overset{O}{\|}}{C}\text{—}NH\text{—}R' \longrightarrow R\text{—}N\begin{cases}\overset{\overset{O}{\|}}{C}\text{—}NH\text{—}R \\ \underset{\underset{O}{\|}}{C}\text{—}NH\text{—}R'\end{cases}$$

这是胺类化合物作为聚氨酯胶黏剂固化剂的化学基础。

(3) 异氰酸酯与水的反应　异氰酸酯与水反应先生成胺和二氧化碳，然后进一步反应生成取代脲。

$$\mathrm{R—NCO + H_2O \longrightarrow \left[R—NH—\overset{O}{\overset{\|}{C}}—OH\right] \longrightarrow R—NH_2 + CO_2\uparrow}$$

$$\mathrm{R—NCO + R—NH_2 \longrightarrow R—NH—\overset{O}{\overset{\|}{C}}—NH—R}$$

当异氰酸酯与水混合时会产生大量的二氧化碳气体和取代脲。适量的异氰酸酯与水反应，产生的胺与另一异氰酸酯继续反应，达到扩链的作用，使异氰酸酯胶黏剂的分子量进一步增加，有益于增加树脂的内聚能，从而提高胶接强度。在使用多异氰酸酯单体作为胶黏剂或低分子量异氰酸酯预聚体胶黏剂时，这一反应尤为重要，否则将会使胶接强度降低。过多的异氰酸酯基与水反应使胶层产生气泡，胶接强度大大下降，或者使胶黏剂中的游离异氰酸酯基过多地消耗，导致胶黏剂与木材的化学结合大大降低，也使胶接效果大大降低。因此聚氨酯作为胶黏剂在通常情况下应该防止与水或潮气接触，对制备时采用的试剂、溶剂、填料等必须严格干燥。使用时在氮气或干燥气体的保护下胶接，可以制得无气泡的胶膜，其强度比在空气中胶接的强度高。

(4) 异氰酸酯与含羧基化合物的反应　异氰酸酯与有机羧酸、末端为羧基的聚酯等化合物反应，先生成混合羧酸酐，然后分解释放出二氧化碳而生成相应的酰胺。反应式如下：

$$\mathrm{R—NCO + R'—COOH \longrightarrow \left[R—NH—\overset{O}{\overset{\|}{C}}—O—\overset{O}{\overset{\|}{C}}—R'\right] \longrightarrow R—NH—\overset{O}{\overset{\|}{C}}—R' + CO_2\uparrow}$$

(5) 异氰酸酯与取代脲反应　在制备胶黏剂的过程中，异氰酸酯能与反应生成的取代脲反应，生成缩二脲。反应式如下：

$$\mathrm{R—NCO + R—NH—\overset{O}{\overset{\|}{C}}—NH—R' \longrightarrow R—N\left\langle\begin{array}{l}\overset{O}{\overset{\|}{C}}—NH—R \\ \underset{O}{\underset{\|}{C}}—NH—R'\end{array}\right.}$$

此反应在没有催化剂的情况下，一般需在100℃或更高的温度下才能进行。

(6) 异氰酸酯与氨基甲酸酯的反应　异氰酸酯与氨基甲酸酯反应生成脲基甲酸酯。反应式如下：

$$\mathrm{R—NCO + R—NH—\overset{O}{\overset{\|}{C}}—NH—R' \longrightarrow R—N\left\langle\begin{array}{l}\overset{O}{\overset{\|}{C}}—NH—R \\ \underset{O}{\underset{\|}{C}}—NH—R'\end{array}\right.}$$

此反应在没有催化剂的情况下，一般要在120～140℃之间才能进行。

(7) 与其他含活泼氢物质反应　除了与上述活泼氢物质反应外，异氰酸酯与其他主要的活泼氢物质的反应主要有与过氧化氢、氨、尿素、亚硫酸氢盐等的反应。反应式分别如下：

$$2R-NCO + H_2O_2 \longrightarrow R-N{=}N-R$$

$$R-NCO + NH_3 \longrightarrow R-NH-\overset{\overset{\displaystyle O}{\|}}{C}-NH_2$$

$$R-NCO + NH_2-\overset{\overset{\displaystyle O}{\|}}{C}-NH_2 \longrightarrow R-NH-\overset{\overset{\displaystyle O}{\|}}{C}-NH-\overset{\overset{\displaystyle O}{\|}}{C}-NH_2$$

$$R-NCO + NaHSO_3 \longrightarrow R-NH-\overset{\overset{\displaystyle O}{\|}}{C}-SO_3Na$$

(8) 异氰酸酯的自聚反应　异氰酸酯化合物在一定条件下能自身聚合形成二聚体、三聚体、多聚体、聚碳化二亚胺等。二异氰酸酯或聚异氰酸酯易于自聚合形成聚合体。芳香族异氰酸酯可以自身反应形成二聚体而脂肪族二异氰酸酯则不能。

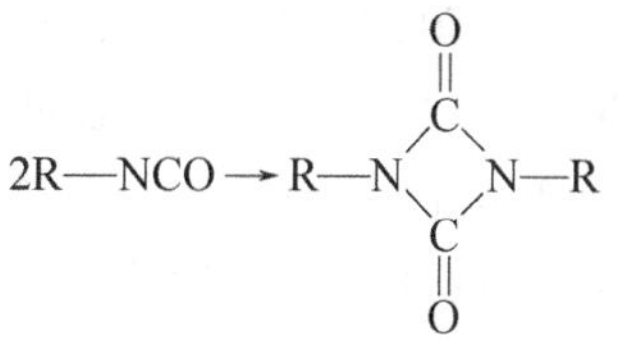

$$2R-NCO \longrightarrow R-N\langle\overset{C=O}{\underset{C=O}{}}\rangle N-R \quad (\text{二聚体})$$

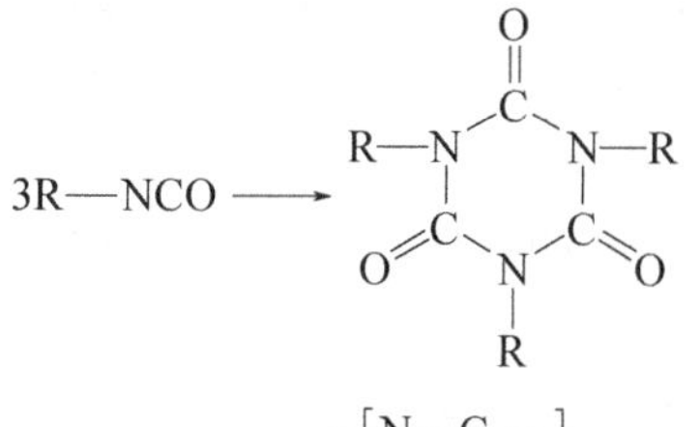

$$3R-NCO \longrightarrow \text{(R—N、N—R、N—R 与三个 C=O 交替构成的六元环)} \quad (\text{三聚体})$$

$$2nR-NCO \longrightarrow \left[\begin{matrix} N & - & C \\ | & & \| \\ R & & N-R \end{matrix}\right]_n + nCO_2\uparrow$$

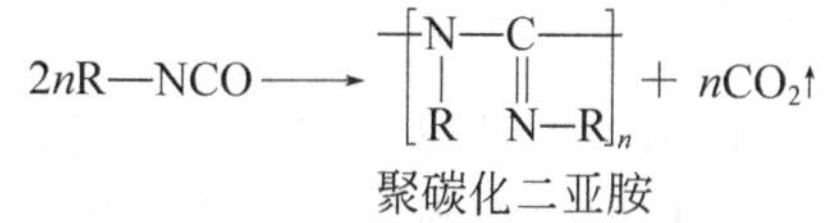

聚碳化二亚胺

芳香族异氰酸酯如4,4′-二苯甲烷二异氰酸酯在室温下没有催化剂存在时，二聚反应在缓慢进行着，如果苯环上异氰酸酯的邻位有取代基存在，二聚反应大大减慢；脂肪族或芳香族异氰酸酯在催化剂如膦、叔胺或有机金属化合物存在下可发生三聚，此反应是不可逆反应。可利用这个反应引入支链和交联，提高胶黏剂的耐热性。温度较高的情况下，异氰酸酯更容易聚合，特别是活性较高而邻位又无取代基的芳香族异氰酸酯应在低温储藏。

4.2.1.4　异氰酸酯的封闭及解封闭反应

异氰酸酯的封闭及解封闭是指—NCO基团与某些含活泼氢物质或能与异氰酸

酯基反应的物质发生化学反应，使—NCO基团在常温下不具活性，且在使用时在一定的条件下能促使封闭产物分解，使得—NCO基团释放，且具有活性而被使用。

异氰酸酯封闭的研究在国内外均有一些报道，研究比较深的有：1949年，Petersen对游离异氰酸酯基的封闭作了报道；Wicks在1975年的论文中详细介绍了多种封闭剂及其使用方法等问题。日本的长仓稔对封闭异氰酸酯化学也作了详细的评述。最初对异氰酸酯进行封闭是为了解决聚氨酯涂料中异氰酸酯基对水分敏感等问题，同时又能增加储存稳定性。目前，封闭型异氰酸酯已被广泛应用于制备涂料、水性聚氨酯、改性热塑性树脂的交联剂等，用于漆包线、织物、皮革、纸张、木材金属、塑料等的涂料、胶黏剂、包覆材料等，也可用作水泥砂浆的黏合剂、印染和造纸助剂、织物的防皱剂和防缩剂、合成纤维织物与橡胶的黏合剂和防脱层剂等。

其封闭原理如下：

$$R—N{=}C{=}O + H—B \longrightarrow R—NH—\overset{\overset{\large O}{\|}}{C}—B \quad (多数情况下)$$

$$R—N{=}C{=}O + A—B \longrightarrow R\text{—}(N{=}C{=}O)\cdot(AB) \quad (某些情况下)$$

封闭剂是含活泼氢的化合物，不过氢原子的活性较小，一般HB中B为吸电子基，电负性小，故HB与—NCO基团的反应活性也较低。因此多数的封闭剂的解离温度也较高。理论上讲，凡含有活泼氢的物质都可作为异氰酸酯的封闭剂，只要调整相应的反应条件，最终可以达到封闭的效果，考虑到实际应用的限制，并不是所有含有活泼氢的化合物都能应用。异氰酸酯基团的封闭剂种类很多，目前，人们常用的封闭剂有酚类、醇类、仲（叔）胺、亚硫酸氢盐类、肟类、二羟基化合物、内酰胺、碳酸腈、氰化氢等。

而解封闭反应基本都是封闭反应的逆反应。如下反应方程式：

$$R—N{=}C{=}O + H—Y \underset{解封闭}{\overset{封闭}{\rightleftharpoons}} R—NH—\overset{\overset{\large O}{\|}}{C}—Y$$

但在实际应用时，由于封闭剂的种类以及使用的化学环境、胶接对象的不同，解封闭和胶接不是截然可分的，从解封闭到实现粘接，多数人认为可能有两种，消去-加成解封闭-粘接机理和SN_2取代解封闭-粘接机理两种：

$$R—NH—\overset{\overset{\large O}{\|}}{C}—B \overset{加热}{\rightleftharpoons} HB + R—N{=}C{=}O \xrightarrow{HA} R—NH—\overset{\overset{\large O}{\|}}{C}—A$$

或者为：

$$R—NH—\overset{\overset{\large O}{\|}}{C}—B + HA \rightleftharpoons \left[R—NH—\underset{\underset{\large OH}{|}}{\overset{\overset{\large A}{|}}{C}}—B\right] \rightleftharpoons R—NH—\overset{\overset{\large O}{\|}}{C}—A + BH$$

(SN_2取代解封闭-粘接机理)

但解封闭反应总体上可写作：

$$R—NH—\overset{O}{\overset{\|}{C}}—B + HA \longrightarrow R—NH—\overset{O}{\overset{\|}{C}}—A + BH$$

异氰酸酯母体化合物虽不是利用异氰酸酯与封闭剂反应制得，但与封闭异氰酸酯具有异曲同工之效，将之加热到一定的温度也能释放出游离异氰酸酯，例如氨基酰亚胺、碳酸腈、亚硫酸腈、异氰酸酯二聚体、*N*-三甲基硅噁唑烷等，其分解机理以氨基酰亚胺、碳酸腈为例，如下：

$$(CH_3)_3NN\overset{O}{\overset{\|}{C}}—R—\overset{O}{\overset{\|}{C}}NN(CH_3)_3 \xrightarrow[\triangle]{} OCN—R—NCO + 2(CH_3)_3N$$

（氨基酰亚胺）

$$\text{R—C(=N—O—C(=O)—O—)} \xrightarrow[\triangle]{} R—N=C=O + CO_2$$

（碳酸腈）

4.2.2 多羟基化合物

聚氨酯胶黏剂中常用的多羟基化合物主要有聚酯多元醇、聚醚多元醇和蓖麻油等等。多羟基化合物的种类及其分子量与所制得聚氨酯胶黏剂性能密切相关。

4.2.2.1 聚酯多元醇

聚酯多元醇（polyester polyol）是聚酯型聚氨酯的主要原料之一，根据是否含有苯环，可分为脂肪族多元醇和芳香族多元醇。其中脂肪族多元醇以己二酸系为主。

（1）己二酸系聚酯多元醇　常用的脂肪族聚酯多元醇一般是有己二酸与乙二醇、丙二醇、1,4-丁二醇等二醇中的一种或几种缩聚而成。常见的聚酯多元醇主要有聚己二酸乙二醇酯二醇、聚己二酸丙二醇酯二醇、聚己二酸丁二醇酯二醇、聚己二酸己二醇酯二醇、聚己二酸乙二醇丁二醇酯二醇等。

聚乙二醇常温下为乳白色蜡状固体或无色至浅黄色黏稠状液体。微溶于水。聚酯酸值一般低于1.0mgKOH/g。聚酯多元醇基本无毒，当不慎进入眼内或溅落到皮肤上时应立即用自来水清洗。

（2）芳香族聚酯多元醇　芳香族聚酯多元醇又称芳烃聚酯多元醇、苯酐聚酯多元醇，是含苯环的聚酯多元醇，一般是指以芳香族二元羧酸（或酸酐、酯）与二元醇（或多元醇）为原料合成的聚酯多元醇。聚酯的原料一般是邻苯二甲酸酐（苯酐）、对苯二甲酸、间苯二甲酸等，常用的二元醇原料是一缩二乙醇（二甘醇），也可采用其他二元醇等，加入少量三元醇可使聚酯多元醇分子有支链结构。

芳香族聚酯多元醇为淡黄色至棕红色、黏性透明的黏稠液体，性质稳定，略带芳香气味，无毒，无腐蚀性，不溶于水，与绝大多数有机物相容性好，为非易燃易爆品。芳香族多元醇以聚酯多元醇居多，官能度一般在2～3之间。芳香族聚酯二醇的黏度比同等分子量的脂肪族聚酯二醇的高。由芳香族制得的聚氨酯胶黏剂具有优良的耐水解性、耐热性等。

聚酯多元醇类除上述常规的脂肪族多元醇和芳香族多元醇外，还有聚己内酯多元醇、聚碳酸酯二醇。其中聚己内酯多元醇制得的聚氨酯胶黏剂的耐温和水解稳定性都比己二酸系聚氨酯多元醇优良，但由于价格相对较高，一般只用于特殊的场合；聚碳酸酯二醇制得的聚氨酯胶黏剂具有优良的耐候性、耐水解特性等，是性能最好的一种低聚物多元醇，常制备成流淌型或耐垂挂聚氨酯密封胶。

4.2.2.2 聚醚多元醇

分子端基（或侧基）含两个或两个以上羟基、分子主链由醚链（—R—O—R—）组成的低聚物称为聚醚多元醇。

聚醚多元醇通常以羟基、含伯氨基化合物或醇胺为起始剂，以氧化丙烯、氧化乙烯等环氧化合物为聚合单体，开环均聚或共聚而成。聚醚多元醇的官能度，取决于起始剂的种类；聚醚的分子量，取决于氧化烯的聚合度，因此可通过调节两者，来合成不同官能度、不同分子量的聚醚多元醇。

在聚醚多元醇分子结构中，醚键内聚能较低，并易于旋转，故制备的聚氨酯柔性好、耐水解性能优良，虽力学性能不如聚酯型聚氨酯，但原料体系黏度低，易与异氰酸酯、助剂等组分互溶，加工性能优良。

聚醚多元醇的品种很多，按聚醚主链端基的羟基数分类，有聚醚二元醇、聚醚三元醇、聚醚四元醇等品种。而根据起始剂所含活性原子的数目可制得不同官能度的聚醚多元醇，在聚氨酯胶黏剂制备中最常用的聚醚是聚氧化丙烯二醇、聚氧化丙烯三醇和聚氧化丙烯-蓖麻油多元醇，另外还有聚四氢呋喃二醇。

其中聚氧化丙烯二醇又称聚丙二醇，主要是起始剂（1,2-丙二醇或一缩二丙二醇）在催化剂（氢氧化钾）条件下聚合而成，主要用于聚氨酯胶黏剂、密封胶等；聚氧化丙烯三醇起始剂为甘油或三羟甲基丙烷，该醇主要用于聚氨酯密封、嵌缝胶及发泡型聚氨酯胶黏剂；聚氧化丙烯-蓖麻油多元醇是将聚氧化丙烯二醇、蓖麻油以合适的摩尔比混合后，在添加剂条件下制得，此醇的毒性很小，对皮肤和眼睛有轻度的刺激，该醇主要用于制造耐水解稳定性和电绝缘性优良的聚氨酯胶黏剂；聚四氢呋喃二醇是由四氢呋喃在阳离子催化剂存在下开环聚合制得，由于聚四氢呋喃二醇价格较高，一般用于制备高性能的聚氨酯胶黏剂，其制品具有优良的耐低温、耐水、耐油以及耐霉菌等性能。

4.2.2.3 其他低聚物多元醇

聚氨酯胶黏剂制造中大多数是用聚酯或聚醚多元醇，但其他低聚物多元醇用量较少，且其制造的胶黏剂都有特有的性能，可满足特殊要求。主要包括聚丁二烯二醇、聚丁二烯-丙烯腈共聚二醇、蓖麻油、环氧树脂等。

4.2.3 扩链剂和交联剂

扩链剂或交联剂是聚氨酯胶黏剂的常用助剂。扩链剂是指含两个官能团的化合物或二元醇、二元胺、乙醇胺等，通过扩链剂反应生成线型高分子；而交联剂一般是指三官能度或四官能度化合物，如三醇、四醇等，他们使得聚氨酯产生交联网状结构。

扩链剂和交联剂是小分子，主要对聚氨酯分子中硬段部分产生作用。在满足固化前提下，扩链剂用量越多，相应的异氰酸酯用量越多，聚氨酯硬段含量越高，因此得到较高的强度。扩链剂和交联剂可在制备聚氨酯胶黏剂时一同使用，用于固化预聚体的二醇、二元醇或多元醇，也称作固化剂。

常用的扩链剂主要有醇类和胺类等。其中常用二醇类扩链剂及固化剂主要有1,4-丁二醇、乙二醇、一缩二乙二醇、1,6-己二醇等；而常用的多元醇交联剂主要有丙三醇、三羟甲基丙烷、季戊四醇及低分子量聚醚多元醇。

常用的二胺扩链剂和固化剂3,3-二氯-4,4′-二氨基二苯基甲烷、3,5-二乙基甲苯二胺等芳香族二胺，以及脂肪族仲胺、含芳环的脂肪族仲胺。脂肪族二元伯胺活性太高，一般不用于芳香族异氰酸酯体系交联；仲胺扩链剂活性较低，可用于多种聚氨酯的制备。

其他交联剂还有醇胺类及含氮多元醇类等。

4.2.4 催化剂

催化剂是许多化学反应的促进剂，用量虽少，但能够缩短反应时间，促进固化，提高生产效率。少量无机盐化合物、有机磷氧化物等可用作聚氨酯的催化剂，常用的催化剂主要有叔胺催化剂（包括季铵盐类）和有机金属化合物两大类。

其中，叔胺类催化剂主要有脂肪胺类、脂环胺类、芳香胺类和醇胺类及其铵盐类化合物。有机金属化合物包括羧酸盐、金属烷基化合物等，所含的金属元素主要有锡、钾、铅、汞、锌、钛等，最常用的是有机锡化合物。

4.2.4.1 叔胺类催化剂

此类催化剂对促进与水的反应特别有效。一般用于制备聚氨酯泡沫塑料，发泡型聚氨酯胶黏剂以及低温固化型、潮气固化型聚氨酯胶黏剂。

4.2.4.2 有机锡类催化剂

此类催化剂催化NCO/OH反应比催化NCO/H_2O反应强，聚氨酯胶黏剂制备时大多采用此类催化剂，二月桂酸二丁基锡等有机金属催化剂最为常用。

4.2.5 溶剂

为了调整聚氨酯胶黏剂的黏度，便于工艺操作，在聚氨酯胶黏剂的制备或使用过程中，经常要采用溶剂。

制备聚氨酯胶黏剂常用的溶液聚合法，因此溶剂种类对反应速率有较大的影响。一般而言溶剂极性越大，异氰酸酯与羟基的反应越慢，是由于极性大的溶剂易与羟基形成氢键而减缓反应。因此，在聚氨酯胶黏剂的制备过程中，采用烃类溶剂（如甲苯）时的反应速率比酯、酮溶剂快，一般是在异氰酸酯和多元醇液本体聚合时，当黏度增大到一定程度，搅拌困难时，才加入适量的氨酯级溶剂稀释，以便继续均匀地进行反应。此法与溶液聚合法相比，用此方法可缩短反应时间，且尽可能降低溶剂对反应的影响。

聚氨酯胶黏剂用的有机溶剂必须是“氨酯级溶剂”，基本上不含水、醇等活泼氢的化合物。聚氨酯胶黏剂用的溶剂纯度比一般工业品高。聚氨酯胶黏剂采用的溶剂通常包括酮类（如甲乙酮、丙酮）、芳香烃（甲苯）、二甲基甲酰胺、四氢呋喃等。溶剂的选择可根据聚氨酯分子与溶剂的溶解原则：溶度参数相近、极性相似以及溶剂本身的挥发速度等因素来确定。

4.2.6 其他助剂

除上述原料外，根据聚氨酯胶黏剂的性能要求还需添加一些助剂。聚氨酯胶黏剂也存在着老化问题，主要是热氧化、光老化、不耐燃等问题，针对此问题须添加抗氧化剂、光稳定剂、阻燃剂等。

抗氧化剂的作用是阻滞聚氨酯胶黏剂热氧化作用，阻止与氧诱发聚合物的断链反应，并发分解生成过氧化氢。加入空间位阻的酚及芳族仲胺作为抗氧防老剂，与亚磷酸酯、膦、硫醚等化合物组成复合物，可使防老抗氧化效果更佳。较为有效的抗氧剂有2,6-二叔丁基对甲酚（防老剂-264）、4,4′-二叔辛基-二苯胺等，加入量为0.1%～0.5%。

光稳定剂的作用是防止光老化、光降解、变黄等，包括两个组分，其一是紫外吸收剂，其二是位阻胺。二者复合加入聚氨酯胶黏剂中时光稳定效果更好。适用于聚氨酯的紫外吸收剂主要是苯并三唑系、三嗪系，如2-（2′-羟基-3′,5′-二叔戊基苯基）苯并三唑（UV-328）。而位阻胺类光稳定剂作用机制不同于紫外吸收剂，位阻胺类不吸收紫外线，主要是发生热氧化或光氧化而产生稳定的氮-氧自由基，并优先与烷基自由基反应，从而产生光稳定作用；位阻胺在很低浓度下就能起到很好的光稳定作用，比一般的紫外吸收剂的稳定效率高2～4倍，如双（1,2,2,6,6-五甲基-4-哌啶基）癸二酸酯（光稳定剂292）。加入量为0.1%～0.5%。

阻燃剂也是聚氨酯重要的助剂，特别是对于聚氨酯泡沫胶黏剂。与大多数高分子材料一样，聚氨酯不耐燃，且燃烧时产生有毒气体，并不易自熄，危害人身财产安全。所以，使聚氨酯具有阻燃性的常用方法是通过添加阻燃剂。常用的阻燃剂有卤代磷酸酯、磷酸酯、卤代有机物、三聚氰胺、聚磷酸铵、氢氧化铝等阻燃剂。材料中阻燃剂只有达到一定量才能起到阻燃效果，且多数液态阻燃剂同时具有增塑效果，所以需考虑阻燃性与聚氨酯物性的平衡。

填料主要是为了改进物理性能。加入填料能起到补强作用，提高胶黏剂的力学性能，降低收缩应力和热应力，增强对热破坏的稳定性，降低热膨胀系数，此外还可以降低聚氨酯胶黏剂的成本。一般填料有碳酸钙、滑石粉、陶土等，但加入前需进行脱水处理，以免与异氰酸酯反应。

触变剂是为了使聚氨酯胶黏剂在施胶过程中能控制胶液的流动性而添加的助剂。触变剂加入聚氨酯胶黏剂，与聚氨酯形成氢键或某种其他结构的大比表面积的物质，黏度大大增加；当搅拌和涂布时，受到剪切作用，大比表面积的物质被破坏，体系黏度随剪切速率的增加而减小，胶液变稀；当操作结束后，则又重新变稠不致流淌、渗胶。多用于垂直面上的施工，又叫放流挂剂、防沉剂。常用的有白炭黑、有机膨润土、氢化蓖麻油、聚酰胺蜡、改性脲等。

增塑剂主要是降低物料黏度，便于混合，同时聚氨酯胶黏剂固化后，能增加胶层的柔韧性、降低硬度、降低脆性等。但由于聚氨酯本身可通过调节原料组成，调节分子软硬段比例来达到目的，故增塑剂用量不是很大，仅用于特殊的制品中，如聚氨酯密封胶等。常用的有邻苯二甲酸酯、己二酸二辛酯等。

偶联剂主要是为了改善聚氨酯胶黏剂对被粘接基材的粘接性，提高粘接强度和耐湿热性添加的一种助剂。常用的有硅烷偶联剂，如环氧丙氧基丙基三甲氧基硅烷（KH-560）、苯胺甲基三乙氧基硅烷等。

此外还有增黏剂、防霉剂、着色剂等。

4.3 聚氨酯固化与胶接机理

聚氨酯胶黏的固化主要是含有的异氰酸酯基团与含活泼氢发生化学反应，扩大分子链，生成线型或网状大分子结构。聚氨酯胶黏剂固化产物中含有内聚能较高的氨酯键和脲键，在一定条件下能在粘接面上聚集，形成高表面张力粘接层。一般来说，聚氨酯胶黏剂中异氰酸酯（或其预聚体）含量越高，胶层的表面张力越大，与金属等高表面张力的基材粘接强度越高；同时聚氨酯胶黏剂中的有机溶剂亦能使基材（如橡胶、塑料等）表面润湿、溶胀，使得异氰酸酯等小分子渗入基材表层内部，与基材中存在的活性氢反应，形成共价键；聚氨酯胶黏剂还可与基材中的极性基团（如木材、织物等中的醚键、酰胺键等）之间形成氢键；聚氨酯胶黏剂中的异氰酸酯还可与基材表面吸附的水、基材内部含有的结合水、空气中的水分等反应生成脲键或缩二脲，可与基材表面或内部原子形成范德华力或氢键，甚至与基材中含有的金属元素形成配位键，且在加热固化时异氰酸酯会发生自聚，形成交联网状结；此外聚氨酯胶黏剂的小分子还可渗入有空隙的基材内部与活泼氢发生化学反应固化，起到胶钉作用。

4.3.1 单组分聚氨酯胶黏剂湿固化

单组分聚氨酯胶黏剂主要包括常温湿固化性、封闭性、热固性等。

4.3.1.1 常温湿固化聚氨酯胶黏剂

常温湿固化聚氨酯胶黏剂中含有活泼的异氰酸酯基，当曝露在空气中时，能与空气中水分发生化学反应而交联固化；在粘接时与被粘接基材表面及其表面的吸附水和其他活泼氢化合物进行化学反应，形成脲键结构，反应式如下：

$$\mathrm{OCN \sim\sim NCO + H_2O \longrightarrow [OCN \sim\sim NH_2]_n + CO_2\uparrow}$$

$$\downarrow + \mathrm{OCN \sim\sim NCO}$$

$$\mathrm{\sim\sim NH-\overset{\overset{\displaystyle O}{\|}}{C}\!\left[NH \sim\sim NH-\overset{\overset{\displaystyle O}{\|}}{C}\right]_n\!NH \sim\sim}$$

$$\downarrow + \mathrm{\sim\sim NCO}$$

$$\mathrm{\sim\sim \underset{\underset{\displaystyle O=C-NH\sim\sim}{|}}{N}-\overset{\overset{\displaystyle O}{\|}}{C}\!\left[NH \sim\sim NH-\overset{\overset{\displaystyle O}{\|}}{C}\right]_n\!NH \sim\sim}$$

单组分常温湿固化聚氨酯胶黏剂，使用方便，具有一定的强度和韧性。由于是与水分等反应而固化，胶层中有 CO_2 气泡产生，并且—NCO 含量越高，气泡越多，因此，此种胶黏剂的—NCO 含量不易过高。此外，胶接强度受湿度影响很大，相对湿度大于 90%时，凝胶时间约数小时，胶层中气泡多，影响性能；相对湿度低于 40%时，需一天以上才能凝胶，固化不完全。所以湿度以 40%～90%为宜。如果聚氨酯分子结构中不含有亲水基团，与湿气接触的聚氨酯只在表层固化结皮，而内层的胶黏剂几天甚至几周也不固化。

4.3.1.2 封闭性单组分聚氨酯胶黏剂

封闭性单组分聚氨酯胶黏剂是指用某些封闭剂，如苯酚、亚硫酸氢钠等，将活性的—NCO 基团暂时保护起来，使其在室温没有活性，当使用时可在一定条件下（如加热等）解封闭，使活性的—NCO 基团释放，与含有活泼氢化合物交联反应固化，生成聚氨酯。

目前，较常用的封闭剂有酚类、醇类、亚硫酸氢盐类、肟类、内酰胺、酯类、氰化氢等。不同的封闭剂对异氰酸酯的封闭率不同，且储存时间也不同，如苯酚封闭率为 40%～53%，其 20 天就固化，己内酰胺封闭率约为 91%，其储存期可达半年以上。

4.3.1.3 热固性单组分聚氨酯胶黏剂

热固性单组分聚氨酯胶黏剂在室温下较稳定，加热后会使其内部组成发生化学反应而固化，没有副产物生成，且胶接强度较高，性能较稳定。常见的有两相体系、掩蔽活泼氢体系和掩蔽异氰酸酯体系三种类型。

4.3.2 双组分聚氨酯胶黏剂的常温固化

可常温固化的双组分聚氨酯胶黏剂分为两个组分：一组分是端基为—NCO基团的聚氨酯胶黏剂或者多异氰酸酯单体；另一组分是固化剂，如胺类化合物或含羟基化合物。一般胺类比醇类活性大，因此采用不同固化剂可以调节固化时间并获得不同性能的聚氨酯。当聚氨酯胶黏剂中活性基团—NCO含量较高时，可用低分子二元醇或端基含—OH的聚酯、聚醚与催化剂（如有机锡）并用，以改善聚氨酯胶的弹性。当其活性基团—NCO含量低时，可以用多官能度的胺类或醇类，以获得高度交联的聚氨酯。

为了使用方便和延长有效期，可使用溶剂。溶剂必须不含水、醇或其他含活泼氢的化合物。常用的溶剂有乙酸乙酯、丙酮、甲乙酮、氯苯等。

4.3.3 聚氨酯的高温热固化

将聚氨酯胶黏剂涂布于金属铝板，不加固化剂和催化剂，然后置于150℃高温下烘烤，聚氨酯胶黏剂也能够完成固化，其固化过程与前述的常温湿固化或者常温固化过程相似，主要是聚氨酯胶黏剂中的游离异氰酸酯基与胶黏剂合成过程中产生的氨基甲酸酯反应或者异氰酸酯与金属上活泼氢反应产生的氨基甲酸酯反应，形成脲基甲酸酯，并促使聚氨酯胶黏剂的交联固化。

4.4 影响聚氨酯胶黏剂性能的因素

聚氨酯胶黏剂的性能影响因素主要与聚氨酯结构有关，当然也与制备方法和添加剂种类及用量有关。

4.4.1 硬段的影响

硬段由多异氰酸酯或多异氰酸酯与扩链剂组成，能够结晶、半结晶或者无定形。

异氰酸酯的结构对聚氨酯胶黏剂的影响很大。与不对称的二异氰酸酯相比，具有对称结构的二异氰酸酯所制备的聚氨酯具有规整有序的相区结构，促使聚合物链段的结晶，因此具有较高的模量和撕裂强度；芳香族异氰酸酯具有刚性的芳环，因而使其内聚强度增大，但抗紫外降解性能较差，易泛黄，因此不能做浅色图层或透明用的胶黏剂；不同的异氰酸酯结构对聚氨酯胶黏剂的耐久性也有不同的影响，芳香族比脂肪族异氰酸酯的聚氨酯抗热氧化性能好，因为芳环上的氢较难被氧化。

扩链剂对聚氨酯性能也有影响。用芳环的二元醇及脂肪族二醇扩链剂制备的聚氨酯具有相对较好的强度；二元胺扩链剂与异氰酸酯基形成脲键，而脲键的极性比聚氨酯键强，硬段间形成更强的双酚亚氢键，增加了硬段间的相互作用，从而提高了微相分离程度，提高聚氨酯的机械强度、模量、黏附性和耐热性，并还有较好的低温性能。

硬段中一般常见的异氰酸酯反应生成的几种键基团的热稳定性顺序如下：

异氰脲酸酯＞脲＞氨基甲酸酯＞缩二脲＞脲基甲酸酯

其中最稳定的异氰脲酸酯在270℃左右才开始分解。氨酯键的热稳定性随邻近氧原子、氮原子上的取代基的数量与种类而改变，取代的越多、取代的空间位阻越大，热稳定性越差。并且氨酯键两侧的芳香族或脂肪族基团对氨酯键的热分解性也有影响，稳定性顺序如下：

R—NHCOOR＞Ar—NHCOOR＞R—NHCOOAr＞R—NHCOOR＞Ar—NHCOOAr

硬段部分是聚氨酯的重要组成部分，所以这些因素关系到聚氨酯胶黏剂的热稳定。提高硬段部分含量利于硬段的规整排列，更长的硬段还会提高微区之间的连通性，通常使硬度增加、黏度降低，且一般来说，聚氨酯的内聚力和粘接力亦能得到提高；但含量过高时，由于极性基团过多会约束聚合物链段的活性和扩散力，有可能降低粘接力。

4.4.2 软段的影响

软段是由低聚物多元醇构成，其分子量大多在600～3000。从分子结构来看，一般情况下，软段在聚氨酯中占大部分，不同低聚物制备的多元醇所制备的聚氨酯性能各不相同。由于酯基的极性较大、内聚能比醚基的内聚能高，所以聚酯型聚氨酯比聚醚型聚氨酯有较高的强度及硬度；软段分子间作用力大，内聚强度较大，机械强度也较高；并且由于酯键的极性作用，与极性基材的黏附力比聚醚型强，抗热氧化性也比聚醚型好。而软段为聚醚型的聚氨酯，由于醚基较易旋转，具有较好的柔顺性，有优越的低温稳定性，且聚醚中不存在相对较易水解的酯键，其耐水解性比聚酯型好。

软段的结晶性对聚氨酯的机械强度和模量也有较大的影响。结晶作用能成倍地增加粘接层的内聚力和粘接力。在受到拉伸时，由于应力而产生的结晶变化（链段规整化）程度越大，拉伸强度越大。在聚醚或聚酯中，链锻结构单元的规整性影响聚氨酯的结晶性。侧基越小、醚键或酯键之间的亚甲基数越多、结晶性软段的分子量越高，则聚氨酯的结晶性越高，因而也有相对较高的机械强度和粘接强度。

软段的分子量对聚氨酯的力学性能也有一定的影响。一般来讲，分子量相同的聚氨酯，若软段为聚酯的聚氨酯，则聚氨酯强度随着聚酯二醇的增加而提高；若为聚醚型聚氨酯，则聚氨酯强度随着聚醚二醇的增加而下降，但伸长率却上升。这是因为聚酯型软段本身极性较强，分子量越大规整性就越高，对改善强度就有利；而聚醚型聚氨酯与之相反。

4.4.3 分子量及交联度的影响

对于线型分子来说，分子量越大则强度越高，耐热性越好。但对大多数反应性聚氨酯胶黏剂体系而言，聚氨酯分子量对粘接强度的影响主要应从固化前的分子扩散力、官能度及固化产物的韧性、交联密度等综合因素考虑。分子量小则分子活动能力和胶液的润湿能力强，对粘接有利，但在固化时，分子量增长不够，则粘接强度较差。胶黏剂中预聚体分子量较大时则初始粘接强度好，反之初始粘接力小。

一定程度的交联度也可提高粘接强度、耐热性、耐水性、耐溶剂性等。但过分的交联度会影响结晶和微观分离，可能损害胶层的内聚强度。

4.4.4 添加剂的影响

添加剂也可改善粘接的性能。偶联剂的加入有利于提高聚氨酯胶黏剂的粘接强度、耐湿热性能。由于聚氨酯胶黏剂中含有酯键、氨酯键等较强极性的基团，在湿热条件下易发生水解，且聚氨酯与基材表面形成的氢键也已受到湿热影响而被破坏，导致粘接强度降低，甚至胶层脱落。而添加偶联剂（如有机硅偶联剂）一端可与被粘接基材表面结合，另一端与胶黏分子结合，形成一疏水性的化学粘接层，从而提高粘接强度，特别是耐湿热粘接强度。

其他添加剂如无机填料一般能提高剪切强度，提高胶层的耐热性，降低膨胀率及收缩率，但大多数情况下剥离强度会降低。

加入其他添加剂如稳定剂可防止因氧化、水解、热解等引起的胶层破坏，提高粘接的耐久性。

4.4.5 制备方法的影响

聚氨酯的制备方法通常有一步合成法和预聚物合成法两种。低聚多元醇和扩链剂的反应活性明显不同，在一步法中，相比于大分子量的长链多元醇，低分子量的扩链剂优先与异氰酸酯反应，造成聚氨酯的硬段序列无法控制，因此，硬段组成的微区尺寸的分布也更加分散。而采用预聚物合成法，序列显得更加规整，硬段之间更加容易结晶形成物理交联点，赋予聚氨酯更优的性能。

参考文献

[1] 陆波．功能性聚氨酯弹性体制备及性能研究[D]. 合肥:安徽建筑工业学院,2011.

[2] 肖卫东,何培新,胡高平．聚氨酯胶黏剂:制备、配方与应用[M]. 北京:化学工业出版社,2009.

[3] 徐培林,张淑琴．聚氨酯材料手册[M]. 北京:化学工业出版社,2011.

[4] 李俊贤．塑料工业手册：聚氨酯[M]. 北京:化学工业出版社,1999.

[5] 朱吕民．聚氨酯合成材料[M]. 南京:江苏科技出版社,2002.

[6] 李绍雄,刘益军．聚氨酯树脂及其应用[M]. 北京:化学工业出版社,2002.

[7] 刘益军,李绍雄．聚氨酯胶黏剂[M]. 北京:化学工业出版社,1998.

[8] 刘益军．聚氨酯原料及助剂手册[M]. 北京:化学工业出版社,2005.

[9] 何勇．异氰酸酯单体的结构对聚氨酯的制备和微相分离形态的影响[D]. 广州:华南理工大学,2013.

[10] 丛树枫,喻露如．聚氨酯涂料[M]. 北京:化学工业出版社,2003.

[11] 胡巧玲,朱永群．聚氨酯胶黏剂的分子设计[J]. 中国胶黏剂,1996,5(5)：7-11.

[12] 钟立．异氰酸酯的合成与应用[J]. 化工进展,2000,19(4)：50-52.

[13] Oertel G, Abele L. Polyurethane handbook：chemistry, raw materials, processing, application, properties [M]. Macmillan: Hanser Publishers, 1985.

[14] Desai S D, Patel J V, Sinha V K. Polyurethane adhesive system from biomaterial-based polyol for bonding wood[J]. International Journal of Adhesion and Adhesives, 2003, 23(5)：393-399.

[15] 黄建颖,胡巧玲,方征平．聚醚和聚酯型水性聚氨酯胶黏剂的制备及性能比较[J]. 胶体与聚合物,2002, 20(1)：7-9.

[16] Roundhill D M. Transition metal and enzyme catalyzed reactions involving reactions with ammonia and amines[J]. Chemical Reviews, 1992, 92(1)：1-27.

[17] 夏会华．水性聚氨酯性能的影响因素[D]. 合肥:安徽大学,2013.

[18] Ulrich H. Chemistry and technology of isocyanates[M]. Wiley, 1996.

[19] Wicks D A, Wicks Z W. Blocked isocyanates Ⅲ：Part A. Mechanisms and chemistry[J]. Progress in Organic Coatings, 1999, 36(3)：148-172.

[20] Saunders J H, Slocombe R J. The chemistry of the organic isocyanates[J]. Chemical Reviews, 1948, 43(2)：203-218.

[21] Baker J W, Gaunt J. The mechanism of the reaction of aryl isocyanates with alcohols[J]. J Chem Soc, 1949, 9：19.

[22] 李永德,杨颖霞．单组分湿固化聚氨酯胶黏剂[J]. 中国胶黏剂,2003,12(2)：51-55.

[23] 张娅,牟锦江．无溶剂聚氨酯胶黏剂的研制[J]. 浙江化工,2002,33(2)：58-59.

5

环氧树脂胶黏剂

环氧树脂是指分子中含有两个或两个以上环氧基（$-\underset{\diagdown O \diagup}{\overset{|}{C}-\overset{|}{C}}-$），以脂肪族、脂环族或芳香族等有机化合物为骨架，并在适当化学试剂（如固化剂）存在下能形成三向交联结构化合物的总称。环氧树脂自从 1938 年问世以来，以其粘接强度高、收缩率低、化学稳定性好、电绝缘性能优良、机械强度高、加工性能好等优点，被广泛应用于航空航天、国防军工、电子、机械、建筑、轻工等领域，是世界范围内重要的精细高分子材料之一。环氧树脂种类繁多，其中产量最大、应用最广的是双酚 A（BPA）同环氧氯丙烷（ECH）反应制备的双酚 A 二缩水甘油醚，即双酚 A 型环氧树脂，实际上它不是单一纯粹的化合物，而是由聚合度不同的分子组成的混合物，分子量约 700 以下的呈液态，超过 700 的是固态物。因此，工业上是以环氧值作为鉴别环氧树脂质量的最主要指标。环氧值是指每 100g 树脂中所含环氧基的物质的量。

19 世纪末和 20 世纪初的两个重大发现拉开了环氧树脂合成发明的帷幕。早在 1891 年德国化学家 Lindmann 用对苯二酚和环氧氯丙烷反应生成了树脂状产物，并用酸酐使之固化。1909 年俄国化学家 Prileschajew 发现用过氧化苯甲醚和烯烃反应可生成环氧化合物。到目前为止，这两个化学反应仍是环氧树脂合成中的主要途径，但它的使用价值没有被揭示。环氧树脂的真正研究是从 20 世纪 30 年代开始的，1934 年德国的 Schlack 用胺类化合物使含有大于一个环氧基团的化合物聚合得到聚合物，作为德国专利发表。1938 年后，瑞士的 P. Castan 及美国的 S. O. Greenlee 所发表的多项专利都揭示了双酚 A 和环氧氯丙烷经缩聚反应合成环氧树脂，用有机多元胺或邻苯二甲酸酐均可使树脂固化，并具有优良的胶接性能。这些研究成果促使了美国 De Voe-Raynolds 公司于 1947 年进行了环氧树脂第一次具有工业价值的制造，它开辟了环氧氯丙烷-双酚 A 树脂的技术历史，环氧树脂开始了工业化开发，并被指出是一种性能优于酚醛和脲醛的新型树脂。不久，瑞士CIBA（汽巴）公司、美国的Shell（壳牌）公司及Dow Chemical公司都开始了环氧树脂工业化生产及应用开发工作。环氧树脂的大规模生产和应用是从1948年以后相继开始的。1955年，四种基本环氧树脂在美国获得了生产许可证，Dow Chemical公司和Reichhold化合物公司建立了环氧树脂生产线。1956年美国联合碳化合物公司开始出售脂环族环氧树脂，1959年Dow Chemical公司生产酚醛环氧树脂。1960年，Koppers公司邻甲酚醛环氧树脂，并于1965年由汽巴公司生产和销售。

我国从1956年开始环氧树脂的研究工作，在上海和沈阳两地首先获得了成功，1958年上海开始了工业化生产，以后不仅产量迅速增加，而且新品种不断涌现。改革开放以后，国外先进技术和设备的引进促使环氧树脂的生产及应用迅猛发展，特别是岳阳的巴陵石化总公司和无锡的石油化工总厂先后从日本、德国引进整套环氧树脂设备和技术后，使得我国环氧树脂产量增大、品种增多、质量提高、成本下降，提高了产品在市场中的竞争能力。除了这两个厂生产的高纯度环氧树脂之外，还有上百家的中小型企业生产普通的双酚A型环氧树脂，其中极少数厂家还生产酚醛型、多元醇型、溴化型、元素有机改性型、聚烯烃型等特种规格树脂，以满足不同层次用户的多种要求。

环氧树脂之所以引起人们的重视，是因为其含有独特的环氧基以及羟基、醚键等活性基团和极性基团，因而具有许多优异的性能。①它有优良的力学性能、粘接性能、电绝缘性、耐化学药品性能以及其他许多优良性能。②原料容易取得，制造技术并不复杂，设备也比较简单。③使用方便，能作为涂料、胶黏剂、浇注料、灌封料、包封料及玻璃钢等，用途十分广泛，应用在国民经济各领域中起着不可缺少的重要作用。近几年来，环氧树脂在尖端技术领域的应用引人注目，一是作尖端微电子器件的封装塑料；二是先进的磁纤维增强塑料在飞机及航天工程上的应用。

以环氧树脂为基料的胶黏剂称为环氧树脂胶黏剂，俗名“万能胶”。主要由环氧树脂和固化剂两大部分组成。为改善某些性能，通常还加入稀释剂、促进剂、偶联剂、填料等。

5.1 概述

5.1.1 基本概念

环氧树脂是指分子中含有两个或两个以上环氧基（$-\underset{\diagdown \, \mathrm{O} \, \diagup}{\overset{|}{\mathrm{C}}-\overset{|}{\mathrm{C}}}-$），以脂肪族、脂

环族或芳香族等有机化合物为骨架，并在适当化学试剂（如固化剂）存在下能形成三向交联结构化合物的总称。

5.1.2 主要品种与分类

5.1.2.1 环氧树脂的分类

环氧树脂品种繁多，且在不断地发展，因此，明确地进行分类是比较困难的。为了便于了解和掌握环氧树脂固化行为和固化物的性能，通常按其化学结构和环氧基的结合方式分为五大类。

（1）缩水甘油醚类 通式为：

$$\underbrace{CH_2—CH}_{O}—CH_2—O—R$$

应用最广泛的环氧树脂当属双酚A型环氧树脂，其化学结构式为：

$$\underbrace{CH_2—CH}_{O}—CH_2\left[O—C_6H_4—C(CH_3)_2—C_6H_4—O—CH_2—\underset{OH}{CH}—CH_2\right]_n O—$$

$$C_6H_4—C(CH_3)_2—C_6H_4—OCH_2—\underbrace{CH—CH_2}_{O}$$

（2）缩水甘油酯类 通式为：

$$\underbrace{CH_2—CH}_{O}—CH_2—O—\underset{\| \atop O}{C}—R$$

（3）缩水甘油胺类 通式为：

$$\underbrace{CH_2—CH}_{O}—CH_2—\underset{R'}{N}—R$$

（4）脂肪族环氧化合物 通式为：

$$R—\underbrace{CH—CH}_{O}—R'—\underbrace{CH—CH}_{O}—R$$

（5）脂环族环氧化合物 通式为：

$$O\left\langle\begin{matrix}CH \\ | \\ CH\end{matrix}\right\rangle R \left\langle\begin{matrix}CH \\ | \\ CH\end{matrix}\right\rangle O$$

此外，还有混合型环氧树脂，即分子结构中同时具有两种或两种以上不同类型环氧基的化合物。如AFG-90环氧树脂：

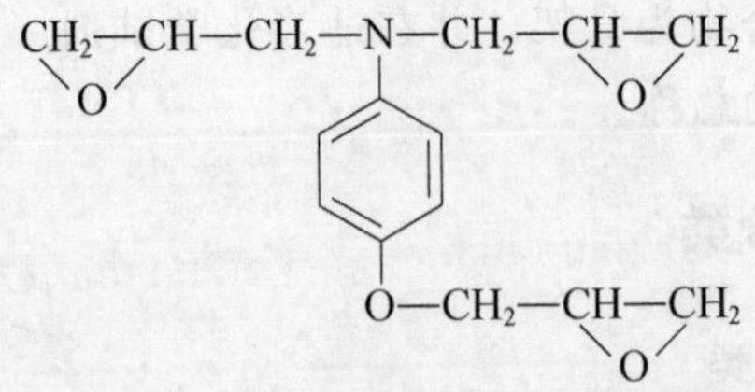

$$\underset{\diagdown O \diagup}{CH_2—CH}—CH_2—\underset{\underset{\underset{O—CH_2—\underset{\diagdown O \diagup}{CH—CH_2}}{|}}{C_6H_4}}{N}—CH_2—\underset{\diagdown O \diagup}{CH—CH_2}$$

也可以按照官能团（环氧基）的数量分为双官能团环氧树脂和多官能团环氧树脂。

还可以按室温下树脂的状态分为液态环氧树脂和固态环氧树脂。液态环氧树脂仅仅是一小部分低分子量树脂，可用作浇注料、无溶剂胶黏剂、无溶剂成膜材料和涂料等。固态环氧树脂是分子量较大的单纯环氧树脂，是一种热塑性的固态低聚物，可用作溶剂型涂料、粉末涂料和固态成型材料等。

按制造方法又可以分为由环氧氯丙烷与相应的醇、酸、酚、胺等缩合而成的环氧树脂（如缩水甘油醚类环氧树脂、缩水甘油酯类环氧树脂、缩水甘油胺类环氧树脂）和由过氧酸（通常用过乙酸）与烯类化合物的双键加成而得到的环氧树脂（如脂环族环氧树脂和脂肪族环氧树脂）。

5.1.2.2 环氧树脂的命名

（1）命名原则　在基本名称即“环氧树脂”前加上型号。

（2）型号

① 环氧树脂以一个或两个汉语拼音字母与两个阿拉伯数字作为型号，以表示类别和品种；

② 型号的第一位采用主要组成物质名称。取其主要组成物质，汉语拼音的第一个字母，若遇相同取其第二个字母，以此类推；

③ 第二位是组成中若有改性物质，则也用汉语拼音字母，若不是改性则画一横；

④ 第三位和第四位是标志出该产品的主要性能环氧值的平均数。

（3）分类和代号　环氧树脂按其主要组成物质不同而分类，分别给以不同代号，详见表5-1。

表5-1　环氧树脂的分类及其代号

代号	环氧树脂类别	代号	环氧树脂类别
E	二酚基丙烷环氧树脂	A	三聚氰胺环氧树脂
ET	有机钛改性二酚基丙烷环氧树脂	R	二氧化双环戊二烯环氧树脂
EG	有机硅改性二酚基丙烷环氧树脂	Y	二氧化乙烯基环己烯环氧树脂
F	酚醛多环氧树脂	W	二氧化双环氧戊基醚
B	丙三醇环氧树脂	D	聚丁二烯环氧树脂
IQ	脂肪族缩水甘油酯	H	3,4-环氧基-6-甲基环己烷甲酸
J	间苯二酚环氧树脂		3′,4′-环氧基-6-甲基环己烷甲酯

举例：某一牌号环氧树脂，以二酚基丙烷为主要物质，其环氧值指标为0.48～0.54eq/100g，其平均值为0.51，该树脂的全称为“E-51 环氧树脂”。

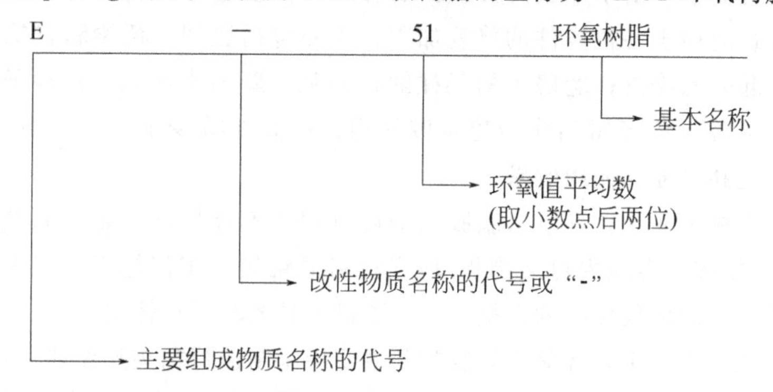

5.1.3 环氧树脂胶黏剂的特点

（1）优点　环氧树脂作为胶黏剂与其他胶黏剂相比具有很多优点：

① 环氧树脂胶黏剂的应用范围较广，既可粘接金属材料的也可粘接非金属的材料；

② 环氧树脂胶黏剂粘接各类材料时，粘接部位的应力分布均匀，不会造成应力集中；

③ 环氧树脂胶黏剂的应用，解决了传统工艺质量大的问题，能更好地减轻飞船、飞机的质量，从而节约了能源；

④ 环氧树脂胶黏剂的粘接性能和机械性能好，不仅如此，环氧树脂胶黏剂还具有良好的耐水性、耐老化性、耐腐蚀性、绝缘性、密封性能等；

⑤ 环氧树脂胶黏剂的施工工艺简单、低耗能、效率高、成本低。

（2）缺点　尽管环氧树脂胶黏剂具有上述很多优点，但是，它也有一些缺点和不足：

① 环氧树脂胶黏剂在机械制造中，在接头部位上的冲击强度、剥离强度低，不能满足一些特殊部位的要求；

② 环氧树脂胶黏剂的粘接效果会受到很多因素的影响，导致粘接效果的分散性较大；

③ 环氧树脂胶黏剂的适用期短，大部分双组分胶黏剂必须在配制后立即使用，否则就会固化；

④ 由于长期持久强度和耐老化性能的研究较少，对于环氧树脂胶黏剂的实际应用不能给出明确的答案，从而在一定程度上影响了它的推广和应用。

5.1.4 环氧树脂胶黏剂的用途

在国民经济和科学技术飞速发展的今天，环氧树脂胶黏剂作为一种新型的化工材料，在各行各业及各领域中发挥着越来越大的作用。

在建筑行业中，由于环氧树脂胶黏剂既可以粘接金属材料又可以粘接非金属材料而被大量应用于各种构件的修复加固，主要包括堤坝、桥梁和建筑物等的裂缝、缺损、起壳的修复；老房子的梁柱缺损补强；新旧水泥粘接；柱子接长；管道接头的密封等。环氧树脂作为建筑胶使用，极大地减少了人力、物力的损耗，还可以获得更高更强的使用效果。

在汽车机械工业中，环氧树脂胶黏剂可以用于不能熔接的金属间粘接；金属备件/车体的粘接；金属内衬装饰板/增强材料的粘接；车门把手、门中部的补强粘接。胶粘接逐渐取代传统的焊接，节省了资源且减轻了车体重量。

在航空航天工业中，环氧树脂胶黏剂主要用于制造蜂窝夹层结构（制造前翼、厚翼、机身及门的芯材与面板的粘接）、复合金属材料及金属-聚合物复合材料的粘接、直升机螺旋桨裂纹的修补，既满足了特定环境下苛刻的条件，并且减轻了航天器和飞机的质量，成为航天事业发展的助推剂。

在电子电气工业中，环氧树脂胶黏剂主要用于印刷线路基板、绝缘体片及扬声器等的固定；传递模塑部分、铁芯线圈的粘接；电流表或电压表的检流计线圈与磁链的组装等。

近年来，随着经济的高速发展和科学技术的不断进步，环氧树脂胶黏剂的生产技术不断进步，产量和需求量也不断增加，尤其是在航空航天、电子电气、机械制造和军工等高端技术领域的快速发展，在未来的发展中，我国环氧树脂胶黏剂的研究和生产必定会取得更多新的成果。

5.2 双酚A型环氧树脂

制造环氧树脂的原料很多，但不外乎两大类：一类是分子中具有环氧基团或是在反应过程中能够生成环氧基团的化合物；另一类是含有多元羟基的化合物。最常用的环氧树脂是双酚A同环氧氯丙烷反应制造的双酚A二缩水甘油醚，即双酚A型环氧树脂。在环氧树脂中，它原料易得，成本最低，因而产量最大（国内约占环氧树脂总产量的90%，世界约占环氧树脂总产量75%～80%），应用最广，被称为通用型环氧树脂。

5.2.1 原料

生产双酚A型环氧树脂的主要原料是环氧氯丙烷和二酚基丙烷（双酚A）。

（1）环氧氯丙烷　分子式为

$$\underset{\diagdown\, O \,\diagup}{CH_2—CH}—CH_2—Cl$$

环氧氯丙烷易挥发，是无色透明的液体，有刺激性气味，有麻醉性，能溶于醇、醚、四氯化碳及苯中，微溶于水。

（2）二酚基丙烷（双酚 A） 即 4,4′-二羟基二苯基丙烷，简称双酚 A，其分子结构式：

$$HO-C_6H_4-C(CH_3)_2-C_6H_4-OH$$

双酚 A 是一种白色粉末或片状晶体，具有酚的气味，不溶于水，能溶于醇、醚、丙酮及碱液。

根据不同的性能要求，往往会加入一些添加剂，如增塑剂、增韧剂、稀释剂、填充剂、偶联剂等。

5.2.2 双酚 A 环氧树脂合成原理

（1）在碱催化（通常为 NaOH）下，环氧氯丙烷的环氧基与双酚 A 酚羟基反应，生成端基为氯化羟基化合物开环反应。

$$HO-C_6H_4-C(CH_3)_2-C_6H_4-OH + 2\,\underset{\diagdown O \diagup}{CH_2-CH}-CH_2Cl \xrightarrow{NaOH}$$

$$ClCH_2-\underset{OH}{\underset{|}{CH}}-CH_2-O-C_6H_4-C(CH_3)_2-C_6H_4-O-CH_2-\underset{OH}{\underset{|}{CH}}-CH_2Cl$$

（2）在氢氧化钠作用下，脱 HCl 再形成环氧基闭环反应。

$$ClCH_2-\underset{OH}{\underset{|}{CH}}-CH_2-O-R-O-CH_2-\underset{OH}{\underset{|}{CH}}-CH_2Cl + 2\,NaOH \longrightarrow$$

$$\underset{\diagdown O \diagup}{CH_2-CH}-CH_2-O-R-O-CH_2-\underset{\diagdown O \diagup}{CH-CH_2} + 2NaCl + 2H_2O$$

式中，R 为

$$-C_6H_4-C(CH_3)_2-C_6H_4-$$

（3）新生成的环氧基再与双酚 A 酚羟基反应生成端羟基化合物开环反应。

$$\underset{\diagdown O \diagup}{CH_2-CH}-CH_2-O-R-O-CH_2-\underset{\diagdown O \diagup}{CH-CH_2} + 2\,HOROH \xrightarrow{NaOH}$$

$$HORO-CH_2-\underset{OH}{\underset{|}{CH}}-CH_2-O-R-O-CH_2-\underset{OH}{\underset{|}{CH}}-CH_2-OROH$$

(4) 端羟基化合物与环氧氯丙烷作用，生成端氯化羟基化合物开环反应。

$$HORO-CH_2-\underset{OH}{\underset{|}{CH}}-CH_2-ORO-CH_2-\underset{OH}{\underset{|}{CH}}-CH_2-OROH + 2\underset{\diagdown O \diagup}{CH_2-CH}-CH_2Cl$$

$$\xrightarrow{NaOH} \left[ORO-CH_2-\underset{OH}{\underset{|}{CH}}-CH_2-ORO-CH_2-\underset{OH}{\underset{|}{CH}}-CH_2\right]ORO-CH_2-\underset{OH}{\underset{|}{CH}}-CH_2Cl$$

(5) 与 NaOH 反应，脱 HCl 再形成环氧基闭环反应。

$$ClCH_2-\underset{OH}{\underset{|}{CH}}-CH_2\left[ORO-CH_2-\underset{OH}{\underset{|}{CH}}-CH_2\right]_2 ORO-CH_2-\underset{OH}{\underset{|}{CH}}-CH_2Cl + 2NaOH \longrightarrow$$

$$\underset{\diagdown O \diagup}{CH_2-CH}-CH_2\left[ORO-CH_2-\underset{OH}{\underset{|}{CH}}-CH_2\right]_2 ORO-CH_2-\underset{\diagdown O \diagup}{CH-CH_2} + 2NaCl + 2H_2O$$

当环氧氯丙烷过量很多时，连续不断地进行上述开环→闭环→开环→闭环反应，最终可以得到两端基为环氧基的双酚 A 型环氧树脂。以上的缩聚反应是制备双酚 A 型环氧树脂的主反应，当然还有一些不可避免的副反应发生，如环氧基的水解反应、支化反应等。因此，严格控制合适的反应条件（如 NaOH 用量及投料方式、加料顺序、投料配比、聚合温度等），将副反应控制在最低限度，以得到高质量的线型环氧树脂，其通式为：

$$\underset{\diagdown O \diagup}{CH_2-CH}-CH_2\left[O-C_6H_4-\underset{CH_3}{\overset{CH_3}{\overset{|}{\underset{|}{C}}}}-C_6H_4-O-CH_2-\underset{OH}{\underset{|}{CH}}-CH_2\right]_n O-$$

$$-C_6H_4-\underset{CH_3}{\overset{CH_3}{\overset{|}{\underset{|}{C}}}}-C_6H_4-OCH_2-\underset{\diagdown O \diagup}{CH-CH_2}$$

其中，n 为平均聚合度。通常 $n=0\sim19$，分子量 340～7000。调节双酚 A 和环氧氯丙烷用量比，可得到分子量不同的环氧树脂。按照平均分子量的大小可将双酚 A 型环氧树脂分为：

① 液态双酚 A 环氧树脂：平均分子量较低，平均聚合度 $n=0\sim1.8$。当 $n=0\sim1$ 时，室温下为液体，如 E-51、E-44。当 $n=1\sim1.8$ 时，为半固体，软化点>55℃，如 E-31。

② 固态双酚 A 环氧树脂：平均分子量较高，$n=1.8\sim19$。当 $n=1.8\sim5$ 时，

为中等分子量环氧树脂，软化点55～95℃，如E-20、E-12等。当$n>5$时，为高分子量环氧树脂，软化点>100℃，如E-06、E-03等。

双酚A型环氧树脂大分子结构具有以下特征：①大分子的两端是反应能力很强的环氧基；②分子主链上有许多醚键，是一种线型聚醚结构；③n值较大的树脂分子链上有规律的、相距较远的出现许多仲羟基，可以看成是一种长链多元醇；④主链上还有大量苯环、亚甲基和异丙基。各结构单元赋予树脂以下功能：环氧基和羟基赋予树脂反应性，使树脂固化物具有很强的内聚力和胶接力；醚键和羟基是极性基团，有助于提高浸润性和黏附力；醚键和C—C键使大分子具有柔韧性；苯环赋予聚合物以耐热性和刚性。因此，双酚A型环氧树脂是热塑性树脂，但具有热固性，能与多种固化剂、催化剂及添加剂形成多种性能优异的固化物，几乎能满足各种使用要求。

5.3 其他类型环氧树脂

5.3.1 缩水甘油酯类环氧树脂

缩水甘油酯类环氧树脂是分子结构中含有两个或两个以上缩水甘油酯基的化合物，其合成方法主要是多元羧酸-环氧氯丙烷法和酸酐-环氧氯丙烷法，即将酸或酸酐溶于过量的环氧氯丙烷中，在催化剂作用下开环酯化，再加碱脱HCl，闭环缩合而成。

这类环氧树脂由于分子中含有极性较强的缩水甘油酯键，通常具有黏度小、工艺性好、反应活性大、黏结强度高、与其他环氧树脂相溶性好等优点，因而可制成性能优良的胶黏剂，如室温快速固化胶黏剂、高韧性室温固化胶黏剂及光学胶黏剂等。

5.3.2 缩水甘油胺类环氧树脂

缩水甘油胺类环氧树脂是用伯胺或仲胺与环氧氯丙烷缩合而成的含有两个或两个以上缩水甘油氨基的化合物。

这类环氧树脂的特点是多官能度、黏度低、活性高、耐热性高、黏结力强，可用作耐热结构胶，作为碳纤维增强复合材料也有很大的用途。

5.3.3 脂环族环氧树脂

脂环族环氧树脂是分子中含有两个脂环环氧基的低分子化合物，只有与固化剂作用后才能生成性能优异的三维体型结构的聚合物。它的合成是利用不饱和脂环化合物的双键环氧化形成的，工业上通常是由含有两个双键的脂环烯烃化合物经过过氧化物（如过氧化乙酸）的氧化作用形成环氧化脂环烯烃化合物。

这类环氧树脂是低分子化合物，黏度小、工艺性好，可用作活性稀释剂；分子中有热稳定性好的刚性脂环，耐热性高，固化收缩小，拉伸强度高，均是作为胶黏剂应具有的良好性能，除此之外，它能与表面不洁甚至油质金属表面形成高强度键而在粘接应用中广泛使用。

5.3.4 新型环氧树脂

环氧树脂因具有优良的性能而被广泛使用，但也有一些不足限制了其使用和推广，这样一些改性的新型环氧树脂应运而生，如阻燃性环氧树脂、水溶性环氧树脂等。

环氧树脂具有可燃性，为了提高其阻燃性，通常是将阻燃性元素如卤素、磷、硼、氮、铝等引入环氧树脂固化物中以获得阻燃性。比较常见的阻燃性环氧树脂有溴化环氧树脂，其结构式为：

$$\underset{\diagdown O \diagup}{CH_2—CH}—CH_2—O—CH_2—\overset{CH_2Br}{\underset{CH_2Br}{C}}—CH_2—O—CH_2—\underset{\diagdown O \diagup}{CH—CH_2}$$

氯化环氧树脂，其结构式为：

$$\underset{\diagdown O \diagup}{CH_2—CH}—CH_2—O—C_6H_2Cl_2—\overset{CH_3}{\underset{CH_3}{C}}—C_6H_2Cl_2—O—CH_2—\underset{\diagdown O \diagup}{CH—CH_2}$$

随着环保意识的增强，以前以芳香烃及酮类有机溶剂溶解环氧树脂的做法逐渐被抛弃，而以水为溶剂或分散介质的水性环氧树脂越来越受到重视。水性环氧树脂分为水乳型环氧树脂胶液和水溶型环氧树脂胶液，其制备方法主要有：非水溶性树脂在乳化剂作用下，借助超声波振荡或高速搅拌等手段使树脂以颗粒状态分散在水中，形成稳定的水乳液；在环氧树脂分子上引入强吸水基团，使之具有水溶性或自乳化能力。

5.4 环氧树脂固化

环氧树脂本身是一种在分子中含有两个或两个以上活性环氧基的低分子量化合物，不能直接作胶黏剂使用，必须加入固化剂，并在一定条件下进行固化交联反应，生成不溶（熔）体型网状结构，才有实际应用价值。因此，固化剂是环氧树脂胶黏剂必不可少的组分。

5.4.1 环氧树脂固化剂种类

如图5-1所示，固化剂主要分为两大类，即显在型固化剂和潜伏型固化剂。显在型固化剂是普通的固化剂；潜伏型固化剂是先用物理或化学的方法封闭固化剂活性，与环氧树脂混合后，室温条件下能够稳定存在，而一旦暴露于光、热、湿气等条件下就很容易发生固化反应。潜伏型固化剂可与环氧树脂配制成一液型配合物，简化了环氧树脂的使用方法，因而常被称为功能性潜伏型固化剂，也逐渐引起了国内外学者的重视。

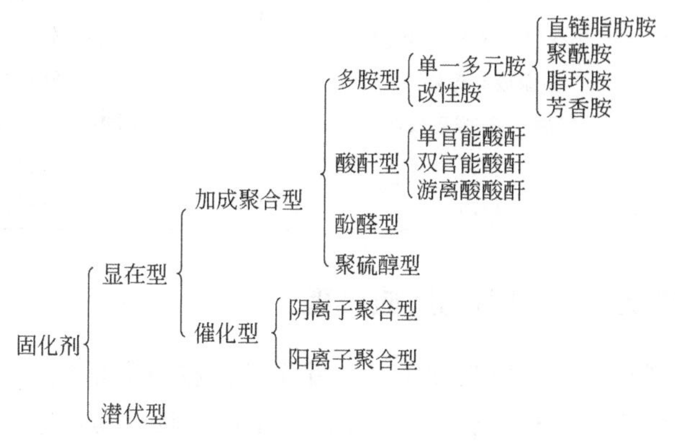

图5-1 固化剂体系总览

显在型固化剂分为加成聚合型和催化型。加成聚合即打开环氧树脂中的环氧基进行加成聚合反应，固化剂本身可加入到三维网状结构中去，如果其加入量不足，则固化产物中会残留有未反应的环氧基，因此，此类固化剂应精确计算其用量。催化型固化剂本身不加入到网状结构中，而是以阳离子或阴离子的形式使环氧基开环而聚合，不会有用量问题，但增加用量会加快固化速度，不利于稳定固化产物的性能。

加成聚合型固化剂包括多元胺、酸酐、多元酚及聚硫醇等。使用最多的当属多元胺和酸酐类，两者约占全部固化剂的94%。多元胺固化剂包括脂肪族胺类、芳香族胺类和改性胺类，脂肪族胺类如乙二胺、二乙烯三胺等，由于具有能在常温下固化、固化速度快、黏度低、使用方便等优点，所以在固化剂中使用较为普遍。芳香族胺类如间苯二胺等，由于分子中存在很稳定的苯环，固化后的环氧树脂耐热性较好。与脂肪族类相比，在同样条件下固化，其热变形温度可提高40～60℃。改性胺类固化剂是指胺类与其他化合物的加成物。而酸酐（如顺丁烯二酸酐、邻苯二甲酸酐）常以原状态直接使用，一般用于加温固化，固化后树脂有较好的机械性能和耐热性，但由于固化后树脂中含有酯键，容易受碱侵蚀。胺类固化剂与酸酐固化剂性能比较见表5-2。

有许多合成树脂，如酚醛树脂、氨基树脂、醇酸树脂、聚酰胺树脂等都含有能与环氧树脂反应的活泼基团，能相互交联固化。这些合成树脂本身都各具特性，当它们作为固化剂使用引入环氧结构中时，就给予最终产物某些优良的性能。

表 5-2 酸酐类与胺类固化剂性能比较

项目	多元胺	酸酐
混溶性	大部分为液体，易于互溶	大部分为固体，须熔化混合
用量	较严	较宽
配制量	不宜大量，现用现配	可配较大量
适用期	较短	较长
操作情况	固化时放热大，难控制	固化时放热小，易控制
固化温度	室温或高温皆可	需较高温度
固化产物	耐热性差，强度较低	耐热性较好，强度较高
毒性	较大	较小
价格	较高	较低

5.4.2 多元胺类固化剂固化反应机理

多元胺固化剂在与环氧树脂反应时，首先是伯胺中的活泼氢与环氧基反应生产仲胺，仲胺中的活泼氢与环氧基进一步反应生产叔胺，其具体反应方程式如下：

（1）伯胺与环氧基反应生成仲胺并产生一个羟基。

$$R'-NH_2 + \underset{\diagdown O \diagup}{CH_2-CH}-R'' \xrightarrow{K_1} R'NH-CH_2-\underset{\displaystyle OH}{\underset{|}{CH}}-R''$$

（2）仲胺与另外的环氧基反应生成叔胺并产生另一个羟基。

$$R'NH-CH_2-\underset{\displaystyle OH}{\underset{|}{CH}}-R'' + \underset{\diagdown O \diagup}{CH_2-CH}-R'' \xrightarrow{K_2} R-N\begin{matrix} \diagup CH_2-\overset{\displaystyle OH}{\overset{|}{CH}}-R'' \\ \diagdown CH_2-\underset{\displaystyle OH}{\underset{|}{CH}}-R'' \end{matrix}$$

（3）剩余的氨基、反应物中的羟基与环氧基继续反应，形成交联网状结构。

$$\sim\sim\underset{\displaystyle OH}{\underset{|}{CH}}\sim\sim + \underset{\diagdown O \diagup}{CH_2-CH}\sim\sim \longrightarrow \sim\sim\underset{\displaystyle \begin{matrix} O \\ | \\ CH_2-\underset{\displaystyle OH}{\underset{|}{CH}}\sim\sim \end{matrix}}{\underset{|}{CH}}\sim\sim$$

含有羟基的醇、酚和水等能对固化反应起促进作用；含有羰基、硝基、氰基等基团的试剂对固化反应起抑制作用。

由以上反应机理可以看出，氨基与环氧基反应有严格定量关系，氨基上一个活泼氢和一个环氧基反应。根据这种关系，可以计算出伯胺、仲胺类固化剂用量。

5.4.3 酸酐类固化剂固化反应机理

早在 1936 年，瑞士的 Pierre Castan 就开始用邻苯二甲酸酐固化的环氧树脂作假牙材料，这种用法在英国和美国申请了专利。酸酐与环氧树脂反应速率非常缓慢，很少单独使用。常加入含羟基化合物或叔胺类化合物作促进剂，加快固化反应进行。相比于多元胺类固化剂，酸酐固化剂具有挥发性小、对皮肤的刺激小、使用期长、操作方便等优点。

酸酐与环氧树脂的固化反应按有无促进剂存在可分为两种形式。

5.4.3.1 无促进剂存在时

（1）环氧树脂羟基上的活泼氢与酸酐的开环作用，生成酯键和羧基。

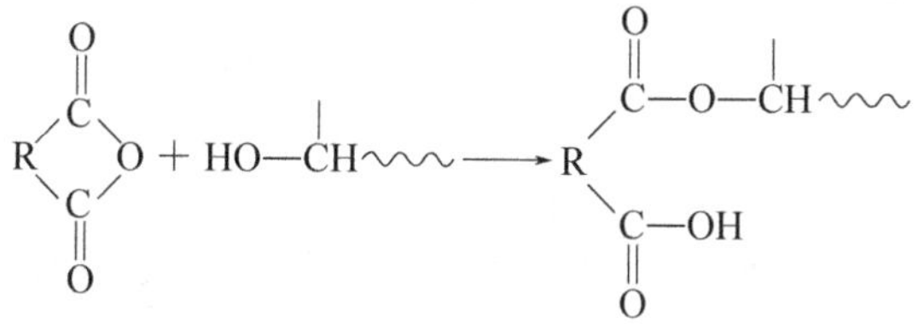

$$R(CO)_2O + HO—CH\sim\sim \longrightarrow R(C(=O)—O—CH\sim\sim)(C(=O)—OH)$$

（2）羧基与环氧基加成反应，生成羟基。

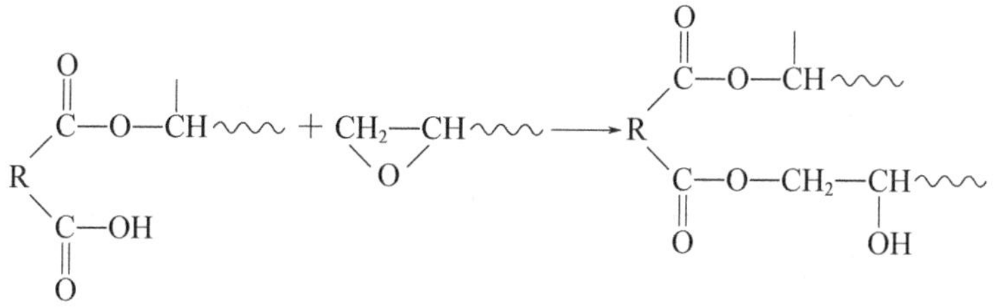

$$R(C(=O)—O—CH\sim\sim)(C(=O)—OH) + \underset{\backslash O/}{CH_2—CH}\sim\sim \longrightarrow R(C(=O)—O—CH\sim\sim)(C(=O)—O—CH_2—CH(OH)\sim\sim)$$

（3）生成的羟基与其他酸酐继续反应。

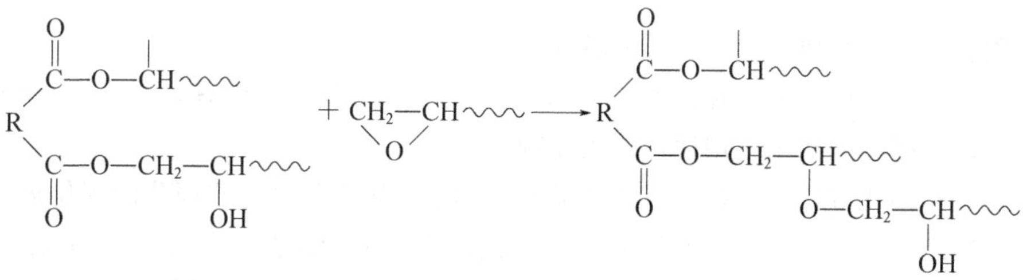

$$R(C(=O)—O—CH\sim\sim)(C(=O)—O—CH_2—CH(OH)\sim\sim) + \underset{\backslash O/}{CH_2—CH}\sim\sim \longrightarrow R(C(=O)—O—CH\sim\sim)(C(=O)—O—CH_2—CH(O—CH_2—CH(OH)\sim\sim)\sim\sim)$$

以上反应重复进行，直到生成体型聚合物。

5.4.3.2 促进剂存在时

在叔胺为促进剂时，酸酐与环氧树脂的固化反应有：

（1）促进剂进攻酸酐，生成羧酸盐阴离子。

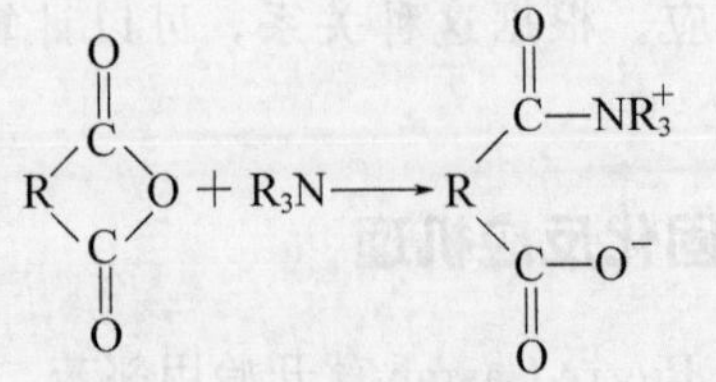

$$R(CO)_2O + R_3N \longrightarrow R(C(=O)-NR_3^+)(C(=O)-O^-)$$

（2）羧酸盐阴离子与环氧基反应生成氧阴离子。

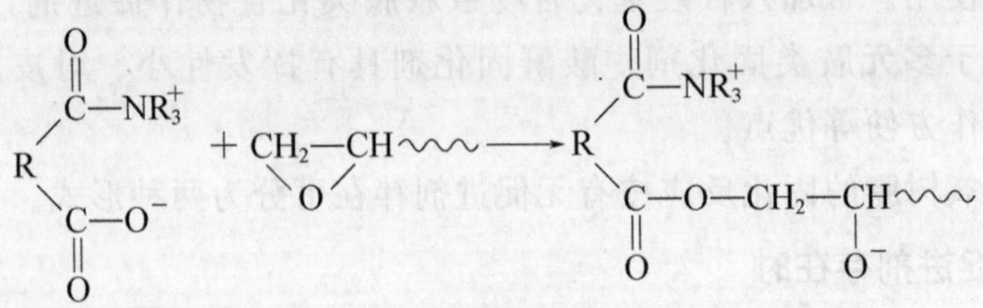

$$R(C(=O)-NR_3^+)(C(=O)-O^-) + CH_2-CH(-O-)\sim\sim \longrightarrow R(C(=O)-NR_3^+)(C(=O)-O-CH_2-CH(O^-)\sim\sim)$$

（3）氧阴离子与酸酐反应，生成羧酸盐阴离子。

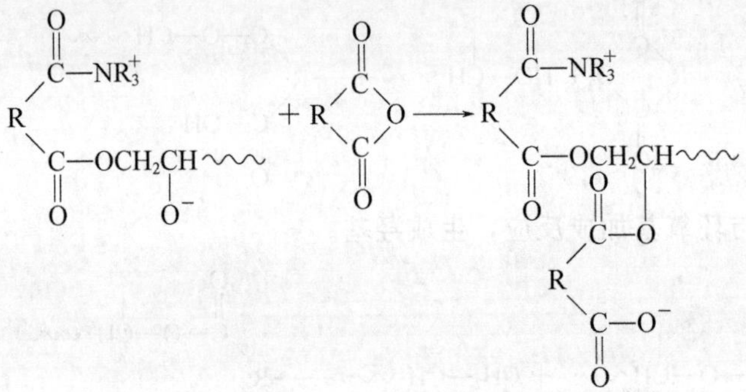

$$R(C(=O)-NR_3^+)(C(=O)-OCH_2CH(O^-)\sim\sim) + R(CO)_2O \longrightarrow R(C(=O)-NR_3^+)(C(=O)-OCH_2CH(\sim\sim)-O-C(=O)-R-C(=O)-O^-)$$

如此，酸酐与环氧基交互反应，逐步进行加成聚合，生成的全是酯键，这不同于无促进剂存在条件下所生成的醚键。

5.4.4 选择固化剂的原则

固化剂对环氧树脂的性能影响较大，一般按下列几点选择：

（1）从性能要求上选择：有的要求耐高温，有的要求柔性好，有的要求耐腐蚀性好，根据不同要求选用适当的固化剂。

（2）从固化方法上选择：有的制品不能加热，则不能选用热固化的固化剂。

（3）从适用期上选择：所谓适用期，就是指环氧树脂加入固化剂时起至不能使用时止的时间。要适用期长的，一般选用酸酐类或潜伏性固化剂。

（4）从安全上选择：一般要求毒性小的为好，便于安全生产。

（5）从成本上选择。

5.5 环氧树脂添加剂

环氧树脂胶黏剂中除环氧树脂和固化剂之外，为了改善某些性能，满足不同用途，还需加入增塑剂、增韧剂、稀释剂、溶剂、偶联剂、填料等助剂。

5.5.1 增塑剂

由于环氧树脂在固化后的产物较脆，抗冲击及抗弯性能较差，因此需要加入增塑剂以提高固化物的柔韧性能。增塑剂大多是短分子链的高沸点化合物，分为内增塑剂和外增塑剂，它主要是通过物理作用降低聚合物的玻璃化温度，从而赋予树脂柔韧性。通常使用的是内增塑剂，因为其能与环氧树脂分子形成化学键，避免因浸泡等原因使增塑剂迁移或渗出，失去增塑效果。

内增塑作用的实现途径：①应用长链脂肪族胺类作为固化剂；②加入聚氨酯橡胶或羧基橡胶；③加入含羟基的长链有机化合物；④加入端羧基聚酯；⑤应用长链脂肪族环氧树脂作为主体树脂。典型的内增塑剂见图 5-2。

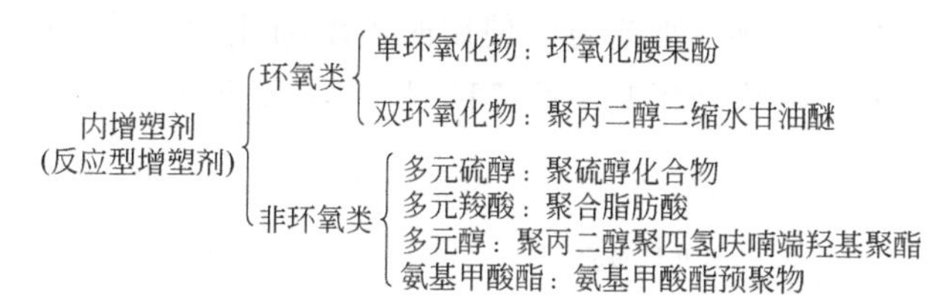

图 5-2 环氧树脂的内增塑剂种类

5.5.2 增韧剂

环氧树脂胶黏剂中若只含有环氧树脂和固化剂，固化后的环氧树脂冲击韧度和耐热冲击性能较差，为了弥补这一不足，还需要加入增韧剂，增加环氧树脂的流动性，降低树脂固化后的脆性，提高韧性，并能提高抗弯和抗冲击强度。增韧剂的种类主要有四大类：无机填料类、合成橡胶类、热塑性树脂类及柔性链固化剂，具体见表 5-3。

表 5-3 增韧剂种类及增韧原理

种类	品种	增韧原理
无机填料类	石英砂、玻璃微珠、碳酸钙晶须	填充，形成两相结构
合成橡胶类	液体端羧基丁腈橡胶、端羟基丁腈橡胶、聚硫橡胶、聚氨酯橡胶、端羧基聚丁二烯	活性端基直接参与到固化反应，形成立体网络
热塑性树脂类	聚醚砜、聚砜、聚醚酮、聚苯醚、聚甲基丙烯酸甲酯	连续贯穿环氧树脂网络
柔性链固化剂	端氨基芳醚酮类、扩链脲类	依靠本身的柔性链段固化

环氧树脂增韧的实现途径：①用刚性无机填料、橡胶弹性体和热塑性塑料聚合物等形成两相结构进行增韧；②用热塑性塑料连续贯穿于环氧树脂网络中形成半互穿网络型聚合物来增韧；③改变交联网络的化学结构组成（如将柔性链段引入交联网络中）。

5.5.3 稀释剂

环氧树脂胶黏剂由于黏度较大，25℃时黏度一般在5Pa・s以上，使调胶和使用不方便。所以使用环氧树脂胶时，常加入一定量的稀释剂。稀释剂的主要作用是降低环氧树脂的黏度，增加其流动性和渗透性，利于操作，可延长其使用寿命。但用量较多时，会对树脂的性能产生一定的影响。稀释剂主要包括非活性稀释剂和活性稀释剂两大类。非活性稀释剂多为高沸点化合物，不与环氧树脂及固化剂反应，只是机械混合到树脂中，从而起到稀释和降低黏度的作用。但当其用量过多时，会在树脂固化时部分挥发，增大树脂的收缩率，降低胶接强度和机械强度。活性稀释剂多是带有一个或两个以上环氧基的低分子化合物，因其分子端基含有活性基团，能参加固化反应，且对固化产物的性能几乎无影响，还会使固化体系的韧性增加，但活性稀释剂一般有毒，使用时需多加注意。活性稀释剂又可以分为单环氧基活性稀释剂和多环氧基活性稀释剂，具体品种见图5-3。

稀释剂
- 非活性稀释剂：苯、甲苯、二甲苯、丙酮、乙醇等
- 活性稀释剂
  - 单环氧基：环氧丙烷、环氧氯丙烷、环氧丙烷甲基醚等
  - 多环氧基：乙二醇二缩水甘油醚、甘油环氧等

图5-3　稀释剂分类

稀释剂的选用原则：①注意选用气味小、挥发性小、毒性低的品种，以减少对人体的伤害；②尽量选用活性稀释剂，既可以改进工艺又可以提高树脂的粘接和力学性能；③选择与主体树脂化学结构相近的稀释剂；④来源广泛、不易燃易爆、价格低廉。

5.5.4 溶剂

溶剂的作用要区别于非活性稀释剂，它主要起溶解树脂体系的作用。溶剂的加入，会使胶黏剂黏度低而便于涂刷，可在室温下固化，但溶剂挥发后也会使树脂固化物收缩率增大，还会使被粘物表面溶胀，造成粘接不牢，因此配制胶黏剂时应注意选择使用。

胶黏剂溶剂的选用原则：①对主体树脂的溶解性好；②挥发速度适当；③要考虑溶剂的黏度、闪点及易燃性，尽量选用闪点较高的醇、醚醇及酯类；④选用气味小、毒性低且价格便宜的溶剂。

5.5.5 偶联剂

偶联剂主要有硅烷偶联剂、钛酸酯偶联剂、铝酸酯偶联剂及脂肪酸氯化铬配合物等，其分子中含有两种截然不同的基团，将其加入到环氧树脂胶黏剂中，会使胶接界面更耐水、耐老化，综合性能更佳。

偶联剂选用原则：①偶联剂所含基团应与环氧树脂胶黏剂相匹配；②价格低廉，稳定性好。

5.5.6 填充剂

环氧树脂胶适当加入填料，不仅可以相对地减少树脂的用量，降低成本，同时也改善了树脂的性能，如：降低树脂固化时的收缩率和热膨胀系数；延长树脂混合物的使用期；增加热传导性，提高耐热性能；降低树脂固化物的吸水性，改善固化物的耐老化性及耐化学品性；提高胶接强度；提高机械强度和耐磨性能。填料的种类很多，主要分为纤维状和粉末状两大类。前者是以玻璃纤维为主；后者是金属粉末、氧化物粉末、矿物粉末等，例如氧化铝粉、铁粉、石英粉、云母粉、石棉粉、石墨粉、水泥、陶土、金刚砂及碳酸钙等。

填充剂的选用原则：①填料应为中性或弱碱性，对环氧树脂及固化剂为惰性；②粒度适中，易于分散，与树脂有良好的亲和性；③无毒、不易分解的匀质固体物。

5.6 环氧树脂的应用

5.6.1 室温固化环氧树脂胶黏剂

室温固化关键在于固化体系应具有足够的反应活性，即环氧树脂与相应的固化剂反应活性大，可以适当地添加促进剂以提高活性。在各类环氧树脂中，缩水甘油型环氧树脂与胺类固化剂反应活性较大，因此，室温固化型胶黏剂多选用双酚 A 型环氧树脂，其优点如下：

（1）性能好，价格低廉。相比于反应活性高的其他环氧树脂，如羟甲基双酚 A 型环氧树脂、酚醛环氧树脂、缩水甘油酯型环氧树脂及缩水甘油胺类环氧树脂，这些树脂的某些性能要优于双酚 A 型环氧树脂，但价格较贵，不利于通用型环氧胶黏剂的使用和推广。

（2）收缩率小，固化产物无毒。室温固化胶的另一重要组成即固化剂，固化剂最常用的是低分子聚酰胺和酚醛改性胺。低分子聚酰胺既是固化剂又是增韧剂，所以胶接强度高，固化收缩小，尺寸稳定性好，毒性小，耐水性好。酚醛改性胺因含有酚羟基，所以对环氧基和胺的加成反应有促进作用。

此外，还需加入增韧剂、增塑剂、偶联剂、填料等其他助剂。

通用型室温固化环氧胶实例：

配方实例 1：

环氧树脂 E-51	100（质量份）
低分子聚酰胺 650	100～120

固化条件：21℃/24h，压力 0.05MPa。

应用：金属、陶瓷、木材等的粘接。

配方实例 2：

环氧树脂 E-51	100（质量份）
四乙烯五胺	13
邻苯二甲酸二丁酯	15
Al_2O_3 粉	25
气相 SiO_2	2～5

固化条件：20℃/3d 或 70℃/2h。

应用：金属与玻璃钢的粘接。

5.6.2 室温快速固化环氧胶黏剂

5.6.1 节主要介绍了通用型室温固化环氧树脂胶黏剂，但在一些需要快速修补、灌封或应急胶接的场合往往需要胶黏剂快速固化达到胶接的目的，这就需要快速固化的环氧胶，相比于通用型胶黏剂，此类胶黏剂使用的是高活性固化体系，常把羟甲基双酚 A 型环氧树脂、间苯二酚型环氧树脂、缩水甘油酯型环氧树脂等高活性树脂作为主体树脂，因而价格较高。

配方应用实例：

邻羟甲基双酚 A 型环氧树脂 712	100（质量份）
低分子聚酰胺 200	100
环氧化聚硫	20
稀释剂 600	10

固化条件：30～35℃/5h。

5.6.3 室温固化耐热环氧胶黏剂

航空航天及电子产业的快速发展要求胶黏剂应具有较好的耐热性，耐高温环氧胶黏剂应由下列组分组成：

（1）耐高温环氧树脂　如酚醛环氧树脂、脂环族环氧树脂、双酚 S 型环氧树脂以及缩水甘油型多官能环氧树脂等。

（2）耐高温固化剂　酚醛树脂、有机硅树脂、芳香胺、芳环或脂环酸酐等。

此外，还应加入抗热氧剂（如金属离子螯合物）、增韧剂、填料等。

配方应用实例 1：

有机硅环氧树脂 665	100（质量份）
气相 SiO_2	6.5
酸洗石棉粉	16
间苯二胺-DDM 低共熔物	14
邻甲酚	1.4

固化条件：室温/24h 或 80℃/3h，接触压力。

配方应用实例 2：

酚醛环氧树脂 509	100（质量份）
丁二醇二缩水甘油醚	20
咪唑	6
气相 SiO_2	3

固化条件：室温/3 天。

5.6.4 环氧树脂结构胶黏剂

环氧结构胶黏剂由于具有强度和韧性大、综合性能好的优点而被广泛用于航空航天工业，近年来也逐渐用于土木建筑中。对于环氧结构胶，因其特殊的用途，常选用交联密度高、分子结构刚性大、黏附力强的环氧固化体系，并加入相应的助剂（如：提高耐湿热性和界面强度的偶联剂、防腐剂，提高高温抗氧化性能的抗氧剂，减小黏度的稀释剂等）。

配方实例 1：

环氧树脂 E-44	100（质量份）
聚硫橡胶（分子量为 1000）	55
碳酸钙（400 目）	50
DMP-30	15

固化条件：120℃/2h。

配方实例 2：

环氧树脂 E-51	10（质量份）
羟甲基尼龙 SY-61	90
乙醇	250

固化条件：压力 0.29MPa，100℃/1h+155℃/3h。

参考文献

[1] 陈平，刘胜平，王德中．环氧树脂及其应用[M]．北京：化学工业出版社，2011：2-5.

[2] Johnsen B B, Kinloch A J, Taylor A C. Toughness of syndiotactic polystyrene/epoxy polymer blends: microstructure and toughening mechanisms[J]. Polymer, 2005, 46(18): 7352-7369.

[3] Park S J, Kim H C. Thermal stability and toughening of epoxy resin with polysulfone resin[J]. Journal of Polymer Science Part B: Polymer Physics, 2001, 39(1): 121-128.

[4] Valette L, Pascault J P, Magny B. Use of Functional(Meth)acrylic Cross-Linked Polymer Microparticles as Toughening Agents for Epoxy/Diamine Thermosets[J]. Macromolecular Materials and Engineering, 2003, 288(11): 867-874.

[5] 孙曼灵,吴良义.环氧树脂应用原理与技术[M]. 北京：机械工业出版社,2002：4-13.

[6] 陈平,王德中．环氧树脂及其应用[M]. 北京：化学工业出版社,2004：1-20.

[7] 李广宇,李子东,吉利,等．环氧胶黏剂与应用技术[M]. 北京：化学工业出版社,2007：1-12.

[8] 谷中芳．双酚A型环氧树脂合成工艺研究[D]. 河北：河北科技大学,2012：13-14.

[9] 张玉龙,唐磊．环氧胶黏剂[M]. 北京：化学工业出版社,2010：229-252.

[10] 侯亚峰．环氧树脂固化剂的发展现状与趋势[J]. 河南化工,2010(8)：5-6.

[11] 赵玉宇,吴健伟,杨小强,等．中温固化阻燃环氧结构胶的研究[J]. 化学与粘合,2015(4)：238-243.

[12] 赵玉宇,吴健伟,匡弘,等．反应型磷阻燃环氧结构胶黏剂的研究[J]. 黑龙江科学,2015,6(2)：7-9.

[13] Alexander D C, Crawford W C, Klein H P. Epoxy curing agents: U. S. Patent 5235007[P]. 1993-8-10.

[14] 徐建宝．改性环氧树脂固化剂的制备与性能研究[D]. 广州：华南理工大学,2016：4-8.

[15] 郭翔．耐高温环氧胶黏剂及其固化动力学研究[D]. 上海：东华大学,2014：1-16.

[16] Kinloch A J. Toughening epoxy adhesives to meet today's challenges[J]. MRS Bulletin, 2003, 28(06): 445-448.

[17] Dodiuk H, Blinsky I, Dotan A, et al. Nanotailoring of epoxy adhesives by polyhedral-oligomeric-silsesquioxanes(POSS)[J]. International Journal of Adhesion and Adhesives, 2005, 25(3): 211-218.

[18] Imanaka M, Takeuchi Y, Nakamura Y, et al. Fracture toughness of spherical silica-filled epoxy adhesives [J]. International Journal of Adhesion and Adhesives, 2001, 21(5): 389-396.

[19] Imanaka M, Nakamura Y, Nishimura A. Fracture toughness of rubber-modified epoxy adhesives: effect of plastic deformability of the matrix phase[J]. Composites Science and technology, 2003, 63(1): 41-51.

[20] 洪晓斌,谢凯,肖加余．有机硅改性双酚F环氧树脂热性能研究[J]. 热固性树脂,2007,22(2)：7-15.

[21] Carbas R J C, Da Silva L F M, Marques E A S. Effect of post-cure on the glass transition temperature and mechanical properties of epoxy adhesives[J]. Journal of Adhesion Science and Technology, 2013, 27(23): 2542-2557.

[22] Wang H, Liu X, Liu B, et al. Synthesis of rosin-based flexible anhydride-type curing agents and properties of the cured epoxy[J]. Polymer International, 2009, 58(12): 1435-1441.

[23] Huang K, Zhang Y, Li M, et al. Preparation of a light color cardanol-based curing agent and epoxy resin composite: Cure-induced phase separation and its effect on properties[J]. Progress in Organic Coatings, 2012, 74(1): 240-247.

[24] Lin C H, Hwang T Y, Taso Y R. Phosphorus-containing epoxy curing agents via imine linkage[J]. Macromolecular Chemistry and Physics, 2007, 208(24): 2628-2641.

[25] 杨海君,刘峰,彭碧辉,等．环氧树脂固化条件及机理研究[J]. 塑料制造,2015(11)：80-84.

[26] Da Ponte G, Ghosh A K, Kakaroglou A. Adhesion improvement between epoxy and stainless steel using a silane coupling agent in an atmospheric plasma process[J]. Plasma Processes and Polymers, 2015, 12(4): 347-361.

[27] 李子帙,李亮亮,吴学哲,等．添加剂的化学基团对环氧树脂固化产物耐热性的影响[J]. 广州化工,2016, 44(3)：67-68.

6 热熔胶黏剂

热熔胶黏剂是一种在热熔状态进行涂布，借冷却硬化实现胶接的高分子胶黏剂。按国标的规定，热熔胶的定义“在熔化状态进行涂布，冷却成固态就完成粘接的一种热塑性胶黏剂”。不含溶剂，百分之百固含量，主要由热塑性聚合物所组成。常温时为固体，加热熔融为流体，冷却时迅速硬化而实现胶接。

6.1 概述

热熔胶有天然热熔胶（如石蜡、松香、沥青等）和合成热熔胶（如共聚烯烃、聚酰胺、聚酯、聚氨酯等）两种，其中以合成热熔胶尤为重要。

热熔胶是以热塑性树脂或热塑性弹性体为主要成分，以增黏剂、增塑剂、抗氧化剂、阻燃剂及填料为添加成分经熔融混合而制成的不含溶剂的固体状黏合剂。使用时只要加热便熔融，待冷却后即黏结起来，常制成粒状、棒状、细绳状、薄膜状等形式，它能对各种材料，如木材、纸张、纤维、金属、塑料等进行粘接，使用范围较广。它在生产和应用时不使用任何熔剂，无毒、无味，不污染环境，被誉为“绿色胶黏剂”，特别适宜在连续化的生产线上使用。热熔胶的配比主要是指热熔胶和聚乙烯蜡的混合。胶越多，剥离强度越高，影响包装效果。蜡多了，剥离强度会过低，包装易开裂。

目前，热熔胶广泛应用于书籍装订、包装彩印、家具封边、汽车、电器、纤维、金属、制鞋等方面。在木材工业中，热熔胶主要用于人造板封边、单板拼接、装饰薄木拼接，还可用于人造板的装饰贴面加工。

热熔胶从20世纪50年代末开始应用于包装，由于其本身特有的优点，热熔胶比白乳胶更优越，更实用，性价比高，耐高温、耐低温使用本品可以避免白乳胶缩水，发霉，干得慢；可以增加产品的硬度，不易变形打折，拥有强力黏性，折叠柔软，无气味。用后也不会因温度低出现脱胶现象。与其他胶黏剂品种相比有着不可比拟的优势，成为胶黏剂中发展最快的品种之一。由于不含溶剂、无污染、无公害，热熔胶黏剂的发展很快，应用面也在不断扩大，是当今世界胶黏剂发展的一个方向。

热熔胶生产的热熔胶粉是一种淡黄色或琥珀色半透明颗粒和粉末，它是一种精细化学品，又称工业明胶。人们习惯称之为热熔胶或热熔明胶。该产品是从动物的结缔或表皮组织中的胶原部分水解出来的蛋白质。其分子量为1万～10万，含18种氨基酸。除含量16%以下的水分和无机盐外，蛋白质含量达82%以上，无毒、无味，不污染环境，被誉为“绿色胶黏剂”，特别适宜在连续化的生产线上使用，如用于制造各种礼品盒、手机盒、茶叶盒、月饼盒、首饰盒、人参盒、档案盒、衬衣盒、鞋盒、资料夹、精装书封面等礼品盒、自动与半自动成形流水线机器设备。

热熔胶的科研、生产和应用虽在我国起步较晚，但由于具有应用范围广，使用方便，便于包装、运输和保管，不污染环境，经济效益显著等特点，符合胶黏剂产业的结构调整方向，而普遍引起人们的注意，对各种型号的热熔胶都进行了不同程度的试制，这为了进一步深入研究热熔胶奠定了基础。我国人口众多，每年生产的各种服装、鞋的数量相当可观。因此，仅用于服装和制鞋工业上的热熔胶数量就不可低估。同时，随着国民经济的发展，人们生活水平的提高，热熔胶在玻璃、金属、木材、纸张等方面上的应用也会日益增加。发达国家的热熔胶需求量已占合成胶黏剂市场的20%，而我国仅占3%，因此，热熔胶在国内具有广阔的市场，将有很大的发展。

6.1.1 基本概念

6.1.1.1 熔融黏度(或熔融指数)

熔融指数（MI）：是指热塑性聚合物在规定的温度、压力条件下，熔体在10min内通过标准毛细管的质量值，单位g/10min，体现热熔胶流动性能大小的性能指标。熔融指数的数据可以用来区别各种热塑性聚合物在熔融状态时流动性的好坏，对保证热塑性塑料及其制品的质量，对调整和改进生产工艺，都具有重要的指导意义。但这只是一个大体上的分类手段，还不能完全根据熔融指数预测实际加工工艺过程。另外，对同一种聚合物，还可以用熔融指数来比较聚合物分子量的大小，作为生产上的品质控制方法。

为了获得良好的粘接效果，应根据被胶接材料的种类、胶接面的外形等选择适宜的熔融黏度（或熔融指数）的热熔胶。

6.1.1.2 软化点

是指以一定形式施以一定负荷，并按规定升温速率加热到试样变形达到规定值的温度，是热熔胶开始流动的温度。软化点是热熔胶流动开始温度，是热熔胶表征质量和工艺性能的重要指标，可作为热熔胶衡量耐热性、熔化难易及暴露时间的大概尺度，也是选择热熔涂胶器的参考数据之一。一般软化点高的热熔胶的玻璃化温度也较高，耐热性高，并且暴露时间较短，但不同组成的热熔胶并不一定都是这个规律。

6.1.1.3 热稳定性

国家标准《热熔胶黏剂热稳定性测定》（GB/T 16998—1997）明确规定了热熔胶黏剂稳定性的测试方法。热熔胶的黏结过程必须在熔融状态下进行，某些涂层加工也需将热熔胶加热熔化，在这种状态下，随着加热时间的增加，黏度稳定一段时间后开始逐渐变大，颜色逐渐变深，到了一定时间就会出现结皮或结炭现象，这称为热熔胶的老化。因此就要求热熔胶具有良好的热稳定性，在熔融状态下不氧化分解、不变色。测定热熔胶的稳定性，以便了解随加热时间的延长，热熔胶的黏结强度、黏度、颜色、气味的变化情况以及有无胶膜、杂质生成。热稳定性通过热重分析法确定，为此可进行恒温失重和等速升温失重的实验，使样品处于程序控制的温度下，观察样品的质量随温度或时间的函数，得到热失重曲线。

热稳定性一般以在使用温度下，胶不产生氧化，黏度变化率在10%以内，所能经历的最长时间为衡量标准。若能经历 50～70h 的，则为热稳定性好。

6.1.1.4 露置时间和固化时间

露置时间是热熔胶从涂布到冷却失去湿润能力前的一段时间，即可操作时间。超过这个时间黏结性能就大大下降，甚至不能黏结，也就得不到满意的强度。固化时间则是热熔胶涂布后从两个黏结面压合到黏结牢固时间，它标志着干胶速度。露置时间和固化时间是热熔胶的重要工艺性能，没有统一的测试方法，影响因素较多。对同一种胶来说，它随热熔胶比热容、涂胶方式、涂胶温度、涂胶量、被黏结材料种类、被黏结面温度、环境温度及导热性能的变化，测定的条件不同，测得的数值也就不同，也就是说它们是特定条件下的数值。实际使用时，涂胶后快速地黏合，才可以保证有充分的黏结性能。热熔胶的固化过程如图 6-1 所示。

6.1.2 热熔胶主要特点

热熔胶近年来之所以能得到较快的发展，是因为它具有很多溶液型和乳液型胶所不具备的特点。其主要特点如下。

（1）优点

① 固化速率快，黏结强度大。热熔胶能够在几十分之一秒至几秒钟内固化黏结，具有加热则黏、冷却则固的特性。这有利于使用热熔胶的包装厂商采用更高

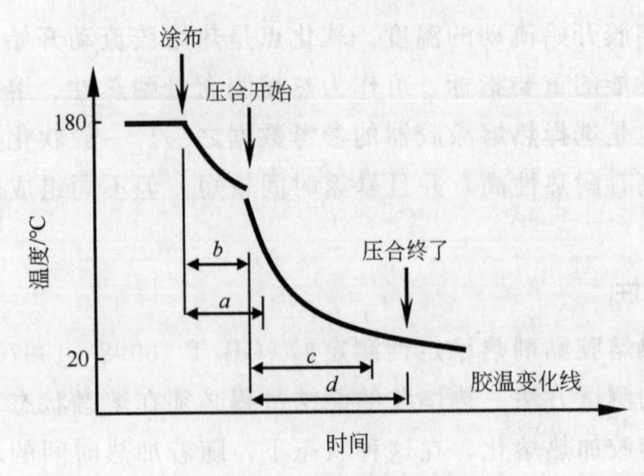

图 6-1　热熔胶的固化过程

速度的生产线并在减少次品的同时增加产量，还可以使生产场地面积减小。因为它与依靠挥发来形成黏合的冷型胶相比，热熔胶黏合所需的时间要短得多，适用于自动化连续生产，大大提高了生产效率。

② 不含溶剂。胶接时一般无有害物质放出，所以对操作者无害，对环境无污染，无火灾危险，储存和运输也方便；性能稳定、使用寿命长，并消除了损坏和浪费。

③ 可以反复熔化胶接、多次黏结。适用于一些特殊工艺要求构件的胶接，某些文物的胶接修复。

④ 黏结范围广。可以胶接多种材料，表面处理也不很严格，加之胶无溶剂，胶接迅速，生产效率高，所以经济效益显著。

⑤ 热熔胶黏剂形成的胶层耐水抗湿，即使在潮湿的环境中也能形成可靠的胶合。

⑥ 光泽和光泽保持性良好，屏蔽性卓越。

（2）缺点　然而，热熔胶也存在一些缺点，主要表现在以下几个方面：

① 在性能上有局限，耐热性不够，黏结强度有限，耐热性差。对热熔胶集体聚合物进行改性，能在一定程度上提高热熔胶剂的耐热性和强度。

② 用手工涂覆，效果不好，浪费胶料又难以控制，因此，需配备专门的设备来熔融、施胶，如热熔枪等，在使用上不方便，因此在某种程度上限制了它的应用范围。

③ 气候和季节有时也会影响黏结效果，一般冬季润湿性较差，夏季固化变慢，风大熔融时间缩短等。

6.2　热熔胶的组成及作用

热熔胶本身是一类性能综合的精细化工产品，需要多种原材料的巧妙组合，互相补充，才能达到比较满意的效果。一般来说，热熔胶是由聚合物基体、增黏树脂（增黏剂）、蜡类和抗氧剂等混合配置而成的。为了改善其胶接性、流动性、耐热性、耐寒性和韧性等，也可适当加入一定量的增塑剂、填料以及其他低分子聚合物。因主体树脂的差异，热熔胶包括许多品种。

6.2.1 聚合物基体

聚合物基体是制作热熔胶的主要成分。聚合物基体对热熔胶性能起关键作用，赋予其必要的胶接强度和内聚强度。并决定胶的结晶、黏度、拉伸强度、伸长率、柔韧性等性能。

用作热熔胶的聚合物基体应具有以下性能：①受热时易熔化；②具有较好的热稳定性，在熔融温度下不发生氧化分解，并有一定的耐久性；③耐热、耐寒，具有一定的柔韧性；④与配合的各组分有一定的相容性；⑤对被粘物适应性强，有较高的粘接强度；⑥在一定温度下黏度的可调性；⑦色泽尽量浅。

反映聚合物基体的主要参数是它的分子量、分子量分布。反映在胶黏剂上主要影响胶接强度、熔体指数、软化点、黏度、柔性、固化速度、热稳定性等性能。降低聚合物基体的分子量和增大其分子量分布可以降低胶的软化点和黏度，使胶容易熔融、黏合迅速、加工容易、提高生产效率，但可能会降低胶的胶接强度、拉伸强度、热稳定性、剥离强度等。因此应根据被粘物的表面特性、胶接强度要求、使用环境、胶接方法等条件的不同而选用分子量及其分布不同的聚合物。

6.2.1.1 乙烯及其共聚物

（1）聚乙烯-乙酸乙烯（EVA） EVA 树脂是一种无臭、无味、无毒，白色或浅黄色粉状或粒状低熔点聚合物，由于它的结晶度低，弹性大，呈橡胶状，同时又含有足够的起着物理交联作用的聚乙烯结晶，因此具有热塑性弹性体的特点。EVA 的性能与乙酸乙烯（VA）含量和 EVA 分子量有关。当 MI 一定时，VAc 含量增高，其弹性、柔韧性、粘接性、相容性、透明性、溶解性均有所提高；VAc 含量降低时，则性能接近于聚乙烯，刚性增大，耐磨性及绝缘性上升。作为热熔胶的原料，其 VAc 含量一般要求在 20%～30%，通常在 30%左右，熔融指数为 1.5～400g/10min。

EVA 树脂具有良好的柔软性、橡胶般的弹性、加热流动性、透明性和光泽性好，与其他配合剂的相容性良好。EVA 树脂的最大缺点是高温性能不够好、强度低、不耐脂肪油等，使其应用范围受到限制。

用交联型 EVA 和断链型丁基橡胶或异丁基橡胶在有机过氧化物存在下加热混炼得到一种共聚物，用它作热胶可显著提高耐热性和胶接强度。EVA 可与耐热性较好的羧基化合物如马来酸酐等共聚改善 EVA 的耐高温性能。

（2）乙烯-丙烯酸乙酯共聚物（EEA） 它具有低密度聚乙烯的高熔点和高VAc含量的EVA树脂的低温性。其结构与EVA类似，但使用温度范围较宽，而且热稳定性较好。

① 耐热性比EVA优良，热分解温度高30～40℃。

② 低温性比EVA更加优良，玻璃化温度低10～15℃，低温柔性和耐应力开裂性强。

③ 极性比EVA低，但与增黏剂和蜡相容性等同。对极性材料和非极性材料都有很好的胶接性，特别对聚烯烃这类非极性材料能发挥其独特的作用。用作热熔胶基体的EEA树脂，其丙烯酸乙酯含量一般为23%左右。

6.2.1.2 聚烯烃

（1）聚乙烯 简称PE，是五大合成树脂之一，是我国合成树脂中产能最大、进口量最多的品种。聚乙烯主要分为线型低密度聚乙烯（LLDPE）、低密度聚乙烯（LDPE）、高密度聚乙烯（HDPE）三大类。性质：无味、无臭、无毒、表面无光泽、乳白色蜡状颗粒，密度约0.920g/cm^3，熔点130～145℃。不溶于水，微溶于烃类、甲苯等。能耐大多数酸碱的侵蚀，吸水性小，在低温时仍能保持柔软性，电绝缘性高。

聚乙烯是乙烯经聚合制得的一种热塑性树脂，在工业上，也包括乙烯与少量α-烯烃的共聚物。聚乙烯无臭，无毒，手感似蜡，具有优良的耐低温性能，化学稳定性好，能耐大多数酸碱的侵蚀。常温下不溶于一般溶剂，吸水性小，电绝缘性优良。聚乙烯的力学性能一般，拉伸强度较低，抗蠕变性不好，耐冲击性好。聚乙烯可用吹塑、挤出、注射成型等方法加工，广泛应用于制造薄膜、中空制品、纤维和日用杂品等。生产领域，如陶氏化学、伊士曼、旭化成、阿托菲纳、雪佛龙-菲利浦斯等公司。热熔胶通常是在聚乙烯中加入抗氧化剂、增黏剂等制备而成。

（2）聚丙烯 聚丙烯是由丙烯聚合而制得的一种热塑性树脂。聚丙烯的结晶度高，结构规整，因而具有优良的力学性能，在室温和低温下，由于本身的分子结构规整度很高，所以冲击强度较差。聚丙烯最突出的性能是抗弯曲疲劳性。根据支链原子的位置，聚丙烯可以分为无规立构、等规立构、间规立构。无规聚丙烯，分子量低，不能做成工程材料，又由于它无极性基团，因此没有黏合力。但是经过和极性烯类单体接枝或用过氧化物处理后黏合力显著增加。比如和顺丁烯二酸酐、丙烯酸或其钙盐接枝后，并和黏性树脂如松香蜡共混可以取得满意的黏合效果。另外，无规聚丙烯也可以用2%～25%的过氧化物处理，使无规聚丙烯发生自由基分裂反应，产生过氧化物取代基团，也能增加黏合性能。用无规聚丙烯制备热熔胶，固化后粘接面有一定弹性，适用于密封、利用特殊的黏合工具在钢制门窗、铝制门窗的密封与黏合中代替目前使用的密封腻子取得满意效果，在包装工业中使用无规聚丙烯热熔胶也有广泛前途。

聚丙烯具有良好的耐热性，制品能在100℃以上温度进行消毒灭菌，在不受外力的条件下，1500℃也不变形。聚丙烯脆化温度为－350℃，耐寒性不如聚乙烯。聚丙烯的化学稳定性很好，除能被浓硫酸、浓硝酸侵蚀外，对其他各种化学试剂都比较稳定；但低分子量的脂肪烃、芳香烃和氯化烃等能使聚丙烯软化和溶胀，同时它的化学稳定性随结晶度的增加还有所提高，所以聚丙烯适合制作各种化工管道和配件，防腐蚀效果良好。聚丙烯的高频绝缘性能优良，由于它几乎不吸水，故绝缘性能不受湿度的影响。它有较高的介电系数，且随温度的上升，可以用来制作受热的电气绝缘制品。它的击穿电压也很高，适合用作电器配件等。抗电压、耐电弧性好，但是静电度高，与铜接触易老化。聚丙烯对紫外线很敏感，加入氧化锌、硫代二丙酸二月桂酯、炭黑或类似的乳白色填料等可以改善耐老化性能。

6.2.1.3 聚酯

由多元醇和多元酸缩聚而得的聚合物总称聚酯。主要指聚对苯二甲酸乙二酯（PET），习惯上也包括聚对苯二甲酸丁二酯（PBT）和聚芳酯等线型热塑性树脂。是一类性能优异、用途广泛的工程塑料，也可制成聚酯纤维和聚酯薄膜。聚酯包括聚酯树脂和聚酯弹性体。聚酯树脂又包括聚对苯二甲酸乙二酯（PET）、聚对苯二甲酸丁二酯（PBT）和聚芳酯（PAR）等。聚酯弹性体（TPEE）一般由对苯二甲酸二甲酯、1,4-丁二醇和聚丁醇聚合而成，链段包括硬段部分和软段部分，为热塑性弹性体。

聚酯（PET）属于高分子化合物。是由对苯二甲酸（PTA）和乙二醇（EG）经过缩聚产生聚对苯二甲酸乙二醇酯（PET），其中的部分 PET 再通过水下切粒而最终生成。纤维级聚酯切片用于制造涤纶短纤维和涤纶长丝，是供给涤纶纤维企业加工纤维及相关产品的原料，涤纶作为化纤中产量最大的品种，占据着化纤行业近 80%的市场份额，因此聚酯系列的市场变化和发展趋势是化纤行业关注的重点。同时聚酯还有瓶类、薄膜等用途，广泛应用于包装业、电子电器、医疗卫生、建筑、汽车等领域，其中包装是聚酯最大的非纤应用市场，同时也是 PET 增长最快的领域。可以说聚酯切片是连接石化产品和多个行业产品的一个重要中间产品。

聚酯热熔胶是由二元酸与二元醇酯化而得的热塑性产物。聚酯热熔胶与聚酰胺热熔胶一样，具有较高的耐热性，良好的耐候、耐水性和弹性。通常由对苯二甲醇二甲酯、间苯二甲酸、乙二醇和丁二醇等为原料。将对苯二甲酸二甲酯、间苯二甲酸二甲酯、二聚酸和丁二醇混合后，加催化剂钛酸四正丁酯 0.01mol，在氮气保护下于 200℃加热 1h 进行酯交换。然后添加氢化液体聚丁二烯二元醇和钛酸四正丁酯 0.02mol，在真空下于 240℃加热 4h 进行缩聚。得到的聚酯弹性体共聚物于 180℃热压成约 75μm 薄膜，用于粘接铝板和聚丙烯板。但此共聚物熔融黏度过高，难以涂布，所以再加入丁二醇 0.02mol，在氮气保护下于 240℃解聚 1.5h，制得的聚酯弹性体共聚物很容易使用热熔涂布机进行涂布，制成薄膜。

6.2.1.4 聚氨酯

聚氨酯是聚氨基甲酸酯的简称，英文名称是 polyurethane，它是一种高分子材料。聚氨酯是一种新兴的有机高分子材料，被誉为“第五大塑料”，因其卓越的性能而被广泛应用于国民经济众多领域。聚氨酯密封胶具有诸多优良特性，包括：①性能可调范围宽、适应性强；②耐磨性能好；③机械强度大；④粘接性能好；⑤弹性好，具有优良的复原性，可用于动态接缝；⑥低温柔性好；⑦耐候性好，使用寿命长达 15～20 年；⑧耐油性好；⑨耐生物老化；⑩价格适中。缺点：这种材料缺点在于其阻燃性能差，燃烧速度快且过程中会产生过度溶滴，容易导致火势加速蔓延。并且，聚氨酯在燃烧时还会产生更多的有毒气体，以一氧化碳（CO）为主。

聚氨酯材料用途非常广，可以代替橡胶、塑料、尼龙等，用于机场、酒店、建材、汽车厂、煤矿厂、水泥厂、高级公寓、别墅、园林美化、彩石艺术、公园等。聚氨酯弹性体用作滚筒、传送带、软管、汽车零件、鞋底、合成皮革、电线电缆和医用人工脏器等；软质泡沫体用于车辆、居室、服装的衬垫，硬质泡沫体用作隔热、吸声、包装、绝缘以及低发泡合成木材，涂料用于高级车辆、家具、木材和金属防护，水池水坝和建筑防渗漏材料，以及织物涂层等。胶黏剂对金属、玻璃、陶瓷、皮革、纤维等都有良好的黏着力。此外聚氨酯还可制成乳液、磁性材料等。

20 世纪 30 年代，德国 OttoBayer 首先合成了热塑性聚氨酯弹性体。在 1950 年前后，TPU 作为纺织整理剂在欧洲出现，但大多为溶剂型产品。20 世纪 60 年代，由于人们环保意识的增强和政府部门环保法规的出台，水系 TPU 涂层应运而生。70 年代以后，水系 PU 涂层迅速发展，PU 涂层织物已广泛应用。80 年代以来，TPU 的研究和应用技术出现了突破性进展，与国外相比，国内的关于 PU 的纺织品整理剂的研究较晚。

6.2.1.5 聚酰胺

聚酰胺树脂，英文名称为 polyamide，简称 PA。俗称尼龙（Nylon），为五大工程塑料中产量最大、品种最多、用途最广的品种。聚酰胺树脂，是性能优良用途广泛的化工原料，按其性质可分为两大类：非反应性或中性聚酰胺及反应性聚酰胺。中性聚酰胺主要用于生产油墨、热固性黏结剂和涂料，反应性聚酰胺可用于环氧树脂熟化剂和用于热固性表面涂料、黏结剂、内衬材料及罐封、模铸树脂。

聚酰胺是美国DuPont公司最先开发用于纤维的树脂，于1939年实现工业化。20世纪50年代开始开发和生产注塑制品，以取代金属满足下游工业制品轻量化、降低成本的要求。PA的品种繁多，有PA6、PA66、PA11、PA12、PA46、PA610、PA612、PA1010等。

随着石油化学工业和其他工业的发展，为尼龙工程塑料的发展，提供了丰富、价廉的原料和广阔的市场。尼龙主要用于汽车工业、电子电气工业、交通运输业、机械制造工业、电线电缆通信业、薄膜及日常用品。用于汽车工业的尼龙约占尼龙总消费量的1/3。主要是利用尼龙树脂密度小和优良的综合性能，以适应汽车轻量节能的要求。特别是利用它的机械强度较好、耐磨、耐油、自润滑等特点，制造各种轴承、齿轮、滑轮、输油管、储油器、耐油垫片，保护罩、支撑架、车轮罩盖、导流板、风扇、空气过滤器外壳、散热器水室、制动管、发动机罩、车门把手等。

6.2.1.6 苯乙烯及三元嵌段共聚物

苯乙烯（styrene，C_8H_8）是用苯取代乙烯的一个氢原子形成的有机化合物，乙烯基的电子与苯环共轭，不溶于水，溶于乙醇、乙醚中，暴露于空气中逐渐发生聚合及氧化。工业上是合成树脂、离子交换树脂及合成橡胶等的重要单体。

苯乙烯-丁二烯嵌段共聚物简称SBS，主要用于沥青改性、制鞋，也可做管、带、板、汽车零件、医疗器械、体育用品和黏合剂。可与树脂、橡胶并用以改性，作为填充剂可调节黏度、硬度、柔软性、黏结性和抗屈挠性。SBS苯乙烯类热塑性弹性体是应用较广的一个品种，是以苯乙烯、丁二烯为单体的三嵌段共聚物，兼有塑料和橡胶的特性，被称为“第三代合成橡胶”。与丁苯橡胶相似，SBS可以和水、弱酸、碱等接触，具有优良的拉伸强度，表面摩擦系数大，低温性能好，电性能优良，加工性能好等特性，成为目前消费量最大的热塑性弹性体。苯乙烯-丁二烯嵌段共聚物橡胶有三种合成路线：单体顺序加料法、混合单体共聚法和偶合法，都以丁基锂为引发剂，生产装置由丁基锂合成、聚合、溶剂回收、凝聚和后处理组成，与顺丁橡胶生产相似。

目前SBS主要用于橡胶制品、树脂改性剂、黏合剂和沥青改性剂四大领域。目前我国SBS的生产能力21万吨/年，而国内市场的需求则已超过35万吨，国内市场缺口较大，产品具有良好的市场发展前景。

6.2.2 增黏剂

为了增加对被粘物体的表面黏附性、胶接强度及耐热性，多数的热熔胶配方中需加增黏剂。增黏剂加入量一般为20～200份。一般随着增黏剂用量增加，柔软性、耐低温性、内聚强度及黏度增加。随着增黏剂用量增加，流动性、扩散性变好，能提高胶接面的润湿性和初黏性。但增黏剂用量过多，胶层变脆，内聚强度下降。设计热熔胶配方时，选择增黏剂的软化点和热溶胶软化点最好同步，这样配制的热熔胶熔化点范围窄，性能好。要想提高热熔胶耐热性，就得选择高软化点的材料，热熔胶配方的软化点随着材料的软化点增高而增高。增黏剂的品种很多，最常用的增黏剂有生产的热熔胶专用萜烯树脂（耐老化、耐黄变性能优）、其次 C5 和 C9 石油树脂，再次就是热塑性酚醛树脂、聚异丁烯、松香、聚合松香、氢化松香等。要求选用的增黏剂与热熔胶要有良好的相容性，在热熔胶熔融温度下有良好的热稳定性。同一个配方体系用不同的增黏剂增黏效果不一样，其软化点直接影响热熔胶的软化点，因此增黏剂在热熔胶中也起着很重要的作用。

根据在 ABA 型嵌段共聚物热塑性弹性体两相中溶解度的不同，将常用的增黏剂分为三类。第一类溶度参数一般都比较低，只能与非极性的橡胶相、石油沥青相容，脂肪族和脂环族石油树脂、松香和氢化松香树脂、萜烯树脂都属于这一类，它们能够降低自黏改性沥青的弹性和模量和内聚强度，并赋予自黏改性沥青以初黏力和剥离强度。增黏剂分为水性的和油性的，水性的有水性增黏乳液、水性增黏树脂、水性增黏粉；油性的有增黏松香树脂、改性松香树脂。增黏剂作为胶黏剂中主要是提高产品的初黏力和持黏力；用在涂料中主要提高与基体的附着力。

常见增黏剂的分子量为 200～1500，一般有大且刚性的结构。它们是热塑性的，且在室温下通常为无定形玻璃体。它们呈宽广的软化点，从室温为液体到熔点高达 90℃的脆硬固体。它们一般相当易溶于脂肪烃、芳香烃及许多典型有机溶剂。从黏性、拉伸强度、保色性及耐氧化变脆的观点来看，选择的增黏树脂会影响胶黏剂的质量。未改性树胶和木松香可转化为酯类，起初有一定的黏性，但在完成涂胶后，耐陈化性差。通过加氢或聚合稳定的松香酯类耐氧侵蚀，用于胶黏剂时具有最好的综合性能。

6.2.2.1 松香及其衍生物

松香以松树松脂为原料，通过不同的加工方式得到的非挥发性天然树脂。松香是松树树干内部流出的油经高温熔化成水状，干结后变成块状固体（没有固定熔点），其颜色焦黄深红，是重要的化工原料，日常生活方面主要用在电路板焊接时作助焊剂，在乐器方面松香被涂抹在二胡、提琴、马头琴等弦乐的弓毛上用来增大弓毛对琴弦的摩擦。

松香按其来源分为脂松香、木松香、浮油松香三种。脂松香也称放松香，颜色浅，酸值大，软化点高；木松香又称浸提松香，质量不如脂松香，颜色深，酸值小，且易从某些溶剂中结晶；浮油松香又称妥尔油松香。松香为一种透明、脆性的固体天然树脂，是比较复杂的混合物，由树脂酸（枞酸、海松酸）、少量脂肪酸、松脂酸酐和中性物等组成。松香的主要成分为树脂酸，占 90%左右，分子式为 $C_{19}H_{29}COOH$，分子量 302.46。树脂酸是最有代表性的松香酸，属不饱和酸，含有共轭双键，强烈吸收紫外线，在空气中能自动氧化或诱导后氧化。松香外观为淡黄色至淡棕色，有玻璃状光泽，带松节油气味，密度 1.060～1.085g/cm^3。熔点 110～135℃，软化点（环球法）72～76℃，沸点约 300℃（0.67kPa），玻璃化温度 T_g 是 30～38℃，折射率 1.5453，闪点（开环）216℃。燃点约 480～500℃。在空气中易氧化，色泽变深。松香的品质，根据颜色、酸值、软化点、透明度等而定。一般颜色愈浅，品质愈好；松香酸含量愈多，酸值愈大，软化点愈高。松香的黏性甚佳，尤其是压敏性、快黏性、低温黏性很好，但内聚力较差。由于松香含有双键和羧基，具有较强的反应性，故对光、热、氧较不安定，表现出耐老化性不好、耐候性不佳，容易产生粉化和变色现象，松香极细粉尘与空气的混合物有爆炸危险性。为了提高松香的抗氧化性和热稳定性，需要对松香进行改性。改性松香有氢化松香、歧化松香、聚合松香等。松香经改性后不存在共轭双键，软化点提高，热稳定性及抗氧化性都较好。

松香衍生物主要为歧化松香、氢化松香、聚合松香、马来松香、松香树脂、松香盐等，用于如防腐、防潮、绝缘、黏合、乳化等，广泛应用于材料、化学、化工等领域。但是与先进的工业国相比，我们还是比较落后的，也远远不能满足国民经济不断发展的要求。我国使用和出口的几乎都是原料松香，合成精细产品的工作尚处于起步阶段，低价的松香出口和高价的松香深加工产品进口既制约了国内松香产业的发展，也不适应我国化工、制药等产业对松香产品的需要。因此，开展松香改性的研究，开发出符合我国市场需求的深加工松香产品就显得十分重要，不仅对国家和地方经济的发展有利，而且对我国林业资源的合理开发和利用以及生态环境的保护都有十分重要的意义。

6.2.2.2 萜烯树脂

萜烯树脂是一些热塑性嵌段共聚物，具有色浅、低气味、高硬度、高附着力、抗氧化性和热稳定性好、相容性和溶解性好等优点，特别是 EVA 系、SIS 系、SBS 系等热溶胶中具有优良的相容性和耐候性及增黏效果。萜烯树脂和 EVA、SBS 等极性树脂相容性较差，为了增加与极性树脂的相容性，常对萜烯树脂进行改性。

其产品广泛应用于胶黏剂、黏着剂、双面胶带、溶剂型胶水、书本装订板、包装、胶布、烯烃胶布、牛皮纸卡胶布、胶带标签、木工胶、压敏胶、热溶胶、密封胶、油漆和油墨及其他聚合物改质剂等方面。

6.2.2.3 石油树脂

石油树脂：是指石油裂解副产物中不饱和烃馏分的聚合物。根据原料馏分，可将石油树脂分为脂肪族（C5 馏分）、芳香族（C9 馏分）、脂环族及它们的改性树脂等种类。

（1）C5 石油树脂　C5 石油树脂以其剥离强度高、快黏性好、粘接性能稳定、熔融黏度适度、耐热性好、与聚合物基质的相容性好且价格低等特点，开始逐步取代天然树脂增黏剂。C5 石油树脂在热熔胶中具有流动性好，能改善主体材料的湿润性，黏性好，有突出的初黏性能等优点。它还具有优良的抗老化性、颜色浅、透明、低臭、低挥发性等特性。在热熔胶中，可单独用 ZC-1288D 系列作为增黏树脂，也可与其他增黏树脂混合使用，以改善热熔胶的某种特性。

（2）C9 石油树脂　C9 石油树脂又称芳烃石油树脂，分为热聚、冷聚、焦油等类型。其中热聚型产品颜色浅、质量好、平均分子量为 2000～5000，是淡黄色至浅褐色片状、粒状或块状固体，透明而有光泽，相对密度 0.97～1.04，软化点为 80～140℃，玻璃化温度为 81℃，折射率为 1。闪点为 260℃，酸值为 0.1～1.0mgKOH/g，碘值为 30～120g 碘/100g。C9 石油树脂具有环状结构，含有部分双键，内聚力大，耐酸性、耐化学药品性、耐热性良好，黏结性能较差、脆性大、耐老化性不佳，不宜单体使用。

6.2.3　蜡类

蜡类物质是一种黏度调节剂、也是热熔胶的主要助剂之一。其作用是增加胶体的流动性、调节凝固速度，以达到快速黏结牢固的目的，否则热熔胶黏度过大、无法或不易流动，难以渗透到被粘贴物中去，就不能将其黏结牢固。加入软化点低的黏度调节剂，就可以达到黏结时渗透好、黏结强度高。

蜡类主要分为烷烃石蜡、微晶石蜡、合成蜡。石蜡是矿物蜡的一种，也是石油蜡的一种，它是从原油蒸馏所得的润滑油馏分经溶剂精制、溶剂脱蜡或经蜡冷冻结晶、压榨脱蜡制得蜡膏，再经溶剂脱油、精制而得的片状或针状结晶。微晶蜡是一种近似微晶性质的精制合成蜡，具有光泽好、熔点高、色泽浅的特点，其结构紧密，坚且润滑，能与各种天然蜡互容，并能提高其低密度蜡的熔点，改进粗性蜡的性能。合成蜡和基体聚合物的相容性好，并具有良好的化学稳定性、热稳定性和电性能，使用效果又优于前两种石蜡。

6.2.4　抗氧化剂

抗氧化剂的作用是防止热熔胶在长时间处于高的熔融温度下发生氧化和热分解。作为抗氧化剂应该符合如下条件：

① 与胶黏剂配合性好，最好相容；

② 有良好的抑制、延缓氧化的效能；

③ 不影响胶黏剂的工艺和力学性能；

④ 储存稳定，不引起胶黏剂变色、分层、凝胶、变质。

抗氧化剂一般选用的是 BHT（二叔丁基对甲基苯酚类），效果比较好，其用量一般控制在 0.5%左右为宜。

6.2.4.1 2,6-二叔丁基对甲苯酚

它是白色晶体，遇光颜色变黄，并逐渐变深。溶于苯、甲苯、甲醇、甲乙酮、乙醇、异丙醇、石油醚、亚麻籽油，不溶于水及 10℃的氢氧化钠溶液，可燃，无毒，用作非污染性抗氧剂，能有效地抑制空气氧化、热降解。2,6-二叔丁基对甲苯酚是国内外广泛使用的油溶性抗氧化剂。虽然毒性大，但其抗氧化能力较强，耐热及稳定性好，既没有特异臭，也没有遇金属离子呈色反应等缺点，而且价格低廉，仅为 BHA 的 1/5～1/8，我国仍作为主要抗氧化剂使用。

6.2.4.2 4,4′硫代双(3-甲基-6-叔丁基) 苯酚

它不溶于水。可溶于苯、丙酮、乙醇、一氯苯、四氯化碳，低毒。用作天然橡胶、二烯类合成橡胶及聚烯烃的防老化剂。不着色、不污染，对硫化基本无影响。耐热、耐候性优良，常用作一般制品及胶乳，特别适用于白色、艳色及透明制品。将本品加入到聚烯烃及聚丙烯中，可防止树脂在混炼、挤出及注塑成型等工序中发生老化，并能改进制品的耐候性。

6.2.5 增塑剂

增塑剂是一种增加材料的柔软性或使材料液化的添加剂。其添加对象包含了塑胶、混凝土、水泥与石膏等。同一种塑化剂常常使用在不同的对象上，但其效果往往并不相同。塑化剂种类多达百余种，但使用最普遍的是一类称为邻苯二甲酸酯类的化合物。据统计，2007～2011 年全球增塑剂消费量从 610 万吨/年增加到 670 万吨/年。增塑剂能增加胶黏剂和密封剂的流动性，并使胶膜具有流动性。这是因为它减少大分子间的次价键力，加快熔融速度，降低熔融黏度，改善对被粘接物的湿润性，提高热熔胶的柔韧性和耐寒性。

用量：增塑剂的用量一般不超过 10%，用量过多会降低胶层的内聚强度。增塑剂必须具备以下性能：①有良好的相容性、耐久性、稳定性；②不与主体发生反应，色泽浅；③常为高沸点、难挥发的液体。

6.2.6 填料

在热熔胶黏剂组分中不与主体材料起化学反应，但可以改变其性能，降低成本的固体材料叫填料。根据成分分为无机填料和有机填料。无机填料主要是矿物填料，它的加入会使胶相对密度增加，脆性增加（个别影响例外），但耐热性、介质性能、收缩率等都会有所改善。有机填料可以改善树脂的脆性，同时密度小，

但一般吸湿性高，耐热性低。

根据填料形状可分为粉末状、纤维状和片状等。粉末状填料有大理石粉、瓷粉、高岭土粉、石墨粉、氧化铝粉、金刚砂粉、玻璃粉、石棉粉、锌粉、氧化锌粉、软木粉等；纤维状填料有亚麻、麻、棉纤维、石棉纤维、玻璃以及碳纤维等；片状填料有纸、棉花、绸布、亚麻布、麻布与玻璃布等。

一般来说、从填料的形状来看其机械性能是片状＞纤维状＞粉末状。但是必须注意，对单向强度而言，同样原料成分则纤维填料大于片状，例如玻璃纤维，这是由于纤维在加工成布时，在加工与纺织过程中，玻纤的强度损失了，以致玻纤的单向强度大于它所组成布后片状材料的强度。

在各种填料中，碳酸钙因其来源广泛，价格低廉，无毒且性能优良而被广泛采用。碳酸钙又分为轻质碳酸钙、超细轻质碳酸钙、重质碳酸钙、超微细重质活性钙、活性碳酸钙等品种。碳酸钙的加入能够使热熔胶的耐热性提高，对热熔胶的力学性能也有一定的影响。

6.2.7 其他助剂

除了添加上述主要助剂外，为了改善某些方面的性能，还可加入另外一些添加剂。例如，加入适量的丁基橡胶以提高耐寒性；加入少量的过氧化物以提高耐热性；加入廉价的无规聚丙烯以降低成本等。

6.3 热熔胶的应用

6.3.1 乙烯-乙酸乙烯酯型热熔胶黏剂(EVA)

EVA热熔胶是一种不需溶剂、不含水分、100%的固体可熔性的聚合物，在常温下为固体，加热熔融到一定程度变为能流动且有一定黏性的液体黏合剂，其熔融后为浅棕色半透明体或本白色。热熔胶主要成分，即基本树脂是乙烯与乙酸乙烯在高压下共聚而成的，再配以增黏剂、黏度调节剂、抗氧剂等制成热熔胶。EVA是一种塑料物料，由乙烯（E）及乙烯基醋酸盐（VA）所组成。这两种化学物质比例可调整从而符合不同的应用需要，乙烯基醋酸盐（VA content）的含量越高，其透明度、柔软度及坚韧度会相对提高。EVA的用途很广，一般情况下，乙酸乙烯含量在5%以下的EVA，其主要产品是薄膜、电线电缆LDPE改性剂、胶黏剂等；乙酸乙烯含量在5%～10%的EVA产品为弹性薄膜等；乙酸乙烯含量在20%～28%的EVA，主要用于热熔黏合剂和涂层制品；乙酸乙烯在5%～45%，主要产品为薄膜（包括农用薄膜）和片材，注塑、模塑制品，发泡制品，热熔黏合剂等。广泛用于发泡鞋材、功能性棚膜、包装膜、热熔胶、电线电缆及玩具等领域。

在电子电气方面可用于绝缘电子的绝缘层、电子部件灌封、线圈绝缘固定、电线末端固定、塑料和金属黏结密封、绝缘材料黏结、缓冲垫黏结和光盘制作等。在烟卷、制罐方面也有应用。此外，尚能用作塑料容器的填隙、塑料装饰品和BOPP热烫印箔用热熔胶剂。总之，其应用范围广，既可作胶黏剂，也可作密封材料。EVA热熔胶黏剂快速增长的一个重要的原因，在其凝固速度快，一般固化时间在10s左右，最快的甚至仅1～2s。且无毒、不易燃，属于环保型产品。EVA热熔胶黏结适用性广泛，如对PP、PE等非极性材料，也能达到较好的黏结效果。胶层具有良好的耐低温性、耐水性和耐湿性。但由于EVA的刚性差，相对于聚酯、聚酰胺热熔胶软化点较低，其软化点在100℃左右，因此限制了它的使用范围。

6.3.1.1 EVA型热熔胶在包装方面的应用

目前，我国出口冷藏食品包装，一般用泡花碱黏合纸箱，由于泡花碱含大量水分，封盖后立即入冷库存放，泡花碱在冷库内立即冻结，从而把纸箱粘牢。纸箱运送到达口岸，在装卸过程中，由于风吹日晒，常有开箱散装现象，为此还必须再加两道塑料腰封，使包装费用增加。因此，山东省化学研究所研制了冷藏食品包装用EHM-1型热熔胶，这种胶具有无水、无有机溶剂、无毒、快干、高强度、低温性能好、经济等特点。经青岛红旗冷藏厂试用，用手工操作，包装费用为原始费用的42%，若用涂布器操作，费用还可下降。经技术鉴定后，已投入生产和应用。EHM-1型热熔胶的各种指标均符合冷藏热熔胶的要求。除此以外，山东省化学研究所还研制了EHM-2型包装用热熔胶，它的耐热温度为63℃，适用于室温下各类纸板箱包装使用，各种性能均能满足要求。

6.3.1.2 EVA型热熔胶在塑料粘接中的应用

EVA热熔胶对塑料，特别是难粘塑料有较强的黏合力，可粘接聚乙烯、聚丙烯、聚四氟乙烯、聚苯乙烯等塑料，应用于聚丙烯管、聚乙烯钙塑管、聚丙烯编织覆膜带、聚丙烯洗衣桶与ABS排水阀粘接、冷藏食品包装、电线捆束、塑料铭牌粘贴、无线绝缘固定等。EVA型冷藏食品包装用热熔胶具有无水、无有机溶剂、无毒、快干、高强度、低温性能好等特点，用于热熔复合薄膜。EVA型热熔胶在连续自动化生产线上，把胶粒加入到熔胶器中，胶化后被喷涂或刮涂到被粘物上，迅速合拢加压，完成粘接过程。

6.3.1.3 EVA型热熔胶在印刷业中的应用

在印刷业中，EVA热熔胶早在20世纪70年代末最先使用在书籍包本联动机上，适合车速为每小时2500～5000本的机器。到80年代中期，国内高速包本联动机的引进，改进的热熔胶满足每小时10000～13000本的车速，基本上解决了出书时间中装订拖后腿的问题。随着印刷业的发展以及对环保的重视，热熔胶的应用面会越来越广。热熔胶的预涂膜解决了原覆膜工艺带来的污染，使用简便。涂布热熔胶的包装纸使食品、药品的包装联动化。EVA 的树脂还可作为油墨的连接料，提高油墨的黏附性能。我们通过利用 EVA 树脂优异的配伍性能，还能研制出适合各行各业用的热熔胶。

6.3.1.4 EVA 型热熔胶在衬塑复合钢管中的应用

衬塑复合钢管以普通钢管为基材，在内部（或内外部）衬上一层塑料管，形成一种兼具钢与塑料优点的高性能复合管道。在衬塑复合钢管的生产与制造中，热熔胶是重要的原材料之一，主要用于黏合钢管与塑料管。EVA（乙烯-乙酸乙烯共聚合物）树脂粘接力强，具有良好的耐候性、气密性，和其他配合成分有良好的相容性，是多种用途热熔胶的优质基体树脂材料。针对衬塑复合钢管的性能及使用要求，研究了以 EVA 树脂为基体的热熔胶，通过正交试验探索了优化配方，并将其应用于衬塑复合钢管的生产中，按照标准要求进行一系列检测，得到可以推广使用的复合管道产品。

6.3.1.5 EVA 型热熔胶在档案修复中的应用

EVA 树脂自 1960 年杜邦公司实现工业化生产以来，发展十分迅速。目前 EVA 树脂的生产已遍及美国、欧洲和日本等国家和地区。高分子胶黏剂目前在我国档案修裱工作中已经有了初步进展（它是一种很有前途的新型胶黏剂），在档案修复加固中具有特殊的性能。沈阳市档案馆研究采用 EVA 热熔胶为黏合剂修复加固严重破损单页双面字档案、底图档案的科研项目被列为 2001 年国家档案局科技项目计划（并于 2002 年 11 月 2 日通过由国家档案局组织的专家的鉴定）。档案纸质载体由于受有害气体的侵蚀、虫蛀、霉菌及自然老化等内外因素的影响，出现严重破损的现象，如炭化、酥脆、粉化、破碎、霉烂等而危及档案的寿命及安全。虽然目前已有几种不同的修复加固方式，但主要受到黏合剂的限制，对这部分档案仍没有较理想的修复加固方式。EVA 热熔胶可以对这种拉伸强度、撕裂度几乎为零、数据无规律性、均匀度指标基本不存在的严重破损档案进行修复加固，并可达到较理想的修复加固效果。

6.3.1.6 EVA 型热熔胶在木材加工中的应用

在木材加工中，EVA-HMA 主要是与封边机配套，用于家具封边，改变了以往手工操作的落后面貌，提高了劳动效率。用 EVA-HMA 制作的家具，大多是组合型的板式家具，拆装方便。目前这种家具基本上是销往国外，在美国、日本都很畅销。

6.3.2 聚酯型热熔胶黏剂

聚酯是由英国化学家Whinfield和Dixon于1944年发明的，1949年率先于英国实现工业化生产，聚酯树脂具有优良的实用性和高强度性能。聚酯型热熔胶黏剂（简称聚酯热熔胶，hot melt adhesive of polyester）在世界上的出现是在20世纪60年代。我国聚酯热熔胶工业化始于20世纪70年代，至今发展速度仍很缓慢，到目前为止也只有吨级产品，远远不能满足市场要求，而且其用途也只限于制造服装衬里等，在其他方面应用很少。随着聚酯（又叫涤纶）纤维及其制品的大量生产，在其改性工作方面也引起了普遍的关注。在1980年，聚酯型树脂因为熔点高，刚性强，且具有不粘性，所以不能作为黏结剂，特别是不适宜作热熔胶黏剂使用。随着胶黏剂的不断发展，通过化学改性的方法增强聚酯型树脂的应用，通常是加入一定量的脂肪族二元酸或较长碳链的二元醇同聚酯生产的其他组分进行共聚反应而制得。这种共聚酯和原有聚酯相比降低了熔点，还增加了柔性，并且具有较好的黏结性，是一种综合性能较好的柔性材料胶黏剂。

聚酯热熔胶品种很多，可根据使用要求任意设计。如有专为赋予粘接表面有效的润湿和粘接能力、改善耐热性而加入的低熔点或者高熔点树脂；有为显示胶黏剂沉积位置、数量和活化状态而加入少量粉末染色材料的含指示剂的热熔胶黏剂；有要求牢固的黏合并具有弹性和柔性，黏结鞋底的线型三元共聚酯胶黏剂；有含纤维素用于临时粘接腰窝搭接缝用的纤维素热熔胶黏剂；有为显著缩短固化时间的含有石蜡成分的聚酯热熔胶黏剂；有为改善变色现象而使用芳香族磷酸酯改性的高分子量线型共聚酯；也有为拓宽粘接范围而制作的酯-酰胺多相共聚物的热熔胶黏剂。由于聚酯热熔胶的主体聚合物是一种新型合成材料，它具有高性能、低成本的优点，因此国内外一直在从事它的研究和开发工作。目前国内聚酯热熔胶的牌号有HE-1、HE-3、791、792、ZU-01等。世界聚酯热熔胶的主要生产厂商有美国的Bostik、Fastening Systems、Goodyear Chemical、Eastman Cheical和Whittaker等公司，欧洲的Emster-werke、Dynamit Nobel和Huels等公司。

6.3.2.1 聚酯型热熔胶黏剂在纺织品的应用

用多元酸及伯胺对聚酯改性，能制成聚酯酰胺热溶胶。由于聚酯酰胺热熔胶既有酯键又有酰胺键，综合了聚酯热熔胶和聚酰胺热熔胶的共同优点，不仅具有挺丰满的外观质量，而且洗后不经熨烫自然平整，具有优异的耐干洗、水洗性能，因此广泛应用于织物的粘接。采用链交换法将聚酯热熔胶与聚酰胺热熔胶在氮气的保护下共熔，在催化剂作用下发生链交换反应，获得了聚酯酰胺热熔胶，应用于静电植绒用服装，结果表明，耐干洗、水洗性均好于聚酰胺热熔胶。采用共缩聚法用二元酸、二元醇、二元胺、涤纶短丝、碎屑等合成了聚酯酰胺热熔胶，其耐水洗、干洗性大为提高，粘接强度也有很大的提高，如以胶膜形式粘接布时，其粘接强度大于被粘材料涂布本身的强度。

以对苯二甲酸二甲酯、间苯二甲酸二甲酯和少量脂肪族二羧酸的混合酸与1,4-丁二醇、己二醇的混合二元醇，在钛酸四丁酯催化下共聚，得到的线型聚酯，具有较好的粘接性、柔韧性和耐水性。以对苯二甲酸二甲酯、间苯二甲酸二甲酯、1,4-丁二醇中引入端羟基聚四亚甲基醚进行嵌段共缩聚，制得的聚醚型聚酯，具有较好的粘接强度，耐干湿洗性好。由于聚醚分子链段具有很好的柔韧性，将其作为共聚单元无规地嵌段在聚酯大分子链上，打乱了聚酯大分子原有的有序排列，降低了大分子链间的相互作用力或结晶程度，因此显著降低了聚酯树脂的熔点和熔融黏度，使其适合做服装衬里的胶黏剂。这种改性聚酯（PES）也可作热熔胶，根据PES热熔胶的物理化学特点，经过多次小实验和大生产实验，研究出了点衬用方便、性能优良的浆点衬用的PES热熔液浆。上海纺织科学研究所的毕克鲁用数值对各类热熔胶进行了综合分析，总结了聚酯热熔胶在服用性能上的优势。

6.3.2.2 聚酯型热熔胶黏剂在包装热封和复合薄膜上的应用

近年来，在包装行业大量地使用聚酯型热熔胶，特别是在热封方面，用热熔胶可在几秒钟内完成一次封缄，适于自动化连续生产。美国包装行业用胶的75%是聚酯热熔胶。吸塑包装（也叫开窗式包装）是最近国内外比较流行的包装形式。使用热熔胶可以大大提高生产能力，并且具有美观的外表。已开始应用的有扣式电池、医药片剂、食品、丝锥、密封环等，深受消费者的欢迎。复合薄膜是将聚酯热熔胶通过挤出机加工成熔膜，趁热同铝箔、布、纸张等不同性质材料热压在一起，冷却后即为复合材料。聚酯胶膜同铝箔的复合薄膜可用于食品、化妆品的包装，同布复合可裁作石油、采煤工人的劳保工作服，其特点是质轻、体积小、防水及不怕油污等。

6.3.2.3 聚酯型热熔胶黏剂用作表面处理剂

由聚烯烃制得的农用薄膜，用于蔬菜、水果和其他农作物的温室，因其表面容易凝结水分，有碍于阳光的透过，从而影响植物的生长；汽车驾驶室的挡风玻璃，由于水汽的凝结而影响驾驶安全。若将聚醚型聚酯的溶液涂帘于上述的薄膜或玻璃上，再用热风吹去溶剂，可以避免上述弊病。

6.3.2.4 聚酯型热熔胶黏剂用作发泡和增强材料

聚酯热熔胶，特别是聚醚型聚酯，可以通过选用适宜的发泡剂和加工温度制成微孔发泡剂材料。发泡后的聚合物密度和硬度降低，并获得较大的柔软性能。聚酯胶用玻璃纤维增强后，其刚性、弯曲强度和热变形温度均有提高，它的强度可相当于聚酰胺6、聚碳酸酯和聚对苯二甲酸二丁酯（PBT）。其耐冲、耐油、耐液压介质性能均优于上述材料。

6.3.2.5 聚酯型热熔胶黏剂在太阳能电池中的应用

随着光伏电池产能急剧增加，极大地推进了产业链上配套材料的发展和升级。聚酯薄膜作为太阳能电池背板的主要配套材料，2010 年在太阳能光伏电池中的使用量近 1.2 亿平方，成为聚酯薄膜应用领域的新增长点。聚酯薄膜用于太阳能电池背板是以普通聚酯薄膜作为中间层基材，两面复合上改性的聚酯薄膜。可对于延长电池寿命和光电转化效率的要求，就要提高和改善聚酯薄膜的性能，如：电气绝缘性能，耐水解老化性能，水蒸气透过率，尺寸稳定性能，耐撕裂性能等这些在太阳能电池方面的特殊性能。

6.3.2.6 聚酯型热熔胶黏剂在其他行业中的应用

除了纺织品、太阳能电池等以上应用以外，结晶性好但玻璃化温度低的耐寒、耐热、耐热振动的聚酯热熔胶可用于制罐等金属的粘接。由于聚酯热熔胶具有耐热、耐寒、耐水、耐油性好，以及对金属和塑料优良的粘接性，从而在汽车工业中也得到了应用。同时因为该热熔胶优良的耐热、耐寒和电气性能，使其在电气工业中获得了应用，如变压器接头固定、偏转线圈固定。利用废聚酯应用于聚酰胺热熔胶中，可用于彩电偏转线圈的固定，聚氯乙烯电线捆束固定等。此外，聚酯热熔胶还应用于包装、木材、建筑材料等粘接。

6.3.3 聚酰胺热熔胶黏剂

聚酰胺的化学结构式为：

$$\left[\overset{\displaystyle O}{\overset{\|}{C}} - R - \overset{\displaystyle O}{\overset{\|}{C}} - NH - R' - NH \right]_n$$

聚酰胺热熔胶可分为两类：一类为高分子量聚酰胺热熔胶，俗称尼龙型热熔胶。尼龙型热熔胶是由内酰胺或氨基酸衍生物均聚、短碳链二元酸和二胺缩聚而成的。与二聚酸型聚酰胺相比，由于结构规整，使它们的结晶度、熔点和熔融黏度都较高。用作热熔胶的尼龙（Nylon）有以下几种：尼龙 6、尼龙 12、尼龙 11、尼龙 66、尼龙 69、尼龙 610、尼龙 612、尼龙 1010。为破坏尼龙的规整性，降低其结晶度、熔点，常用共聚的方法，如尼龙 6、尼龙 66 与尼龙 12、尼龙 10 共聚而成的尼龙 6/尼龙 12、尼龙 6/尼龙 66/尼龙 10、尼龙 6/尼龙 66/尼龙 12 等，这样，也增加了分子链的柔性。实际应用于热熔胶的三聚酰胺有尼龙 6/尼龙 66/尼龙 610、尼龙 6/尼龙 66/尼龙 12、尼龙 6/尼龙 66/尼龙 612，目前国内的共聚尼龙品种还较少，仅有尼龙 610、尼龙 612 等。由于这些尼龙熔点较高，溶解性能差，使用不方便，一般用甲醛处理制成羟甲基化尼龙，用三元或三元以上的共聚尼龙，熔点可降到 150℃，此类热熔胶流动性较好，粘接强度高，耐干洗、水洗，已广泛应用于服装、纺织等行业。另一类为低分子量聚酰胺热熔胶，系由植物脂肪酸（酯）的二聚体或三聚体与有机胺缩合而成，常称为脂肪酸聚酰胺热熔胶。二聚酸型聚酰胺是由美国北方区域研究实验室（Northern Regional Research Lab）开创的固态物质。20世纪40年代该实验室研究该类难溶树脂，并作为有兴趣的物质介绍于世，此后，经众多研究者开发研究，直至今日仍在应用该类产品。二聚脂肪酸与乙二胺缩聚生成无规聚酰胺，它具有明显的熔点和快速的固化能力。随着二聚脂肪酸新制造工业的开发，且发现较高分子量的聚酰胺的性能高，实用性更强，故陆续开发了这类聚酰胺。此类热熔胶具有良好的强度和韧性，大部分性能优于EVA型热熔胶，现已广泛应用于皮革、织物、塑料、金属等材料的黏结。

聚酰胺热熔胶聚体的聚酰胺树脂的分子量，一般在1000～9000的范围之内。通常，二聚脂肪酸与乙二胺的缩聚物软化点为105～110℃，用碳链较短的己二酸、壬二酸或癸二酸部分代替二聚脂肪酸，可提高聚酰胺的软化点。聚酰胺树脂合成时，选用不同的二元胺和己二胺混合的方法。另外，聚酰胺树脂的分子量也可以通过加入单体二元酸（如癸二酸）以及改变原料组分配比的方式来加以调节。通常情况下，增加癸二酸的用量，能提高树脂的分子量和耐热性。二聚酸型聚酰胺易氧化，在用作热熔胶时需要加入抗氧剂以保证其在受热时不分解，常用的抗氧剂有受阻酚、亚磷酸盐、受阻芳香胺等。为满足不同的需求也可以添加增黏剂，如松香及其衍生物等高熔点蜡类和其他树脂如无规聚丙烯、酚醛树脂或环氧树脂等，有时为降低其熔化温度还加入增塑剂以满足不同的需求。有时为了调节热熔胶的软化点和施胶工艺将不同分子量或不同种类的聚酰胺混合使用。如将不同分子量的聚酰胺树脂（表现为从液体到固体）按一定比例相互混合，可将热熔胶的软化温度调整至100～200℃这样一个宽的范围。实际应用的聚酰胺热熔胶大多采用共聚酰胺树脂以满足不同使用要求。通过共聚，分子链规整性被打乱，氢链遭到破坏，使之结晶性下降，从而降低熔点，采用不同的摩尔比，可制得高（180～190℃）、中（140～150℃）、低（105～100℃）环球软化点的聚酰胺热熔胶。

6.3.3.1 聚酰胺热熔胶黏剂在制鞋业的应用

鞋用胶常用于鞋帮、外底、主根、包头、鞋跟、勾心和鞋垫等处的粘接，帮面材料多为天然皮革、人造革和织物等，鞋底材料多为橡胶和塑料等。由于粘接时帮面不规则，施胶只能在鞋帮的某些位置，既要与外底粘接，又不能将胶留在帮外影响美观，因此增加了粘接的难度；而聚酰胺热熔胶具有优良的柔韧性，所以非常适用于制鞋绷楦如前尖、腰窝及包鞋跟等处的粘接。鞋用聚酰胺热熔胶一般使用低分子量的聚酰胺类热熔胶，若将聚酰胺与少量环氧树脂及增塑剂热混反应后，制得的鞋用热熔胶条的黏结强度和韧性会大幅度提高，该胶带（条）可缠绕成卷，脆性温度约10℃，特别适用于鞋类及皮革的粘接。学者研究了一种具有两亲性能的聚酯酰胺，用其制成的热熔胶性能优异，对皮革等材料均具有很好的粘接作用。

6.3.3.2 聚酰胺热熔胶黏剂在纺织品业的应用

使用热熔胶的纺织品主要有服装、地毯和织物的植绒等。传统服装行业多采用手工缝制，但不费时，而且需要经验技巧；用热熔胶粘接锁边、花边和装饰品等，不仅能与服装面料等永久粘接，使服装耐穿、挺拔和圆润，而且还能降低成本，大大提高工作效率。热熔胶应用与织物粘接遇到的最大障碍是织物的清洗，即耐干、湿洗性和耐水洗细腻感。金荣福等选用尼龙6和天然橡胶为黏合层材料，试制出适用于服装的热熔胶，实验结果表明，该胶的剥离强度可达4.51N/cm，远超过进口样品的剥离强度（2.20N/cm），与涤纶或尼龙布基有很好的粘接强度，可用于拉链布基末端的粘接。由于聚酰胺热熔胶的优异耐水洗性和耐干洗性，因而已成为服装行业热熔胶的主流产品。

6.3.3.3 聚酰胺热熔胶黏剂在汽车工业的应用

热熔胶在汽车工业中的用途相当广泛，无论是新车组装还是售后维修都有用武之地，如汽车发动机中的滤清器黏结、车灯密封黏结、减振器密封、螺钉封固和车灯内装饰固定黏结等。在汽车中使用热熔胶一则可以满足美观要求，增加结合强度并减轻质量；二则无毒无味，有利于环境保护。

6.3.3.4 聚酰胺热熔胶黏剂在电子电气上的应用

PA热熔胶在电子工业中的应用，主要是指用于电视机偏转线圈的粘接与固定、家用电器导线的捆绑、电器接头的包裹、通电线缆和吸尘器等生产中有关部件的粘接与密封。目前国内的电视机及其他电器中使用的偏转线圈需要进行线圈预定和后定位处理，通常要求热熔胶固化时间短、表面电阻大、介电强度高且使用温度为−25～80℃。使用二聚型PA热熔胶不仅能满足此项工艺要求，而且还能明显提高生产效率。扬声器、音响、电视机及收音机等产品的发音部件，在装配过程中几乎都使用胶黏剂来完成。扬声器主要由纸、布、合成树脂和金属等材料构成，作为重要的粘接部位主要有音圈线圈与圆锥纸、音圈线圈与磁头、音圈线圈与支架、防尘罩与圆锥纸、边缘与框架、圆锥纸与支架和圆锥纸与边缘等处的粘接。扬声器专用热熔胶，通常要求粘接速率快、介电强度高且使用温度为−35～50℃，而二聚酸型PA热熔胶同样是理想的选择。

6.3.3.5 聚酰胺热熔胶黏剂在热缩套管上的应用

通信电缆、动力电缆和光缆的敷设会形成各种接头，需要对接头进行连接和保护；油气管道在管与管接口处的防腐、保温需要包覆，包覆的材料和方式各异，但应用最方便、最广泛的包覆方式是采用热缩套管。热缩套管与接头的连接是通过热熔胶来实现粘接与密封的，尤其对气压维护型接头的密封而言，更需要采用高质量的热熔胶进行粘接。传统的国内电缆接头包封多采用乙烯/乙酸乙烯共聚物（EVA）类热熔胶，该类热熔胶耐热性能较差，在高温天气或超过 60℃时会因粘接强度的严重下降而发生漏气现象，因此，只能在要求较低的场合使用。对于密封要求严格的场合，目前普遍使用具有良好耐高低温性能的二聚酸型 PA 型热熔胶。

6.3.3.6 其他应用

聚酰胺热熔胶还可以用于金属的粘接。由聚酯酰胺和聚苯乙烯热混制成的热熔胶条，对金属具有良好的粘接力，且粘接强度很高，即使在老化和较高的温度下仍能保持理想的粘接强度。聚酯酰胺聚酯预聚物（50%～80%）和聚酰胺预聚物（20%～80%）用两步法共聚反应制成，聚酯作为晶态嵌段，它赋予黏合剂较高的熔点和粘接强度；聚酰胺作为非晶嵌段，赋予黏合剂润湿性、弹性和橡胶特性；聚苯乙烯具有增加黏合剂的粘接强度、降低熔体黏度和抗老化的作用。向 PA11、PA12 系聚酰胺中引入聚乙烯或聚丙烯基共聚物的聚酰胺，可大大提高聚酰胺的粘接强度。制备方法可采用两步法，先在反应釜中形成聚酰胺树脂，再加入聚酯，从而形成聚酯酰胺。聚酰胺热熔胶对金属和非极性塑料的优良粘接性以及可高速粘接等特性，可广泛用于轻质钢板、不锈钢钢板等金属间的层压和 PET/钢板、PVC/钢板等金属与塑料间的层压。采用低软化点聚酰胺树脂、超低软化点聚酰胺树脂、聚乙烯、邻苯二甲酸二丁酯、双酚 A 型环氧树脂和松香树脂配制而成的热熔胶为耐寒型热熔胶。采用低软化点（105～115℃）和超低软化点（43℃）的聚酰胺树脂为基体，具有良好的低温挠屈性和柔韧性，对于聚乙烯和聚丙烯等难粘塑料具有良好的粘接性能，因此可用于汽车顶棚的粘接和顶棚拱型加固梁的粘接等。

6.3.4 聚氨酯热熔胶黏剂

PU（聚氨酯）热熔胶，即以聚氨酯树脂或者预聚体为主题材料，并以各种助剂为配料如增黏剂、催化剂、抗氧化剂及填料等而制得的一类热熔胶，经过密炼、注塑成型等加工后常温下可以条状、颗粒状、粉末状、薄膜状等存在。相比浇注型和混炼型聚氨酯，聚氨酯热熔胶化学结构上的化学交联没有或很少，其分子基本是线型的，由于分子中含有较多的如酯基、醚基、氨基甲酸酯基、脲基、缩二脲基及脲基甲酸酯基等强极性基团，这些基团分子间存在的强作用力和氢键形成物理交联。聚氨酯型热熔胶可分为两类：一类是热塑性聚氨酯弹性体热熔胶，又可称为热熔型聚氨酯热熔胶；另一类是反应型聚氨酯热熔胶。前者加热液化后冷却固化，后者加热液化后通过冷却与湿气反应交联固化。聚氨酯热熔胶还可以按其他的标准分类，如按形状，可分为胶膜、胶带以及粉末三种类型。溶液在所需粘接的材质表面挥发后成为热熔胶膜；胶带是由增强材料或者载体作背衬；而胶膜则由胶黏剂自身支撑。热塑型聚氨酯热熔胶虽可重复使用，但往往黏结强度不高，耐高温性能、耐溶剂性、耐水性相对较差。因此，为了克服这些缺点，发展了反应型聚氨酯热熔胶。自20世纪40年代以来，聚氨酯树脂以其独特的优异性能成为发展最快的材料。而反应型热熔胶又是聚氨酯胶黏剂中发展最快的，根据Juergen Wegner博士在European Coating Journal上指出，反应型热熔胶近几年在欧、美、日的增长率在7.9%以上。最近报道，在合适的改性剂存在下，可以制得初黏、终黏性能与市售聚酯型相当的全聚酯型预聚体为主要成分的反应型聚氨酯热熔胶黏剂。

制备聚氨酯热熔胶时由于封闭剂的解离温度多在100℃以上，往往会引起胶层产生气泡，所以封闭型聚氨酯热熔胶仅用于维护处理等。而湿固化反应型热熔胶虽具有优异性能，但由于它在制造、储运和施胶时必须严格隔离湿气，使其推广受到一定限制，目前还未能大量商品化。近年来，由于技术和设备的突破性进展逐渐解决了这些问题，应用正逐渐增多。

总的来说，热熔型聚氨酯获得应用的原因是：使用可靠性强，均匀性好，粘合工艺简单，浪费少（未用完的胶可保存以后再用）。此外，由于热熔胶不使用有机溶剂，不会污染环境，从而受到用户的欢迎。聚氨酯热熔胶能设计为不同的牌号规格，其初黏时间由几秒到几十分钟内可调，胶膜屈服强度可达13.7MPa，伸长率可达600%。这种产品可以适应从大板涂布到自动生产线涂布的变化，在发达国家已经用于多种行业。其中以反应型PU热熔胶的应用最为广泛。反应型聚氨酯热熔胶不仅可以胶接多孔性的材料，如泡沫塑料、陶瓷、木材、织物等，而且可以胶接表面光洁的材料，如钢、铝、不锈钢、金属箔、玻璃、塑料、皮革以及橡胶等。它还具有相当高的内聚强度，可以根据需要调整原料的配比，以获得从柔性至刚性的系列胶黏剂。反应型聚氨酯热熔胶的特性主要是可以在一定环境条件下固化，比传统热熔胶的应用温度低。

总之，这是一种综合性能较好的热熔胶，并在以下行业得到应用：①汽车结构和零部件，如挡风玻璃密封及灯具组装；②纺织业及制鞋业，如织物接缝粘接及鞋底粘接，具有耐水性以及柔软舒适等优点；③书籍无线装订，由于胶层柔韧，可使书籍翻启时平整度高，并防止阅读时在装订处形成凹槽或书本突然合上，比EVA装订更具优越性；④食品包装业，能承受食品卫生规定的高、低温消毒处理；⑤木材加工及家具行业，胶层耐水、耐老化性良好，且不污染和腐蚀木材；⑥电子电气行业，胶层快速固化，无须配胶，固化收缩率小，特别适用于电子电气行业精密元器件粘接。

参 考 文 献

[1] 李盛彪．热熔胶黏剂:制备·配方·应用[M]. 北京:化学工业出版社,2013.

[2] 杨笠．用PE热熔胶膜制造胶合板带来的产业升级[J]. 林产工业,2017,(01)：43-45.

[3] 张于弛．硅烷偶联剂改性湿固化聚氨酯热熔胶的性能研究[J]. 聚氨酯工业,2016,(01)：37-39.

[4] 黄兵,宗雅君,林中祥．镀铝膜复合用反应型聚氨酯热熔胶内部气泡的抑制[J]. 化学与黏合,2015,(01)：15-17,42.

[5] 杜新胜,杨成洁,张霖,等．石油树脂在热熔胶中的应用[J]. 上海涂料,2013,(06)：37-40.

[6] 张荣军,律微波．EVA热熔胶改性研究进展[J]. 化学与黏合,2011,(01)：55-56,62.

[7] 荆鹏,刘峰,王晓蕾,等．新型家具封边用EVA热熔胶的制备[J]. 化学与粘合,2010,(02)：35-37.

[8] 叶青,陆振飞,李健,等．车灯用反应型聚氨酯热熔胶的研制[J]. 化工进展,2010,(01)：108-111,129.

[9] 朱岩,郭勇敏,陈璐璐,等．无规聚丙烯热熔胶的制备及其改性研究[J]. 中国胶黏剂,2009,(10)：28-32.

[10] 阎利民,朱长春,宋文生．聚氨酯胶黏剂[J]. 化学与粘合,2009,(05)：53-56.

[11] 王沛喜．适合粘接金属与塑料的EVA热熔胶[J]. 中国胶黏剂,2009,(08)：41.

[12] 王晶,赵大生,孙秀英．我国环保胶黏剂的现状及发展趋势[J]. 化学与粘合,2009,(02)：51-53,70.

[13] 张慧君．木材用胶黏剂的现状和发展趋势[J]. 南阳师范学院学报,2008,(12)：50-54.

[14] 詹中贤,曹祺风．环氧树脂改性聚氨酯热熔胶黏剂力学性能的研究[J]. 化学与粘合,2007,(04)：244-247.

[15] 詹中贤,朱长春,牛杰峰,等．家具封边用聚氨酯热熔胶黏剂研制[J]. 化学推进剂与高分子材料,2007,(02)：45-48.

[16] 刘镯．人造板封边用EVA热熔胶的研制[J]. 科技资讯,2005,(22)：5.

[17] 周其平．EVA热熔胶满足装订工艺的需要[J]. 印刷技术,2004,(36)：51-53.

[18] 王淮珠．正确使用EVA热熔胶,开好无线胶订机及常见质量问题原因分析(下)[J]. 中国印刷,2003,(06)：117-120.

[19] Pan X,Zeng Z,Xue W,et al. Hot melt adhesive properties of PA/TPU blends compatibilized by EVA-g-MAH[J]. Journal of Adhesion Science and Technology,2017,31(9)：943-957.

[20] Bao L,Fan H,Chen Y,et al. Effect of surface free energy and wettability on the adhesion property of waterborne polyurethane adhesive[J]. RSC Advances,2016,6(101)：99346-99352.

[21] Estan-Cerezo G,Martín-Martínez J M. Thermal,viscoelastic and adhesion properties of EVA(ethylene-co-vinyl acetate)hot melts containing polypropylene waxes of different nature[J]. Journal of Adhesion Science and Technology,2015,29(9)：875-889.

[22] Nase M,Großmann L,Rennert M,et al. Adhesive properties of heat-sealed EVAc/PE films in dependence on recipe,processing,and sealing parameters[J]. Journal of Adhesion Science and Technology,2014,28(12)：1149-1166.

[23] Meng F,Fulin C,Lan C. Research on modification and application of EVA[J]. New Chemical Materials,2014,11：75.

[24] Krupa I,Cecen V,Boudenne A,et al. Mechanical properties and morphology of composites based on the EVA copolymer filled with expanded graphite[J]. Polymer-Plastics Technology and Engineering,2012,51(13)：1388-1393.

[25] Yuan X,Sun W,Zuo X,et al. The crack self-healing properties of cement-based material with EVA heat-

melt adhesive[J]. Journal of Wuhan University of Technology-Materials Science Edition, 2011, 26(4): 774-779.

[26] Tyczkowski J, Krawczyk-Kłys I, Kuberski S, et al. Chemical nature of adhesion: plasma modified styrene-butadiene elastomer and polyurethane adhesive joints[J]. European Polymer Journal, 2010, 46(4): 767-773.

[27] Cecen V, Boudenne A, Ibos L, et al. Electrical, mechanical and adhesive properties of ethylene-vinyl acetate copolymer(EVA) filled with wollastonite fibers coated by silver[J]. European Polymer Journal, 2008, 44(11): 3827-3834.

[28] Park Y J, Joo H S, Kim H J, et al. Adhesion and rheological properties of EVA-based hot-melt adhesives[J]. International Journal of Adhesion and Adhesives, 2006, 26(8): 571-576.

7

水基胶黏剂

7.1 聚乙酸乙烯酯乳液胶黏剂

聚乙酸乙烯酯乳液胶黏剂是以乙酸乙烯酯（VAc）作为单体在分散介质中经乳液聚合而制得一种热塑性胶黏剂，亦称聚乙酸乙烯酯均聚乳液（poly vinyl acetate emulsion adhesive），俗称白胶或乳白胶。聚乙酸乙烯酯乳液最早见于1921年6月批准的一项德国专利 No. 271381 中，1930年出现聚乙酸乙烯酯商品，1937年德国实现工业化生产，特别是法本公司的 W. Starck 和 Frendeberg 发明以聚乙烯醇（PVA）作保护胶体进行乙酸乙烯酯乳液聚合的方法，大大推动了 PVAc 乳液工业的进展。聚乙酸乙烯酯乳液通常以水为分散介质，单体在引发剂的作用下合成。水乳性产品代表当今的发展方向，制备的乳胶粒直径在0.05～10μm之间，可部分渗入基材的微观裂缝和毛细孔道内，起到良好的粘接和涂覆效果，在很多场合乳液可直接使用。主要应用于木材加工、土木建筑、纸张加工、包装及装订行业中的胶黏剂、涂料、建筑、纺织、造纸、皮革、生物医学等领域。

PVAc 乳液胶黏剂有很多优异的特性，如对多孔材料如木材、纸张、棉布、皮革、陶瓷等有很强的黏合力；能够室温固化，干燥速度快；相比于有色胶黏剂，PVAc 乳液胶黏剂的胶膜无色透明，不污染被粘物；不燃烧，无污染，安全无害；相比于多组分胶黏剂，PVAc 乳液胶黏剂为单组分，使用方便，清洗容易，储存期较长，可达1年以上。

但是 PVAc 乳液胶黏剂的耐水性和耐湿性差，其对冷水有一定的耐水性，但对温水的抵抗性极差；易吸湿，在湿度为65%的空气中吸湿率为胶重的1.3%，而在湿度为96%的空气中吸湿率则为3.5%。且具有热塑性，耐热性差。

7.1.1 聚乙酸乙烯酯乳液聚合原料

聚乙酸乙烯酯（PVAc）乳液是指以乙酸乙烯酯为主单体，借助乳液聚合或其他聚合方法，通过均聚或与其他单体共聚制成的聚合物乳液。聚乙酸乙烯酯乳液合成时，除了单体乙酸乙烯酯外，还需要分散介质、引发剂、乳化剂、保护胶体、增塑剂、冻融稳定剂以及各种调节剂等，具体一般性配方如表 7-1 所示。

表 7-1 乳液聚合的一般性配方

组分	含量/%（质量分数）
水	40～70
单体	30～60
乳化剂	单体的 0.1～0.3
引发剂	单体的 0.1～0.3
其他（保护单体、分子量调节剂、缓冲剂等）	适量

7.1.1.1 单体（乙酸乙烯酯）

乙酸乙烯酯亦称乙酸乙烯酯，为无色可燃液体，分子式 $CH_3COOCH{=}CH_2$，具有甜的醚香，微溶于水，可溶于有机溶剂，它在水中的溶解度 28℃时为 2.5%，而且容易水解，水解产生的乙酸会干扰聚合。

乙酸乙烯酯蒸气有毒，具有麻醉性，对中枢神经系统有伤害作用，同时刺激黏膜并引起流泪，长期接触有产生皮炎的危险。乙酸乙烯酯易聚合，当有少量氧化物存在时，乙酸乙烯酯即可聚合，当不加稳定剂（亦称阻聚剂）时存放时间不可超过 24h（在密闭容器中可引起爆炸），在较低温度下它可以保存比较长的时间。最有效的稳定剂为二苯胺（用量为乙酸乙烯酯量的 0.01%～0.02%）、二价金属（Ca、Zn、Mg）的松脂酸盐、苯酚、对苯二酚等。对苯二酚是常用的烯类单体的阻聚剂，如使用对苯二酚作为阻聚剂在聚合时无需除去阻聚剂，因为乙酸乙烯单体的活性比较大，有些烯类单体在聚合前必须先除去才能聚合。同时，乙酸乙烯酯属于易燃易爆危险品，要求置于铝、铁及钢制的槽车中运输。乙酸乙烯酯的物理性质如表 7-2 所示。

表 7-2 乙酸乙烯酯的物理性质

性能	指标	性能	指标
沸点/℃	72	聚合热/(kJ/mol)	89.2
熔点/℃	−100.2	燃烧热/(kJ/mol)	2.07×10^3
相对密度/(g/cm³)	0.9342	在水中的溶解度(20℃)/%	2.5
折射率(n_D^{20})	1.3958	水在乙酸乙烯酯中的溶解度(20℃)/%	0.1
着火点/℃	−5～−8	自燃点/℃	427

续表

性能	指标	性能	指标
黏度(20℃)/Pa·s	4.32×10^{-4}	爆炸极限/%(体积分数)	2.6～13.4
蒸发潜热/(kJ/mol)	32.7	毒性(LD_{50}鼠)/(g/kg)	0.3

7.1.1.2 分散介质

分散介质对于任何乳液聚合过程来说都是不可缺少的。在常规的乳液聚合过程中应用最多的分散介质是水。水便宜易得，没有任何危险。

乙酸乙烯酯单体微溶于水，在乳化剂的作用下，单体液滴或乳胶粒的表面会吸附一层乳化剂分子而在水中形成稳定的分散体系——“水包油”体系。根据对胶体固含量的要求，通常水为总反应组分重量的40%～80%，水的质量对聚合过程和聚合反应所得产物有很大的影响。其影响最大的杂质是Fe^{3+}、Cl^{-}、SO_4^{2-}、氮和其他有机物，当杂质含量过高时，需进行处理（除氧和去离子）。用水作分散介质，放热反应易于控制，有利于制得均匀的高分子量产物，且成本低廉。

通常实验室制备聚乙酸乙烯酯乳液时采用蒸馏水或更为纯净的去离子水，而工业上是采用具有一定质量的井水、离子交换水或冷凝水等。

7.1.1.3 引发剂

引发剂是乳液聚合配方中最重要的组分之一，是一种在加热或光照作用下能产生自由基的化合物。引发剂的种类和用量会直接影响产品的产量和质量，并影响聚合反应速率。乳液聚合过程所采用的引发剂大多不溶于单体，而溶于连续相，即对于正相乳液聚合过程来说，要求引发剂溶于水相，而对于反相乳液聚合过程来说，则要求引发剂溶于油相。

乳液聚合中常用过氧化物作引发剂。有些场合也可使用偶氮类化合物（例如偶氮二异丁腈）做引发剂。乳液聚合时用得较多的是过硫酸钾、过硫酸铵，也有用过氧化氢的。用量为单体重量的0.1%～1%。过硫酸钾（$K_2S_2O_8$）和过硫酸铵［$(NH_4)_2S_2O_8$］的引发性能非常相似，但由于室温下过硫酸钾在水中的溶解度为2%，而过硫酸铵在水中的溶解度可达20%以上，所以工业生产用过硫酸铵更为方便。引发剂的主要性质如表7-3所示。

表7-3 过氧化物引发剂的主要性质

引发剂	外观	相对密度	溶解性	分解温度	其他
过硫酸钾	白色细小或大片结晶，有时略带绿色	2.477	溶于水，不溶于乙醇	100℃以下	
过硫酸铵	无色单斜结晶	1.982	溶于水	120℃	
过氧化氢	无色液体	1.438 (20/4)	能与水、乙醇、乙醚以任何比例混合	储存时会分解为水和氧	熔点 −89℃ 沸点 151.4℃

7.1.1.4 乳化剂

乳化剂是一种能将两种或多种互不相容的物质乳化成为均一分散体系的、具有表面活性的单一或复合性化学物质，也就是说能使两种或两种以上互不相容的液体（如油和水）能均匀地分散成乳状液（或称乳浊液）的物质。

乳化剂属于表面活化剂，是可以形成胶束的一类物质，它可以降低水的表面张力，可使互不相容的油（单体）-水，转变为相当稳定、难以分层的乳液。这个过程称为乳化。在乳液聚合中乳化剂可以起到降低表面张力和界面张力、乳化、分散、增容、发泡、按胶束机理生成乳胶粒的作用。乳化剂之所以能起乳化的作用，是因为它的分子是由亲水的极性基团和疏水（亲油）的非极性基团构成，例如硬脂酸钠（$C_{17}H_{35}COONa$），烷基是疏水基团，羧基是亲水基团。

乳化剂溶于水的过程中，将发生下列变化。当乳化剂浓度很低时，乳化剂分子以分子状态溶于水中，在表面处，它的亲水基伸向水层，疏水基伸向空气层。由于乳化剂的溶入，水的表面张力明显下降。当浓度达到一定值后，水的表面张力下降趋于平稳。此时，乳化剂分子开始由50～100个聚集在一起，形成胶束；乳化剂开始形成胶束时的浓度称为临界胶束浓度，简称CMC（约0.01%～0.03%）。在CMC处，溶液的许多物理性能有突变。在低浓度（约1%～2%）下胶束较小，显球形，直径约40～50Å，约由50～150个乳化剂分子组成；高浓度下胶束较大，呈棒形，长度为100～300nm，直径约为乳化剂分子长度的两倍。胶束中的乳化剂分子，其疏水基团伸向胶束内部，亲水基团伸向水层。大多数乳液聚合中，乳化剂的浓度（约2%～3%）超过CMC值1～3个数量级，因此，大部分乳化剂处于胶束状态。胶束的数目和大小取决于乳化剂的量，乳化剂用量多，胶束数目多而粒子小，即胶束的表面积随乳化剂用量增加而增加。

乳化剂是一种表面活性剂，在乳液聚合过程中能降低单体和水的表面张力，增加单体在水中的溶解度，形成胶束和乳化的单体液滴，因此，乳化剂的选择对乳液的稳定、粘接质量有很大的影响。常用的乳化剂有OP-10、烷基硫酸钠、烷基苯磺酸钠、油酸钠、歧化松香酸钠等。阴离子型乳化剂可用磺化动物脂，磺化植物油、烷基磺酸盐（如十二烷基磺酸钠）。

7.1.1.5 保护胶体

保护胶体在黏性的聚合物表面形成保护层，以防其合并及凝聚。常用的保护胶体有动物胶、明胶、聚乙烯醇、甲基纤维素、羧甲基纤维素、阿拉伯胶、聚丙烯酸钠等。

生产聚乙酸乙烯酯乳液时以聚乙烯醇效果最好。聚乙烯醇可起三个作用：一是乳化作用，是乙酸乙酯以乳液的形式均匀地分散在水中进行聚合反应；二是在生成的聚合物胶粒表面周围形成保护层，以防止胶粒合并凝结，使乳液保持稳定；

三是增稠作用，使乳液具有一定的黏度。聚乙烯醇的用量一般为单体重量的9%左右。用量越多，虽然可得到较细的乳液粒子，使乳液的稳定性增加，但粘接耐水性下降；用量过少时，粘接耐水性有所改善，但乳液的稳定性下降。聚乙烯醇的聚合度和醇解度也影响乳液的特性。聚合度影响乳液的黏度，聚合度大，制得的乳液黏度也大，如果用聚合度较低的聚乙烯醇，要达到同样的黏度的乳液则用量增加，结果使粘接耐水性下降。一般要求聚合度在1500以上。醇解度大说明分子内残留的乙酰基含量低，洁净趋势增加，乳液的抗冻性差，乳化作用也差，残留少量的乙酰基，使分子间结构的不规整性增加，结晶性小，乳化作用好，防冻性好。醇解度以85%～90%为宜。

7.1.1.6 调节剂

调节剂又称链转移剂。在游离基型聚合反应过程中，为了控制聚合物的分子量，常常需要加入调节剂。调节剂是一种很活泼的物质，很容易和正在增长的大分子自由基进行反应，将活性链终止，同时其本身又生成了新的自由基，这种自由基的活性和大分子自由基的活性相同或相近，因而可以继续引发聚合。

绝大多数乳液聚合反应属于自由基型反应。由于大分子自由基被封闭在彼此孤立的乳胶粒中，只有由水相扩散到乳胶粒中的初始自由基（或分子量极低的活性链），才能与乳胶粒中原来的自由基链发生链终止反应，而不同乳胶粒中的自由基则没有彼此相互碰撞而发生链终止的可能。因此和其他自由基型聚合反应过程相比，乳液聚合反应链终止速率低，大分子自由基的寿命长，可以有充分的时间进行链增长，因此由乳液法制得的聚合物的分子量要比采用其他聚合方法大得多。因此加入调节剂来控制聚合物的分子量及分子结构对于乳液聚合过程来讲就显得更加重要。

7.1.1.7 缓冲剂

用过硫酸盐为引发剂时，乳液的pH值要加以控制，因为在反应中加入过硫酸盐会使反应液的酸性不断增加，而pH值太低时反应速率很慢；pH值过高时引发剂分解得越快，形成的活性中心越多，聚合速率就越快，可能会导致乳液聚合反应无法正常进行。因此要通过缓冲剂来控制聚合速率。常用碳酸盐、磷酸盐、醋酸盐。用量为单体重量的0.3%～5%。

7.1.1.8 增塑剂

聚乙酸乙烯酯乳液胶黏剂的增塑剂一般使用邻苯二甲酸二丁酯，加增塑剂的目的主要是降低该胶黏剂的成膜温度。如果在聚乙酸乙烯酯乳液胶黏剂中不加增塑剂，则它的成膜温度为20℃以上。加了增塑剂以后，它的最低成膜温度可降到0℃左右，扩大了胶黏剂的使用范围。增塑剂的加入会使胶黏剂的粘接强度下降，使蠕变现象加重。因此，在夏季气温较高的季节，可使用不加增塑剂的聚乙酸乙烯酯乳液胶黏剂。

7.1.1.9 冻融稳定剂

乳液的冻融稳定性是聚合物乳液的一个重要技术指标。冻融稳定性差的乳液在经过冻结，再融化后会破乳，这就使乳液失去了使用价值。因此聚合物乳液一定要具有良好的冻融稳定性。若在乳液聚合物分子链上引入羧基或采用聚乙烯醇为保护胶体都会提高乳液及其所配产品的冻融稳定性。

提高乳液抗冻性能的另一措施是加入冻融稳定剂。冻融稳定剂为水溶性物质，可以降低乳液的冰点。常用的冻融稳定剂为乙二醇，其他一些水溶性化合物如丙二醇、己二醇、甘油、二甘醇、乙二醇乙醚、乙二醇丁醚、乙二醇丁醚醋酸酯、尿素和硫脲等对乳液也有防冻效果。

7.1.1.10 防腐剂

在聚合物乳液中，不仅含有分散介质水，还含有纤维素衍生物和乳化剂，在室温下构成了细菌营养源，为微生物的繁殖创造了条件，所以乳液易发生腐坏，导致其使用性能严重下降。为了防止乳液腐坏，需要加入防腐剂。近年来常用的防腐剂是以非金属化合物为主体的新型低毒防腐剂，如磷氯间甲酚、苄基溴代乙酸酯、四氯间苯二腈等。

7.1.1.11 消泡剂

由于在乳液中加有表面活性剂、增稠剂等助剂，故在生产和使用的过程中会产生泡沫，不仅给生产带来麻烦，而且会使涂膜产生针孔，结果降低了乳液的使用效果。所以在乳液中需要添加消泡剂，以减少或者消除泡沫。常用的消泡剂有C_8～C_{12}碳的脂肪醇、磷酸三丁酯、多聚丙二醇、松油醇、某些水溶性硅油和有机硅分散液等。

7.1.2 聚乙酸乙烯酯乳液的合成原理

聚乙酸乙烯酯乳液胶黏剂中的主胶着物质聚乙酸乙烯酯是以乙酸乙烯为原料单体在引发剂作用下经加聚反应而成的聚合物的混合物。其反应通式如下：

$$nCH_2{=}CHCOOCH_3 \longrightarrow -\!\!\!\!\left(CH_2CHCOOCH_3\right)_{\overline{n}}$$

聚乙酸乙烯酯的生成反应遵循游离基加聚反应的一般规律，需要经过链引发、链增长和链终止三个阶段。现以过硫酸铵作引发剂为例，简述聚乙酸乙烯酯的生成反应过程：

（1）链引发　链引发反应是形成自由基活性中心的反应。用引发剂引发时，将由下列两步组成：

① 引发剂过硫酸铵在受热时分解成硫酸根离子型自由基（初级自由基）：

$$(NH_4)_2S_2O_8 \xrightarrow{\triangle} 2NH_4SO_4\cdot \longrightarrow 2NH_4^+ + 2SO_4^-\cdot$$

② 初级自由基 $SO_4^-\cdot$ 再与乙酸乙烯单体加成，形成单体自由基，完成链引发：

$$SO_4^-\cdot + CH_3CHOOCH{=}CH_2 \longrightarrow SO_4^-{-}CH_2{-}\underset{\displaystyle CH_3COO}{\underset{|}{CH}}\cdot$$

单体自由基形成以后，继续与其他单体加聚，进入链增长阶段。

（2）链增长　单体自由基和单体结合，形成两个单体长度的链自由基，接着再与别的化合物结合形成更长的链自由基，如此反应下去，使链自由基的链长不断增加，分子量增加。

$$SO_4^-{-}CH_2{-}\underset{\displaystyle CH_3COO}{\underset{|}{CH}}\cdot + CH_3CHOOCH{=}CH_2 \longrightarrow SO_4^-{-}CH_2{-}\underset{\displaystyle CH_3COO}{\underset{|}{CH}}{-}CH_2{-}\underset{\displaystyle CH_3COO}{\underset{|}{CH}}\cdot$$

$$\cdots\cdots\xrightarrow{+CH_3COOCHCH_2} SO_4^-{+}CH_2{-}\underset{\displaystyle CH_3COO}{\underset{|}{CH}}{+}_x CH_2{-}\underset{\displaystyle CH_3COO}{\underset{|}{CH}}\cdot$$

（3）链终止　链自由基和自由基一旦发生碰撞，立即失去活性中心，链增长即告终止。链终止的方式有三种：双基偶合终止、双基歧化终止和链自由基与初级自由基结合终止。最常见的是偶合和歧化两种。

① 偶合终止：两链自由基头部的孤电子相互结合成共价键，形成饱和的大分子的反应称作偶合效应。

$$SO_4^-{+}CH_2{-}\underset{\displaystyle CH_3COO}{\underset{|}{CH}}{+}_x CH_2{-}\underset{\displaystyle CH_3COO}{\underset{|}{CH}}\cdot + \cdot\underset{\displaystyle OOCH_3C}{\underset{|}{HC}}{-}CH_2{+}\underset{\displaystyle OOCH_3C}{\underset{|}{CH}}{-}CH_2{+}_y SO_4^-$$

$$\longrightarrow SO_4^-{+}CH_2{-}\underset{\displaystyle CH_3COO}{\underset{|}{CH}}{+}_{x+1}{+}\underset{\displaystyle OOCH_3C}{\underset{|}{CH}}{-}CH_2{+}_{y+1}SO_4^-$$

偶合终止结果是两个链自由基之间碰撞，生成链长为两者链长之和的长链分子，在分子两端都有引发剂成分。

② 歧化终止：一个链自由基夺取另一自由基上的氢原子，发生歧化反应，相互终止。获得氢原子后的大分子端基饱和，失去氢原子的则形成碳碳双键，分子的聚合度没有改变。

$$SO_4^-{+}CH_2{-}\underset{\displaystyle CH_3COO}{\underset{|}{CH}}{+}_x CH_2{-}\underset{\displaystyle CH_3COO}{\underset{|}{CH}}\cdot + \cdot\underset{\displaystyle OOCH_3C}{\underset{|}{HC}}{-}CH_2{+}\underset{\displaystyle OOCH_3C}{\underset{|}{CH}}{-}CH_2{+}_y SO_4^- \longrightarrow$$

$$SO_4^-{+}CH_2{-}\underset{\displaystyle CH_3COO}{\underset{|}{CH}}{+}_x CH_2{-}\underset{\displaystyle CH_3COO}{\underset{|}{CH_2}} + \underset{\displaystyle OOCH_3C}{\underset{|}{HC}}{=}CH{+}\underset{\displaystyle OOCH_3C}{\underset{|}{CH}}{-}CH_2{+}_y SO_4^-$$

歧化终止结果是两个链自由基之间相互作用，一个失去氢变成不饱和端基，另一个得到氢成为饱和端基，二者都失去活性中心，而分子链长不变。

(4) 链转移　自由基有转移的特性。在自由基聚合的过程中，链自由基有可能从单体、溶剂、引发剂或大分子上夺取一个原子而终止，使这些失去原子的分子成为自由基。

有时为了避免分子量过高，特地加入某种链转移剂，加以调节。例如在聚乙酸乙烯酯的生产过程中加入十二硫醇来调节分子量。这种链转移剂，在功能上则称作分子量调节剂。

在经历上述各个反应后，即得到聚乙酸乙烯酯。

7.1.3 聚乙酸乙烯酯乳液聚合机理

乙酸乙烯酯进行游离基聚合时可以采用本体聚合、溶液聚合和乳液聚合三种方式。聚乙酸乙烯酯乳液是用乳液聚合方式制成的。在进行乳液聚合时，乙酸乙烯酯单体聚合反应是借助乳化剂和机械搅拌作用均匀地分散在水中进行的。乳液聚合反应体系中必须有单体、水、引发剂和乳化剂。各组分在水中的状态和分布如图 7-1 所示。

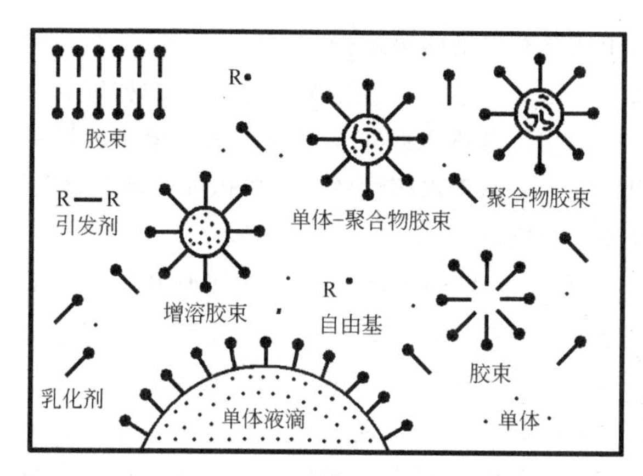

图 7-1　乳液聚合体系

7.1.3.1 聚合场所

聚合发生前，单体和乳化剂分别以下列三种状态存在于体系中：

① 极少量单体和少量乳化剂以分子分散状态溶解于水中；

② 大部分乳化剂形成胶束，直径约 4～5nm，胶束内增溶有一定量的单体，胶束数目为 10^{17}～10^{18}个/cm^3；

③ 大部分单体分散成液滴，直径约为 1000nm，表面吸附着乳化剂，形成稳定的乳液，液滴数约为 10^{10}～10^{12}个/cm^3。

引发剂是水溶性的，在水中分解成初级自由基后，其中一部分进入增溶胶束，另一部分留在水中。单体经机械搅拌和乳化剂分子的作用，小部分进入由乳化剂分子形成的胶束内变成增溶胶束，绝大部分被分割成微小的单体液滴，液滴的表面被乳化剂分子包围，乳化剂分子的亲水端朝向水相。当初级自由基进入增溶胶束内时，使单体引发和链增长，单体消耗完后，又从水相中的单体得到补充，单体液滴的一部分又转入水相，这样增溶胶束逐渐扩大变成单体乳胶粒，单体液滴由于不断地有部分单体分子转入水相中而逐渐缩小，包围液滴表面的乳化剂分子的多余部分经水相转到不断扩大的乳胶粒表面。

在水相中产生的初级自由基一部分使水中的单体迅速引发，形成单体自由基、链自由基，这些短链自由基吸取水相中的乳化剂分子作保护层，使它在水中能稳定存在，从单体液滴中分离出来的单体和水相中的初级自由基又不断地进入乳化剂保护层内，继续进行聚合反应，使乳胶粒逐渐增大，以后的过程和前面增溶胶束内的过程完全相同。随着反应的进行，单体液滴不断向乳胶粒供应单体分子而逐渐趋于消失，乳胶粒内的聚合物数量渐增，而单体则由于链引发和链增长反应而消失。最终成为稳定的由乳化剂分子包围的聚合物胶粒。

7.1.3.2 成核机理

乳液聚合中粒子成核有以下两个过程。

(1) 胶束成核　自由基（包括引发剂分解后生成的初级自由基和溶液聚合形成的短链自由基）由水相扩散进入胶束，引发增长。该理论适用于难溶于水的单体的乳液聚合过程，但不适用于水溶性较大的单体如甲基丙烯酸甲酯（MMA）和乙酸乙烯酯等的乳液聚合反应。

(2) 均相成核　Fitch 于 1960～1970 年提出了均相成核的聚合理论。按照这种理论，溶于水的单体分子被引发后，链增长速度较快。当生成的聚合物分子链达到某一临界值时，即从水相中沉淀析出。形成初始的乳胶粒子。起初胶粒表面电荷密度低，它们之间的静电斥力不足以维持自身的稳定，便互相聚结直至生成稳定的胶粒。同时胶粒被单体溶胀进行增长反应，体系中的乳化剂只起到稳定作用，而不能成为聚合的场所。该理论较好地解释了 MMA 等水溶性较大单体的聚合过程。聚合究竟偏向哪个过程，这主要取决于单体的水溶性和乳化剂的浓度。单体的水溶性大，同时乳化剂的浓度低则有利于均相成核，反之有利于胶束成核。

7.1.3.3 聚合过程

根据乳胶粒的数目和单体液滴是否存在，把乳液聚合分为三个阶段。

第一阶段为乳胶粒生成期、成核期。从诱导期结束到胶束耗尽这一期间为第一阶段。随着聚合的进行，乳胶粒内单体不断消耗，液滴中单体溶入水相中，不断向乳胶粒进行扩散以保持乳胶粒内单体浓度恒定。这一阶段，单体液滴数不变，但体积不断缩小，整个阶段聚合速率不断增加。随着乳胶体积的不断增大，为保持稳定，必须从溶液中吸附更多的乳化剂分子，同时缩小的单体液滴上的乳化剂分子也不断补充吸附到乳胶粒上。当水相中乳化剂浓度低于临界胶束浓度值时，未成核的胶束变得不稳定，其将重新溶解于水中，最后消失。从此，不再形成新的乳胶粒，乳胶粒将固定下来。第一阶段是成核阶段，体系中含有单体液滴、胶束、乳胶粒三种粒子，未成核的胶束全部消失是第一阶段结束的标志。

第二阶段为反应恒速期。从胶束消失到单体液滴消失这一期间为第二阶段。此阶段由于胶束的消失，体系中不再有新的乳胶粒生成，总的乳胶粒数目保持不变。随着聚合反应的进行，单体液滴中的单体不断扩散入乳胶粒中，使粒子中的单体浓度维持不变。所以此阶段聚合速率保持不变，直至单体液滴消失，聚合速率下降。这一阶段体系中含有乳胶粒和单体液滴两种粒子。

第三阶段为降速期。从单体液滴消失至聚合反应结束为第三阶段。此阶段由于单体液滴的消失，不再有单体经水相扩散进入乳胶粒，故乳胶粒中进行的聚合反应只能靠消耗粒子中储存的单体来维持，使聚合速率不断下降，直至乳胶粒中的单体耗尽，聚合反应也就停止。

7.1.4 影响聚乙酸乙烯酯乳液质量的因素

在乳液聚合体系和乳液聚合过程中，很多因素如乳化剂种类和用量、引发剂种类和用量、搅拌强度、反应温度、质量比、电解质因素等工艺参数都会对乳液聚合过程能否正常进行、聚合物乳液及乳液聚合物的产量和质量产生至关重要的影响。

7.1.4.1 乳化剂的影响

乳化剂是一种表面活化剂，在乳液聚合过程中能降低单体和水的表面张力，增加单体在水中的溶解度，形成胶束和乳化的单体液滴，因此，乳化剂的选择对乳液的稳定、粘接质量有很大的影响。

当单体用量、温度、引发剂等条件固定时，乳化剂用量增加，胶粒数目增多，乳胶粒数目也就越多，同时，乳胶粒粒径也就越小，这样，就可提高聚合反应速率，有利于得到颗粒度较细、稳定性好的乳液。但若用量太多，也会降低乳液的耐水性。

乳化剂种类不同，其特性参数临界胶束浓度 CMC 值、单体的增容度等不同。当乳化剂用量和其他条件相同时，CMC 值越小、单体增容度越大的乳化剂成核概率大，所生成的乳胶粒多、乳胶粒直径小，因此，聚合速率提高。但平均分子量一般来说要降低一些，这与引发剂用量增加平均分子量下降的道理是一样的。

7.1.4.2 引发剂用量的影响

引发剂用量多少直接影响到乙酸乙烯酯聚合反应的速率和聚合物的聚合度

(分子量) 的大小。

根据乳液聚合速率方程式，聚合速率有：

$$R_p = K_p[M][I]^{2/5}[E]^{3/5} \tag{7-1}$$

式中 $[M]$——单体浓度；

$[I]$——引发剂浓度；

$[E]$——乳化剂浓度；

K_p——系数。

可知乳液聚合速率与引发剂浓度得 2/5 次方成正比。初级游离基也从此公式可以看出 $[M]$ 与 $[E]^{3/5}$ 成反比。引发剂用量多时，初级游离基也产生得多，因此会加速聚合反应。

乳液聚合时产物的平均聚合度与引发剂浓度的 3/5 次方成反比，平均聚合度：

$$X_n = K[M][I]^{-3/5}[E]^{3/5} \tag{7-2}$$

式中 K——系数，其他符号含义同前。

因引发剂用量多，虽然增加了链游离基的数量，但也同时增加了链终止的机会（链游离基与初级游离基碰撞而使链终止）。而这两种作用都会使分子量降低，从而影响乳液的胶接强度，因此在保证一定的聚合速率的前提下，减少引发剂用量，可以提高产品的聚合度，得到高分子量的产物。

7.1.4.3 搅拌强度的影响

在乳液聚合过程中，搅拌的一个重要作用是把单体分散成单体液滴，并有利于传质和传热。但搅拌强度不宜太高，搅拌强度太高时，会使乳胶粒数目减少，乳胶粒直径增大及聚合反应速率降低，同时会使乳液产生凝胶，甚至导致破乳。因此对乳液聚合过程来说，应采用适度的搅拌。

在乳液聚合中，在聚合分散阶段，搅拌转速大时，单体被分散成更小的液滴，每 cm^3 水中单体液滴的表面积就更大，在单体液滴表面上吸附的乳化剂量就增多，导致每 cm^3 水中胶束数目减少，成核概率下降。因此，搅拌速度越大，所得乳胶粒直径越大，乳胶粒数越少，因而导致聚合反应速率降低。另外，搅拌强度大时，混入乳液聚合体系中的空气增多，空气中的氧是游离基聚合反应的阻聚剂，故也会使聚合反应速率降低。过于剧烈的机械作用还会使乳液产生凝胶或硬化，失去稳定性。但为了使反应液温度均匀，又要求有足够的搅拌速度。因此对乳液聚合过程来说，在保证反应液温度均匀的前提下，应采用较小的搅拌速度。

7.1.4.4 反应温度的影响

反应温度高时，游离基生成速率大，致使乳胶粒中链终止速率增大，故聚合物分子量降低；由于游离基生成速率大，使水相中游离基浓度增大，会使乳胶粒数目增大，粒径减小，同时胶粒中单体浓度也有所增加，因而聚合反应速率提高。

反应温度升高的综合结果，是使聚合速率增加，聚合度降低。

但是温度升高，还可能引起许多副作用。如乳液反应凝聚破乳，产生支链和凝胶聚合物，并对聚合物微结构和分子量有影响。其中最主要的是由于反应温度升高，乳胶粒的布朗运动加入，乳胶粒间碰撞结合的速率增大，导致乳液的稳定性下降。

7.1.4.5 质量比影响

质量比是指乳液聚合体系中初始加入的单体和水的质量之比，也可称为相比。在乳液聚合中，乳胶粒数目几乎不随质量比而发生变化。但是在乳胶粒数目不变的前提下，单体加入量大时，乳胶粒的体积就会增大。因此在乳化剂用量一定时，乳胶粒的平均直径随质量比的增大而增大。

7.1.4.6 电解质影响

乳液聚合体系的稳定性和电解质的含量及种类密切相关。一般来说用离子型表面活性剂来稳定的乳胶容易被电解质凝聚，用非离子或两亲型表面活性剂稳定的乳胶耐电解性能较好。电解质含量少时，由于盐析作用使乳化剂在水中的临界胶束浓度降低，乳化剂的效能提高并促使乳液稳定性提高，乳胶粒径减小。例如在50℃时月桂酸钾CMC＝4.5g/L水，而加入0.2%的NaCl后，其CMC＝1.2g/L水；在生产低温乳液丁苯橡胶中加入一份KCl，可以有效提高乳液的稳定性和减小乳胶粒的直径。当介质中电解质浓度增大时，电解质会降低乳胶粒表面与水相主体间的电位，反电荷粒子向乳胶粒表面扩散的概率就增大，而且在电解质浓度相同的情况下，电解质中带反电荷离子价数越高，在吸附层中异性离子的浓度也就越高，导致双电层电位快速下降，总势能V_T降低稳定性更小，对乳液的凝聚作用就越大。

7.1.4.7 其他影响因素

除了上述主要影响因素外，聚合过程中单体或引发剂的滴加条件、氧等因素对聚合反应及乳液质量也有一定影响。

（1）单体或引发剂的滴加条件　在乳液聚合中，单体滴加时间越短，形成的乳液黏性越小，随着滴加时间的增长，黏度变高，结构黏性变大。在同样条件下滴加单体，若初期引发剂加入量相同，则后期引发剂的滴加量越多，黏度越高，结构黏性也越大。如果后期引发剂的滴加量相同，则初期引发剂加入量越多，黏度越高，结构黏性也越大。

（2）乳胶粒中单体浓度　乳胶粒中单体浓度越大，聚合速率和聚合物的聚合度也越大。根据动力学计算，聚合速率和聚合物的平均聚合度都与乳胶粒中的单体浓度成正比。

（3）氧　在乙酸乙烯酯的聚合过程中，氧具有特殊的作用。在很多情况下，它是有效的引发剂，有时它却又能作阻聚剂。它之所以有这样的双重效果，是因为乙酸乙烯酯的活化分子易吸收氧而形成过氧化物。这种过氧化物有时因热不稳定而分解，形成游离基，引发了聚合反应；有时则相反，形成稳定的聚合过氧化物而使增长链失去活性。反应究竟向哪个方向进行，取决于反应温度、吸氧量和其他条件。在升高温度时，过氧化物的热分解增强，产生一些新的活性中心，而使聚合反应加速。在室温下，过氧化物仅略有分解，这当然就要增大阻聚作用。另外，氧在量少时起引发剂的作用，而量多则起阻聚剂的作用。

7.1.5 聚乙酸乙烯酯乳液的改性

聚乙酸乙烯酯乳液胶为热塑性胶，软化点低，且耐热性、耐水性、抗蠕变和耐候性差。这就限制了它的使用范围，降低了其使用价值。为了改善其使用性能，人们对聚乙酸乙烯酯乳液进行改性，改性方法大致可分为物理共混改性、化学共聚改性、保护胶体改性和乳化剂的改性等。

7.1.5.1 物理共混改性

共混改性是指借助物理或者化学的方法，将两种或两种以上的材料掺合在一起，从而获得综合性能优良的材料，达到取长补短的目的。

聚乙酸乙烯酯物理共混改性的方法可分为四种：

① 在乳液中加入一定量的添加剂，填补聚乙酸乙烯酯乳液表面的空隙，使胶膜均一化，从而改善聚乙酸乙烯酯乳液的性能。

② 在乳液中加入一定量的添加剂、外交联剂等，使乳液成膜后形成网状的大分子结构。

③ 加入偶联剂改善界面性质，从而达到改善其性能的目的。

④ 加入热固性树脂，如脲醛树脂、异氰酸酯树脂、丁苯乳胶等，使混合体系同时兼有两种聚合物的优点。

(1) 脲醛树脂共混改性　脲醛树脂是水溶性的，使用脲醛树脂进行改性可以使线型分子发生交联，增强耐水性和抗蠕变性能。有实验表明，将50%的脲醛树脂加入到聚乙酸乙烯酯乳液中时，胶层的耐水性可提高3～4倍。脲醛树脂中含有活泼的羟甲基，可与聚乙酸乙烯酯分子链上的羟基和羧基进行反应。反应后的聚乙酸乙烯酯分子链上的亲水基团被疏水基团取代，在提高耐水性能的同时提高了粘接强度。此外，相比于聚乙酸乙烯酯，脲醛树脂的价格更为低廉，实用价值更大。

除了将两种胶直接混用外，还可采用将两种胶分别涂布在两个接面上进行胶压的方法。先将两种胶分别按下述配方调制后使用。

脲醛树脂胶：

脲醛树脂（固体含量：60%以上）　　100质量份

硼砂　　　　　　　　　　　　　　　　　　　　　0.5～10质量份

聚乙酸乙烯酯乳液胶：

聚乙酸乙烯酯乳液（固体含量：50%±2%）　　　　　100质量份

氨基磺酸（或草酸）　　　　　　　　　　　　　　2～20质量份

这两种组分的胶常称为“两液胶”。能用于细木工板芯板的拼接、刨花板的手工封边及人造板的二次加工等。

（2）三聚氰胺甲醛树脂共混改性　三聚氰胺甲醛树脂具有在室温或100℃以上均能固化成网状结构、胶层透明、对制品无污染、粘接强度高、低毒、价廉等特点。采用三聚氰胺甲醛树脂与聚乙酸乙烯酯乳液共混，三聚氰胺甲醛树脂的加入可以填补聚乙酸乙烯酯乳液胶层中的空隙，使胶层更加均匀，提高了聚乙酸乙烯酯乳液的耐水、耐热、抗蠕变和粘接性能。此外，三聚氰胺甲醛树脂分子中的羟甲基可与聚乙酸乙烯酯分子上的羟基和羧基反应，使其亲水性的基团被疏水性的基团所取代，显著提高了聚乙酸乙烯酯乳液的耐水性和粘接性能。

申迎华等人报道了用脲-三聚氰胺-甲醛树脂与乙酸乙烯酯进行改性，提高了乙酸乙烯酯乳液胶黏剂的耐水、耐热和粘接性能。穆颖竹等用自制的三聚氰胺甲醛树脂对聚乙酸乙烯酯乳液进行了成功的改性。

（3）异氰酸酯共混改性　使用异氰酸酯对聚乙酸乙烯酯乳液进行改性，可以极大地提高乳液的耐水、耐热、耐溶剂和粘接强度。异氰酸酯分子中含有活泼的异氰酸酯基（—NCO），其可与聚乙酸乙烯酯分子链上和被粘接物质表面的$—CH_2OH$、—CHOH—等含活泼氢的基团发生交联反应，消除—OH的亲水性，提高耐水性和粘接强度。

据一些专利报道，将异氰酸酯溶于不溶于水的溶剂中进行屏蔽，然后将其分散到乳液中，这样得到的胶黏剂的初期黏度大，胶膜耐水、耐热、抗蠕变等性能好，且不存在游离醛的环境公害问题。但是弊端是使用期短，且要注意异氰酸酯的防毒问题。

目前，比较广泛使用的是甲苯二异氰酸酯、多亚甲基多苯基多异氰酸酯和4，4′-二苯基甲烷二异氰酸酯等。

（4）硅烷偶联剂共混改性　偶联剂是一类分子两端含有能分别与无机物和有机物反应的不同性质官能团的低（高）分子化合物。其中一种基团能与被粘物表面反应，另一种基团则与有机物分子反应，以化学键的形式将两种性质不同的材料牢固地结合在一起。

硅烷偶联剂又称有机硅偶联剂，分子中同时含有两种不同化学性质的基团，其通式为$Y—R—SiX_3$。硅烷偶联剂分子一端带有反应基团——氨基、巯基等，另三端带有易水解基团——三甲氧基硅烷、三乙氧基硅烷。其中有机基团向有机树脂表面取向，并与聚乙酸乙烯酯的羟基发生反应，生成疏水的化学键；另一方面易水解基团取向于无机材料表面，并与固体表面的水分子发生共水解缩聚，产生化学交联。两个方面共同作用的结果产生了异性表面间的偶联过程，从而提高了聚乙酸乙烯酯乳液的耐水性和粘接强度。

7.1.5.2 化学共聚改性

化学共聚改性就是加入具有特定功能的共聚单体，使之与乙酸乙烯酯共聚，得到具有大分子网状结构的热固性共聚物，从而改善乳液的耐水性、耐寒性和抗热蠕变性能。共聚改性既可以降低聚乙酸乙烯酯乳液的最低成膜温度，又能在聚合物主链上引入反应性的官能团，使之具有一定的反应能力，实现内部的可塑化和对外的亲和性，提高聚乙酸乙烯酯乳液的综合性能，同时降低生产成本。固化后的胶层也同其他热固性树脂一样，具有不溶不熔的特点，粘接强度及耐水、耐热、抗蠕变性能均有所提高。

(1) 与乙烯类化合物的共聚改性　乙酸乙烯酯-乙烯乳液（VAE 乳液）是指乙酸乙烯酯-乙烯共聚物中乙酸乙烯酯含量在 70%～95% 的乳液。由于乙烯的加入，使乙酸乙烯酯均聚物高分子链中无规则地嵌段共聚软单体乙烯，使羧基之间的距离拉大、支链加长，共聚物中的酯基有了不连续性，减弱了分子链内和分子链之间的相互作用，因而空间位阻减小，C—O 键不易被破坏，使得高分子主链变柔软，起到一种“内增塑”的作用，既能够增大分子内的活动性，又能增大分子间的活动性，这种增塑作用是永久的，没有低分子量增塑剂易产生的迁移、挥发、渗出等缺点，使得聚乙酸乙烯酯乳液的综合性能得到很大的改善。

通过乙烯共聚改性后的乳液具有较低的成膜温度、优良的机械性能，且耐寒、耐化学试剂、耐溶剂，对氧、臭氧、紫外线等稳定。此外，它无毒害作用、储存期长，可在常温下粘接，因而在胶黏剂、涂料、纸张加工等方面得到了广泛的应用。

(2) 与丙烯酸酯类化合物的共聚改性　玻璃化温度较低的丙烯酸酯类单体与乙酸乙烯酯共聚改性，引入酯基，通过极性的羰基产生空间位阻效应，具有内增塑作用，能有效地改善聚乙酸乙烯酯乳液的粘接性、耐寒性和耐水性。在乙酸乙烯酯均聚乳液中加入少量的丙烯酸或甲基丙烯酸甲酯后，固化过程中分子间发生交联，可以改善乳液的耐水性。

李秋燕等采用预乳化半连续种子乳液聚合工艺合成了改性乙酸乙烯酯-丙烯酸丁酯共聚乳液，改性醋-丙共聚乳液粒径分布均匀，机械稳定性好，并具有良好的纸塑粘接性能。庞金兴等采用乙酸乙烯与丙烯酸、丙烯酸丁酯、丙烯酸异辛酯共聚，并加入增稠剂和增黏乳液的方法进行改性，在一定程度上改善了其耐水性、耐寒性和初黏度。

(3) 与叔碳酸酯类化合物的共聚改性　叔碳酸乙烯酯与乙酸乙烯酯具有极好

的反应性，在乳液聚合中具有相近的竞聚率，是一种优良的改性单体。叔碳酸乙烯酯与乙酸乙烯酯的共聚改性中，叔碳酸乙烯酯的侧基庞大，可以在保护自己的酯基的同时，又保护邻近的乙酸乙烯酯的酯基，从而可以改善聚乙酸乙烯酯乳液的耐水性和耐碱性，使得共聚乳液具有优良的水解稳定性、耐候性、耐碱性以及很好的颜料填料粘接力。

刘海英等人采用半连续种子乳液聚合法，合成乙酸乙烯酯/叔碳酸乙烯酯(VAc/Veova10) 共聚乳液。叔碳酸乙烯酯与乙酸乙烯酯共聚后，共聚乳液胶膜的玻璃化温度和模量降低，低温脆性得到改善，乳液的储存稳定性和稀释稳定性良好。

(4) 与苯乙烯的共聚改性　苯乙烯可以为共聚物提供多种优良性能，是普通共聚改性较理想的单体，但是由于乙酸乙烯酯单体与苯乙烯单体的竞聚率差异很大，不能够直接进行共聚，所以主要采用核-壳乳液聚合的方式来达到共聚的目的。通常获得的共聚乳液是以聚乙酸乙烯酯为壳，聚苯乙烯为核的核-壳共聚乳液，也有以聚乙酸乙烯酯为核，聚苯乙烯为壳的反向核-壳共聚乳液。聚乙酸乙烯酯可以保证乳液具有良好的粘接性和成膜性，而聚苯乙烯的存在又赋予乳液良好的耐水性和抗蠕变性。

J. Christopher 等人合成了具有聚苯乙烯核和聚乙酸乙烯酯壳的核-壳乳液，经过醋酸铀和磷钨酸的染色，通过 TEM 观察到明显的核壳结构且无二次成核。

(5) 与有机硅的共聚改性　乙酸乙烯酯的有机硅改性中采用的硅烷偶联剂中 Si—O 键能 (450kJ/mol) 远大于 C—O 键能 (345kJ/mol) 和 C—C 键能 (351kJ/mol)，具有优良的耐候、耐热、保光和抗紫外线能力，同时有机硅表面能较低，不易积尘，具有抗沾污性能。另外由于有机硅树脂结构中含有有机基团，而且 Si—O 键的键角很大，使得 Si—O 键很容易旋转，所形成的聚合物链非常柔软，所得乳液成膜性好。随着有机硅的加入，成膜韧性相应得到提高。有机硅改性还可以提高乳胶膜的耐水性，这一方面是因为有机硅的加入在聚乙酸乙烯分子链中引入了疏水性的有机硅链段，另一方面有机硅分子侧链上的非极性烷基朝外定向排列，起到了抗水作用。

刘绍英等利用有机硅具有耐水性、耐候性、耐低温性，采用半连续乳液聚合法制备有机硅、丙烯酸酯、乙酸乙烯酯等不饱和单体共聚乳液，制备出了一种稳定性好、粘接力强、耐水性好的木材用高固含量胶黏剂。

7.1.5.3 保护胶体改性

在聚乙酸乙烯酯乳液制备过程中，为了提高乳液的稳定性，通常使用保护胶体，保护胶体在黏性的聚合物表面形成保护层，以防其合并及凝聚。保护胶体一部分吸附或结合在乳液颗粒表面，形成具有空间位阻效应的保护层而起到稳定作用，另一部分游离在水相中，故保护胶体水溶液的稳定性和水化层与乳胶粒结合的强弱，直接影响聚乙酸乙烯酯乳液的力学性能、储存和冻融稳定性。常用的保护胶体有动物胶、明胶、聚乙烯醇、甲基纤维素、羟甲基纤维素、阿拉伯胶、聚丙烯酸钠等。

合成聚乙酸乙烯酯乳液经常使用的保护胶体是聚乙烯醇。聚乙烯醇作为保护胶体具有很多独特的优点，但是由于聚乙烯醇分子中含有大量的亲水性羟基，分子间又缺少空间障碍，使得乳液的耐水性和抗冻性降低，甚至会出现乳液凝胶。

对聚乙烯醇的化学改性是将其羟基酯化、醚化、酰化和醛化，增加疏水性，以提高聚合乳液的防水性和抗冻性等。例如，采取聚乙烯醇缩甲醛作保护胶体，或者马来酸酐与双乙烯酮对 PVA 进行酰化处理，使 PVA 部分羟基被醚化或者酰化，就能够改进聚乙酸乙烯酯乳液的耐水性、粘接强度、抗冻性、储存稳定性等性能，也降低了生产成本。

7.1.5.4 乳化剂的改性

在传统的乳液聚合反应中，乳化剂的用量虽然不大，仅为单体量的1%～3%，但却对乳液聚合体系起到至关重要的作用。乳化效果的优劣直接影响到乳液最终的性能，如乳胶粒的尺寸大小、聚合反应过程及乳液的稳定性等。选择一个合适的乳化剂是乳液聚合的一个重要内容。

PVAc 乳液是由乳液聚合法制得，其乳化剂的性质和用量对反应速率、分散体系的稳定性及聚合物的性质影响很大。PVAc 乳液常用乳化剂为非离子乳化剂，如聚氧乙烯辛基苯酚醚（OP-10），也可同十二烷基硫酸钠等配合使用。采用 OP-10 和阴离子表面活性剂复配的乳化剂效果较好，尤其以 OP-10 和十二烷基硫酸钠的复配效果最好，乳化剂用量约为乳液质量的 1%～2%。这些低分子乳化剂在乳液聚合后只是以物理作用吸附在乳胶粒上，当胶层遇水后乳化剂分子会发生迁移、解吸而降低胶层的耐水性。通过应用新型高效乳化剂来减少乳化剂的用量，或者使用可聚合的乳化剂，都能够有效提高 PVAc 胶的抗水性。而采用含有双键的可聚合乳化剂，其分子可以通过共价键结合到 PVAc 聚合物链中，不仅能够克服 PVAc 的耐水性不足，还能提高 PVAc 乳液的稳定性。常见的可聚合乳化剂有烯丙基琥珀烷基酯磺酸钠、丙烯酸钠等。

7.1.6 聚乙酸乙烯酯乳液的应用

聚乙酸乙烯酯乳液胶在胶黏剂中仅次于酚醛树脂和脲醛树脂，性能优异，适合纤维质材料和多孔性材料的表面粘接，被广泛应用于木材加工、家具制造、建筑装修、纸制品加工、织物制造、卷烟行业等多个领域。

7.1.6.1 在木材加工中的应用

聚乙酸乙烯酯乳液胶黏剂具有初黏度高、胶层韧度好，在不添加固化剂和加热胶层的条件下即可固化并可长时间储存，此外还具有绿色环保无污染、使用简单方便的特点。聚乙酸乙烯酯乳液通过共混共聚及加入内交联剂等方法改性后，其耐水、耐热、抗蠕变等性能得到提高，更加广泛地应用在木材加工行业。

（1）家具用品制造　在家具用品的生产过程中，胶黏剂的使用是不可或缺的。由于木材的非均质特性表现得疏松，且伴随各向异性及在干湿不同条件下发生不同程度的伸缩现象，所以实木家具之间想要单纯依靠一些接触点的紧密契合达到一定的稳定性是很困难的。因此，需要在契合的接触点处使用胶黏剂以达到可靠的稳定性能。此外，在板材之间、板材的加长加厚等方面也常需要使用胶黏剂进行粘接。

聚乙酸乙烯酯乳液胶黏剂是木质家具的通用胶黏剂，绿色环保，无毒无害，通常情况下 24h 即可达到稳定的粘接强度，在家具制造行业占据重要的地位。

聚乙酸乙烯酯乳液胶黏剂被广泛地应用于实木家具和板式家具的封边。此外，利用粘接技术修补完善木材缺陷也是提高木材利用率和次等材利用等级的有效途径。由于聚乙酸乙烯酯乳业胶黏剂固化后的胶膜无色透明，不污染产品，因此在粘接中被广泛使用。

（2）刨花板和纤维板　刨花板是由木材或其他木质纤维素材料制成的碎料，施加胶黏剂后在热力和压力作用下胶合成的人造板。纤维板是由木质纤维素纤维交织成型并利用其固有胶黏性能制成的人造板。制造过程中可以施加胶黏剂和（或）添加剂。

刨花板和纤维板因其优良的性能和相对较低的成本在近年的家具制品中占有很大的市场。在刨花板和纤维板的制造过程中，均大量采用脲醛树脂胶黏剂，但由于游离醛的问题始终不能得到根本的解决，其在环保方面受到极大的约束。使用聚乙酸乙烯酯改性胶黏剂作为刨花板和纤维板胶黏剂近年来受到了广泛的关注，使用其生产的材料的力学性能有所提高，吸水性下降。虽然还有待进一步成熟，但无疑是刨花板和纤维板开发的一个好的方向。

（3）环保细木工板　细木工板是由两片单板中间胶压拼接木板而成。中间木板是由优质天然的木板经热处理（即烘干室烘干）以后，加工成一定规格的木条，由拼板机拼接而成。拼接后的木板两面各覆盖两层优质单板，再经冷、热压机胶压后制成。

在传统的细木工板生产过程中，板芯和面板的粘接均是采用脲醛树脂，但由于游离醛的问题在环保方面限制了其发展。使用改性聚乙酸乙烯酯乳液作为细木工板的胶黏剂，可以从根本上解决游离醛的问题，且其除成本微有提高外，加工工艺与脲醛树脂胶黏剂基本相同。

（4）胶接时对木材含水率的要求　由于聚乙酸乙烯酯乳液胶黏剂在完成粘接过程的前后不发生化学反应，仅靠水分蒸发来完成，而胶黏剂本身又含有较多的水分，因此，要在粘接后有较高的粘接强度和在粘接时有较快的粘接速度，对木材的含水率应有所要求：最佳的木材含水率应在5%～12%内；当含水率在12%～17%时，会影响粘接速度，会使粘接时间延长；当含水率超过17%时，则会使粘接强度下降。需要粘接的木材表面应该新鲜、光滑平整。

7.1.6.2 在建筑行业的应用

（1）建筑涂料上的应用　聚乙酸乙烯酯系列乳液大批量用作制造建筑涂料，包括内外墙涂料、地坪涂料、底漆、腻子以及具有不同功能的特种涂料。常用作建筑涂料基料的主要有乙酸乙烯酯均聚乳液、乙酸乙烯酯-乙烯共聚物乳液、乙酸乙烯酯-叔碳酸乙烯酯共聚物乳液、乙酸乙烯酯-丙烯酸酯共聚物乳液等。

（2）土木建筑胶黏剂　聚乙酸乙烯酯乳液在土木建筑应用极为广泛，已发展成为当代建筑不可缺少的配套材料。它不但可用于生产各种新型建筑材料，而且广泛地应用于建筑施工中，已成为建筑胶黏剂的一个重要品种。主要用于木材、水泥、陶瓷、塑料等材料本身或者相互之间的粘接。

聚乙酸乙烯酯乳液的粘接强度大于13.73MPa，高于木材本身的强度，是优良的木材胶黏剂。其可用于木材-木材粘接、木材-水泥粘接、木材-聚氯乙烯、水泥-水泥、水泥-砖瓦、水泥-陶瓷等之间的粘接。除此之外，聚乙酸乙烯酯乳液胶黏剂还可用于构建隔声隔热的材料。

在装修领域，聚乙酸乙烯酯乳液可用于聚氯乙烯装饰膜与层压板、刨花板、纤维板的粘接；木质材料的装饰材料与刨花板、纤维板的粘接等。

7.1.6.3 在纸品加工行业的应用

随着合成高分子技术的发展，很多合成高分子在纸张加工过程中显现出了显著的优势，被大量地用作纸浆添加剂和纸张浸渍剂等，以提高纸张的拉伸强度、耐水性、耐折强度等。聚乙酸乙烯酯乳液在纸张加工中就可用于纸张浸渍、涂层和用作纸浆添加剂。

（1）纸张浸渍剂　纸张的浸渍过程是通过聚合物乳液浴，使纸张吸入并在纸张表面挂附乳液，并通过挤压滚筒使其均匀化，再用气刀将多余的乳液除去后进行高温干燥，即可得到乳液浸渍纸张。

聚乙酸乙烯酯乳液和丁苯胶、乙丙乳液等均可作为纸张浸渍剂，但由于聚乙酸乙烯酯乳液相比于其他材料的成本相对较低，所以更为广泛大量的使用。在用作纸张浸渍剂的使用过程中，一般采用固体含量为5%～10%的乳液聚合物，通常还需加入约0.1%的渗透剂以提高浸渍效果。

（2）纸浆添加剂　聚乙酸乙烯酯乳液的最大用途之一是用作纸张或含纸成分的基材用胶黏剂，只需加入少量乳液就可以显著地改善纸的性能。

在纸张制造的打浆工序，就可将聚乙酸乙烯酯乳液直接加入到打浆机中，使其更加均匀地分散在水中，形成纸浆。或者可以将其加入到打浆机下游的驻浆池中，使乳液和纸浆充分混合，这样乳液聚合物就能够均匀地吸附和固定在纸张纤维上，再经过抄纸和干燥即可制得用乳液改性的纸张。

7.1.6.4 在纸品加工行业的应用

聚乙酸乙烯酯乳液可作为织物涂层剂、胶黏剂、整理剂及无纺布浸渍剂等，在纺织工业及织物加工工业中，用于改善织物的性能和外观，赋予织物更大的使用和观赏价值。

（1）纱线上浆剂　聚乙酸乙烯酯和不饱和酸的共聚物乳液与改性淀粉的混合物可以作为聚酯纤维含量在50%以上的混纺纱线的浆料；聚乙酸乙烯酯乳液和不饱和酸的碱金属盐和聚乙烯醇相混合所得到的浆料则适合于聚酯纤维的上浆，其可使纱线具有高的强度、黏合力和抗增溶性。

（2）静电植绒加工　聚乙酸乙烯酯乳液及其共聚乳液具有使用期长、胶黏剂易于涂布、不因溶剂产生易燃性和毒性、可稀释、操作简单等特点，广泛应用于衣、鞋、地毯等的静电植绒加工中。

7.2 丙烯酸酯乳液胶黏剂

丙烯酸酯胶黏剂是由丙烯酸酯、甲基丙烯酸酯及其众多衍生物单体的聚合物与共聚物所制成的胶黏剂。胶黏剂用主要单体是丙烯酸酯类（$CH_2=CH-COOR$）；其他单体，如丙烯酸、甲基丙烯酸甲酯（MMA），通过改变具体单体种类、含量与聚合条件，可开发大量类型的丙烯酸系胶黏剂。这些胶黏剂按产品可分为溶液型、乳液型以及含100%聚合物的液体型等。本节主要介绍由乳液聚合制得的乳液型丙烯酸酯胶黏剂。

丙烯酸酯乳液胶黏剂是由丙烯酸酯类和甲基丙烯酸酯类单体或加入乙酸乙烯酯等其他单体通过乳液共聚合得到。乳液型丙烯酸酯胶黏剂的研制、生产以及粘接技术的推广应用始于1958年，至20世纪70年代末，随着经济的迅速发展和人们生活水平的提高，对胶黏剂的需求呈现快速增长趋势。乳液型丙烯酸酯胶黏剂是我国20世纪80年代以来发展最快的一种聚合物乳液胶黏剂。这类胶黏剂中聚合物的分子量一般在1万～5万之间，分子量越高，粘接层的内聚力越大，粘接强度就越大。广泛用于包装、涂料、建筑、纺织以及皮革等各行各业。

7.2.1 丙烯酸酯乳液胶黏剂特点

水性丙烯酸酯乳液有许多重要优点，主要包括：①不使用有机溶剂，采用水做分散介质，生产安全，环境污染问题小，无毒害，在卫生保健上是安全的；不用回收溶剂，成本较低；②高分子量乳液聚合物的强度、韧性、耐溶剂性等性能比溶剂型或水溶液型的好；③与聚乙酸乙烯酯等聚合物不同，由于胶黏剂用丙烯酸酯的玻璃化温度（T_g）低，即使不添加增塑剂也容易形成较满意的膜，因此没有增塑剂迁移引起的麻烦；④具有很好的耐候性和良好的耐水性与耐碱性，其胶黏剂与涂料适于户外应用；⑤对木材、纸、织物、合金、水泥、陶瓷、塑料等各种材料显示有很好的粘接性；⑥由于膜较柔软并易进行碱增黏，故很适于纤维加工和皮革加工应用。在大多数应用中，这些优点足可以抵消缺点，如较低的耐冻融性、较差的储存稳定性、较长的胶膜干燥时间。

以上这些重要的优点赋予了乳液聚合方法以强大的动力，使乳液聚合理论研究、工业生产和新技术、新产品的开发一直处于快速发展之中。目前大量的乳液聚合的产物主要用于制造合成胶黏剂、合成塑料、涂料、橡胶、絮凝剂等。

7.2.2 乳液型丙烯酸酯胶黏剂的组成

乳液聚合体系主要由单体、分散介质、乳化剂和引发剂四种组分组成。

7.2.2.1 单体

单体是形成聚合物的基料，是乳液聚合中最重要的组分。各种不同单体赋予聚合物产品硬度、拉伸强度、弹性、粘接性和柔软性等不同性能，并决定着乳液及其乳胶膜的物理、化学和机械性能。乳液聚合所用单体为油溶性，一般不溶于水或微溶于水。乳液聚合中所用单体，如苯乙烯、乙烯、乙酸乙烯酯、氯乙烯、偏二氯乙烯等；共轭二烯单体，如丁二烯、异戊二烯、氯丁二烯等；丙烯酸及甲基丙烯酸酯类单体，如丙烯酸丁酯、甲基丙烯酸甲酯、丙烯腈、羟甲基丙烯酰胺等。

单体的组成，根据对生成物的物理性质要求，可做变化。为使生成聚合物具有所需要的物理性质，可以使丙烯酸酯单体与其他乙烯基单体进行共聚。

合成丙烯酸酯类乳液共聚物胶黏剂的单体一般为丙烯酸和C_1～C_8的丙烯酸烷基酯。随着烷基链长的增长，均聚物逐渐变软，玻璃化温度降低，质地柔软，直到丙烯酸正辛酯后，由于烷基碳原子的增加，出现侧链结晶倾向，聚合物变脆。其中常用的丙烯酸酯单体有丙烯酸甲酯、丙烯酸乙酯、丙烯酸正丁酯、丙烯酸-2-乙基己酯、甲基丙烯酸甲酯、甲基丙烯酸丁酯等。常用的共聚单体有乙酸乙烯酯、苯乙烯、丙烯腈、顺丁烯二酸二丁酯、偏二氯乙烯、氯乙烯、丁二烯、乙烯等，常用的功能单体有丙烯酸、甲基丙烯酸、衣康酸、丙烯酰胺等。常用的交联单体有（甲基）丙烯酸羟乙酯、（甲基）丙烯酸羟丙酯、*N*-羟甲基丙烯酰胺、乙二醇二（甲基）丙烯酸酯、己二醇二（甲基）丙烯酸酯、三羟甲基丙烷三丙烯酸酯、二乙烯基苯等。

在丙烯酸酯类乳液胶黏剂中，共聚单体的组成分为三部分。第一部分为软单体，玻璃化温度低，赋予胶黏剂粘接特性，如丙烯酸甲酯、丙烯酸乙酯、丙烯酸丁酯、丙烯酸异辛酯等；第二部分为硬单体，玻璃化温度高，赋予胶黏剂内聚力，如甲基丙烯酸甲酯、苯乙烯、丙烯腈、乙酸乙烯、偏氯乙烯等；第三部分为官能团单体，通过引入带官能团的单体，赋予胶黏剂反应特性，如亲水性、耐热性、耐水性、交联性。另外，在进行分子设计时，还需根据单体均聚物的性能及所粘接的基材的结构特征选择单体的种类。

7.2.2.2 分散介质

分散介质一般为无离子水。一般情况下，水是乳液聚合中用量的最大的一种组分，其质量极为重要，通常用蒸馏水或去离子水，以避免水中的各种杂质干扰引发剂和乳化剂的正常作用。不合格的水质可能导致引发体系的加速或延缓，产品、尺寸变化甚至乳液絮凝。

7.2.2.3 乳化剂

乳化剂是决定乳液聚合成败的关键组分。乳化剂是一类表面活性物质，其化学结构均由极性的亲水基和非极性的亲油基两部分构成，它可以降低界面张力，起乳化、分散、增溶作用。乳液聚合中用的乳化剂必须能形成胶束、溶解单体、稳定单体液滴和增长的聚合物乳胶粒。而且，乳化剂还影响到最终产品的性能-粒径、分子量、稳定性、防腐性、光泽度等。乳化剂可分为阴离子型、阳离子型、非离子型和两性乳化剂四种类型。

乳化剂的作用如下所述。

① 分散作用　加入乳化剂可大大降低水的表面张力，使单体液滴容易分散在水中，形成细小的液体。

② 稳定作用　乳化剂分子在单体液滴表面形成带电保护层，阻止了液滴之间的凝聚，形成稳定的乳液。

③ 形成胶束及增溶作用　形成增溶胶束，为反应提供了聚合场所。

单体分散于水中而出现了单体相和水相，表面活性剂存在于两相之间，起到降低两相间界面张力的作用。表面活性剂对生产乳液的物理性质有重要影响，决定着乳液的粒度。因此，进行聚合时，要根据单体的组成对表面活性剂进行选择，进行充分的搅拌。选择了适当的表面活性剂，就会得到稳定的乳液聚合物。

阴离子和非离子型在丙烯酸酯的聚合中得到广泛应用，阳离子型则应用有限。阳离子型表面活性剂只是应用于某种纤维整理剂方面并赋予其特殊性能，而不能用在乳液聚合中。

非离子型表面活性剂，对电解质等的化学稳定性良好，但使聚合速度减慢，而且乳化力弱，聚合中易产生凝块。

阴离子型表面活性剂化学稳定性不好，但与使用非离子型比较，有生产乳液粒度小、乳液机械稳定性好、聚合中不太容易生成凝块的优点。因此，在使用阴离子型时，易得到浓度高而稳定的乳液。多数情况下，在乳液聚合中，总是把阴离子和非离子型两种表面活性剂混合使用，有效地发挥两者的特点。目前我国多使用阴离子型乳化剂与非离子型乳化剂复合体系。常用的阴离子乳化剂为烷基硫酸钠、烷基苯磺酸钠、二烷基-2-磺基琥珀酸钠、烷基烯丙氧基聚氧乙烯磷酸钠、聚氧乙烯烷基酚醚顺酐加成物钠盐；非离子型乳化剂常用聚氧乙烯烷基醚、聚氧乙烯酚醚等。

7.2.2.4 引发剂

乳液聚合中所用的引发剂主要分为热引发和氧化还原引发两种体系。热引发剂受热时发生均裂产生自由基，最常用的热引发剂为过硫酸盐类。对于氧化还原引发体系，允许引发体系中某一组分为水溶性。氧化还原引发剂是通过氧化剂和还原剂之间发生氧化还原反应而产生能引发聚合的自由基。氧化还原体系大大降低了生产自由基的活化能，因而在反应条件不变的情况下，采用氧化还原体系课题提高聚合反应速率，既可以提高生产能力；而在维持一定生产时，则可降低反应温度，使聚合物性能得到改善，并减少能耗。

常用于乳液聚合的氧化还原体系主要有过硫酸盐/亚硫酸氢盐体系、过硫酸盐/醇体系、过氧化氢/亚铁盐体系等。引发剂因种类不同而分解机理、半衰期各异，聚合温度、体系 pH 值、电解质等对引发剂的引发速率影响很大，这些因素连同引发剂浓度直接影响到聚合速率和聚合物胶乳性能。

7.2.2.5 缓冲剂

添加缓冲剂的作用是调节 pH 值，使之维持在 4～5 之间。反应时通过共聚物的水解，pH 值有降低的情况，所添加的物质是碳酸氢钠等弱酸性盐。在使用酸性单体时，需要追加缓冲剂。

7.2.2.6 保护胶体

水溶性保护胶体是用于防止（乳液中）聚合物离子凝聚。它们是通过与聚合物粒子表面接触，把聚合物包围起来而起到防止凝聚作用。但这种保护胶体会增加聚合物膜的亲水性，因此要尽可能地降低使用浓度。

代表性的保护胶体有羟乙基纤维素、明胶、淀粉、聚乙烯醇、甲基纤维素、聚丙烯酸钠、阿拉伯胶等。保护胶体的机能与表面活性剂有类似之处，在聚合开始前或聚合终了后加入都可以。

一般来说，保护胶体用量和品种的选择，要取决于表面活性剂的种类，关键是要保持两者之间的平衡。乳液的单体组成与浓度，对保护胶体的选择也有很大的影响。

7.2.2.7 分子量调节剂

在某些乳液聚合中需要加入分子量调节剂，或称链转移剂。绝大多数乳液聚合为自由基型聚合，而聚合反应则主要发生在彼此隔离的乳胶粒中，因而只有同处于一个乳胶粒中的自由基才可能发生终止反应，而且在共聚合情况下，主要发生无规共聚，所以，为了控制聚合物的分子量或者控制聚合物的分子结构，向某些乳液聚合体系中加入分子量调节剂是十分必要的。

由于聚合反应主要发生在乳胶粒中，即发生在油相，所以分子量调节剂通常是油溶性的，在聚合体系中它主要溶解在单体液滴中。分子量调节剂发挥其作用时必须有以下几个步骤：由单体液滴内部扩散到表面；由单体液滴表面进入水相；由水相扩散到乳胶粒表面；由乳胶粒表面扩散到乳胶粒内部；在乳胶粒内部和大分子自由基发生链转移反应。以上几个步骤任何一步都有可能影响到链转移反应，如果全过程中处于化学反应控制，则分子量调节剂可以有效地控制分子量；反之，若全过程处于扩散控制，那么就会因为乳胶粒中调节剂的消耗得不到及时补充而使调节作用得不到充分发挥。

许多含硫、氯、磷、硒及有机不饱和键的化合物均可在乳液聚合体系中作为分子量调节剂使用，其中最常用的就是硫醇类，如正十二碳硫醇或叔十二碳硫醇。

7.2.2.8 其他组分

为了确保乳液聚合体系和聚合物乳液产品的稳定性，为了控制乳液聚合物的分子结构或性能，乳液聚合体系除了上述几种基本组分、终止剂或分子链调节剂以外，偶尔还会添加一些其他助剂。如为了控制体系的 pH 值，可能加入 pH 调节剂，如 KOH、NaOH、氨水、盐酸及硫酸等；有时也需加入表面张力调节剂，如戊醇、乙醇和辛醇等；为了防止金属离子对乳液聚合体系或聚合物乳液的稳定性的影响，可向体系中加入螯合剂，常用的就是乙二胺四乙酸（EDTA）及其碱金属盐；另外，在聚合物乳液的实际应用中还可能加入增塑剂或无机填料等。

7.2.3 丙烯酸酯乳液胶黏剂的聚合机理与聚合过程

7.2.3.1 聚合机理

20 世纪 40 年代，芝加哥大学的 Harkins 定性地阐述了在水中溶解度很低的单体的乳液聚合反应机理及物理概念。后来，Smith 和 Ewart 在 Harkins 理论的基础上建立了定量的理论，确定了乳胶粒数目与乳化剂浓度及引发剂浓度之间的定量关系。他们根据乳液聚合机理提出了乳液聚合的三种情况及乳液聚合过程的三个阶段：乳胶粒生成阶段（阶段Ⅰ）、乳胶粒长大阶段（阶段Ⅱ）和聚合完成阶段（阶段Ⅲ）。

乳液开始前，单体及乳化剂在乳液中的分布情况为：不溶或微溶于水的单体绝大部分以细小液滴形式存在，液滴的大小取决于搅拌桨的形状、搅拌强度及乳化剂品种及用量；少量的单体增溶在胶束中；微量的以分子形式溶解在水中（等于单体在水中的溶解度)。在单体液滴、增溶胶束和水的单体中通过扩散处于动态平衡。

大部分乳化剂分子形成胶束，其中多数胶束中溶解有单体，形成增溶胶束；一部分乳化剂被单体液滴吸附，形成带电的保护层；少量的以分子形式溶于水中(等于临界胶束浓度部分)，见图 7-2。

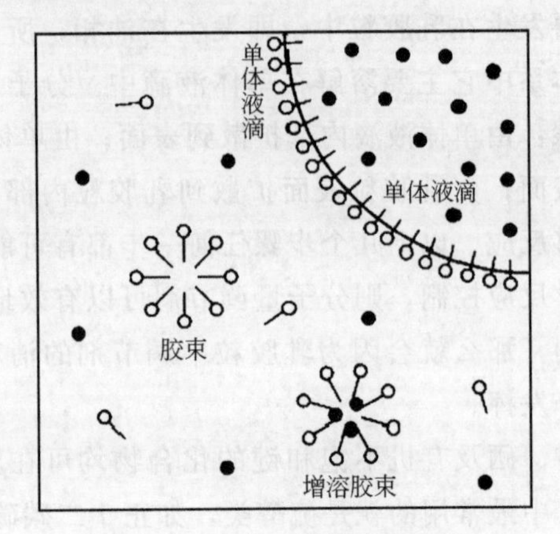

图 7-2 聚合开始前乳液系统

聚合所用引发剂为水溶性引发剂，与体系中存在的单体液滴和增溶胶束为异相体系。引发剂生成的自由基在什么场所引发单体聚合是乳液聚合机理研究要解决的首要问题。

溶于水的引发剂在水相分解生成自由基，与溶于水中的单体相遇会发生聚合反应，但这种聚合不是主要的聚合场所。①水相中溶解的单体数量极少，与水相中自由基发生碰撞的概率很低；②水相中生成的聚合物分子不溶于水，当分子量很小时就会从水相中沉淀出来，使聚合停止。

自由基扩散进入单体液滴和增溶胶束都可以引发聚合，聚合反应的主要场所要从自由基扩散进入液滴和胶束的概率大小来考虑。两者相比较，胶束总表面积约比单体总表面积大两个数量级。因此胶束更有利于自由基进入，成为聚合反应发生的主要场所。

图 7-3 和图 7-4 分别表示了聚合开始前乳化剂与单体的平衡及乳液聚合中自由基各种可能的物理、化学过程。

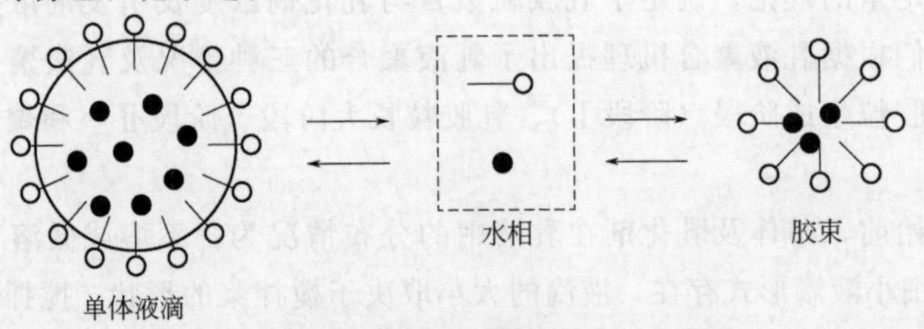

图 7-3 聚合开始前乳化剂与单体的平衡

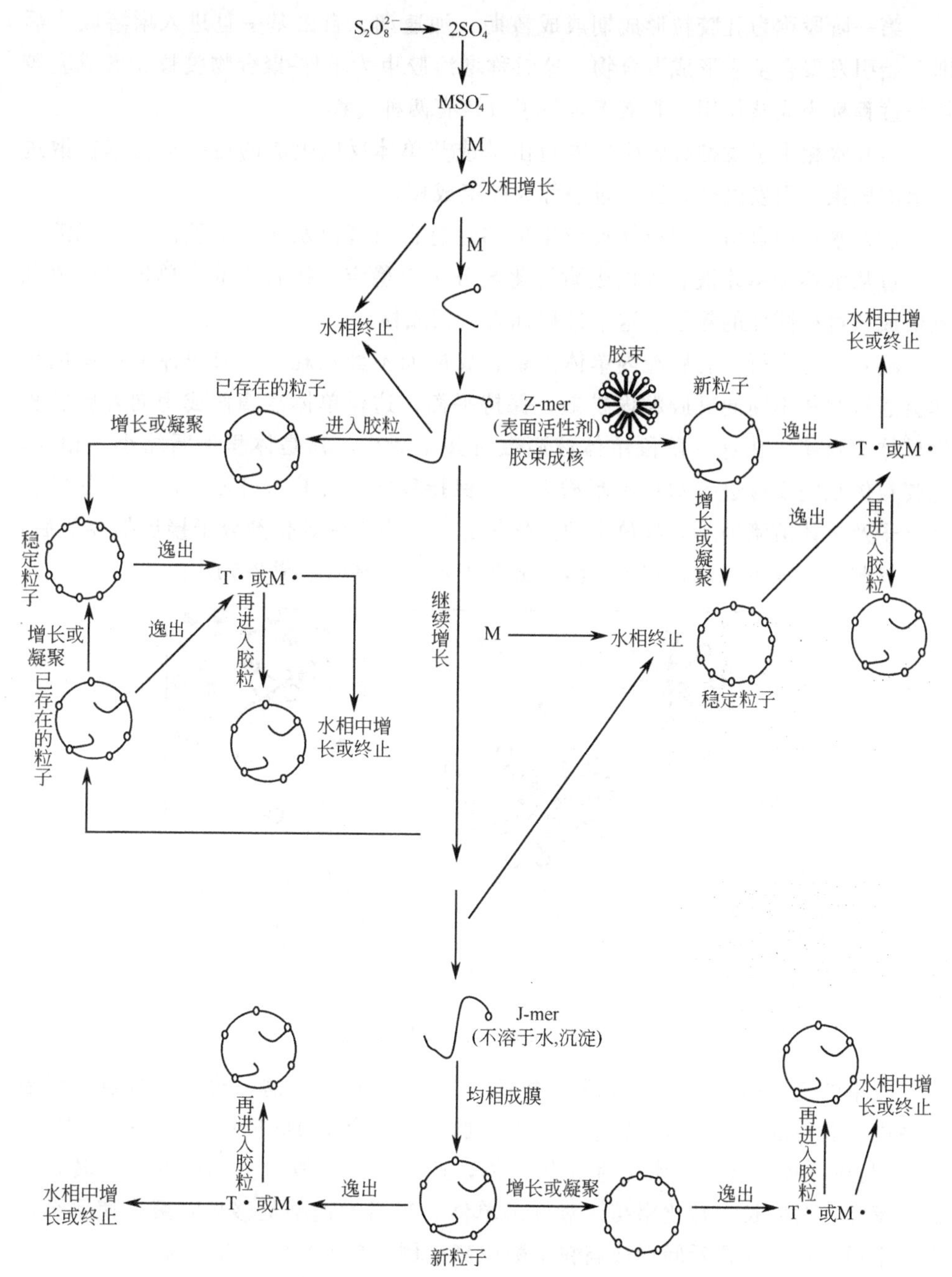

图 7-4 乳液聚合中自由基各种可能的物理、化学过程

T—向链转移剂产生的自由基；M—单体自由基

7.2.3.2 聚合过程

根据聚合反应速率（或转化速率）及体系中单体液滴、乳胶粒、胶束数量的变化情况，可将乳液聚合分为三个阶段。

第一阶段称为乳胶粒形成期或成核期、加速期。自由基一旦进入增溶胶束后即开始引发聚合反应形成聚合物，这时称增溶胶束为单体-聚合物胶粒。形成乳胶粒的过程称为成核作用。乳液聚合粒子成核有两种过程。

(1) 水相中引发剂分解生成的自由基或与单体反应生成的短链自由基扩散进入增溶胶束，引发聚合，这一过程称为胶束成核。

(2) 水相中自由基与单体反应生成的短链自由基由水相中沉淀出来。沉淀离子通过从水相和单体液滴表面吸附乳化剂分子而稳定，接着扩散入单体，形成和胶束成核过程同样的粒子，这个过程称为均相成核。

随着反应进行，乳胶粒内单体因聚合反应而不断消耗，此时单体液滴中的单体会通过水相不断向乳胶粒内扩散，保持平衡，这样单体液滴便成为向乳胶粒提供单体的仓库。在这一阶段单体液滴数目并不减少，只是体积不断缩小。相反，乳胶粒体积随反应进行却在不断增大。为保持稳定，乳胶粒开始吸附水中的乳化剂分子及单体液滴缩小后释放出的乳化剂分子。当水中乳化剂分子接近临界值后，未成核胶束变得不稳定，将重新溶解分散于水中，具体如图 7-5 所示。

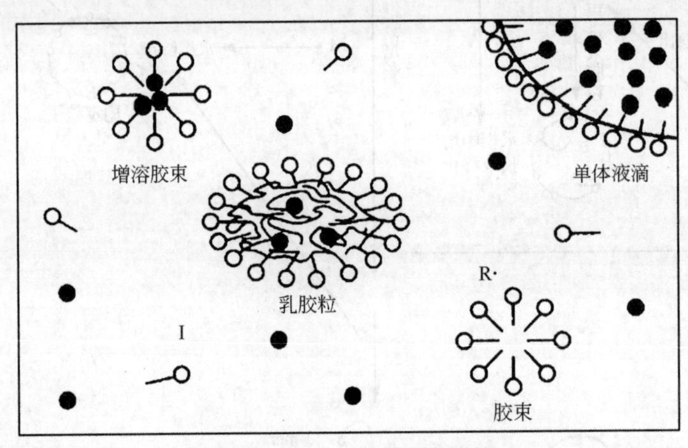

图 7-5　阶段Ⅰ乳液聚合系统

胶束的消失标志着第一阶段的结束，如图 7-6 所示。这一阶段的特点是随着体系中乳胶粒的不断增多，反应速率不断加大。该阶段时间较短，转化率为 2%～5%，与单体种类有关。水溶性大的单体，达到恒定乳胶粒数的时间短，转化率低；反之，时间长，转化率高。对许多单体，当引发速率足够高时聚合速率会出现一个最大值，这是瞬间形成高粒子数或高比例含自由基粒子造成的。

第二阶段称恒速期。胶束消失后，体系中只存在乳胶粒和单体液滴两种粒子。此时，单体液滴仍起着仓库的作用，不断向乳胶粒提供单体，以保障乳胶粒内引发、增长、终止反应的正常进行。

单体液滴的消失标志着第二阶段的结束，如图 7-7 和图 7-8 所示。这一阶段的转化率也与单体在水中的溶解性有关。单体水溶性大的，单体液滴消失得早。

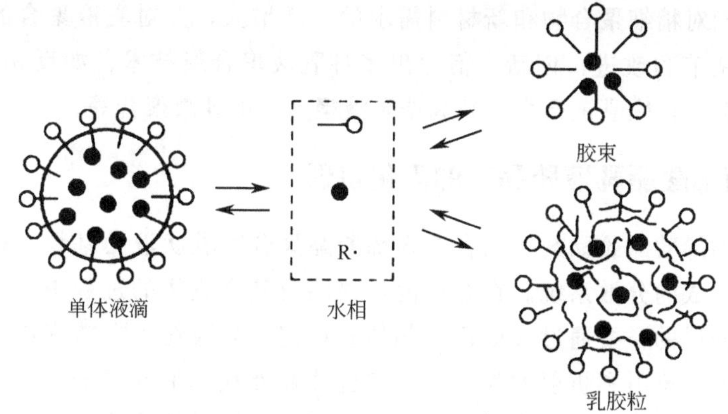

图 7-6 阶段Ⅰ单体和乳化剂及自由基的平衡

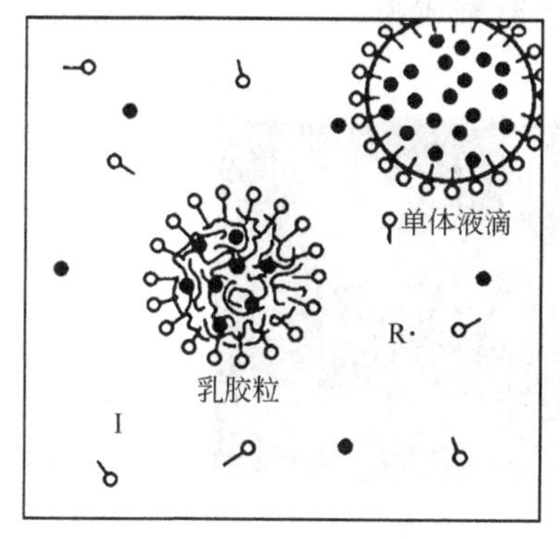

图 7-7 阶段Ⅱ乳液聚合系统

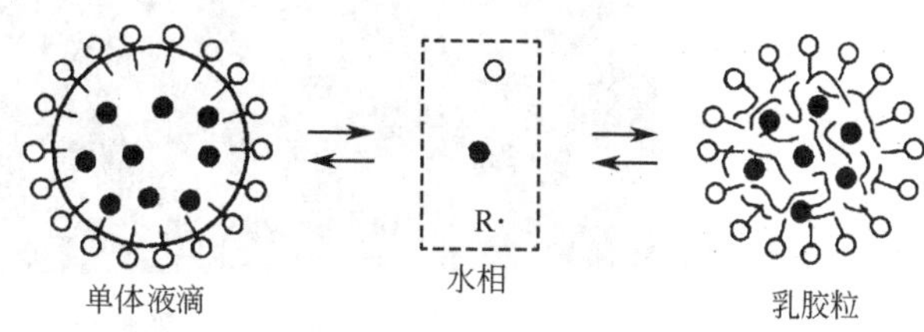

图 7-8 阶段Ⅱ单体与乳化剂及自由基的平衡

第三阶段是降速期。这一阶段体系中只有乳胶粒存在，由于失去单体来源，聚合反应速率随乳胶粒内单体浓度不断下降而逐步降低，直至单体消耗完反应停止，如图 7-9 和图 7-10 所示。

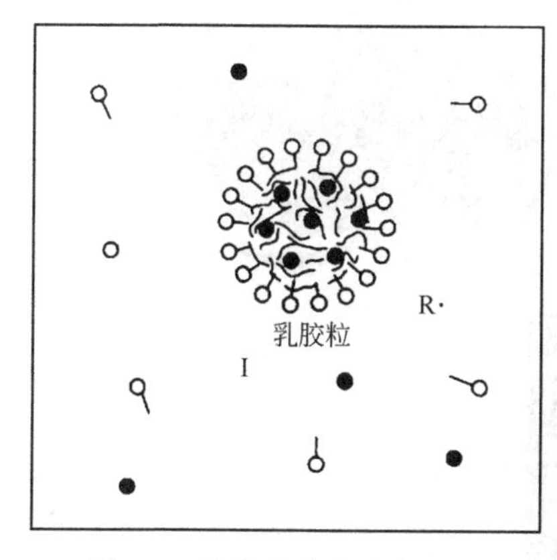

图 7-9 阶段Ⅲ乳液聚合系统

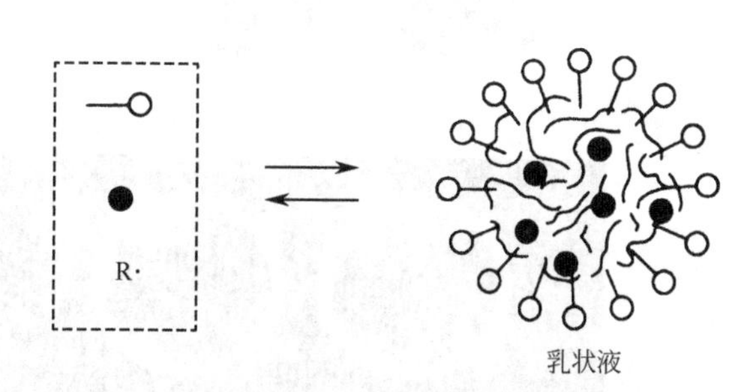

图 7-10 阶段Ⅲ单体与乳化剂及自由基的平衡

随着人们对精细聚合物和新材料需求的不断增大，并对乳液聚合的几个因素进行适当的调节和改进，创新、衍生出多种乳液聚合新技术，如反相乳液聚合、无皂乳液聚合、核壳乳液聚合、超高浓乳液聚合、微乳液聚合等。

7.2.4 丙烯酸酯乳液胶黏剂的固化机理

乳液型丙烯酸酯胶黏剂是以合成丙烯酸酯聚合物乳状液为基料，将各种助剂分散在其中形成的分散系统。在合成丙烯酸酯及其合成物的过程中，由于单体是不溶于分散介质的，要通过表面活性剂使其稳定。乳液粒子在微米级，大于可见光长度，因此在反射和折射的作用下，使乳液在外观上呈现不透明的乳白色，如图 7-11 所示。当水分和其他挥发性溶剂蒸发后，不溶的聚合物粒子形成一个连续膜，乳液成膜的机理被认为是采用这种以聚合物粒子凝聚成膜。

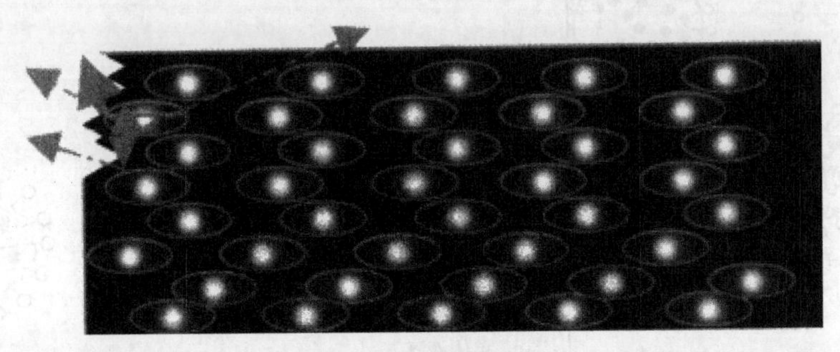

图 7-11 乳液粒子

成膜过程可分为三个重叠步骤：水和水溶剂的蒸发导致乳液粒子的密积层；粒子以其外壳的形变导致或多或少的连续但软弱的膜；凝结要经过一个较慢的过程，此时聚合物分子相互扩散，跨越粒子边界并缠卷增强薄膜，如图 7-12 所示。

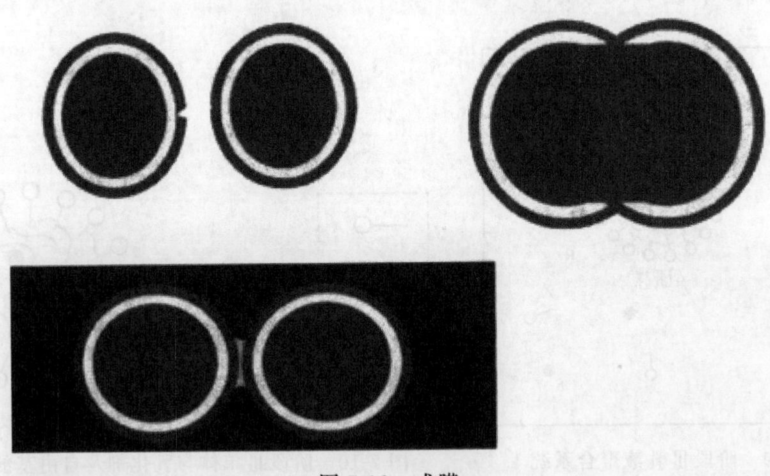

图 7-12 成膜

7.2.5 丙烯酸酯乳液胶黏剂的制备及影响因素

7.2.5.1 单体的影响

不同的单体赋予聚合物不同的性质。赋予聚合物硬度的单体有乙酸乙酯、苯乙烯、甲基丙烯酸甲酯、丙烯腈等；赋予聚合表面附着力的有丙烯酸、甲基丙烯酸等；若在丙烯酸酯单体乳液聚合时，加入比例合理的丙烯酸和甲基丙烯酸可显著提高胶黏剂的耐油性、耐溶剂性和粘接强度，并可改善乳液的冻融稳定性和对颜料的润湿性；若向均聚物中引入丙烯腈单体，还可增进乳液的粘接强度、硬度和耐油性；若引入苯乙烯则可提高乳液胶黏剂的硬度和耐水性。

若在聚合物的分子链上引入羧基、羟基、*N*-羟甲基、氨基、酰氨基、环氧基或外加氨基树脂等做胶黏剂，则可制成交联型丙烯酸系聚合物乳液胶黏剂，通过交联提高粘接强度，耐油性，耐溶剂、耐热性剂抗蠕变性，并可降低其粘连性。

选择带有极性官能团的多官能团单体作为反应性功能单体，则可使共聚物产生轻微的交联，形成一定程度的网络结构。用形成分子网络的化学键代替单纯的分子间作用力，在一定程度上提高了共聚物的刚性。

7.2.5.2 引发剂用量的影响

引发剂的量太少，不易引发聚合；引发剂用量太多，则聚合不平衡。较适宜的引发剂量为单体总量的0.2%～0.8%，引发剂用量为0.2%～0.4%，制备的聚丙烯酸酯乳液粒子粒径小、乳液稳定性好。随着引发剂用量的增加，丙烯酸酯乳液聚合的聚合速率和转化率增加；剥离强度、分子量、稳定性、内聚力和耐水性均呈下降趋势；黏附性出现极值点。

7.2.5.3 乳化剂的影响

乳化剂是乳液聚合体系中的重要成分，在乳液聚合过程中起着举足轻重的作用。乳化剂对聚合反应的聚合速率、聚合度、乳胶粒数目及粒径、合成聚合物乳液的稳定性具有重大影响。可以说，乳化剂类型的选择和用量是决定丙烯酸酯乳液体系稳定性的关键因素之一，因此乳化剂的选择非常重要。

乳化剂的种类和浓度将直接影响引发速率和链增长速率，乳化剂类型的配比主要影响共聚物乳液的稳定性和粒径大小。乳化剂类型的选择和用量的确定是决定丙烯酸乳液体系稳定的关键因素之一。

7.2.5.4 pH 值的影响

在聚合过程中，为防止单体水解，需调节 pH 值到稍偏酸性一侧，并调节反应速率。为使聚合终了的乳液具有机械稳定性，为调节其黏度，防止对容器的腐蚀等原因，把 pH 调节至微碱性。

7.2.5.5 盐类的影响

供乳液聚合使用的水，需先以离子交换树脂脱出离子。体系中存在盐类将造成乳液的不稳定。

7.2.5.6 氧气的脱除

聚合开始前，为除去系统中的氧气，预先在反应容器中通入氮气。

7.2.5.7 搅拌速度的影响

搅拌过快会延长聚合物的诱导期，导致凝聚。实验室中搅拌速度以100～400r/min为最适宜。

7.2.5.8 反应温度的影响

除氧化还原外，大多数反应应在回流温度下进行聚合。需加热以使反应得以开始。反应开始后，由于反应放热，虽不再继续加热，仍然可维持未反应单体在回流的温度。接近聚合终点时，回流单体减少，温度一般需升到90～95℃，使体系中不残留未反应单体。

7.2.5.9 交联剂的影响

交联剂对聚丙烯酸酯乳液胶黏剂的影响兼有正反两方面。加入交联剂是提高粘接强度和耐水性的有效途径之一，加入量对初始黏度的影响是先增大后减小。

7.2.5.10 链转移剂的影响

玻璃化温度不变时，聚合物分子量对聚合物的初黏性即内聚力有很大的影响。由于乳液聚合一般所得的聚合物分子量较大，常加入链转移剂以降低聚合物的分子量。因此加入链转移剂可降低丙烯酸酯乳液胶黏剂的分子量和黏度。

7.2.5.11 增黏树脂的影响

增黏树脂使初始粘接黏度、剥离强度、剪切强度和黏度均变大。还可把增黏树脂溶解于单体中作为杂质加入，不但增黏树脂本身可提高胶体的初黏性，同时还可降低聚合物的分子量，从而提高胶体的初黏性。

7.2.5.12 聚合工艺的影响

聚合工艺可采用普通聚合法及种子聚合法。不同的聚合工艺可使乳液粒子中产生不同的分布。软单体排列在壳层，可使聚丙烯酸酯乳液胶黏剂黏附力强；反之，硬单体排列在乳液粒子的壳层，可使其强度变大。

7.2.6 乳液型丙烯酸酯胶黏剂影响因素与应用

7.2.6.1 乳液型丙烯酸酯胶黏剂的影响因素

丙烯酸酯胶黏剂自20世纪80年代在我国研制生产以来，由于制备容易、粘接性能、耐光耐候性好，具有优良的抗氧性、不含溶剂、无污染等优点，得到了较快发展。丙烯酸酯胶黏剂不采用溶剂或少量溶剂，可避免或减少因使用溶剂所造成的环境污染和浪费。丙烯酸酯胶黏剂由丙烯酸酯类和甲基丙烯酸酯类共聚，或加入乙酸乙烯酯等其他单体共聚而成。普通型乳液胶黏剂的粘接强度、耐水性、耐湿性等方面较溶剂型丙烯酸酯类胶黏剂差，对其改性方法已有大量文献报道。因此除开发通用型胶黏剂外，还应开发特种胶黏剂，如高强度、耐高温、阻燃胶黏剂等。常用的几种对丙烯酸酯改性的胶黏剂及其制备方法如下。

（1）苯丙乳液　苯丙乳液是苯乙烯和丙烯酸酯系单体的共聚物乳液，为提高其稳定性，赋予聚合物乳液增稠性，通常加入适量的（甲基）丙烯酸或其他不饱和羧酸进行共聚。通过苯乙烯参与共聚，在共聚物中引入苯乙烯链段，可提高聚合物涂膜的耐水性、耐碱性、硬度、抗污性和抗粉化性，使其有着非常广泛的用途。

丙烯酸丁酯和苯乙烯（以及丙烯酸）的共聚物乳液是研究最多的苯丙乳液，当该乳液存在成膜性差、成膜温度高，涂层强度低，涂层耐水性、耐冲击性、耐光性差等问题。为解决这些问题，可通过共混或共聚的方式引入微量功能性单体以实现对苯丙乳液的改性。常引入的有丙烯酸、甲基丙烯酸、丙烯腈等。利用这些微量功能单体可对传统苯丙乳液实施羧基交联、羟基交联、环氧基交联等。

苯丙乳液另一个重要的发展方向是无皂乳液聚合。由于乳化剂总会残留在最终产品中，易产生泡沫、渗析、吸湿等缺点，使涂膜透明度、耐水性、电绝缘性、黏附性等降低。为消除这些弊端，国外自 20 世纪 60 年代开始研究无皂乳液聚合法，已取得大量成果。

（2）乙丙乳液　聚乙酸乙烯酯乳液存在着玻璃化温度较高、低温成膜性差、不耐水等缺点，使其应用受到了一定的限制。因此，为改善乙酸乙烯酯乳液的性能，常用乙酸乙烯酯与丙烯酸系单体进行共聚，制成乙丙乳液。与乙酸乙烯酯乳液相比，由于在共聚物链中引入 20％～30％的丙烯酸系单体，从而显著提高了涂膜的耐水、耐碱、耐候、耐光、耐老化和颜、填料结合的能力，使之对许多材料有很强的附着力，自身内聚强度高，成膜性好。

（3）硅丙乳液　丙烯酸酯聚合物具有优良的耐氧化、耐气候老化和突出的耐油性、成膜性及装饰性能，且原料来源丰富，生产利于操作。但丙烯酸酯聚合物的耐水性和耐寒性较差，其“冷脆热黏”性限制了它的应用。聚硅氧烷主链上的 Si—O 键能很高，分子体积大，内聚能密度低，使得它同时具有良好的耐高低温性能、疏水性、透气性和耐候性，主要应用在织物整理、涂料、皮革涂饰、胶黏剂等行业。但有机硅乳液一般需高温固化，且固化时间长且附着力差。因此将极性相差很大的丙烯酸酯与聚丙烯酸酯结合在一起，可得到具有两者优异性能的新型聚合物乳液，大大地提高了丙烯酸系树脂的耐水性和耐候性。

（4）氯丙乳液　氯乙烯聚合物具有耐磨损性、耐化学药品、耐水溶胀和耐燃性等优点，与丙烯酸酯共聚改性后具有优良的耐老化性和持久的柔顺性。氯乙烯、丙烯酸酯、乙酸乙烯酯三元共聚物乳液是在丙烯酸酯类织物涂层的基料产品中引入氯乙烯单体，该聚合方法不仅可降低聚合成本，而且使该产品具有聚氯乙烯特有的耐磨损性、耐化学药品性，以及耐燃性和低水溶胀性。

通常采用乳液共聚和乳液接枝共聚两种技术路线合成氯乙烯-丙烯酸酯-乙酸乙烯酯三元共聚乳液。一般采用乳液接枝共聚和核壳聚合相结合的工艺，以制备稳定性能较好的聚合乳液。

（5）多孔性丙烯酸酯共聚物乳液　为改善和提高丙烯酸酯共聚物乳液的性能，常将丙烯酸酯共聚物乳液设计成核壳结构。具有核壳结构的功能性丙烯酸酯共聚物乳液在涂料、纺织印染、塑胶加工改性剂、造纸等方面得到了广泛的应用，且乳胶离子形态、结构不同，乳液的功能不同。无核结构的乳液大大推动了丙烯酸酯乳液的应用和发展。多孔性或中空丙烯酸酯共聚乳液有许多特殊的性能，如光遮蔽性、阻尼性等。

制备多孔型或中空丙烯酸酯共聚乳液常用的制备方法如下：

① 物理法　物理方法主要是致孔剂法，依据致孔剂类型不同，可分为非溶剂法和引入聚合物法。

② 化学法　化学法分为碱/冷处理法、酸/冷处理法、碱/处理法、酸/碱处理法。

③ 微胶囊法　微胶囊技术包括物理法、化学法和物理化学结合法。其中化学方法有界面聚合法、原位聚合法、锐孔-凝固浴法。

7.2.6.2　乳液型丙烯酸酯胶黏剂的应用

乳液型丙烯酸酯压敏胶呈现饱和化学键、不易水解，制成的胶带耐光性、抗氧性较好，对多种基材有优良的附着力，因此得到了飞速的发展。乳液型压敏胶带大量用作表面保护，如汽车、飞机、机械零件、电器、木制品、塑料及塑料成型制品等。近年来，丙烯酸酯压敏胶带、双面胶带、保护胶带不仅在产量上，而且在粘接和涂布性能上都有较大提高，适用于各种用途的胶带产品不断涌现，但仍以通用型为主。

乳液型丙烯酸酯胶黏剂广泛用于纺织、包装、建筑、汽车、木制品、电器、玩具和医疗等行业。纺织行业中，主要用于涂料印花、非制造物黏合、织物商标、服装中间衬料、经纱上浆等。在包装行业，主要用作压敏胶黏剂、纸、纤维、塑料间的相互黏合。

由于丙烯酸酯乳液的粘接性能良好，黏附力强、耐紫外线、耐老化、保色性能好、无毒无味，在建筑行业用作建筑物的内外墙涂料，尤其是作为外墙涂料，还可用来制作嵌缝膏和剥离腻子以及地板胶等。另外，丙烯酸酯类胶黏剂还可用于医疗行业、电器、玩具、木制品等，又可直接用来粘接木器、纸板、塑料等。

7.3 水性异氰酸酯胶黏剂

水性异氰酸酯（aqueous polymer isocyanate，API）胶黏剂是双组分胶黏剂，由水基聚合物和异氰酸酯交联剂构成。

由于异氰酸酯主要含有的异氰酸酯基（—NCO）是一种高度不饱和基团，而赋予异氰酸酯胶黏剂具有胶接性能优良、耐水、耐老化、无甲醛等污染问题，特别是以水作分散介质，加工过程较少或不使用有机溶剂，对环境无污染，对操作人员无健康危害，不易燃烧，加工过程安全可靠，因此适应范围广。同时由于成本高、易于与水汽反应，则储存难度大，适用期短，并且不能长久储存，因此制备水性异氰酸酯胶黏剂也是发展的一个重要技术问题。

7.3.1 水性异氰酸酯组成及特点

水性高分子异氰酸酯胶黏剂（API）是以水性高分子聚合物［如聚乙烯醇（PVA）］、乳液［苯乙烯（SBR）、聚丙烯酸乳液、乙烯-乙酸乙烯酯共聚乳液（EVA）等］、填料（如碳酸钙粉末）为主剂，和多官能团的异氰酸酯化合物交联所构成。两者混合产生的三维交联使其胶接耐水性大为提高，所以，通常将其作为高耐水性木材胶黏剂使用。

7.3.1.1 水性异氰酸酯组成

水性高分子异氰酸酯胶黏剂由主剂和交联剂组成。

主剂：水溶性高分子、乳液和填料。可根据其用途和要求，选择适宜的原料进行适当组合，组成主剂。

水溶性高分子最早期是采用聚乙烯醇，但是随着应用环境等的要求，有时也使用脲醛树脂、三聚氰胺树脂等热固性树脂和聚丙烯酸。聚乙烯醇除了起胶黏剂的交联作用外，还可提高水不溶性交联剂的分散性。而适量的乳液如聚苯乙烯-丁二烯胶乳、聚丙烯酸酯乳液、乙酸乙烯酯-乙烯共聚乳液等能提高胶黏剂的耐水性，增加有效成分的浓度，但是还需考虑其工艺性能、适用期和耐水胶接强度等选择合适的乳液。

填料不仅能增加胶黏剂的浓度，还能填充被胶接材料空隙等，改进胶黏剂的物理性能。常用的填料为碳酸钙粉末，碳酸钙粉末、滑石粉等硬度低，不含黏土类高硬度杂质，与其他填料相比，价格更低廉。此外，在胶黏剂中，还可根据需要适当选择使用少量的分散剂、防霉剂、消泡剂等。

交联剂：API的主要特点是将异氰酸酯化合物作为交联剂使用，赋予胶黏剂常温胶接性能和耐水性。安全性、胶接耐水性及加入交联剂后胶黏剂的适用期是选择交联剂的重要标准。异氰酸酯分子中含有两个以上异氰酸酯基的多异氰酸酯制得的水性高分子异氰酸酯胶黏剂耐水性较高。由于水性高分子异氰酸酯胶黏剂含有大量水，所以加入交联剂后，还需一定的适用期，一般是采用难溶于水的异氰酸酯，还可加入难溶于水的甲苯等疏水剂作为异氰酸酯的稀释剂，但加入这类疏水性溶剂会给最后的胶黏剂带来一定的毒性，同时已开发出了可在短时间内使用的方法，故现在较少使用这种方法。

7.3.1.2 水性异氰酸酯胶黏剂的特点

以水为分散介质，使用安全方便，不污染环境，不含甲醛、苯酚等有毒物质；初黏性好、常温固化、耐水耐热性能优良；根据不同材料选择不同的主剂，使用范围广；pH 值在 6～8，基本上近乎中性，不污染被胶接基材。

缺点是有适用期限制，由于异氰酸酯基的反应性，如黏附在衣物、手上，干燥后不易清除，且价格相对较贵。

7.3.2 水性异氰酸酯胶黏剂的固化

水性异氰酸酯胶黏剂基本构造是以聚乙烯醇溶液为连续相，胶乳为分散相。聚乙烯醇与异氰酸酯化合物交联剂产生交联反应、水与异氰酸基反应形成取代脲、缩二脲等结合键并分散在连续的聚乙烯醇相中，还有一部分未反应的异氰酸基存在于其中，因此在连续相中形成复杂的化学构造。水性异氰酸酯胶黏剂混合体系的化学反应原理如下。

异氰酸酯与聚乙烯醇的反应：

$$\mathrm{OCN{-}R{-}NCO} + 2\begin{bmatrix}\mathrm{HCH}\\ \mathrm{HCOH}\\ \mathrm{HCH}\\ \mathrm{HCOH}\end{bmatrix} \longrightarrow \begin{matrix}\mathrm{HCH} & & & & \mathrm{HCH}\\ \mathrm{HCOOC\underset{H}{N}{-}R{-}\underset{H}{N}COOCH} & & & & \\ \mathrm{HCH} & & & & \mathrm{HCH}\\ \mathrm{HCOH} & & & & \mathrm{HOCH}\end{matrix}$$

异氰酸酯与水的反应：

$$\mathrm{RNCO} \xrightarrow{+H_2O} \underset{(a)}{\mathrm{RNHCOOH}} \xrightarrow{-CO_2} \underset{(b)}{\mathrm{RNH_2}} \xrightarrow{+RNCO} \underset{(e)}{\mathrm{RNH_2CONR{-}}}$$

$$\mathrm{RNH_2} \xrightarrow{+RNHCOOH} \underset{(c)}{[\mathrm{RNCOO}]^-[\mathrm{NH_4R}]^+} \xrightarrow{-H_2O} \underset{(e)}{\mathrm{RNH_2CONR{-}}}$$

$$\mathrm{RNHCOOH} \xrightarrow{+RNCO} \underset{(d)}{\mathrm{RNHCOOCOHNR}} \xrightarrow{-CO_2} \underset{(e)}{\mathrm{RNH_2CONR{-}}}$$

$$\mathrm{RNH_2CONR{-}} \xrightarrow{+RNCO} \underset{(f)}{\mathrm{RNHCO\overset{R}{N}COHNR}}$$

水性异氰酸酯胶黏剂是在水存在的情况下，使异氰酸酯化合物与除水之外的主剂成分反应。同时，异氰酸基（—NCO）与水反应生成羧酸（a），再经过脱出二氧化碳形成胺（b）；同时，生成羧酸（a）与异氰酸酯反应生成酸酐（d）；而胺（b）与未脱二氧化碳的羧酸反应形成铵盐（c）；胺（b）与异氰酸酯反应生成取代脲（e），取代脲（e）继续与异氰酸酯反应缩二脲（f）。由于水的大量存在，异氰酸酯与水的反应程度尽管不是很剧烈，但是由于聚乙烯醇羟基相对较少，故在交联反应中异氰酸酯基与聚乙烯醇的反应不是主反应。

针对不同的粘接及其他用途，水性异氰酸酯胶黏剂的固化时间是不同的。如相同的胶黏剂用于粘接木材时，胶黏剂中的水分向木材中渗透或挥发，使得异氰酸酯基被释放出来，与基体乳液、木材中的结合水以及纤维类基材等反应，形成牢固的胶接，而消耗大量异氰酸酯基，同时随着溶剂的渗透和挥发逐渐固化；而在铝箔等金属上涂施胶黏剂后，放置一周后还有50%以上的异氰酸基存在，固化相对较慢。当然水性异氰酸酯胶黏剂的固化还受环境影响，如温度、湿度等。

7.3.3 水性异氰酸酯胶黏剂的制备方法

目前，水性异氰酸酯胶黏剂的制备方法已经比较成熟，主要有水溶性聚氨酯乳液和水分散性封闭异氰酸酯。

7.3.3.1 水性聚氨酯胶黏剂

区别于溶剂型聚氨酯胶黏剂，水性聚氨酯胶黏剂的主要特点是以水为分散介质，因此，制得水性聚氨酯胶黏剂关键就是要将聚氨酯水性化。而通常采用外乳化法和自乳化法制备。

制备水性聚氨酯胶黏剂，一般先将低聚物二醇或多元醇、扩链剂和二异氰酸酯通过化学反应制得一定分子量的预聚体或高分子量聚氨酯树脂之后，端异氰酸酯基的聚氨酯预聚体在适当的乳化剂和强剪切力下可以在水中分散或乳化，即外乳化，然而由此法制得的分散液极其粗糙且很不稳定，对设备的要求也很高，故使用这种乳化方式的工艺很少，因此本书也不做详细介绍。在分散于水介质之前对端异氰酸酯基的聚氨酯预聚体进行某种亲水性改性，即在聚氨酯结构中引入离子基团或亲水链段，即可以实现自乳化。

（1）外乳化法　选取制成适当分子量的聚氨酯预聚体或其溶液，然后加入乳化剂，在强烈搅拌等物理作用下强制性地将其分散于水中，制成聚氨酯乳液或分散体。预聚体的黏度愈低，愈易于乳化，加入少量亲水的有机溶剂也有益于乳化。其中最好的方法是在乳化剂存在下将预聚体和水混合，冷却到5℃左右，然后在均化器中使之分散成乳液。由于此法制得的聚氨酯乳液中的大部分端异氰酸酯基在相当长时间内保持稳定，且氨基与—NCO基团的反应比水快很多，因此外乳化法在多数情况下可在水中进行扩链（常用二胺），以生成高分子量的聚氨酯-聚脲乳液，此法的关键之一是选择合适的乳化剂。常用的乳化剂有烷基硫酸钠、烷基苯磺酸钠等阴离子表面活性剂；季铵盐类阳离子表面活性剂；烷基苯酚氧化乙烯类非离子表面活性剂。

外乳化法工艺简单，但却存在以下缺点：在分散阶段需要强力搅拌设备，搅拌情况对分散液性能影响很大；制得的分散液粒径较大，一般大于 1.0μm，且粒径分布宽，储存稳定性也差；且乳化剂的存在影响成膜后胶膜的耐水性、韧性和粘接性等力学性能和其他使用性能。因此由于以上缺点，该法多用于储存期短的低档涂料或胶黏剂的生产，不适合其他应用。

(2) 自乳化法　自乳化法是在制备聚氨酯分散液的过程中在分子链上引入亲水性基团，不需再添加乳化剂。由于自乳化法使聚氨酯分子本身带有亲水性成分，在乳化阶段无需强力搅拌和外加乳化剂，制成的分散液粒径较小，且分布窄，分散液储存稳定，成膜后胶膜的力学性能和其他应用性能优良。但是，如何将适当的亲水性基团引入聚氨酯分子结构，并将其分散于水中，是制备水分散聚氨酯液胶黏剂的关键。亲水性基团可通过原料多元醇或扩链剂在制备过程中接枝到聚氨酯分子结构中，一般多借助含亲水基团扩链剂引入硬段中。目前，国内研究的几乎所有的阴离子水性聚氨酯分散液产品，亲水性离子基团都是以这种方法引入硬段中，这会影响硬段的规整性而降低硬段的结晶性。但最近也有人尝试合成了一种含羧基的聚己内酯，并以此为软段合成了阴离子型聚氨酯乳液。

根据分子结构上亲水基团的类型，自乳化型水性聚氨酯胶黏剂可分为阳离子型、阴离子型、两性型和非离子型水性聚氨酯胶黏剂。阳离子型聚氨酯是在预聚体溶液中使用 *N*-烷基二醇扩链，引入叔氨基，然后经季铵化或用酸中和从而实现自乳化。而阴离子型是采用 2,2-二羟甲基丙酸（DMPA）、二氨基烷基磺酸盐等为扩链剂，引入磺酸基或羧基，再用三乙胺等进行中和并乳化。若在聚氨酯骨架上引入羟基、醚基、羟甲基等非离子基团，尤其是聚氧化乙烯链段，可得到非离子型自乳化聚氨酯。亲水基团的引入方法可采用亲水单体扩链法、聚合物反应接枝法以及将亲水单体直接引入大分子聚合物多元醇中等方法。其中，亲水单体扩链法具有简便、应用范围广等优点，是目前制备水性聚氨酯所采用的主要方法。而将亲水基团直接引入聚醚或聚酯多元醇分子中，是国外工业化生产中常采用的方法，具有较高的应用价值。近年来，一些新的制备水性聚氨酯的方法也引起人们的注意。例如用 SO_3 或浓 H_2SO_4 将芳香族多异氰酸酯和多元醇的预聚物磺化，在苯环上引入—SO_3 基团，经扩链制得磺酸盐型水性聚氨酯。最近，在软硬段中同时引入离子基团也成为自乳化设计的手段之一。

自乳化制备的水性聚氨酯胶黏剂之所以能稳定存在，是因为所制备的乳液粒子存在电荷或粒子间的排斥等作用。离子型聚氨酯分散体的粒子稳定机制不同于非离子型聚氨酯。一般来讲，在离子聚氨酯水分散体中，粒径随着分子链中亲水性离子含量的增加而减小，这是因为亲水性离子含量的增加使得分子链的亲水性增加，提高了聚合物的水化作用，有利于聚合物相的微细分散，从而使粒径相应减小。虽然亲水成分越多，越有利于储存稳定性的提高，但胶膜的耐水性却会降低，故一般在兼顾分散液稳定性的前提下，控制亲水基团含量尽可能低。在离子分散体中，离子中心位于分散粒子的表面，而疏水性链段则形成粒子的内核，粒子界面上离子结合体的分裂作用形成双电层，通过化学键连接在聚氨酯骨架上的阴离子或阳离子固定在粒子表面，而对离子则迁移至粒子周围的水相中，在微球表面形成 ε 电势的电荷层，加强了分散体的整体稳定性。这样的粒子结构也使所获得的分散体系具有较好的冻融稳定性。在非离子分散体中，亲水性的聚氧化乙烯等链段分布在粒子的表面，并向水相中伸展，当粒子靠得很近时，亲水链段在水相中的自由运动受阻，导致体系熵减小，因此粒子之间的排斥是自发产生的，从而使之较稳定存在。

制备水分散性聚氨酯胶黏剂的工艺方法主要有预聚体混合法、丙酮法、熔融分散法、酮亚胺-甲酮连氮等。其共同的特点是首先制备分子量中等、端基为—NCO 的聚氨酯预聚体，不同步骤在于扩链过程。几种制备方法的工艺步骤和特点如表 7-4所示。

表 7-4　制备水分散性聚氨酯胶黏剂的工艺

方法	工艺	特点
预聚体混合法	预聚体→引入亲水基团→分散于水→扩链→季铵化→聚氨酯乳液	工艺简单，低成本(不用或少用溶剂)，产品质量不如丙酮法
丙酮法	预聚体→丙酮降黏→扩链→季铵化→水分散→蒸出丙酮→聚氨酯乳液	产品质量好，生产重现性良好；生产率低，不安全
熔融分散法	预聚体(含离子基团)→熔融→季铵化→羟甲基化→分散于水→聚氨酯乳液	工艺简单，不用溶剂，易于控制，效率高；反应不完全，产品性能不好
酮亚胺-甲酮连氮法	含离子基团的端—NCO 基预聚体加酮亚胺或甲酮连氮→分散于水→扩链	产品质量好，工艺简单经济

离子和非离子型聚氨酯水分散体各有优、缺点，因此可以互补而得到性能优良的制品。

7.3.3.2　水分散性封闭异氰酸酯胶黏剂

将封闭的异氰酸酯分散到其反应物的水分散体中是制备水分散性封闭异氰酸酯的一种比较简单和方便的方法，这种方法可避免使用乳化剂，为此，需将分子改性，常用的方法有多种。其类型主要有离子型和非离子型水分散性封闭异氰酸酯。

(1) 离子型水分散性封闭异氰酸酯　制备阴离子封闭异氰酸酯乳液的方法之一是甲乙酮肟封闭的 1,6-亚己基二异氰酸酯聚异氰酸酯与壬基酚聚氧乙烯基醚磷酸酯部分反应并与三乙胺生成盐，得到乳液。1,6-亚己基二异氰酸酯与乙二醇、2-氨基丙酸钠部分反应，再用甲乙酮肟封闭，也可得到水分散性封闭异氰酸酯。另一种制备阴离子水分散封闭型异氰酸酯的方法就是部分甲乙酮肟封闭的1,6-亚己基二异氰酸酯三聚体与氰胺反应得到氰基脲，再用二甲基乙醇胺（DMAE）中和成盐即可，反应如下：

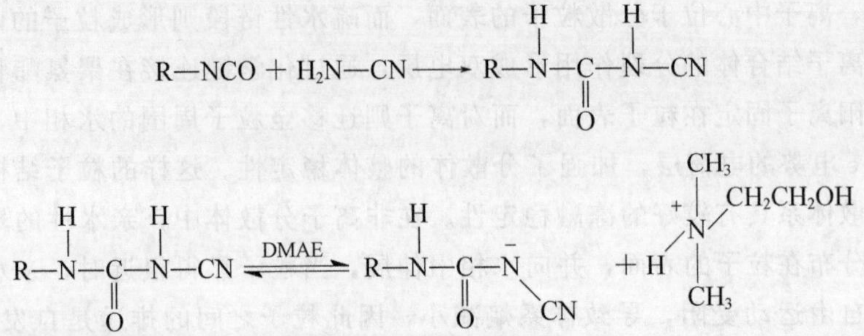

$$R{-}NCO + H_2N{-}CN \longrightarrow R{-}NH{-}\underset{\displaystyle O}{\underset{\|}{C}}{-}NH{-}CN$$

$$R{-}NH{-}\underset{\displaystyle O}{\underset{\|}{C}}{-}NH{-}CN \xrightleftharpoons{DMAE} R{-}NH{-}\underset{\displaystyle O}{\underset{\|}{C}}{-}\overset{-}{N}{-}CN + H{-}\overset{+}{N}(CH_3)_2(CH_2CH_2OH)$$

制得产物用于热固型水稀释型丙烯酸树脂的固化剂时，不仅使解封闭释放出的异氰酸酯基团可以交联，而且氰基脲基间也可以通过放出的胺发生交联，从而使涂膜的耐水性提高。当然，除上述方法和原料外，还有其他方法制备不同的产品。

而阳离子水分散性封闭异氰酸酯制备也有人进行研究，如采用含氮类化合物的封闭剂，如2-二甲基氨基乙基酚、α-二甲氨基-ε-己内酰胺等对异氰酸酯封闭，然后与酸形成相应的阳离子季铵盐。还有一类方法就是先制得含有双键的胺类封闭的异氰酸酯单体，再聚合成阳离子聚合物，得到水溶或可水分散的树脂。

（2）非离子型水分散性封闭异氰酸酯　利用异氰酸酯与乙二醇单醚反应，再用封闭剂将剩余的—NCO基团封闭，可以得到非离子水分散性封闭型异氰酸酯。例如，1,6-亚己基二异氰酸酯三聚体部分与聚乙二醇单醚反应，再用甲乙酮肟封闭；也可以让异氰酸酯单体先部分与聚乙二醇单醚和封闭剂反应，然后进行三聚来制得水分散体。用1,6-亚己基二异氰酸酯得到的树脂结构，B为封闭剂，水分散性聚醚改性的封闭型异氰酸酯的结构式如下：

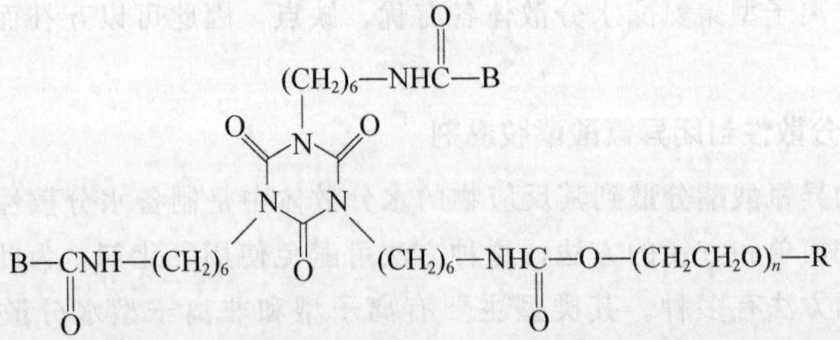

（异氰脲酸酯环，三个N上分别连接：$(CH_2)_6{-}NHC(=O){-}B$；$B{-}C(=O)NH{-}(CH_2)_6$；$(CH_2)_6{-}NHC(=O){-}O{-}(CH_2CH_2O)_n{-}R$）

异氰酸酯基的二聚体，即环二脲结构，也可以用于制备高官能度、低黏度的水分散性封闭异氰酸酯。例如，1,6-亚己基二异氰酸酯二聚体（环二脲）与异氰酸酯的混合物部分与聚乙二醇的单醚以及新戊二醇反应，再用2-乙基己醇封闭剩余的异氰酸酯基团，然后用水稀释即可得到水分散体。用这种分散体制得的水性涂料可以用乙二胺进行交联，室温下，14 天可以固化。

7.3.4 水性异氰酸酯胶黏剂的应用

水性异氰酸酯胶黏剂主要用于家具、木制品的粘接；建筑、家具用的集成材、空心板、胶合板及人造板的生产及其二次加工；金属、塑料等木材的粘接。当然也用于其他方面，譬如涂料、漆料等等。可以根据被胶接材料、使用性能要求来选择不同的配方，以及改变交联剂的添加量等，以达到使用需求。

市场上出售的集成材用 API 胶黏剂的主剂为乳白色，固含量在 40%～50%，pH 为 6.5～7.8。交联剂为黑褐色，用量为主剂的 5%～20%。两组分混合后，变成褐色至茶褐色的黏稠性胶液。固化后的胶膜呈黄色至黄褐色，与木材的颜色相近。主剂的黏度根据用途不同稍有差异，用于集成材用胶的主剂其黏度为 100Pa·s，有的生产厂家生产针叶材、集成材也有采用 500Pa·s 的。通常 API 加入 5%～10%的交联剂后其黏度在 0.5～1h 之内变化不大，随着交联剂添加量的增加，胶黏剂的黏度急速增大。

API 对低密度木材胶接性能良好，对普通胶黏剂存在胶接阻碍的材种也能获得良好的胶接强度，但是对于高密度材种在对其进行胶接加速老化试验时，胶接强度下降比例较大。

API 的缺点是涂胶面的干燥问题，当开口陈化时间过长时，木材破坏率降低。若增大涂胶量，可适当延长开口陈化时间。木材含水率在 8%～12%范围内可获得良好的胶接性能，当含水率超过 20%时，胶接强度会大幅度下降。端异氰酸基湿固化型单组分聚氨酯胶黏剂与 API 相比，其胶接强度值整体上变小，但是当含水率在 5%～35%范围内，两者几乎具有相同的胶接强度。

7.4 蛋白质胶黏剂

蛋白质存在于一切生物体内，其基本组成单位是 α-氨基酸，化学式为：

$$H_2N-CH-CO \leftarrow NH-CH-CO \rightarrow_n NH-CH-CO-OH$$

蛋白质胶黏剂是以蛋白质的物质作为主要原料的一类天然水性胶黏剂。动物蛋白和植物蛋白均可制备胶黏剂。按所用蛋白质原料的不同，可分为动物蛋白胶（如血胶、皮骨胶、干酪素胶、鱼胶）和植物蛋白（如豆胶等），由于动物胶使用较少，在此就不作介绍，重点介绍植物蛋白胶黏剂即豆胶。

植物蛋白不仅是重要的食品原料，而且在非食品领域也有广泛的应用。就大豆蛋白胶黏剂而言，早在 1923 年，Johnson 就申请了大豆蛋白胶黏剂的专利。1930 年大豆蛋白脲醛树脂木板胶黏剂（杜邦公司），由于粘接强度较弱及生产成本过高，未能大量使用。大豆蛋白胶黏剂粘接强度低且耐水性差，而合成黏合剂克服了上述缺点。文献显示，冷压大豆蛋白胶黏剂市场占有率1954年为28%，而到1970年几乎为零。目前，我国木材工业用胶黏剂仍然以三醛类（脲醛树脂、酚醛树脂、三聚氰胺甲醛树脂）胶黏剂为主导。但醛类胶黏剂以及制品并非环境友好型产品，在合成、运输和使用时有的会释放酚和甲醛、苯酚等有毒气体，造成车间和居室空气污染，严重威胁人们身体健康，带来环境问题。同时，近几十年来，特别是对于木材胶黏剂，由于胶黏剂市场的扩大，酚类胶黏剂中的甲醛、苯酚以及脲醛等原料来自石油、煤炭、天然气等不可再生资源，而随着全球石油资源的逐渐枯竭和人们对环境保护、身体健康的日益关注，使得胶黏剂工业重新将研究和开发重点集中在具有可再生性、环境友好型的新型天然胶黏剂方面，致使大豆蛋白胶黏剂再次成为研究热点。

更为重要的是，蛋白质改性技术的快速发展为改善大豆蛋白胶黏剂的性能提供了可能。例如化学交联的大豆蛋白水解物具有均匀和稳定的分散性以及在纸张成型中的热稳定性，可作为涂料配方中的胶黏剂和束缚剂，可明显改善纸张的印刷性能。国外诸多文献报道显示，改性大豆蛋白胶黏剂的粘接强度、黏度稳定性、耐水性等都较未改性的有所改善，有的甚至可以与商业用酚醛树脂胶黏剂媲美；且研究木材及纸张涂料用胶黏剂较多，而国内几乎没有研究，停留在传统的豆胶阶段。因此，本节综述了制备大豆蛋白胶黏剂相关的大豆蛋白改性技术、大豆蛋白胶黏剂的特性及其应用。

7.4.1 大豆蛋白质结构

大豆的主要组成成分有蛋白质、油脂、碳水化合物和粗纤维。大豆经过压榨，得到食用油，剩余的副产品为大豆饼粕，大豆饼粕经过进一步的处理提纯得到大豆蛋白。根据不同的加工过程和蛋白含量，大豆蛋白可以分为脱脂豆粉，其蛋白质含量约为50%；大豆浓缩蛋白，蛋白质含量不小于65%；大豆分离蛋白，蛋白质含量在90%以上。

蛋白质是生物体内主要的生物分子，存在于所有生物体内，是生命的物质基础。主要由氨基酸组成，因氨基酸的组合排列不同而组成各种类型的蛋白质。大豆蛋白的空间结构十分复杂，它是多肽链在一些作用力形成的高级结构。这些空间结构中存在的作用力主要有二硫键、氢键、疏水作用、离子键以及范德华力。大豆蛋白的高级结构通常分为四个层次，分别为一级结构、二级结构、三级结构和四级结构。蛋白质的一级结构是指蛋白质多肽链中氨基酸的排列顺序，包括二硫键的位置。其中最重要的是多肽链的氨基酸顺序。一级结构是蛋白质分子结构的基础，它包含了决定蛋白质分子所有结构层次构象的全部信息。蛋白质一级结构研究的内容包括蛋白质的氨基酸组成、氨基酸排列顺序和二硫键的位置、肽链数目、末端氨基酸的种类等。二肽：一个氨基酸的羧基与另一个氨基酸的氨基失水形成的产物。所形成的酰胺键称为肽键。多肽：多个相同或不相同的氨基酸失水彼此用酰胺键（多个肽键）结合而形成的化合物。蛋白质的二级结构是指多肽链借助于氢键沿一维方向排列成具有周期性结构的构象，是多肽链局部的空间结构。二级结构主要有α-螺旋、β-折叠、无规卷曲、β-转角等几种形式，它们是构成蛋白质高级结构的基本要素。介于蛋白质二级结构和三级结构之间的空间结构，指相邻的二级结构单元组合在一起，彼此相互作用，排列形成规则的、在空间结构上能够辨认的二级结构组合体，并充当三级结构的构件。

蛋白质的三级结构主要针对球状蛋白质而言，是指多肽链在二级结构、超二级结构以及结构域的基础上进一步卷曲折叠形成的复杂球状分子结构。稳定蛋白质三维结构的作用力主要是一些所谓弱的相互作用或称非共价键或次级键，包括氢键、范德华力、疏水作用和盐键（离子键），也包括共价二硫键。稳定蛋白质三维结构的各种作用力有盐键、氢键、疏水作用、范德华力、二硫键。蛋白质的四级结构是指在亚基和亚基之间通过疏水作用等次级键结合成为有序排列的特定的空间结构。四级结构的蛋白质中每个球状蛋白质称为亚基，亚基通常由一条多肽链组成，有时含两条以上的多肽链，单独存在时一般没有生物活性。稳定四级结构的作用力与稳定三级结构的没有本质区别。

7.4.2 大豆蛋白质改性制备胶黏剂

大豆蛋白未经过改性直接制备大豆基胶黏剂具有价格便宜、成本低廉、原料来源丰富易得、加工制作方便简单以及易于施胶、加工操作简单等等优点，但其各项物理和机械性能，尤其是耐水性不好。不耐水的原因主要包括以下因素，一是大豆球蛋白的内部分子结构特点是内部疏水外部亲水；二是蛋白质分子本身所具有的胶体性质对耐水性具有一定的影响，蛋白质分子表面存在大量的极性基团（如—COOH、—NH_2），可以强烈地吸引水分子，因此溶液中的蛋白质高度水合凝胶化。所以在木材胶黏剂遇水之后，其内部的极性分子的水合性质使得其强烈地与水分子结合；三是稳定蛋白质各级空间结构的作用力之间差异影响较大。

7.4.2.1 物理改性

物理改性是利用热、电、磁等物理机械作用形式改变蛋白质的高级结构和分子间的聚集状态。该改性方法一般不涉及蛋白分子的一级结构，具有作用时间短、费用低等优点。事实上，就是利用物理方法在控制一些限定的条件下，使蛋白质发生定向的变性，改变蛋白分子链的柔顺性，提高大豆蛋白分子的伸展能力。常见的物理改性方法有热改性、超声改性、超高压改性、微波改性、紫外线及X射线照射、剧烈振荡或搅拌等。物理改性通常作为大豆蛋白基胶黏剂制备中的一种辅助改性手段。

（1）热处理　在各种改性大豆蛋白的物理改性方法中，对大豆蛋白的热处理或者水热处理在变形蛋白质中较为常用。在较高温度下，水热会破坏蛋白质分子的氢键连接，使部分分球形结构打开，释放内部被包裹的活性基团，还会使蛋白质分子链段之间的二硫键转化为巯基，使蛋白质分子充分舒展，暴露出内部氨基酸，而发生分子重排和再聚合，持水性和活性均上升；但温度不能太高，否则易引起氨基酸侧链的变化或蛋白质分子与其他杂分子的缩合，降低蛋白质的活性。这些变化同时取决于加热的强度、时间、水分活度、pH 值、盐含量、浓度及其他因素。袁德保等对大豆蛋白进行热处理观察热改性方法对蛋白热聚集行为的改善，证明热处理可改变大豆蛋白的结构，改变其功能特性并提高生物利用率。郭凤仙等通过热改性方法对大豆蛋白胶黏剂的溶解性和乳化性能进行研究，实验结果证明，随着热改性温度的升高，蛋白分子的聚集性能提高，溶解性能降低。通过现代分析手段对其改性机理进行分析可知，可溶性聚集体的形成是影响胶黏剂溶解性和乳化能力的主要因素。张梅等人研究了加热均质法改性大豆浓缩蛋白，实验观察了温度对大豆浓缩蛋白溶解度的影响，改性条件为 pH 值 8.5，蛋白质浓度 1∶9，时间 40min，发现随着温度升高，溶解度增加，且最适宜的反应温度在 90～100℃之间，说明高温可使蛋白质发生变性。王岩等人研究了大豆分离蛋白（SPI）的热压改性，探讨了直接热压与修饰后热压过程中蛋白分子表面巯基含量、蛋白分子表面疏水性以及蛋白分子形状的变化。反应条件控制热压温度在 95～150℃、热压时间 2～12min、热压压力 5～25MPa，结果表明，热压后蛋白分子表面巯基含量从 0.030 以上降到 0.030 以下（大豆分离蛋白表面巯基含量的测定用 DTNB 比色法，巯基含量取相对值），蛋白分子表面疏水性增强，这是由于蛋白质分子结构发生一定程度的瓦解与重组，形成新的共价键与非共价键。

（2）微波改性　通过微波的穿透作用，利用高频率的声波使水溶液中的大豆蛋白产生剧烈震荡，导致蛋白质内部会产生一定的热量和机械作用力，破坏极性分子的平衡分布，使蛋白质高级结构中的作用力消失，然后分散到水溶液中，从而赋予蛋白质不同的特性。微波频率的高低对蛋白分子结构改变程度影响较大，当微波频率较低时，分子结构出现微弱的分离而呈现游离态，当频率增大到某一临界值时，蛋白质分子将发生聚集而沉淀，溶解性迅速下降。

（3）机械改性　机械改性一般是作为辅助改性手段来处理大豆蛋白。通常机械改性和热改性联合使用来处理大豆蛋白，使得大豆蛋白的球形结构在机械力的作用下，一定程度上被破坏，而后在高温条件下，被破坏的大豆蛋白分子结构发生重排，从而更有效地改善大豆蛋白的性能。

7.4.2.2 化学改性

大豆蛋白胶黏剂有许多优良的性质，但仍存在着胶接强度低和耐水性差的缺陷，可通过引入特定功能基团的化学改性手段来改善这些缺陷。所谓化学改性，就是指利用蛋白质存在的化学性质在蛋白分子链上接入或插入新的功能基团对其分子结构进行修饰，改变蛋白质的空间构象，进而达到改善蛋白胶黏剂的物化性质，所得到的产物为大豆蛋白的衍生物。常见的化学改性方法有酸碱降解处理、酰化、接枝改性、交联改性、共混改性。

（1）酸碱降解改性　大豆蛋白降解改性是利用强酸、强碱破坏大豆蛋白的一、二、三、四级结构，使得大豆蛋白分子链完全分散到水溶液中，同时有效地降低大豆蛋白的分子量，从而提高大豆蛋白胶黏剂的固含量，进而提高其胶接强度以及耐水性。

酸性降解处理是将大豆蛋白在酸存在下的降解处理，对大豆蛋白的结构进行改性，引入活性基团，提高蛋白质的功能性。酸性降解的程度和选择性与所选用酸的种类、浓度、所用的温度和压力密切相关。盐酸、硫酸和硝酸常被用于大豆蛋白的降解催化剂，以获得短肽链的氨基酸。大豆蛋白在酸解过程中，会彻底转化成具有特定端基的氨基酸，例如把谷氨酰胺和天冬酰胺转变为谷氨酸和天冬氨酸。因此，酸降解大豆蛋白通常得到分子量很小的肽链片段，其产物不适于用作胶黏剂，但酸改性后的大豆蛋白常常携带诸多活性位点，为进一步的交联改性等处理手段提供了结构支持。

碱同酸一样，可以对大豆蛋白进行改性。在较低浓度时，碱处理可以打开大豆蛋白的球形四级结构，使得分子链展开，活性基团暴露；在较高浓度时，碱会使大豆蛋白发生水解，将长链氨基酸破坏成为分子量较小的肽链，具有更低的黏度和更多的活性基团，有利于提高大豆蛋白胶黏剂的胶接强度和耐水性。但是，碱的引入同样会使得小分子量的肽链发生重排、重组，进而影响胶黏剂的胶接效果和耐水性。因此合适的碱浓度是碱改性的关键。常用的碱性试剂有：NaOH、$Ca(OH)_2$、$Na_2B_4O_7 \cdot H_2O$、Na_2HPO_4、$NH_3 \cdot H_2O$ 等，但是碱试剂的浓度不宜太高，否则使木材表面失色。例如，高振华等利用强碱降解大豆分离蛋白，得到分子量分布合、黏度适中、固含量较高的液化大豆蛋白；Hettiarachy 等通过实验探究最优的碱改性 pH 值和反应温度，证明当 pH 值为 10 时 50℃下反应制备的大豆蛋白胶黏剂具有最好的耐水性和胶接性能；班玉凤等利用大豆蛋白与氢氧化钙制备胶黏剂，发现弱碱氢氧化钙同样可以对大豆蛋白进行改性，得到最优的胶黏剂配方为：氢氧化钙∶大豆蛋白∶乙醇∶水质量比为 1∶3∶30∶24，此配方的大豆蛋白胶黏剂具有最高的剪切强度。

（2）交联改性　交联性就是利用多官能团化合物与大豆蛋白上的活性基团发生交联反应，封闭亲水基团形成交联产物，制备耐水性较好的蛋白胶黏剂，同时减弱蛋白分子间的范德华力，改善其稳定剂和黏度，脂肪族环氧化物型交联剂可与碱性大豆蛋白发生反应，蛋白胶黏剂耐水性改善效果明显，这样就可提高胶黏剂的耐水性能。另外，已加强单体合成的甲醛衍生物也可通过与蛋白交联改善其耐水性、适用期。这类化合物有环氧树脂、脲醛树脂、聚酰胺-环氧氯丙烷树脂等。交联改性具有反应迅速、操作简单等优点，但交联改性往往面临着改性剂反应过于迅速不易控制、使用量过高和增加胶黏剂成本等缺点。

例如，雷洪等利用乙二醛和异氰酸酯对大豆蛋白进行改性制得性能良好的刨花板用大豆蛋白胶黏剂，同时利用核磁分析手段对其交联改性机理进行了研究；Gui 等利用衣康酸制备聚酰胺多胺环氧氯丙烷（PAE）来对大豆蛋白胶黏剂进行交联改性，并压制胶合板，制得满足Ⅱ类胶合板标准的样品；Zhong 等同样利用聚酰胺多胺环氧氯丙烷树脂（PAE）对大豆蛋白胶黏剂的耐水性进行提高，证明 PAE 中氮杂环丁烷等活性基团可与大豆蛋白发生交联反应，形成三维空间网络结构，提高胶黏剂的耐水性和胶接强度。

（3）接枝共聚改性　大豆蛋白的接枝改性就是利用某些分子量相对较小的物质与大豆蛋白发生接枝反应，使小分子量通过化学键与氨基酸主链形成共聚物，接枝改性往往可以赋予大豆蛋白某种特定的改性效果，且改性效果明显，接枝共聚可赋予蛋白分子不同的理化性质，是最重要的化学改性蛋白方法之一。接枝改性蛋白胶黏剂原理是利用蛋白分子支链或侧基末端具有反应活性点，通过改变蛋白与改性剂的化学环境，蛋白分子链末端能够顺利地引入具有双键的接枝单体，两者之间通过化学键连接达到改性的目的。许多接枝共聚物形成的接枝共聚物通过自由基聚合制备得到，且受分子链的组成、聚合度影响程度较大。由于提高接枝率是接枝改性的关键，往往在改性过程中要额外添加引发剂，使得改性过程更为复杂、烦琐、成为接枝改性手段的缺点。例如，Y. Wang 等利用乙醇对大豆分离蛋白进行接枝改性，证明在盐酸的催化下乙醇可改变大豆蛋白的空间构象及分子结构。乙醇与大豆蛋白发生的酯化作用可降低胶黏剂的溶解性，同时提高稳定性和耐水性；张亚慧等首先利用碱处理大豆蛋白使得蛋白分子结构破坏，暴露内部活性基团，再利用甲醛大豆蛋白进行接枝反应，制备大豆蛋白-酚醛共混胶黏剂，得到满足国家Ⅰ类胶合板标准的胶黏剂；Y. Liu 等利用马来酸酐对大豆蛋白进行接枝改性，发现马来酸酐的加入提高胶黏剂的稳定性和胶接强度，同时再加入聚乙酰亚胺共混后制得耐水性大豆蛋白基木材胶黏剂。

（4）乙酰改性　大豆蛋白的酰化改性就是利用大豆蛋白上的活性基团与酰化试剂发生酰化反应，引入新的官能团达到改性大豆蛋白的目的。琥珀酰化和乙酰化是常见的两种酰化反应。大豆蛋白质分子中存在如氨基、羟基等亲核基团，可与丁二酸酐中含有如羰基等电子亲和能力较强的基团反应，将琥珀酸亲水基团拼接到蛋白分子链末端，然后其长碳链亲油基团通过催化反应也将被引入，从而制备一种具有双极性基团的大豆蛋白，该过程称为大豆蛋白的琥珀酰化。而乙酰化是指在蛋白分子链末端引入醋酸酐的过程。例如，熊正俊等发现琥珀酸酐或醋酸酐可以对大豆蛋白进行酰化改性，并且随着酰化程度的升高，大豆蛋白的乳化性能、水溶性及稳定性都有一定程度的提高，这是由于蛋白分子链上的亲核基团与酰化试剂为10%、脱脂大豆粉为6%时，在55℃下反应60min，制备力学性能与耐水性良好的改性胶黏剂，胶合板湿强度可达2.63MPa。

（5）其他化学改性技术　硅烷化、酶改性、氧化大豆蛋白均可以改变其构象和空间结构，改善大豆蛋白的粘接性能。将碱性大豆粉提取物和烷氧基硅烷（例如γ-缩水甘油基氧丙基三甲氧基硅烷）混合，在50℃，pH值为11，反应1h，得到硅烷化大豆蛋白，然后用硫酸调pH值到等电点使此改性蛋白沉淀。硅烷化大豆蛋白与硝酸铵、黏土和氢氧化铵混合，加热至60℃，制成胶黏剂用于纸张涂布。Coco等的专利描述了酰化改性大豆蛋白制备纸张涂布用胶黏剂的方法。大豆蛋白先用含有自由巯基的硫化物还原，然后再与邻苯二甲酸酐反应得到的产物用于纸张涂布胶黏剂。用氧化剂漂白大豆蛋白然后再对其进行化学改性制得的胶黏剂用于纸张涂布，涂布纸张的亮度、白度和强度都有改善。Poppe等研究了H_2O_2和氢氧化镁共同作用对大豆蛋白的氧化，结果表明较化学改性后再氧化漂白的效果好，提高了漂白效率。丙烯酸类单体与大豆蛋白共聚物用于纸张涂布胶黏剂，这类单体有一定数量的反应位点，可以与大豆蛋白的氨基进行交联。Steinmetz等研究了烷基丙烯酰胺甘醇酸烷基酯和羟基烷基丙烯酸酯改性大豆蛋白，对其反应条件进行了优化，作为纸张涂布用胶黏剂。

7.4.3 大豆蛋白胶黏剂的应用

尽管在20世纪初，大豆蛋白曾用于许多工业产品，诸如木材胶黏剂、纸张胶黏剂、涂层和颜料黏合剂以及橡胶产品的乳化剂，但是20世纪60年代后，来自石油化工产品的合成胶黏剂很快就替代了这些天然胶黏剂。目前，国内外蛋白基化工产品的研究与开发才刚刚起步，绝大多数产品仍处于研究阶段。2000年，美国DuPont公司收购了PTI公司，成立了专门研制非食品用途植物蛋白化工产品的SoyPolymer公司，主要产品为替代酪蛋白的各种蛋白基黏合剂系列产品。该公司2001年研制成功的大豆聚合物是一种特别设计的多功能化学改性大豆分离蛋白，作为酪蛋白的替代物，可用于涂料、胶合板的粘接等许多领域。国外有诸多文献和专利介绍了大豆蛋白胶黏剂的应用开发。早期的研究只是得到一些高黏度的胶黏剂，仅仅适用于胶合板工业。而近年来，Monlinkuo等将质量分数为30%的酚醛树脂预聚物与水解大豆粉交联制得大豆基胶黏剂树脂，用于中密度纤维板和刨花板，符合产品的操作要求。Chungyun Hse等将水解大豆粉与酚醛树脂共反应制得胶黏剂用于室外结构胶合板的粘接，结果其所粘刨花板的物理力学性能均优于商业酚醛树脂胶黏剂。Graham等发明了一种含有大豆蛋白的胶黏剂，用于纸张涂布，此种胶黏剂是热敏性的，尤其适合铸涂。所用大豆蛋白是水解或者其他改性的大豆分离蛋白。Bassi 发明了蛋白质/淀粉纸张涂料，用于牛皮纸的涂布。所用谷朊蛋白的平均分子量小于 1000kDa，且是还原改性蛋白，至少质量分数为 5%的二硫键断裂。Deodhar 等通过加入大豆蛋白增加涂层的多孔性，制得的涂料适合各种传统的涂布操作。

过去的几十年里，我国在大豆蛋白胶黏剂方面的研究几乎为空白。华南理工大学食品学院作为国内较早开展植物蛋白改性的研究单位，近年来开展了大量对大豆蛋白胶黏剂的研究工作，该领域正在迅速发展中。

7.5 淀粉胶黏剂

7.5.1 淀粉胶黏剂概述

淀粉是一种可降解的天然生物大分子，其价格低廉，绿色环保，原料来源丰富，淀粉胶黏剂是以天然淀粉胶（如玉米淀粉、木薯淀粉、小麦淀粉、土豆淀粉、大米淀粉和甜薯淀粉）为主剂，水为溶剂，经糊化、氧化、配合以及其他改性技术制备的天然环境友好型粘接物质，可广泛应用于食品、纺织、造纸和胶黏剂等领域。

7.5.1.1 淀粉的基本组成

淀粉为白色粉末状，其通用分子式为（$C_6H_{10}O_3$）$_n$，其相对密度约为 1.4～1.5，水含量为 10%～20%。其成分和性能各异（见表 7-5）。淀粉是一种多糖类物质，属于右旋葡萄糖聚合物。淀粉的主要组成分为两个部分：一是直链淀粉，此类淀粉通常可溶于热水，但不含磷质，并且不成糊，由 α-1,4-葡萄糖苷键链接而成，聚合度约为 70～350 左右，在淀粉中约占 10%～30%；二是支链淀粉，它是由右旋葡萄糖生产的分支巨大分子，相对不易溶解，其中含有一种磷酸酯，可生产糊，其主链以 α-1,4-糖苷键连接，支链以 α-1,6-糖苷键连接，平均聚合度在 280～5100 范围内，此结构在淀粉中约占 70%～90%。淀粉之所以被广泛用于胶黏剂行业，就是因为其结构中含有支链淀粉，而且另一部分直链淀粉又能促进其发生凝胶作用的缘故。

表 7-5 淀粉成分与性能

性能	玉米	土豆	小麦	木薯	大米
颗粒形状	多面体	卵状	片状	铃状	片状
直径/μm	6～20	5～105	5～40	4～35	2～8
支链淀粉/%	25	25	30	17	19
水分	13	18	13	12	13
糊化温度/℃	77	66	75	67～80	75
结晶度/%	39	38	36	37	38

7.5.1.2 淀粉的分子结构

淀粉的分子式是（$C_6H_{10}O_5$）$_n$，n 为聚合度，是由葡萄糖单元脱水经糖苷键（C—O—C）相连形成的天然聚合物，淀粉颗粒（玉米淀粉颗粒结构如图 7-13 所示）是由直链淀粉和支链淀粉两种成分组成，存在着结晶区和无定形区，目前人们认为淀粉颗粒的结晶区不在直链淀粉，而是存在于支链淀粉内。直链淀粉分子和支链淀粉分子侧链都是直链，趋向平行排列，相邻羟基间经氢键结合成散射状结晶性“束”的结构，结晶束间区域分子排列没有平行规律性，较杂乱，为无定形区。淀粉颗粒中结晶区为颗粒体积的 25%～50%，其余为无定形区，结晶区和无定形区并没有明显的界限，变化是渐进的。

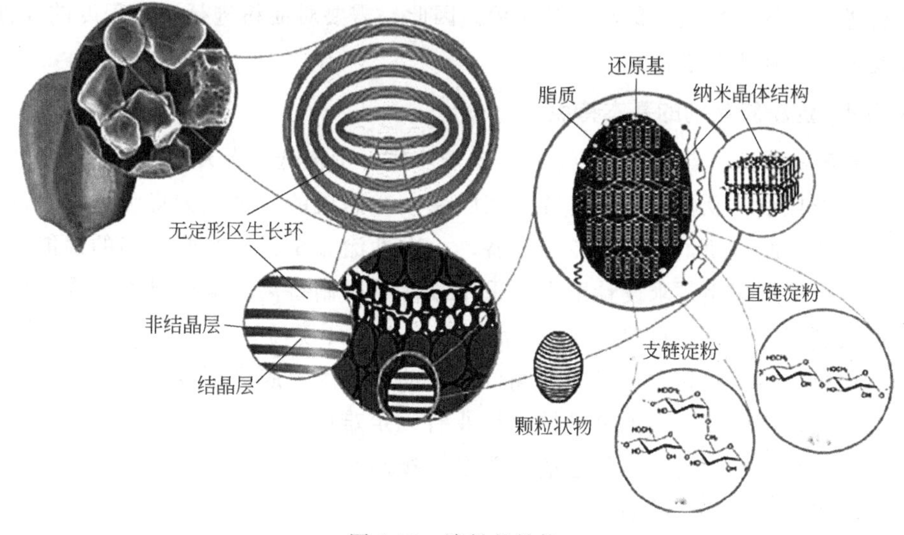

图 7-13 淀粉的结构

直链淀粉和支链淀粉结构的差异导致其性能有明显的不同。其中直链淀粉是一种线型多聚物，是由 α-D-葡萄糖通过 α-D-1,4-糖苷键连接而成的链状分子，其分子内氢键作用形成螺旋形，是亲油的，而羟基是位于螺旋的外侧，属于亲水的。此类淀粉可溶解于 70～80℃的热水中，不含磷质，不成糊。未经过降解的直链淀粉聚合度可达 1000 以上，特别是薯类的直链淀粉，聚合度在 1000～6000。直链淀粉形成淀粉糊后黏度较低，且容易发生凝胶，稳定性很差，故直链淀粉含量高的淀粉不适合作为制备淀粉胶黏剂的原料。支链淀粉是一种高度分支的大分子，虽然主链是直链分子，但主链上还有很多支链，其分子量高达数百万以上，主链以 α-1,4-糖苷键连接，支链以 α-1,6-糖苷键连接。由于支链淀粉上含有大量高聚合度的支链，在受热或者糊化过程中，支链分子会从淀粉内部延伸出来，相互之间形成空间网状结构，有利于水分子进入内部与淀粉分子形成氢键，因此支链淀粉容易糊化，且保水性强，凝胶性能弱，所以形成的淀粉糊稳定性最佳，是淀粉胶黏剂的最佳原料。直链淀粉和支链淀粉在天然淀粉中的含量取决于淀粉的来源。不同来源的淀粉，直链淀粉和支链淀粉的含量存在较大差异：普通的玉米淀粉中直链淀粉的含量约为23%，而糯玉米淀粉基本上为100%的支链淀粉。

7.5.1.3 淀粉胶黏剂

淀粉的物理化学性质主要取决于淀粉颗粒的大小与形状、直链淀粉与支链淀粉的含量及淀粉的分子结构等因素。淀粉加水加热糊化后，具有粘接性，可以用作胶黏剂。大量的脱水葡萄糖单元键接成大分子链，每个葡萄糖单元的 C_2、C_3、C_6上均存在着羟基。羟基产生的氢键作用力是淀粉胶黏剂粘接力的来源。然而，羟基极易与水分子发生氢键缔合，导致淀粉胶黏剂的黏度大，固含量低，流动性、耐水性差，干燥速度慢，影响了其应用。因此，需要对淀粉进行一定程度的改性，以满足不同的使用要求。

7.5.1.4 淀粉胶黏剂的基本特点

淀粉胶黏剂的优点包括：①原材料来源丰富，价格低，属天然原料；②制备工艺简单，能耗小，设备投资少，资金回收快；③制成的胶黏剂无毒无味，对环境无污染；④施胶方便，不需要专门设备，一次性涂布量低；⑤胶黏剂的性能可调节性好，可根据应用要求设计配方，采用改性手段制备高性能胶黏剂；⑥废旧制品可回收利用，也可在自然界自行降解，不会造成环境污染。

然而也包括一些缺点：①黏度偏低，流动性较大，胶黏剂胶接质量不十分稳定；②干燥速度较慢，大批量机械化作业有一定难度；③储存稳定性较差，易凝胶；④受使用环境制约，容易返潮，造成粘接制品质量降低或废弃；⑤粘接性能偏低，难以适应高档产品的粘接要求。

7.5.1.5 淀粉的改性

淀粉改性的方法有很多，按照处理方式的不同，归纳起来，主要有三种：物理改性、化学改性和生物改性。

(1) 物理改性　物理改性是通过热、射线、场、机械力等物理手段对原淀粉进行处理。主要处理方法有热液处理、电离放射线处理、微波处理、超声波处理、球磨处理、挤压处理、预凝化等。物理改性没有引入任何化学试剂并明显改善了淀粉的物化性质，拓宽了其应用范围。

① 热液处理　热液处理是指在淀粉含水量低于35%或大于40%的条件下，在一定温度范围（高于玻璃化温度但低于糊化温度）处理淀粉的一种物理方法。热液处理淀粉的主要特点是在不破坏淀粉颗粒的前提下改变其物化性质。由于处理温度以及水量的不同，又将热液处理分为湿热和韧化两种，水分含量、温度和加热时间是影响淀粉性质的主要参数。

湿热反应是在淀粉含水量10%～30%，温度 90～120℃下进行，而韧化则需更多的水（含水量为40%～60%），在一定温度下进行。湿热处理能提高淀粉的玻璃化温度，降低淀粉颗粒的润胀，一定程度上提升了淀粉的热学稳定性。考虑到淀粉不同的来源，湿热处理也会改变淀粉颗粒的结晶结构，破坏结晶度并有助于直链淀粉-脂类络合物的形成。淀粉在韧化处理过程中也会产生一些改变，主要有：①提高淀粉颗粒的稳定性；②提高结晶完整度；③淀粉颗粒中无定形区和结晶区的分子链相互作用；④形成双螺旋结构；⑤提高玻璃化温度；⑥降低淀粉颗粒的溶胀。

② 电离放射线处理　电离放射线改性是一种低成本且环保的制备淀粉的手段。淀粉在电离辐射（β射线和电子束）下，会产生自由基，可以引发淀粉分子的变化以及破坏，进而改变其物化性质。由于其可靠安全的特点，常用此方法处理改性淀粉以应用于食品或是农副产品领域。电离辐射处理可以提高淀粉产品的卫生质量以及营养价值，另外有研究发现，电离辐射可以移除淀粉产品中的细菌，降低食品敏感症的发病概率。电离辐射有助于降低淀粉的黏度以及在水中的溶解度，在造纸、纺织等生产领域广泛应用。

淀粉在电离辐射处理过程中，淀粉颗粒中的糖苷键会断裂，大分子链分解形成小分子链段（如图7-14所示）。有研究发现，处理后淀粉结晶度降低，支链淀粉与直链淀粉分布规整度也会降低。电离辐射处理后淀粉更易发生交联反应。

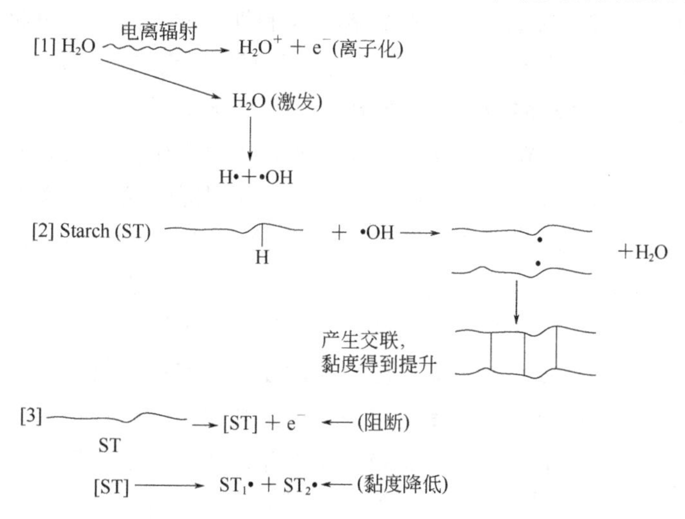

图7-14　电离辐射对淀粉聚合物分子链降解和交联的影响理想状态

③ 微波处理　微波是一种频率为300MHz～300GHz的电磁波，作为高效节能的加热能源广泛应用于化工领域中。与传统方法相比较，微波处理简化了操作程序并有效降低了化学反应生产废弃物给环境造成的危害。微波是一种非电离能，能在交变电磁场下产生热量，通过“分子摩擦”穿透介质从而改变淀粉的物化性质，微波处理会改变淀粉颗粒的结构（图7-15），其中淀粉的含水量是影响产物的

主要因素。有研究发现，当淀粉含水量＜35％时，微波处理会提高淀粉的糊化温度，降低其在水中的溶解度、黏度以及结晶度。

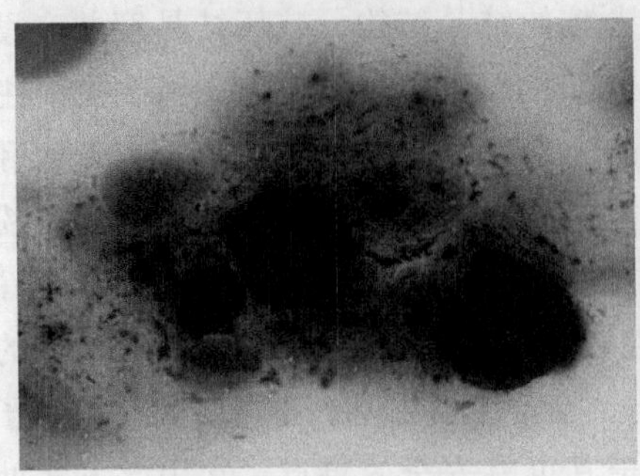
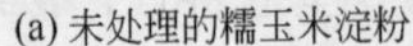
(a) 未处理的糯玉米淀粉

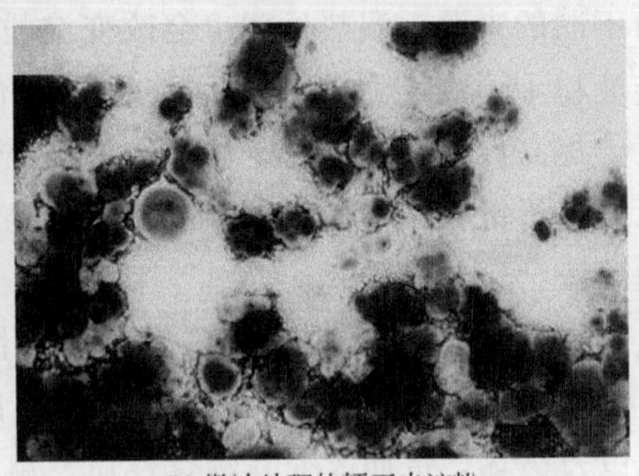
(b) 微波处理的糯玉米淀粉

图 7-15　糯玉米淀粉的光显微镜照片

④ 超声波处理　超声波是高于人耳阈值（＞18kHz）的声波，超声是由产生高能量振动的压电或磁致伸缩换能器产生的，这些振动被放大并传递到与流体直接接触的超声波探头上。超声波可产生机械效应、热效应和空化效应。空化效应是声化学反应主动力，其会导致高压力梯度和高温、高压以及强大微射流和剪切力，导致淀粉分子化学键断裂，使液体分子解离形成自由基，水分子降解成 OH 自由基和 H 原子，攻击淀粉分子，使淀粉结构和性质发生改变。用超声波处理淀粉，具有作用时间短、降解非随机性等优点，因而呈现良好的工业应用前景。

超声波处理可以降解淀粉分子，处理后淀粉分子量降低，且分子量趋于某一特定范围，同时使淀粉颗粒粒径减小。超声波处理能使淀粉颗粒表面结构发生变化，出现穿孔现象。有研究发现，淀粉经超声波处理能使颗粒表面形成圆锥形坑洞，其破损程度随处理时间延长而增大。超声波处理能使淀粉结晶结构发生变化，研究发现，通过红外光谱和 X 衍射分析经超声波处理的淀粉结晶结构，发现超声波破坏淀粉结晶结构、降低淀粉结晶度，但是超声波对淀粉损坏程度尚不足以使其晶型发生改变。超声波处理会降低淀粉糊黏度，且其黏度值随处理时间延长而减小；且不同浓度淀粉糊相对黏度变化一致，尤其在刚开始一段时间内，相对黏度均显著降低。反应速率随时间延长趋于缓慢并最终达到最小极限值，不再发生降解反应。

⑤ 球磨处理　球磨是利用摩擦力、碰撞、剪切或是其他机械活动改变淀粉颗粒结构和性能的改性手段，该方法具有成本低、绿色环保等优点。机械损伤会将小麦淀粉颗粒的有序结构转变为无序机构，导致颗粒大小、形态及淀粉分子结构特征（分子量分布、链长分布及结晶度等）发生显著变化，球磨时间是影响淀粉物化性质的主要因素，随着球磨时间的延长，淀粉颗粒结构破损程度越来越严重（图 7-16），从而高效地降低淀粉的相对结晶度，提高溶解度，降低了淀粉的糊化温度。

图 7-16　玉米淀粉在不同球磨时间（0h、1h、2h、3h）下扫描电镜的微观结构

⑥ 预糊化　预糊化淀粉是完全糊化的淀粉干燥后所得。预糊化后，淀粉颗粒结构被破坏，从而使分子链破碎，光学双折射现象消失，并提高了在冷水中的吸水性和溶解度。预糊化淀粉的功能特性与淀粉的蒸煮条件、淀粉来源以及干燥状态密切相关。预糊化淀粉的生产工艺主要包括三种：滚筒法、喷雾法和挤压法。在淀粉制品的实际生产中，滚筒法是制备预糊化淀粉的主要方法。滚筒法制备预糊化淀粉主要分为两个步骤：糊化与干燥，首先把淀粉浆倒入滚筒进行糊化脱水处理，然后将所得淀粉糊在高温条件下进行滚筒干燥处理，生产中一般通过控制这两个过程来得到具有特定性能的淀粉产品。

喷雾法由于淀粉在食品领域和微胶囊等医药行业中的应用被广泛熟知。喷雾法所制备的糊化淀粉为球形颗粒，规格均一而且具有较小的剪切力，干燥较快，因此在包裹药片方面有很大的优势和应用价值。

挤压法是以集输送、混合、加热、加压和剪切等多项单元操作于一体的新技术，它是高温、短时、低水分、高能量的热化学过程。挤压处理的主要设备是螺杆挤压机，一般为单螺杆和双螺杆两种类型。通过控制挤出机的料筒温度、螺杆速度以及淀粉的含水量，可以改变淀粉的一些功能特性，在高温、高压、高剪切力作用下，淀粉分子间的氢键断裂，淀粉发生糊化、降解，生成小分子量物质，淀粉水溶性增强，溶解性和消化率降低。挤压处理广泛应用于食品加工领域，具有产率高、成本低等优点。

（2）化学改性　化学改性是采用化学方法对淀粉进行处理，改性主要通过衍生（如氧化、酯化、醚化、交联、共聚、阳离子化等）实现。改性的基础是淀粉分子中含有的大量的羟基和糖苷键。按照改性操作的复杂程度，可将其分为单一改性和复合改性。

单一改性是只采用一种方法对淀粉进行处理，文献报道中的方法有氧化、酸解、接枝、酯化、醚化、交联等。

① 氧化　氧化是获得低黏度高固含量改性淀粉常采用的方法之一。由于引入了羧基，使得氧化淀粉的黏合力大大提高，同时由于羧基体积较大，阻碍分子间氢键的形成，从而氧化淀粉表现出易糊化、黏度低、凝沉性弱、成膜性好、透明度高等特点。淀粉在氧化剂处理后，主要分布在葡萄糖单元上 C-2、C-3 和 C-6 位置上的羟基先被氧化成羰基然后被氧化为羧基，大分子链被破坏，因而淀粉的黏度降低，流动性变好。常用的氧化剂有次氯酸盐、高碘酸盐、过氧化物以及氮氧化物等，氧化剂用量、氧化 pH、淀粉种类以及反应时间都是影响氧化淀粉胶黏剂物化性能的重要因素。下面按氧化剂的不同分类介绍一下氧化淀粉。

高碘酸氧化：高碘酸及其盐是一类选择性很强的氧化剂。在高碘酸作用下，淀粉葡萄糖基在 C-2、C-3 处开环形成二醛，而 C-6 位羟基不受影响。氧化过程迅速完全，条件温和，可以在水溶液中进行。

次氯酸钠氧化：次氯酸钠为非选择性强氧化剂。NaClO 的氧化，主要发生在 C-2、C-3 的仲羟基上，生成羰基、羧基并开环，反应机理如图 7-17 所示。NaClO 在碱性条件下能分解成 ClO—，将淀粉变成淀粉钠（Starch-ONa），容易渗透到淀粉颗粒的深处发生氧化作用，用次氯酸钠作氧化剂的优点有：价格便宜，不产生有色物质，可以保证产品的色泽，而且生产成本低、反应容易控制，因而在工业上使用最普遍。

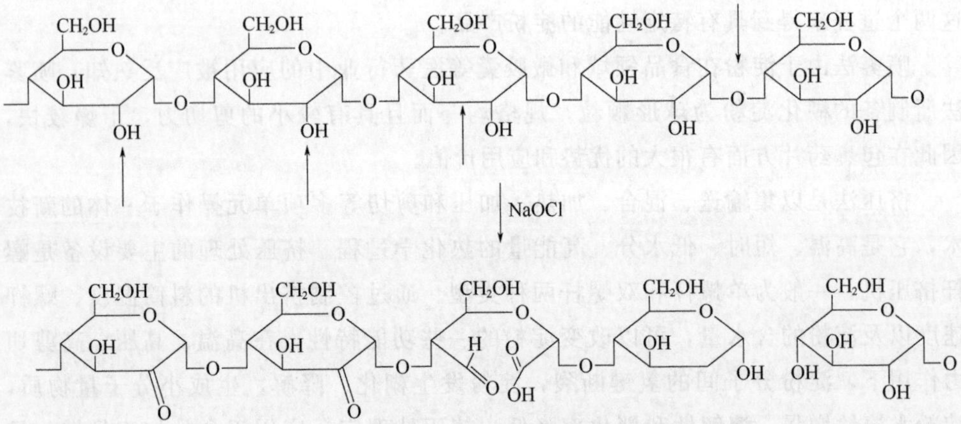

图 7-17　NaClO 氧化淀粉生成羧基和羰基

高锰酸钾氧化：高锰酸钾对淀粉进行氧化的选择性不高，既可能对 C-2、C-3 上的—OH 进行氧化，使之转变为羟基、醛基和羧基，也可以对 C-6 上的羟基进行氧化，使伯醇基转化为羧基，同时伴随着 α-1,4-糖苷键和 α-1,6-糖苷键的断裂。但是，高锰酸钾对淀粉的氧化，在 C-6 上氧化成羧基的概率较大。反应可在碱性、酸性或中性介质中进行，碱性条件下产物呈微黄色，可用二氧化硫、亚硫酸氢钠或是草酸等脱除，但产品黏合力较差；而酸性条件下的氧化效果较差，氧化程度高，羧基含量高，解聚度小，粘接性能优于次氯酸钠氧化淀粉。

过氧化氢氧化：与次氯酸钠相比，H_2O_2 在氧化淀粉的工业生产中并不普遍。H_2O_2 作为氧化剂时，可以得到高纯度的产品，过量的双氧水最终分解为水，不会产生对环境有害的副产物，氧化过程绿色环保，因此在实验室研究中备受青睐。过氧化氢氧化淀粉的氧化机理比较复杂，在金属盐催化剂的作用下，H_2O_2 先分离出羟基自由基（·OH），然后羟基自由基与淀粉葡萄糖环反应抽取氢，形成新自由基（R·CHOH），在这个过程中，醛基和羧基形成（如图 7-18 所示）。

$$H_2O_2 \xrightarrow{\text{过渡金属离子}} \cdot OH + H_2O$$

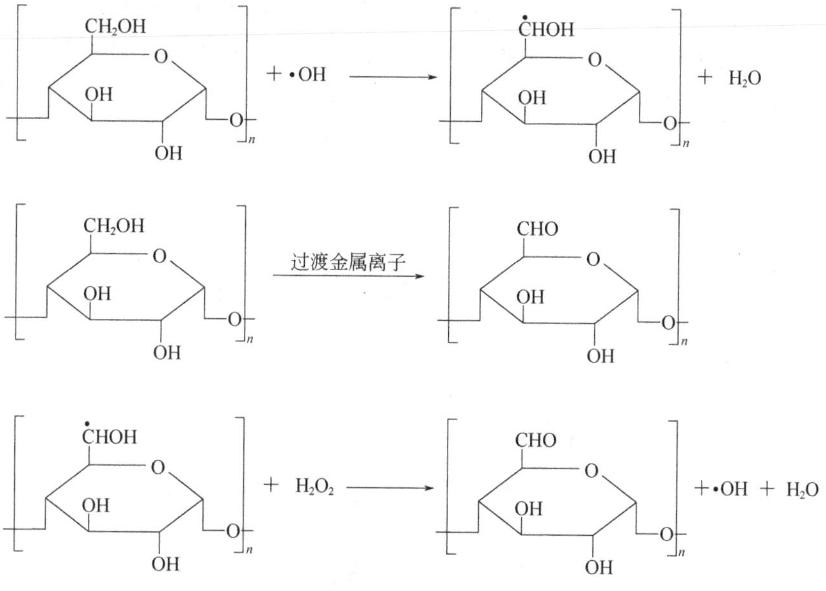

图 7-18 过氧化氢氧化淀粉反应机理

② 酸解　酸解一般是采用酸（如盐酸、硫酸等）在低于糊化温度下对淀粉进行改性。酸解的机理是水合氢离子（H_3O^+）首先进攻淀粉上 α-1,4-糖苷链，然后 C—O 键上的电子转移到 O 原子上形成不稳定的 C 正离子中间物，随后碳正离子中间体与水反应生成 Lewis 碱，使得羟基（—OH）再生（图 7-19）。酸解后，淀粉的分子量、溶胀性能、溶解度以及吸水性均降低。酸的种类、浓度、酸解时

间和酸解温度等是影响产物性能的主要因素，酸解淀粉广泛应用于食品、造纸、纺织以及制药等领域。

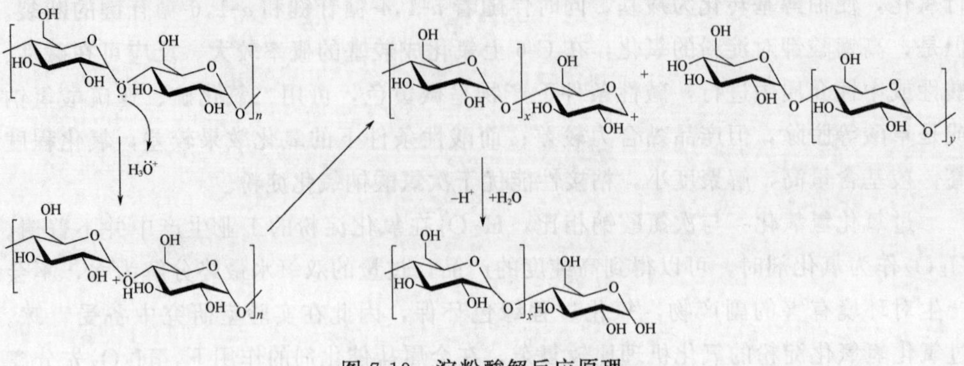

图 7-19　淀粉酸解反应原理

③ 接枝共聚　接枝是在引发剂作用下将单体接枝到淀粉分子骨架上，可通过控制接枝密度、接枝单体种类和支链长度来调控聚合物的性能，进而调节产物的性能。从分子设计的角度分析，接枝主要有两种思路（图 7-20）来制备淀粉接枝聚合物，第一种是从主链接枝法，将单体直接聚合接枝到具有引发活性中心的聚合物主链上。此法可以最大程度降低空间位阻，提高接枝率，主链接枝法主要通过自由基或开环聚合实现。第二种是接枝到主链法，在淀粉主链上直接接枝链端官能化聚合物，此路线需要接枝单体具有能与主链反应的官能团。

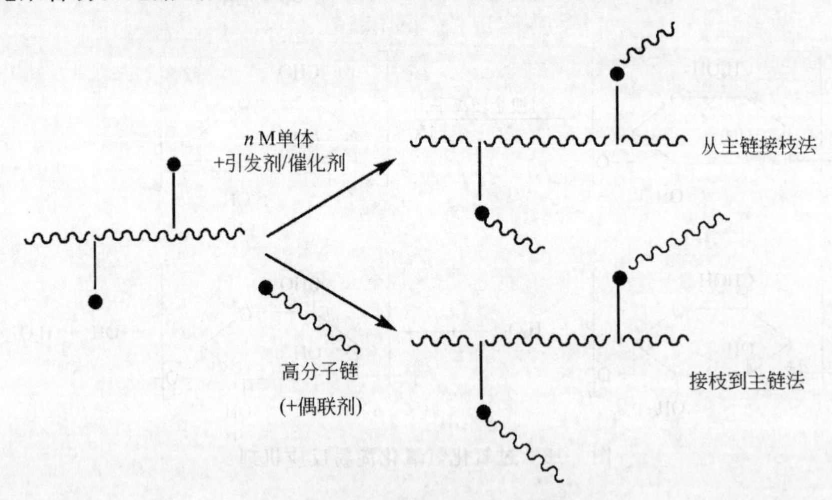

图 7-20　接枝共聚反应的不同路径

评价接枝反应的具体状况有两个重要参数：接枝率以及接枝效率，以下是其计算公式。

$$接枝率(GP)(\%)=\frac{接枝聚合物的质量}{淀粉的总质量}\times 100\% \tag{7-3}$$

$$接枝效率(GE)(\%)=\frac{接枝聚合物的质量}{消耗单体的质量}\times 100\% \quad (7-4)$$

单体接枝共聚反应主要有三种引发方式，自由基接枝、活性聚合接枝以及离子接枝。自由基接枝是接枝改性中最常见的方法，方法简单又经济，其改性高分子广泛应用于污水处理、纺织、药物传递以及食品添加剂等领域中。基于自由基引发剂不同，又将其分为物理引发和化学引发。

a. 化学引发　乙烯基单体在化学试剂的引发下被接枝到高分子骨架上，主要用于引发的化学试剂有 Ce（Ⅳ）复合物，如硝酸铈铵（CAN）、硫酸铈（Ce_2SO_4）、硫酸铈铵（CAS），过硫酸钾（KPS）、过硫酸铵（APS），Fenton's 试剂（$Fe^{2+}+H_2O_2$）等。淀粉和各类单体在不同化学引发剂下接枝共聚汇总如表 7-6 所示。

表 7-6　淀粉和各种单体在不同化学引发剂下接枝共聚汇总

编号	淀粉种类	接枝单体	引发剂	接枝效率	接枝百分率/%
1	木薯	甲基丙烯酸甲酯	CAN	46.3	79.9
2	马铃薯	丙烯酸	CAN	30.63	61.25
3	马铃薯/木薯	丙烯酸	Fe^{2+}/H_2O_2	44.1	—
4	马铃薯	丙烯腈	$CAN/Ce(SO_4)_2$	—	218.38
5	马铃薯	丙烯酸甲酯	CAN	—	—
6	马铃薯	丙烯酰胺	KPS	69.85	30.25
7	马铃薯	丙烯酰胺	AIBN	78.09	30.31
8	马铃薯	丙烯酰胺	BPO	93.37	36.96
9	玉米	丙烯酰胺	$KMnO_4/HIO_4/H_2SO_4$	93	90
10	木薯	丙烯酰胺	CAN	—	174.8
11	糯玉米	丙烯酰胺	CAN/微波	—	907
12	西米	甲基丙烯酸甲酯	KPS	—	90
13	西米	甲基丙烯酸甲酯	CAN	—	246
14	马铃薯	甲基丙烯酸甲酯	KPS	76	43.2
15	玉米	丙烯酰胺/丙烯酰氧基乙基三甲基氯化铵	$CO[(NH_2)_2]/[(NH_4)_2S_2O_8]$	—	215
16	小麦	L-天冬氨酸	CAN	43.32	54.94
17	小麦	L-天冬氨酸	AIBN	62.57	80.25

铈盐（Ce^{4+}）引发剂在淀粉接枝改性中，CAN 是最常用的引发剂，所得产品具有高接枝率并能降低均聚物等副产物的含量，其引发反应活化能较低，为 732.2kJ/mol，引发速度快，在室温溶液中即可进行。铈盐在有机还原剂（醇、羧酸、醛）的存在下，能形成非常有效的氧化还原体系，其激发机制是 Ce^{4+} 络合物与淀粉中的羟基反应，+4 价被还原为+3 价，从而形成自由基，其合成路线如

图 7-21所示。

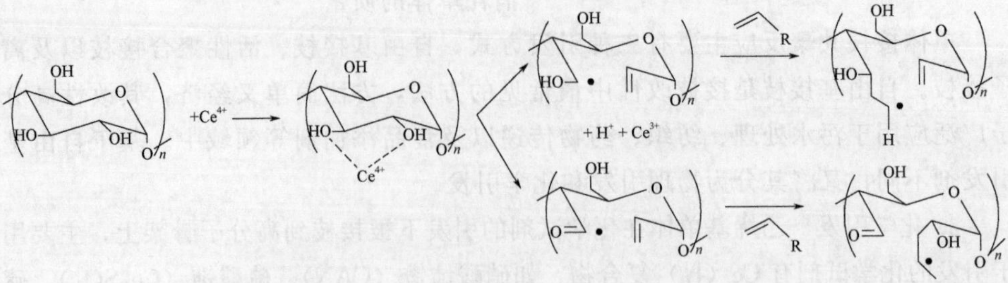

图 7-21　Ce^{4+}的引发下淀粉接枝乙烯基单体的合成路线

过硫酸盐引发剂：过硫酸盐主要通过接枝到主链方式引发淀粉进行接枝改性，其引发机理因还原剂不同而有所区别，但最终都是从生成的 $SO_4^{-}\cdot$ 和 ·OH 引发淀粉产生自由基，然后再与烯类单体接枝共聚。其引发机理如图 7-22 所示。过硫酸盐体系是一个引发频率及重现性较好的引发剂，因而引发速度较慢，反应时间较长，反应温度比铈盐相应要高。但在反应过程中无温度的剧烈变化，工业生产上易于控制，并且价廉而无毒，因而被广泛应用。

$$S_2O_8^{2-} \longrightarrow 2SO_4^{-\cdot}$$

$$SO_4^{-\cdot} + H_2O \longrightarrow HSO_4^{-} + HO\cdot$$

链引发：　$\text{淀粉—OH} + HO\cdot \longrightarrow \text{淀粉—O}\cdot + H_2O$

$\text{淀粉—O}\cdot + M \longrightarrow \text{淀粉—O—M}\cdot$

链增长：　$\text{淀粉—O—M}\cdot + nM \longrightarrow \text{淀粉—O—}M_{n+1}\cdot$

链终止：　$2\text{淀粉—O—}M_{n+1}\cdot \longrightarrow \text{淀粉—O—}M_{n+1}\text{—}M_{n+1}\text{—O—淀粉}$

图 7-22　过硫酸盐引发接枝共聚机理

M：乙烯基单体

Fenton's试剂：Fenton's试剂是基于 Fe^{2+} 氧化还原体系来引发淀粉的接枝共聚反应。芬顿试剂可以用来引发聚乙烯醇、聚丙烯酸等聚合物。其引发机理如图 7-23所示。

$$Fe^{2+} + H_2O_2 \longrightarrow [FeOH]^{2+} + HO\cdot$$

链引发：　$\text{淀粉—OH} + HO\cdot \longrightarrow \text{淀粉—O}\cdot + H_2O$

$\text{淀粉—O}\cdot + M \longrightarrow \text{淀粉—O—M}\cdot$

链增长：　$\text{淀粉—O—M}\cdot + nM \longrightarrow \text{淀粉—O—}M_{n+1}\cdot$

链终止：　$2\text{淀粉—O—}M_{n+1}\cdot \longrightarrow \text{淀粉—O—}M_{n+1}\text{—}M_{n+1}\text{—O—淀粉}$

图 7-23　Fenton's 试剂引发接枝共聚机理

M：乙烯基单体

b. 物理引发　辐射引发淀粉经过辐照，形成自由基，从而引发接枝共聚反应。有研究比较了在Co-60、γ射线以及Co-60和γ射线组合聚苯乙烯接枝糊化淀粉，其结果列入表7-7。接枝效率最高是由γ射线引发，Co-60引发接枝聚合物具有较大范围的平均分子量。

表7-7　引发剂种类对接枝聚合物链的接枝效率以及平均分子量的影响

引发剂	辐照剂量/kGy	放射量率/(kGy/h)	接枝效率/%	分子量/(g/mol)
Co-60(水介质)	10	10	28~44	590000~795000
Co-60(有机溶剂介质)	10	10	34~76	5000000~955000
γ射线	5~40	1.6	34~84	—
Co-60+γ射线	2~16	9	20~68	440000~450000

c. 酶引发　化学方法接枝淀粉有一些劣势，比如反应不易控制、化学试剂造成二次污染等，而酶引发接枝制备过程绿色环保，是一种比较理想的选择。有研究采用辣根过氧化物酶引发聚丙烯酸甲酯接枝淀粉，以过氧化氢和乙酰丙酮作为共同催化剂，接枝效率分别能达到30.21%和45.13%，其接枝共聚淀粉如图7-24所示。

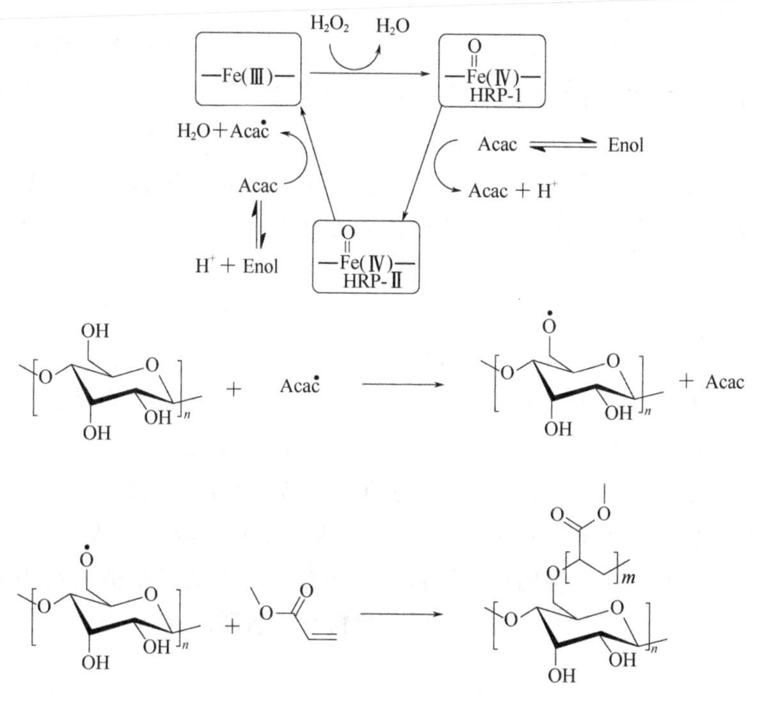

图7-24　酶引发合成聚丙烯酸甲酯接枝共聚淀粉

④ 酯化　酯化是将淀粉分子中的部分羟基（—OH）取代，形成酯基（—COO—）。酯化后淀粉分子的氢键作用被削弱，这种改性手段可限制直链淀粉

链之间的相互作用从而有效降低淀粉的老化回生。因为引入的基团不同，酯化淀粉又分为乙酰化淀粉、烯基琥珀酸淀粉酯以及无机酸淀粉酯。

乙酰化淀粉：淀粉的乙酰化是一种常用的酯化手段，淀粉在碱的催化下与乙酸酐和醋酸反应，葡萄糖链上的羟基被乙酰基取代形成淀粉醋酸酯。常用的碱催化剂有 NaOH、KOH 以及 Na_2CO_3 等。根据取代率（DS）的不同，可将乙酰化淀粉分为低取代率（DS=0.1～0.2）淀粉、中等取代率（DS=0.2～0.3）淀粉以及高取代率（DS=2～3）淀粉，其中低取代率以及中等取代率淀粉能溶于水，而高取代率淀粉不能溶于水。淀粉分子中乙酰基的数目主要与反应物浓度、反应pH、反应时间以及催化剂有关。

烯基琥珀酸淀粉酯：烯基琥珀酸淀粉酯是由淀粉与长链烯基琥珀酸酐反应所得，分子中引入的烯基碳链是典型的疏水端，引入长链可与淀粉分子形成骨架结构，提高其耐水性和结构稳定性。烯基琥珀酸酐的碳原子数直接影响其反应的取代率以及所制备产物的疏水性能，烯基链越长，空间位阻越大，其反应程度越低，疏水性能也越好。酯化在弱碱性下进行最佳，在碱性下，淀粉中的羟基与烯基琥珀酸酐形成醇盐，弱化了淀粉分子链之间的氢键作用，从而有助于淀粉颗粒与酯化剂充分接触，提高其取代率。

淀粉磷酸酯：淀粉易与磷酸盐反应生成淀粉磷酸酯，淀粉磷酸酯是一种常见的改性淀粉产物，也是酯化淀粉工业化应用较成功的一种。磷酸为三价酸，能与淀粉中 C-2、C-3、C-6 位上的羟基反应生成淀粉磷酸一酯、淀粉磷酸二酯和淀粉磷酸三酯。淀粉磷酸酯的生产工艺分为湿法和干法两种，湿法改性即酯化反应在溶液中进行，将淀粉配成悬浮液，然后加入酯化剂进行反应，而干法是将酯化剂以喷雾的形式喷到干燥淀粉上，充分搅拌进行反应。这两种方法各具特色，前者是在液相中进行，淀粉与酯化剂反应较均匀、充分，但是反应时间较长，需要过滤干燥，而后者反应均匀性较差，但却克服了湿法工艺存在的缺点。

⑤ 醚化　醚化淀粉是淀粉分子的羟基和烃化合物中的羟基通过氧原子连接起来的淀粉衍生物。它有很多品种，其中工业化生产的主要有三种类型，即羧甲基淀粉、羟烷基淀粉和阳离子淀粉。淀粉醚化，可提高黏度稳定性。

羧甲基淀粉：酯化最常见的方法之一是羧甲基化，制备过程简单，耗时短。羧甲基淀粉（CMS）是一种阴离子淀粉醚，葡萄糖环上的羟基被极性稍弱的羧甲基取代，亲水性提高，吸水率随之提高。淀粉与一氯醋酸在 NaOH 的催化下发生反应，其反应式如下：

$$\text{St—OH} + \text{NaOH} \longrightarrow \text{St—O—Na} + H_2O$$

$$\text{StONa} + \text{ClCH}_2\text{COOH} \xrightarrow{\text{NaOH}} \text{StOCH}_2\text{COONa} + \text{NaCl} + H_2O$$

所得产物为羧甲基钠盐，取代反应优先发生在葡萄糖环的 C-2 和 C-3 位上。

一般在含水介质中反应制得低取代率的产品，而高取代率的产品需在有机溶剂中制取。

羟烷基淀粉：淀粉与环氧烷反应生成的淀粉醚称作羟烷基淀粉。这类淀粉醚呈非离子状态，淀粉糊比较稳定，甚至在高 pH 条件下，醚键也不会水解，羟乙基淀粉醚和羟丙基淀粉醚是这类淀粉醚的典型产品。淀粉与环氧乙烷制备羟乙基淀粉反应式：

$$St—OH + \underset{\diagdown O \diagup}{H_2C—CH_2} \xrightarrow{OH^-} St—O—CH_2CH_2OH$$

淀粉颗粒和糊化淀粉都易与环氧乙烷发生反应生成羟乙基淀粉衍生物。制备工艺有湿法、有机溶剂法和干法。工业上生产低分子取代度产品用湿法工艺，制备较高分子取代度产品，不宜使用湿法工艺而采用有机溶剂法或干法工艺。湿法反应的优点是反应易控制，易于过滤、水洗、干燥。缺点是反应时间长，产品取代率低。制备较高分子取代度的羟乙基淀粉需要在有机溶剂中进行，常见的有机溶剂有甲醇、丙酮以及苯等。干法工艺可以得到分子取代度较高的产品，但是成品净化困难，不利于工业化。

阳离子淀粉：阳离子淀粉是用各种卤代基或环氧基的有机胺类化合物与淀粉分子中的羟基进行醚化反应而生成的一种含有氨基，并在氮原子上带有正电荷的淀粉醚衍生物。阳离子淀粉醚主要以叔胺烷基淀粉醚和季铵烷基淀粉醚两种类型出现。叔胺烷基淀粉醚常用的醚化剂有 2-甲基胺乙基氯、2-乙基胺乙基氯以及 2-甲基胺异丙基氯等。以 2-乙基胺乙基氯为例，其反应式如下：

$$St—OH + Cl—CH_2CH_2N(C_2H_5)_2 \xrightarrow{—OH} St—O—CH_2CH_2N(C_2H_5)_2$$

$$\xrightarrow{HCl} [St—O—CH_2CH_2N(C_2H_5)_2^{+}]Cl^-$$

阳离子淀粉醚常用的醚化剂是叔胺烷基以及季铵氯化物。如 3-氯-2-羟丙基三甲基氯化铵、2,3-环氧丙基三甲基氯化铵等。反应式如下：

$$StOH + ClCH_2\underset{\displaystyle OH}{\underset{|}{C}}HCH_2N(CH_3)_3Cl + NaOH \longrightarrow StOCH_2\underset{\displaystyle OH}{\underset{|}{C}}HCH_2N(CH_3)_3Cl + NaCl + H_2O$$

⑥ 交联　交联主要是利用含有两个或两个以上官能团的化合物与淀粉反应，将淀粉分子间的羟基交联起来，主要的交联剂有三偏磷酸钠（STMP）、三氯氧磷（STPP）、环氧氯丙烷（ECH）。交联淀粉在分子间或者分子内部均匀引入了一些牢固的交联化学键，与淀粉分子中羟基之间的氢键一起组成了具有多维网状结构的淀粉衍生物，在水的浸入以及高温下，交联淀粉分子间的交联化学键可有效阻止水分子进入，因此耐水性能、耐热性能以及抗剪切力均有较大的改善。

三偏磷酸钠交联剂：三偏磷酸钠具有 3 个官能团，与淀粉在 pH＝9～11.5 的条件下，可生成淀粉磷酸二酯。反应式如下：

$$2\,StOH + \text{sodium trimetaphosphate (cyclic: } P(=O)(ONa)\text{–O–}P(=O)(ONa)\text{–O–}P(=O)(ONa)\text{–O–)} \xrightarrow{NaCO_3} StO-\underset{ONa}{\overset{O}{\overset{\|}{P}}}-OSt + Na_2H_2P_2O_7$$

三氯氧磷交联剂：三氯氧磷和淀粉在碱性下（pH＝8～12）发生反应，生成淀粉磷酸二酯。反应式如下：

$$2\,StOH + Cl-\underset{Cl}{\underset{|}{\overset{O}{\overset{\|}{P}}}}-Cl \xrightarrow{NaOH} StO-\underset{ONa}{\underset{|}{\overset{O}{\overset{\|}{P}}}}-OSt + 3NaCl + 3H_2O$$

环氧氯丙烷交联剂：环氧氯丙烷分子中有活泼的环氧基和氯基，具有极强的交联作用，与淀粉反应生成双淀粉甘油醚，其反应式如下：

$$2\,StOH + H_2\overset{O}{C-CH}-CH_2Cl \xrightarrow{OH^-} St-O-CH_2-\overset{OH}{\overset{|}{CH}}-CH_2-O-St$$

（3）复合改性　在淀粉的实际生产中，为了使淀粉的性质更加丰富，通常将两种改性手段对淀粉进行复合改性，以使产品更具优良的特性。主要方法有氧化交联、醚化酯化、酯化交联等。

① 氧化交联　氧化交联是一种复合改性淀粉，通过控制一定的氧化深度和选择合适的交联剂进行交联反应，使其具有易糊化、黏度稳定性好、抗剪切等特性，交联-氧化变性淀粉既克服了单一改性淀粉的弱点，又保留单一改性的优点，因此应用十分广泛。氧化淀粉成膜性好，可得到强度好、透明度高的连续薄膜。低交联度的交联淀粉，成膜性较差，强度小，不溶于水。若交联度高，则成膜困难甚至不能成膜。原淀粉在氧化改性过程中分子链中部分糖苷键发生断裂，加之一些羟基被氧化为亲水性的醛基或羧基，导致其耐水性欠佳，化学交联改性可有效改善氧化淀粉的耐水性。轻度交联淀粉经氧化复合变性后，成膜性能得到大大改善，在适当的条件下，成膜后不开裂，有一定韧性，透明度也有明显提高。氧化交联淀粉应用于食品中，可以有效地改善面团的弹性、韧性及成品的硬度，提高冻融稳定性并有助于储存，氧化交联还广泛应用于食品、纺织、化工等领域中。

② 醚化酯化　淀粉分子中的羟基被酸（或酸酐）酯化后得到酯化淀粉，再与醚化试剂反应可得到酯化醚化淀粉。酯化醚化淀粉兼有醚化淀粉和酯化淀粉的优良特性。目前，国内外研究较多的是磷酸盐酯化淀粉和醋酸酯化淀粉，但大多是对反应影响因素及产物性能的探讨，对于合成方法的改进及具体应用的报道则相对较少，这主要是由于反应机理尚不明确。因此，探索工艺流程，研究反应机理将成为制备酯化醚化淀粉的发展方向。

③ 酯化交联　酯化可以减少淀粉分子的羟基数目，降低淀粉糊化温度；交联

则能较大幅度地增大淀粉糊黏度，提高淀粉糊热稳定性。有研究以环氧氯丙烷为交联剂，以辛烯基琥珀酸酐为酯化剂制备酯化交联淀粉。反应温度、体系 pH 以及淀粉乳的浓度是影响产物物化性质的主要因素，通过控制以上工艺参数，可以得到特定应用需求的淀粉衍生物。

除上述改性方法外，还有一些方法，如酸解-接枝、酯化-酶解，或是两种以上的改性方法联用，如氧化-接枝-共聚、交联-接枝-共聚、酸解-接枝-共聚等。

（4）生物改性　生物改性主要是利用酶和基因等生物方法对淀粉进行处理。最常用的酶是 α-淀粉酶、β-淀粉酶、γ-淀粉酶。α-淀粉酶是无差别地随机切除 α-1,4-糖苷键。β-淀粉酶是无选择性地从末端依次切割淀粉键。γ-淀粉酶是外切酶，依次切割 α-1,4-糖苷键和 α-1,6-糖苷键。酶改性淀粉主要使用水解酶，所得产品主要是糖浆。淀粉麦芽糖酶是一种比较普遍的改性酶，主要存在真核生物、细菌以及古生菌，其改性淀粉可应用于食品产业以及植物明胶，通过破坏两个葡萄糖单元之间的 α-1,4-键来进行，以形成新的 α-1,4-键。有研究发现，采用淀粉麦芽糖酶改性的马铃薯淀粉已经被用来替代酸奶中的脂肪并能提高乳脂含量（如图 7-25 所示）。

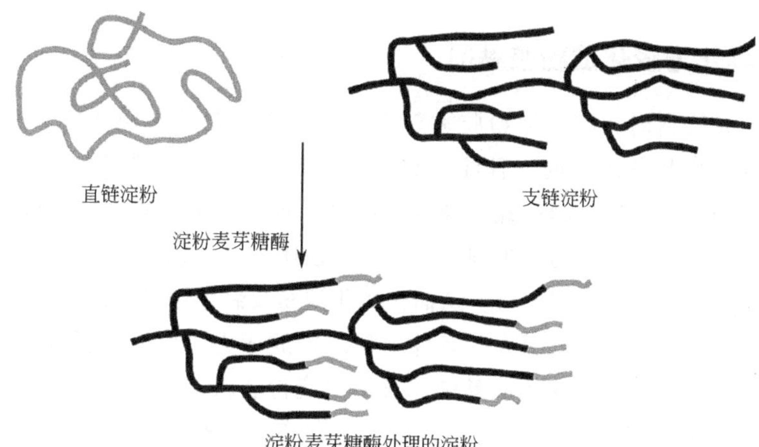

图 7-25　马铃薯淀粉衍生物中直链淀粉与支链淀粉在淀粉麦芽糖酶改性下形成麦芽糖酶处理淀粉

基因工程技术的进步可以通过生物合成酶靶向地改变淀粉的基因，使得植物中淀粉的遗传修饰成为可能。这种转基因技术具有十分巨大的潜力，可以被用来改性淀粉，并能降低对环境的危害。各种酶对淀粉的改性情况如表 7-8 所示。

表 7-8　基因改性淀粉

改性的淀粉	淀粉	酶	性能
无支链蜡质玉米淀粉	工业玉米、大麦、高粱、苋属植物、小麦、甘薯、马铃薯	杂交部分蜡状突变体，抑制颗粒结合淀粉合成酶	① 易于成胶； ② 形成透明的糊状； ③ 稳定剂、增稠剂； ④ 乳化剂； ⑤ 提高冻融稳定性

续表

改性的淀粉	淀粉	酶	性能
	马铃薯	抑制 GBSS、淀粉合成酶Ⅱ、淀粉合成酶Ⅲ	
高支链淀粉	工业玉米（50%、70%、90%直链淀粉）、谷物、马铃薯	突变 SBEⅡb 酶，抑制 SBEⅠ酶和 SBEⅡ酶，使支链淀粉含量≥60%，抑制 SBEⅡ酶高支链淀粉含量，SSⅡa 酶丢失	① 高胶凝强度； ② 成膜性能； ③ 抗性淀粉； ④ 胶黏剂
	大麦 Sex6 突变体	SSⅡ、SSⅢ酶的亚型抑制	① 淀粉加热到 100℃水不会润胀； ② 提高支链淀粉中的短链； ③ 较低的糊化温度
改变支链淀粉结构	马铃薯、大米	抑制 GWD 酶	低糊化温度（<50℃）
磷酸含量	马铃薯		马铃薯淀粉的性能与磷酸盐含量不成线性关系
颗粒大小和数量	谷物类	异淀粉酶	淀粉颗粒数目以及形式的影响

7.5.2 糊化与膨化淀粉胶黏剂

糊化淀粉胶黏剂和膨化淀粉胶黏剂都是不破坏淀粉的本身结构，采用水热、加压等物理方法制备而成的一种淀粉胶黏剂。利用糊化方法制备淀粉胶黏剂时，温度对其影响很大，温度越高黏度越大，需要添加一些无机物质从而降低胶黏剂的黏度，为了提高糊化淀粉胶黏剂的性能，往往还需要加入一些交联剂、防腐剂、增塑剂、表面活性剂、消泡剂等，从而使糊化淀粉胶黏剂满足人们日常生活需要。

膨化淀粉胶黏剂是在高温高压条件下瞬间释放压力，使淀粉颗粒体积瞬间膨胀几千倍后得到的粉末状固体胶黏剂，通常把淀粉装入膨化机中，通过机械对淀粉进行加热加压等措施，使淀粉处于高温高压状态，淀粉颗粒被高度压缩。此时，迅速释放压力，在此瞬间，由于淀粉被突然降至常温常压状态，巨大的能量释放出来产生巨大的膨胀压力，呈过热状态的水汽化蒸发，其体积可膨胀两千倍左右。巨大的膨胀压力使玉米颗粒遭受强大的爆破伸张作用，把淀粉造成无数细微的海绵状结构粉末，即淀粉发生了膨化。膨化后的固态粉末状淀粉胶黏剂存储期长，水溶性高，初黏性好，具有优良的黏结强度等特性，克服了淀粉胶黏剂储存时间短、不好运输等特点。

7.5.2.1 糊化淀粉胶黏剂

（1）糊化淀粉胶黏剂简介　糊化是淀粉的基本特性之一。通常，把淀粉分散在纯水中，搅拌制成乳白色不透明的淀粉乳悬浮液，再对体系进行缓慢加热，使之糊化。淀粉颗粒由吸水溶胀到完全糊化可分为三个阶段：第一阶段，加热初期

（低于 50℃），颗粒吸收少量水分，在无定形区域发生膨胀，其体积膨胀较少，颗粒表面变软并逐渐发黏，但没有溶解，水溶液黏度也没有增加，此时若脱水干燥后仍为颗粒状态；第二阶段，随着温度升高到一定程度（如 65℃，随淀粉来源而定），淀粉颗粒急剧膨胀，表面黏度大大提高，淀粉开始糊化，由于有少量淀粉溶解于水中，因此溶液的黏度也开始上升，此时的温度称为淀粉糊化的开始温度；第三阶段，随着温度继续上升至 80℃以上，淀粉颗粒增大到数百甚至上千倍，大部分淀粉颗粒逐渐消失，体系黏度逐渐升高，最后变成透明或半透明淀粉胶液，这时淀粉完全糊化。

（2）糊化淀粉胶黏剂制备　糊化主要通过对淀粉分子不同程度的溶胀、溶解制得流动性较好、黏度适中以及固含量较高的淀粉胶。糊化淀粉胶黏剂的制法主要有加热法、预凝法以及碱化法。

① 加热法　将 10～15 份淀粉加入 85～90 份水中，搅拌均匀，然后在反应釜中边搅拌边加热至 90℃，然后保温 10～15min 即得成品。

② 预凝法　这是一种物理方法。首先将淀粉浆加热至糊化温度以上，使淀粉颗粒充分溶胀，然后在已被分散的淀粉分子回生之前将其干燥，得到预凝淀粉，所得产品为粉状固体，便于运输和储存。使用时将其溶于适量的水中，即可使用，主要应用于瓦楞纸箱中。

③ 碱化法　配置 10%～15%的淀粉悬浮液，然后加入 NaOH 溶液，不停搅拌，直至糊化完全，此反应可在低温下进行。

（3）糊化淀粉胶黏剂应用　糊化淀粉胶黏剂比较黏稠，储存稳定性好，易于成膜且韧性较好，广泛应用于墙纸糨糊、纸袋制造以及瓦楞纸箱等行业中。

7.5.2.2 膨化淀粉胶黏剂

（1）制备　膨化是一种加工方法，让原料在加热、加压的情况下突然减压而使之膨胀。以玉米为例，像做爆米花那样，根据膨化的原理，把粉碎的玉米碎粒装入膨化机中进行加热加压和机械作用，使玉米处于高温高压状态。此时，迅速将膨化机的密封盖打开，在此瞬间，由于玉米被突然降至常温常压状态，巨大的能量释放出来，呈过热状态的水汽化蒸发，其体积可膨胀 2000 倍左右，从而产生了膨胀的压力。巨大的膨胀压力使玉米的结构受到强大的爆破伸张作用，把玉米造成无数的海岛式结构，形式粉体。

（2）应用　利用膨化原理制备的膨化玉米淀粉胶黏剂为粉末状固体，储存期长，具有易溶于水、初黏性好、粘接强度高等特性，克服了玉米淀粉胶黏剂储存期短、不好运输的缺点。膨化玉米淀粉胶黏剂可广泛应用于瓦楞纸箱生产、壁纸粘贴、纺织品上浆、油田助剂等领域。

膨化玉米淀粉胶黏剂的初黏性好、粘接强度大、干燥速率快、使用方便，可用于黏合瓦楞纸箱。

在油田上使用的水溶性聚合物主要有羧甲基纤维素、羧甲基淀粉、聚丙烯酰胺、聚丙烯酸等。它们对油田中水垢的抑制、油田堵水、提高石油开采量等方面有显著的提升作用。由于膨化玉米淀粉易溶解、黏性大、耐高温、成本低，所以是上述产品的理想替代物。

纺织品上浆以前多用淀粉溶液，通过直接加热使用。它费工费时，消耗大量的能量，现在多使用淀粉和聚乙烯醇的混合物，由于是加热使用，给应用带来一定的不方便。使用膨化淀粉加入冷水就可溶解，省工省时，节约能源，使用方便。

7.5.3 氧化淀粉胶黏剂

为了提高淀粉的黏结力，改善其在水中的溶解度和流动性，通常采用氧化的方法进行改性。氧化剂主要的作用是将淀粉大分子降解，把长分子链切断为较小分子，并在淀粉分子中生成羧基等，从而使淀粉胶黏剂的黏度下降，水溶性增加，黏结力提高。氧化淀粉胶黏剂制备过程分为溶胀、氧化、糊化和交联四个阶段。在进行反应前，首先将淀粉溶胀，使水分子渗透到淀粉颗粒内部，使淀粉颗粒体积膨胀，结构疏松，以利于与氧化剂进行反应，但溶胀时间不能太长，否则会使氧化深度难以控制，影响胶黏剂质量。其次，淀粉的氧化过程中，加入氧化剂和催化剂之后，淀粉的葡萄糖单元先氧化降解，将淀粉中的羟基氧化成羧基、醛基和羰基，可以提高胶黏剂的黏结力，同时，伴随着分子链的断裂，使淀粉降解，可增加淀粉的溶解性、流动性和抗凝冻性。再次，淀粉的糊化过程中，分散在水中的淀粉，在碱性条件下可以发生糊化。氢氧化钠与淀粉中的羟基反应，生产可溶性钠盐，即与水形成乳白色的有黏性的淀粉糊；同时，碱还破坏了淀粉分子内及分子间氢键，碱溶液放出大量热，加快了淀粉体积膨胀，分子发生破坏而糊化。糊化一方面使分子链舒张，官能团裸露，有利于氧化进行；另一方面，生产的钠盐增加了淀粉和水的溶解性，使胶液性能稳定。最后，淀粉的交联过程中，为了提高淀粉胶黏剂的黏结性能和稳定性，通常加入一些交联剂，如硼砂，硼砂在水中以硼氧形成中心离子，能与糊化的淀粉分子中的羟基、羧基络合而形成网络结构的多核配位化合物，使胶黏剂更多地围在带有羧基的黏结表面，或与极性羧基部分通过配位键连接起来，增加黏结力。

7.5.3.1 氧化淀粉胶黏剂反应原理

氧化法主要通过氧化作用，使淀粉葡萄糖的苷键部分断裂而降解，致使聚合物降低，分子量减少，水溶性和亲和力增加。同时因为氧化作用使淀粉中的羟甲基变为醛基，部分变为羧基，另外因氧化后产生了醛基，可以提高其黏度稳定性，还有防霉的功效。氧化的淀粉是淀粉分子在氧化剂的作用下，分子中的 α-1,6-苷键部分断裂，同时C-6位上的羧基被氧化成羧基，使氧化后的淀粉分子变成含有羧基的淀粉小分子，以增加淀粉的湿润性和渗透性，从而有利于粘接。淀粉氧化的主要反应原理如下：

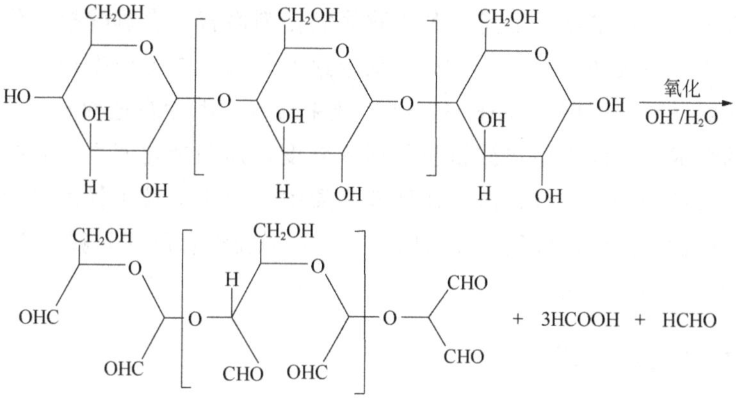

（反应式：淀粉链 —氧化，OH^-/H_2O→ 氧化淀粉 + 3HCOOH + HCHO）

7.5.3.2 氧化淀粉胶黏剂生产工艺

氧化淀粉胶黏剂的一般生产工艺为：

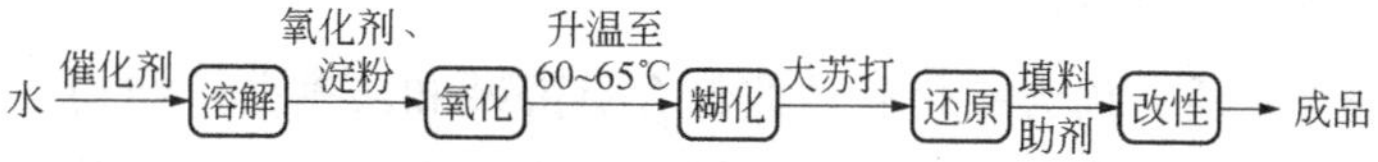

水 —催化剂→ 溶解 —氧化剂、淀粉→ 氧化 —升温至60~65℃→ 糊化 —大苏打→ 还原 —填料、助剂→ 改性 → 成品

工业上常用的氧化剂为过氧化氢水溶液、过乙酸、次氯酸钠、高锰酸钾、次氯酸钾，目前多数厂家采用次氯酸钠作氧化剂。有效氯用量占淀粉质量的最大百分数不超过5%～6%，反应温度一般控制在30～50℃，温度若上升过高，会引起淀粉颗粒膨胀，促进水溶物增加，造成后处理困难，收率下降。

7.5.3.3 影响氧化淀粉胶黏剂产品的因素

（1）氧化剂种类　淀粉氧化随氧化剂不同氧化机理也不同。高锰酸钾氧化作用主要发生在淀粉非结晶区的C-6原子上。次氯酸钠主要发生在C-2、C-3和C-1原子上，它不但发生在非结晶区，而且渗透到分子内部，并有少量葡萄糖单元在C-2和C-3处开环形成羧酸，次氯酸钠中的氯（Cl^+）被还原成为氯离子（Cl^-），放出新生态氧［O］。$KMnO_4$作为氧化剂时，反应在酸性介质中进行，淀粉与次氯酸盐的氧化反应在弱碱或中度碱性下进行效果最好，在弱碱或中度碱性下，更利于羧基的形成。次氯酸盐氧化淀粉时羧基含量较大，而在过氧化氢氧化体系中，羰基占主要部分。相较于NaClO，H_2O_2氧化速度较快，同时易于干燥且能较快成膜，次氯酸盐做氧化剂时，所得产物透光性较好，不过氧化程度不易控制，稳定性较差。

（2）氧化时间　淀粉的分子在氧化剂的作用下，大分子中较活泼的羟基被有限地氧化为醛基、酮基、羧基，分子链断裂，聚合度降低。在相同条件下，随着氧化时间的延长，淀粉分子中的羟基会越来越多地转化为醛基、酮基和羧基，氧化程度越来越深，分子链断裂越多，所以胶黏剂的黏度随时间的延长而降低，下降速度也随时间的延长而变慢。

(3) 氧化 pH　氧化 pH 对淀粉胶黏剂的物化性能有很大的影响，不同氧化剂，其反应 pH 也有差异，尤其对次氯酸盐氧化剂而言。次氯酸盐氧化淀粉在中性条件下反应速率较快，在 pH＝10 时反应速率较慢。在工业生产中，次氯酸盐氧化淀粉在弱碱到中度碱性（pH＝8～9）效果最好，因为在这种介质环境下，更利于羧基的形成，有助于稳定淀粉胶黏剂的黏度，抑制老化回生。高锰酸钾氧化淀粉一般在酸性条件下进行，但是在酸性介质中淀粉中颗粒不易溶胀活化，影响反应速率。因此在高锰酸钾氧化淀粉的工艺中，需要综合酸性和碱性介质的优点，设计出更加高效的制备工艺。

7.5.4 酯化淀粉胶黏剂

酯化淀粉胶黏剂是利用淀粉中的羟基和一些具有硫化性质的化合物发生化学反应生成新的官能团，从而提高淀粉胶黏剂的黏结强度和储存性，进而扩大其应用范围，目前常用的酯化剂有以下几种。

(1) 脲醛类物质　因为氧化后的淀粉含有醛基和羧基分子结构，这种变性的淀粉能与脲醛树脂发生作用。由于脲醛树脂中含有大量的二羟甲基脲，它存在着活性羟甲基，在加热和酸性介质中，二羟甲基脲发生分子间脱水缩聚，形成线型结构的脲醛树脂。它的优点在于将其涂在纸本上，会形成一层结实的薄膜，抑制了淀粉向纸内渗透，可以提高淀粉的初黏力和防潮性以及干燥速率等。

(2) 磷酸类物质　磷酸能与淀粉分子中的羟基发生酯化反应，生成的磷酸单酯淀粉影响到葡萄糖苷链的水解，同时磷酸还能对淀粉起到一定的酸解作用。不同酯化和酸化降解程度的磷酸淀粉胶黏剂用途不同。比如用于涂料工业的胶黏剂具有黏合力强、良好成膜性和分散性等优点；而在纺织浆料中应用的胶黏剂则具有固含量低、黏度低、流动性好、稳定性好等优点。此外，磷酸氢钠和亚磷酸氢钠或磷酸、磷酸氢钠和亚硫酸氢钠的混合物也可用作此类酯化反应。

(3) 二元酸　在冷制过程中，由于淀粉颗粒不溶于冷水，搅拌成乳状悬浮液，停止搅拌后便沉淀。在碱性条件下，用二元酸酯化淀粉，生成酯化淀粉悬浮液并生成酯的衍射物。二元酸淀粉一酯和二酯，使淀粉分子的不同部位经羟酯键交联起来，使淀粉颗粒膨胀受到抑制，淀粉结构中的羟基基团的缔合，使淀粉易于在水中悬浮而沉淀。淀粉还能与稳定剂中的单体起接枝反应生成共聚物，这种共聚物可溶于水，由此提高淀粉的溶解性和粘接力。

7.5.4.1 酯化淀粉胶黏剂的制备

脲醛树脂改性淀粉胶黏剂常采用掺混法，淀粉胶黏剂中的羟基能与脲醛树脂中的二羟甲基脲及低聚合物进行交联共聚反应；在酸性条件下脲醛分子链中的羟甲基及酰氨基上的活泼氢通过缩聚反应成为具有网状结构的树脂。同时，变性淀粉的分子结构中醛基能与脲醛中的羟基形成半缩醛及缩醛结构，最终形成具有淀粉链参与的交联体型结构。正是由于脲醛树脂与变性淀粉相互作用形成的网状结构，能够有效地阻止淀粉胶的渗透作用，耐水性提高、初黏性加大，大大减少了干燥时间。

7.5.4.2 酯化淀粉胶黏剂的生产实例

磷酸酯淀粉胶黏剂是在磷酸酯改性淀粉的基础上，通过调和改性而制备的一种新型胶黏剂，常用的酯化剂是磷酸氢二钠、磷酸氢一钠。磷酸酯淀粉胶黏剂强度好，成本低，广泛应用于造纸、建材、纺织、纸箱等行业中，其生产工艺如下：

脲醛酯化改性淀粉胶黏剂是将淀粉氧化，然后产生醛基和羧基分子结构，而脲醛树脂中含有大量的二羟甲基脲，活泼的羟基在一定的条件下，会发生分子间的脱水缩聚。同时氧化淀粉的分子结构中醛基能与脲醛树脂中的羟基形成半缩醛及缩醛结构，最终形成具有淀粉链参与的交联体型结构，其生产工艺如下：

7.5.4.3 酯化淀粉胶黏剂的发展趋势

酯化淀粉胶黏剂具有储存稳定、黏度适中、黏结力强等优良特性。在实际生产中，目前酯化淀粉胶黏剂的生产工艺还比较烦琐，需要加入大量的助剂以及填料才能满足应用的要求，这样更增加了制胶工艺的不稳定性，不利于工业化生产。采用合适的酯化剂对淀粉胶进行相关改性就变得十分重要，酯化剂需要与淀粉分子形成稳定的大分子交联网络结构，以提高其粘接、耐水性能，这是酯化改性淀粉胶黏剂发展的一个趋势，需要更多的实验室研究加以探索，并与工业化实际应用相结合，制备出工艺简单、性能优异的酯化淀粉胶黏剂。

7.5.5 接枝淀粉胶黏剂

玉米淀粉胶黏剂具有黏度强度高、无腐蚀性、制备简单、成本低等优点，广泛用于瓦楞纸的制造。随着我国的不断得对外开放，各行业的出口贸易增加，对瓦楞纸箱的需求量越来越大，质量要求越来越高，单一的改性淀粉胶黏剂已经不能满足市场的需要。为了寻求高质量的淀粉胶黏剂，人们采用加入一些单体等方法进行接枝共聚的方法对淀粉胶黏剂进行改性。

7.5.5.1 聚乙烯醇改性淀粉胶黏剂

淀粉和聚乙烯醇都是天然高分子化合物，其分子结构具有一定的相似性。当直接利用淀粉糊作为胶液使用时，其耐水性和黏结强度都很差，而聚乙烯醇黏结强度高、耐水性能好，将两者进行共混改性可以制备性能优良、成本低廉且可再生化降解的淀粉胶黏剂。PVA 在适当条件下可以进行接枝共聚，有效地改善了淀粉胶黏剂的性能，再加入合适的催干剂，用以提高胶黏剂的干燥速度。通过这些改性，极大地拓宽了淀粉胶黏剂的应用范围。

7.5.5.2 丙烯酸类化合物改性淀粉胶黏剂

纯淀粉胶黏剂虽然具有很高的黏结强度，但其本身稳定性和耐水性很差，往往不能满足工业和生活需求。研究人员通过加入一些丙烯酸类单体与淀粉进行接枝共聚形成交联网状结构，从而提高其胶黏剂的耐水性和稳定性。如：丙烯酸与丙烯酰胺改性玉米淀粉胶黏剂，制得的胶黏剂具有很好的黏结强度、干燥速度、稳定性以及流动性，涂胶均匀，上胶容易，使用方便，黏结强度超过了国标质量标准，可以满足生产实际的需要。

7.5.5.3 其他改性淀粉胶黏剂

烯烃类单体可以自聚形成大分子链，同时与淀粉进行接枝，就能交叉形成网络结构，提高淀粉胶黏剂黏结强度和耐水性等性能。乙酸乙烯酯、丙烯酸异辛酯改性淀粉胶黏剂具有黏结强度高、初黏力好、耐水性强和干燥速度快等优点，适用于纸张、木材等多孔性基材的粘接；乙酸乙烯酯-丙烯酸乙酯改性淀粉胶黏剂，可以提高淀粉接枝共聚物的热稳定性，同时满足绿色环保的要求，产品是白色或乳白色的黏稠乳液，乳液细腻，无可见粒状凝聚物，具有较好的粘接力、高温稳定性和耐寒性。

7.5.6 淀粉胶黏剂

助剂是指生产过程和使用过程中的辅助原料，又称为配合剂或添加剂。其实称其为添加剂不够妥当，似乎低估了助剂的作用，还不如称作改进剂或改质剂，因为它确实有助于保证产品质量和改进性能。同橡胶助剂、塑料助剂、涂料助剂一样，胶黏剂助剂也多是重要的精细化学品。

助剂能显著提高产品本身性能的同时，能够显著提高产品的加工工艺性能和使用性能，并赋予产品某种特殊性能，而且还能扩大产品的应用领域，存储稳定性和使用寿命显著提高，同时能够节约成本，减少有害物质的使用，减少生产污染，带来可观的经济效益。实际上，很多新型的胶黏剂产品的不断研发成功，都离不开各类助剂的巧妙配合。利用助剂对胶黏剂进行改性，是一条方便快捷、成效显著、经济实惠的途径。

胶黏剂的助剂品类很多，功能各异，我们按照助剂的功能和作用分为合成助剂、反应性助剂、功能助剂、稳定助剂、工艺助剂等五大类。

（1）合成助剂　其包括酚醛树脂、聚氨酯、脲醛树脂、不饱和聚酯树脂、丙烯酸酯乳液、聚乙酸乙烯乳液等，还有改性淀粉等胶黏剂在合成与配置过程中所用的催化剂、引发剂、乳化剂、氧化剂、阻燃剂、中和剂等。

（2）反应性助剂　是指带有反应性集团的化合物，能与胶黏剂中基体聚合物反应进入结构之中，形成网状或交联结构。这类助剂有加成性和潜伏性固化剂、光引发剂、交联剂、活性稀释剂、反应性阻燃剂、活性增韧剂等。

（3）功能助剂　也称为改性助剂，能改善胶黏剂的原有性能，并可赋予新的功能，例如：异氰酸酯，能很大程度地提高胶黏剂的耐水性能和粘接强度。功能助剂在胶黏剂中扮演着至关重要的角色，所在助剂的比例最大。具体包括增韧剂、增稠剂、增强剂、增塑剂等。功能助剂的改进与完善，将对胶黏剂性能的提升起着极其重要的作用。

（4）稳定助剂　凡能防止胶黏剂在合成制备、储运和使用过程中的老化变质，延长使用寿命，提高储存稳定性的助剂统称稳定助剂。习惯上又将稳定剂称为防老剂，包括抗氧化剂、热稳定剂、光稳定剂。为了使胶黏剂在储存中性能稳定不变，还要加入防腐剂、防毒杀菌剂等。

（5）工艺助剂　为了使胶黏剂配制和使用方便，又要保证预期性能，而使用的助剂称为工艺助剂，例如稀释剂、消泡剂、防冻剂、增稠剂等。

参考文献

[1] 许戈文．水性聚氨酯材料[M]．北京：化学工业出版社，2007.

[2] Grøstad K，Pedersen A. Emulsion polymer isocyanates as wood adhesive：a review[J]. Journal of Adhesion Science and Technology，2010，24(8-10)：1357-1381.

[3] 刘玉海．异氰酸酯[M]．北京：化学工业出版社，2004.

[4] 顾继友，高振华．异氰酸酯的封闭浅谈[J]．聚氨酯工业，2002，17(4)：10-13.

[5] 唐朝发，刘彦龙，李杉，等．低成本水性高分子异氰酸酯胶黏剂的研究[J]．林产工业，2003，30(2)：27-29.

[6] 傅荣兴．用封端异氰酸酯制备水性聚氨酯方法[J]．涂料工业，1988，3(9)：37-41.

[7] 张海龙，张彪，戴震，等．封闭型异氰酸酯的反应机理与应用[J]．涂料技术与文摘，2009，30(2)：14-17.

[8] 闫福安．水性树脂与水性涂料[M]．北京：化学工业出版社，2010.

[9] 顾国芳，柳丽君，李晓明．水可分散多异氰酸酯的研制[J]．建筑材料学报，2002，5(4)：364-369.

[10] 倪余伟，张松，冷静．聚醚型异氰酸酯预聚体的研制[J]．涂料工业，2005，35(7)：10-12.

[11] 姜其斌，贾德民．水性聚氨酯分散液的研究进展[J]．中国胶黏剂，2004，13(2)：50-53.

[12] 王志玲，王正，解竹柏，等．异氰酸酯水乳液胶黏剂在木质复合材料中的应用[J]．林产工业，2004，31(2)：3-6.

[13] 邢金峰，叶青萱．可水分散多异氰酸酯技术进展[J]．化学推进剂与高分子材料，2003，1(4)：15-18.

[14] 李金旗．用于水性双组分聚氨酯涂料的水性树脂和水可分散聚异氰酸酯[J]．上海涂料，2008，46(10)：21-24.

[15] 张首文，王文军，李红旭，等．高性能水性聚氨酯胶黏剂[J]．中国胶黏剂，2002，11(4)：40-42.

[16] Wicks D A，Wicks Z W. Blocked isocyanates Ⅲ：Part B：Uses and applications of blocked isocyanates[J].

Progress in Organic Coatings,2001,41(1): 1-83.

[17] 袁德保,李芬芳,杨晓泉,高志明.大豆蛋白的热处理改性及热聚集行为研究进展[J]. 现代食品科技,2012,(12):1826-1833.

[18] 高强．大豆蛋白基木材胶黏剂耐水性胶接实践与理论[M]. 北京:煤炭工业出版社,2014.

[19] 郭凤仙．热处理对大豆分离蛋白结构及功能特性的影响[D].无锡:江南大学,2009.

[20] 范铂．耐水性大豆蛋白木材胶黏剂用功能改性剂的制备与表征[D]. 哈尔滨:东北林业大学,2016.

[21] 朱伍全,大豆蛋白的化学交联改性及其对大豆木材胶黏剂性能的影响[D]. 哈尔滨:东北林业大学,2015.

[22] 田琨．大豆蛋白的结构表征及应用研究[D]. 上海:复旦大学,2010.

[23] 张雷鹏．大豆蛋白的液化、表征及利用[D]. 哈尔滨:东北林业大学,2016.

[24] 李湘宜．大豆蛋白基木材胶黏剂的研究与应用[D]. 北京:北京化工大学,2012.

[25] 张亚慧．改性大豆蛋白胶黏剂的合成与应用技术研究[D]. 北京:中国林业科学研究院,2010.

[26] AshogbonA O, Akintayo E T. Recent trend in the physical and chemical modification of starches from different botanical sources: A review[J]. Starch,2014,66(1-2): 41-57.

[27] TesterF R., Debon S. Annealing of starch-a review [J]. International Journal of Biological Macromolecules,2000,27:1-12.

[28] Haroon M, Wang L, Yu H. Chemical modification of starch and its application as an adsorbent material[J]. RSC Adv,2016,6(82): 78264-78285.

[29] Kaur B, Ariffin F, Bhat R. Progress in starch modification in the last decade[J]. Food Hydrocolloids,2012, 26(2): 398-404.

[30] Kaur L, Singh J. Starch: Modified starches[J]. Encyclopedia of Food and Health,2016,152-159.

[31] Masina N, Choonara Y E, Kumar P. A review of the chemical modification techniques of starch[J]. Carbohydrate Polymers,2017,157:1226-1236.

[32] Meimoun J, Wiatz V, Saint-Loup R, et al. Modification of starch by graft copolymerization[J]. Starch Stärke,2017,69,1600351-1600369.

[33] Vanier N L, El Halal S L, Dias A R, et al. Molecular structure, functionality and applications of oxidized starches: A review[J]. Food Chem,2017,221:1546-1559.

[34] Varatharajan V, Hoover R, Liu Q. The impact of heat-moisture treatment on the molecular structure and physicochemical properties of normal and waxy potato starches[J]. Carbohydrate Polymers,2010,81(2): 466-475.

[35] 段善海,徐大庆,缪铭．物理法在淀粉改性中的研究进展[J]. 食品科学,2007,28(03): 361-365.

[36] Sweedman M C, Tizzotti M J, Schafer C, et al. Structure and physicochemical properties of octenyl succinic anhydride modified starches: A review[J]. Carbohydr Polym,2013,92(1): 905-920.

[37] Wang Y J, Wang L. Characterization of acetylated waxy maize starches prepared under catalysis by different alkali and alkaline-earth hydroxides[J]. Starch/Stärke,2002,54: 25-30.

[38] Zhou J, Ren L, Tong J, et al. Surface esterification of corn starch films: Reaction with dodecenyl succinic anhydride[J]. Carbohydrate Polymers,2009,78(4): 888-893.

[39] 章昌华,管猛．酯化淀粉胶黏剂的合成研究[J]. 粘接,2013,(1): 62-65.

[40] Schmitz C S, De Simas K N, Santos K, et al. Cassava starch functional properties by etherification - hydroxypropylation[J]. International Journal of Food Science and Technology,2006,41(6): 681-687.

[41] Tomasik P, Schilling C H. Chemical modification of starch[J]. Advances in Carbohydrate Chemistry and Biochemistry,2004,59:175-403.

[42] Nakamura Y. Starch metabolism and structure[M]. Japan:Springer Japan,2015.
[43] 余平,等. 淀粉与淀粉制品工艺学[M]. 北京：中国轻工业出版社,2011.
[44] 何小维,淀粉基降解材料[M]. 北京：中国轻工业出版社,2008.
[45] 李和平. 胶黏剂生产原理与技术[M]. 北京：化学工业出版社,2009.
[46] Ačkar Đ, Babić J, Šubarić D. Isolation of starch from two wheat varieties and their modification with epichlorohydrin[J]. Carbohydrate Polymers,2010,81(1): 76-82.
[47] Hirsch J B, Kokini J L. Understanding the mechanism of cross-linking agents($POCl_3$, STMP and EPI) through swelling behavior and pasting properties of cross-linked waxy maize starches[J]. Cereal Chem, 2002,79(1): 102-107.
[48] Koo S H, Lee K Y, Lee H G. Effect of cross-linking on the physicochemical and physiological properties of corn starch[J]. Food Hydrocolloids,2010,24(6-7): 619-625.
[49] Jyothi A N, Rajasekharan K N, Moorthy S N, et al. Microwave-assisted synthesis and characterization of succinate derivatives of cassava(manihotesculentacrantz)starch[J]. Starch-Stärke,2005,57(11): 556-563.
[50] Lewandowicz G, Jankowski T, Fornal J. Effect of microwave radiation on physico-chemical properties and structure of cereal starches[J]. Carbohydr Polym,2000,42,193-199.
[51] Liu T Y, Ma Y, Yu S F, et al. The effect of ball milling treatment on structure and porosity of maize starch granule[J]. Innovative Food Science & Emerging Technologies,2011,12(4): 586-593.
[52] Huang Z Q, Xie X L, Chen Y. Ball-milling treatment effect on physicochemical properties and features for cassava and maize starches[J]. Comptes Rendus Chimie,2008,11(1): 73-79.
[53] Bhat R, Karim A A. Impact of radiation processing on starch[J]. Comprehensive Reviews In Food Science and Food Safety,2009,8:44-58.
[54] Bao J, Ao Z, Jane J L. Characterization of physical properties of flour and starch obtained from gamma-irradiated white rice[J]. Starch-Stärke,2005,57(10): 480-487.
[55] Huang Q, Li L, Fu X. Ultrasound effects on the structure and chemical reactivity of cornstarch granules [J].Starch-Stärke,2007,59(8): 371-378.
[56] Jambrak A R, Herceg Z, Šubarić D. Ultrasound effect on physical properties of corn starch [J]. Carbohydrate Polymers,2010,79(1): 91-100.
[57] Vilkhu K, Mawson R, Simons L. Applications and opportunities for ultrasound assisted extraction in the food industry- A review[J]. Innovative Food Science & Emerging Technologies,2008,9(2): 161-169.